咖啡
從咖啡豆到一杯咖啡

Coffee: A Comprehensive Guide to
the Bean, the Beverage, and the Industry

咖啡
像地獄一樣熱，像愛情一樣甜

張明玲、陳品皓、陳宜家、劉耕硯 譯
Robert W. Thurston, Jonathan Morris, and Shawn Steiman 編

序

　　要將本書集結成冊是一項浩大的工程，但也充滿了樂趣，更別說三位編輯超棒的學習經驗。我們當然互相學習了很多。就在我們自認為對咖啡有所瞭解之際，才發現還有更多層面等著我們去發掘。有部分是因為這個產業變化非常迅速，從咖啡樹的護根方法，到如何泡一杯手沖咖啡皆然。但是即使這個產業今天停滯不前，有關咖啡各個層面可獲得的資訊量也非常龐大，因此沒有一個人能夠全盤瞭解每個面向。這就是為什麼我們要號召這麼多位各個領域的專家，譬如農業、加工、零售、沖煮以及消費等等，為本書貢獻其所長的原因。

　　我們要向本書所有的撰稿作者致上深摯的謝意。他們無私地奉獻時間與學識，讓我們不禁想問一個關於咖啡產業的基本問題：為什麼從事咖啡相關產業的人都這麼親切？當學術界的歷史學家，像 Robert Thurston 和 Jonathan Morris 摸不著頭緒，而且很好奇「蜜處理法」（pulped naturals）和「低俗小說」（pulp fiction）究竟有何關聯時，咖啡界的人士總是熱心幫忙解釋。

　　因此，即便三位編輯都為本書感到自豪，在編輯過程中仍感到自己的渺小。我們希望這些文章不僅吸引全世界的業界人士，以及成千上百萬的咖啡迷（他們有時稱呼自己為怪咖），還能吸引許多其他人。這本工具書包含了豐富的資訊，譬如咖啡在歷史上扮演極具重要角色的基本農產品，影響千千萬萬人的經濟與社交生活，科學家、烘豆師、咖啡師和家庭消費者均孜孜不倦地研究和改良它。

　　雖然我們努力想要做出一本無意識形態的作品，但是編輯與撰稿者難免各有偏好，而且未必持相同的意見。最重要的是，我們都渴望為每個想探索咖啡的人以及所有能從中獲益的人提供一個咖啡知識的來源。我們希望與咖啡有關聯的人士，從咖啡農開始，都能過好生活。我們並不是要投入慈善事業或唱高調，而是期盼致力於產業成員的增能。

　　最後，我希望這本書能為讀者帶來閱讀的樂趣。

目　錄

前　言

Robert W. Thurston

　　本書編輯和各篇作者均試圖從頭開始提供有關咖啡的實用指南。我們所集結的文章主題包羅萬象，包括土壤、烘豆師、咖啡師和家用咖啡等等。我們很清楚知道人們的口味變化多端。有些人偏好賣場罐裝、已經研磨好的咖啡，或甚至是幾乎不需要費力準備的即溶咖啡。有些人則會花費多上好幾倍的錢選擇全豆，在每次沖煮前才研磨。當他們在製作咖啡時，他們在各個步驟都會讀秒數，會先將咖啡和水秤重，然後一隻眼睛盯著水溫看，另一隻眼睛則盯著時鐘。更有一些人只想要在最新潮的咖啡店，或者用一個較高檔的詞 —— 咖啡館裡，享用由一位經驗豐富、技術純熟的咖啡師所沖煮的咖啡。

　　無論你喝咖啡時有何特別樂趣，我們相信咖啡產業的各個面向都應該吸引任何關心地球、農民、全球化，或甚至是基礎經濟學的人。在這些篇幅中，大量資料都在談論咖啡，也會討論更廣泛的議題；一個很好的例子就是「有機」。許多有關咖啡的專門術語在本書最後的名詞解釋中均有說明。假如某個名詞收錄在名詞解釋中，那麼它第一次在詳細討論該名詞的章節中，或是在意義不明確的內文中被使用時便會以**粗體字**呈現。

　　每個跟咖啡產業相關聯的人都有一則關於咖啡的故事，他們啟動視覺、嗅覺和味覺，然後發覺咖啡可能是最棒的飲品。在 1950 和 1960 年代，我母親以鋼鐵製的滴漏壺來煮咖啡，用的是已研磨好、罐裝的麥思威爾咖啡粉。我依然清楚記得煮出來的咖啡聞起來和嚐起來像是有苦味、燒焦的金屬。但是當她打開一個新罐子，卻有一股引人入勝且令人驚奇的香味撲鼻而來。幾年後，我偶然間發現一組特價的器材，有玻璃壺、塑膠的濾斗、濾紙，和一罐研磨咖啡。突然間，我喝到以前從未嚐過的好味道。

　　對我這個入門者來說，無論這杯咖啡意謂著什麼，都為我打開了一條路，讓我深入探索咖啡的複雜性和樂趣，當然也包含了失望的旅程。假如我們能夠以這本書邀請其他人加入這趟旅程，那麼我們將感到心滿意足。

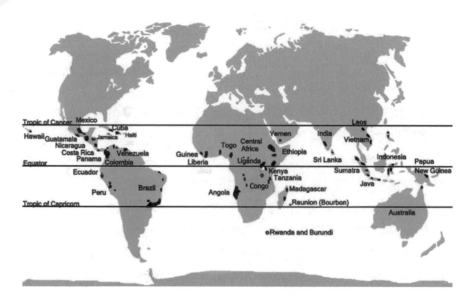

圖 1.1　全球咖啡種植地區。（繪圖：Lara Thurston）

對於咖啡行家而言，這不只是一本書，有部分是因為咖啡是從泥土中長成的。

農業是最變化莫測的一件事，而種植和販售咖啡又是農產業裡最不穩定的領域之一。從種下種子到樹上結出可使用的咖啡果實，可能要 4 年的時間。天氣、戰爭、新生產國的崛起（譬如 1990 年代末期的越南），以及不斷變化的口味，都可能對於產量以及農民賣豆所能獲得的價格造成嚴重的破壞（咖啡豆就是咖啡果實的種子）。

從 1880 年代開始，景氣的盛衰循環也影響了咖啡。1930 年代，咖啡大滯銷，於是數十年來最大的生產國巴西將咖啡傾倒入大海中或是燒燬，結果整個里約熱內盧產生持續不斷的煙霧和刺鼻的味道。在接下來的數十年間，咖啡的價格時而暴漲，時而暴跌，2004 年秋天，紐約的咖啡交易跌至 1 磅 40 美分的極低價格，而當時農民生產 1 磅的咖啡成本至少要 70 美分，其他許多地區的咖啡生產成本則約在 1 美元左右。到了 2011 年 6 月，好幾個主要的咖啡生產國由於天氣惡劣，加上咖啡需求增加，於是將紐約

的咖啡 **C** 期價格推向超過 3 美元，之後才又回跌一些。

2004 年當我造訪肯亞時，有些人告訴我說：「咖啡是老一輩的農作物。」沒有年輕人想要進入這一行。但是以當今的價格來看，種咖啡又再度成為一個吸引人的行業；再者，對於僅只 1、2 公頃小規模種植咖啡的農民來說，他們所掙得的錢跟西方世界的消費者花在咖啡豆或是一杯咖啡上的錢相比，可說是九牛一毛。本書所包含的主題就是為什麼存在這種差異、目前如何處理這個問題，以及咖啡製造商的未來前景如何等等。

消費者的口味和對咖啡的喜好可說是變化多端。在名為「美國咖啡消費——一個走向糜爛的國家」的插圖中，非營利組織樂施會（Oxfam）發現，1970 年美國每人每年平均喝掉 36 加侖的咖啡。在 2000 年時，這個數字變成 17 加侖，然而無酒精飲料的大量消耗卻從每人 23 加侖暴增到 53 加侖 1（編按：資料來源依原書進行標註，唯參考資料之內容請見揚智官網）。不幸的是，這些數字剛好吻合美國肥胖人數增加的趨勢。

另一方面，在過去 30 年只要你不是住在洞穴裡的話，都知道咖啡在全世界許多地方都走在大眾文化的最前線。新的咖啡館不只改變了美國城市的風貌，連英國、德國、哥倫比亞、肯亞和印尼的城鎮亦同，在此僅略舉一二。在 1980 年代初期，估計美國大約有 2,000 間當地或小型的連鎖咖啡館，到了 2008 年末，美國暴增了 27,715 間**精品咖啡專賣店**，其中有 11,000 間或 47% 是星巴克 2。星巴克今年在印尼開了第 100 家店，他們計劃今年在該國再開 15 家。但是近年來展店冠軍或許是咖世家（Costa Coffee），其為英國惠布萊特（Whitbread）公司旗下的事業。1971 年時，一對義大利籍的兄弟移民到英國，成立了咖世家。1995 年時，被惠布萊特公司收購，咖世家現在有 1,871 家咖啡館，在接下來的 5 年內，預計達到 3,500 家分店 3。這家公司也經營自動販賣機、自助式咖啡吧、咖啡亭。就像星巴克一樣，咖世家也已經在國際間打開市場，在東歐、中東、中國、俄國和印度都已經有分店。

雖然有了第三波的咖啡爭戰，但是大家都在喝這個行業裡的咖啡行家所稱的普通或是精透的咖啡，而他們還很開心地稱自己為咖啡迷。首先，

就像我們在以下段落將看到的，全球所販售的咖啡大約有 40% 是**羅布斯塔**。它的學名是中果咖啡（coffea canephora），羅布斯塔與其親緣植物阿拉比卡咖啡相比是比較耐寒的植物。因此，羅布斯塔的味道比較粗糙、帶有苦味，而且缺乏精妙的風味。羅布斯塔之所以被作成即溶咖啡、賣場罐裝咖啡，以及許多濃縮咖啡的混合原料，尤其是在歐洲，是因為它有利於製作出所謂「咖啡脂」的棕色泡沫，並發揮更多的咖啡因作用。大多數的美國人仍然買罐裝咖啡，無論是金屬罐或是塑膠罐裝。2011 年一份調查發現，在家中沖煮咖啡的人有 57% 會購買罐裝咖啡，31% 購買袋裝（全豆或是咖啡粉），8% 則是購買膠囊或是咖啡包[4]。

就像酒一樣，咖啡也有極好極壞之分。你在全美各地都可以用相當便宜的價格買一杯無限續杯的咖啡。在歐洲，你只能一次買一杯普通的咖啡，不過英國、德國和北歐各國會製作一些絕佳的咖啡飲品。最近我家附近的一家藥局刊登了一則 Folgers 咖啡的廣告，它是用塑膠桶裝已研磨好、去咖啡因或正常的咖啡粉，1 磅 1.43 美元。這樣的價格，不管你如何沖煮，結果都會讓咖啡迷嫌惡。再者，種植咖啡豆的農民，他們的心血被用來製作如此令人沮喪的商品，而且分文未得。

對大多數的美國人以及許多其他國家的人而言，每天來杯咖啡成了源源不絕的笑料：「喝咖啡：讓你有更多的精力迅速做蠢事！」這是很熱門的冰箱吸鐵上所寫的一句話，也是我們這個時代最重要的文化指標。如果甜甜圈專賣店 Dunkin' Donuts 所販售的咖啡可以提供額外的精力，也讓高端或是精品咖啡界的人士認為勉強還可以喝的話，那麼 Dunkin' 在前往銀行的路上就會眉開眼笑了。Dunkin' Donuts 引領美國一大票的零售商，在美國境內約有 6,800 家分店，海外約 3,000 家。Dunkin' Donuts 每年在全世界賣出約 15 億杯的咖啡，以幫助客人吞下店裡的甜甜圈，光是美國，一年就吃掉了 9 億個甜甜圈[5]。

Dunkin' Donuts 的咖啡能夠提供跟甜甜圈的親密接觸，然而其他咖啡卻帶領我走向一個接近心靈的境界，例如在某幾年喝的衣索比亞耶加雪夫（Yirgacheffe）或是來自夏威夷科納海岸的極品咖啡豆。這些咖啡要價可

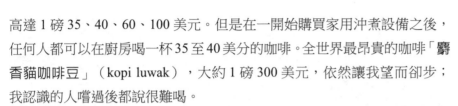

高達 1 磅 35、40、60、100 美元。但是在一開始購買家用沖煮設備之後，任何人都可以在廚房喝一杯 35 至 40 美分的咖啡。全世界最昂貴的咖啡「**麝香貓咖啡豆**」（kopi luwak），大約 1 磅 300 美元，依然讓我望而卻步；我認識的人嚐過後都說很難喝。

　　無論你喝的是哪一種咖啡，或者你並不碰咖啡，它都需要關注和尊重。想想咖啡豆以及咖啡飲品在過去四個世紀的影響力，在中東和非洲某些地區，影響的時間甚至更悠久：

- 咖啡是第一個真正在全世界交易的商品，全球化至今已超過 350 年的歷史。

- 咖啡與奴隸制度，或與一些以其他形式被脅迫、不自由的勞工綁在一起將近 300 年，直到 1880 年代為止。

- 咖啡對於環境具有深遠的影響，特別是它破壞了拉丁美洲和加勒比海域的森林；另一方面，今日的咖啡農民和買家都是盡力買回土地以及實踐永續農業的領導人物。「**社會責任**」對於土地和靠土地為生的人而言，儼然成為每個咖啡產業工作者的口頭禪，從最小的農民到最大的跨國企業皆然，有時他們甚至會堅持這個想法。

- 咖啡已經成為消費國（相對於生產國）社交生活的一面鏡子，也是改變社會標準和互動的一個有力因素。舉例來說，1600 年代隨著咖啡館文化在英國的發展，咖啡助長了性別角色和女性形象的重大改變。從 1800 年代到 1970 年代初期，咖啡在美國社交生活中是主要的社交潤滑劑。至於 1900 年以後，試著想想沒有咖啡的義大利會是什麼樣子。

- 許多作家仰賴咖啡或咖啡館才能文思泉湧。例如下述這些傑出的作家：英國小說家 Samuel Richardson，於 1740 年完成第一部小說《帕米拉》（*Pamela*）；偉大的法國哲學家伏爾泰（Voltaire），他寫了一部劇本《咖啡館，或是美麗的逃犯》（*The Coffee House, or Fair Fugitive*），在 1760 年翻譯成英文；德國哲學家 Immanuel Kant

圖 1.2　1880 年代後期的「集換卡片」（本圖為「寰宇世界」系列中的一張）。這張圖是一些跟當時咖啡消費相關的插圖，在本圖中有高貴的美國仕女，還有種植咖啡的景象。1888 年巴西廢除了奴隸制度，這或許是為什麼在地圖下方的女性邊採咖啡邊微笑的原因吧！感謝邁阿密大學的特別收藏。

（1724-1804）；法國現實主義小說家 Honoré de Balzac（1799-1850）；在美國出生但之後移居英國的 T. S. Eliot，他在 1915 年所寫的詩「J. Alfred Prufrock 的情歌」中帶著渴望寫道：「我在咖啡匙中思量我的人生」；還有四海為家的美國作家海明威（Ernest Hemingway）在 1920 年代就拿著紙和筆坐在巴黎的咖啡館裡。一位匈牙利的學者 Paul Erdos（1913-1996）常常日以繼夜地工作。他曾經說：「一名數學家就是把咖啡變成定理的一部機器[6]。」

• 像是《六人行》（Friends）和《歡樂一家親》（Frasier）等電視影集都選擇鄰近的咖啡館當做劇中人物見面地點或是社交場合。在數不清的電影中，咖啡一直都或多或少占有一席之地。而且沒有其他的東西能夠像它這樣在流行音樂中穿流。「黑咖啡」（Black Coffee）、「床上的咖啡」（Coffee in Bed）、「咖啡與大麻菸」

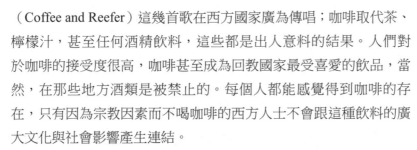

（Coffee and Reefer）這幾首歌在西方國家廣為傳唱；咖啡取代茶、檸檬汁，甚至任何酒精飲料，這些都是出人意料的結果。人們對於咖啡的接受度很高，咖啡甚至成為回教國家最受喜愛的飲品，當然，在那些地方酒類是被禁止的。每個人都能感覺得到咖啡的存在，只有因為宗教因素而不喝咖啡的西方人士不會跟這種飲料的廣大文化與社會影響產生連結。

- 說到攝取之後會改變人體化學或是心理狀態的物質，咖啡因可說是世界上使用最廣泛的藥物，尤其是在咖啡裡（事實上在茶、巧克力、無酒精飲料、機能飲料，以及在各種頭痛藥中被當作增強劑等等）。它對你的健康是有益還是有害呢？我們在這個議題上探索了最新的發現。

- 全世界大約有 70 個國家種植咖啡。至於有多少人靠種植咖啡維生則沒有確切的數字，但是「國際咖啡組織」（International Coffee Organization，總部設於倫敦）估計在 52 個生產國裡，約有 2,600 萬人忙著種咖啡[7]。另外還有數百萬人從事進口、烘豆、調查研究，以及在已開發國家沖煮咖啡。

- 根據聯合國的資料，在 2009 年咖啡進口的顛峰期，消費國一年就花費了 271 億美元購買咖啡[8]。但是，考量到烘焙、儲存、運輸、人事，以及實際沖煮一杯咖啡時其他因素的成本，現今的咖啡事業合計可能達到每年 1,000 億美元[9]。

- 天啊！跟許多書籍和文章裡的論點相反的是，咖啡並不是國際上所販售最有價值的商品（僅次於石油）。鋁和銅甚至賣得更高的價錢，而且在農產品中，小麥、麵粉、糖和大豆全都超過咖啡[10]。在 1500 和 1600 年代，香料買賣從英國開始衰退，並且在糖尚未成為日常用品之前，咖啡或許一度位居第一。但在近幾十年來，咖啡出口量下滑，對大多數的生產國而言，咖啡是外匯收入的一部分。或許在從尼加拉瓜到坦尚尼亞這些咖啡生產國度裡，對他們來說，咖啡在尋找振興經濟的方法或者如何創造更有保障、差強人意的工作方面，依然格外重要。

同時，我們將精確解釋和全面深入地討論咖啡的全球消費，尤其是高端或精品咖啡穩定成長。這個進展有一大部分要歸功於星巴克，它從 1980 年代開始即在全美快速地展店。在 2007 年開始的金融海嘯迫使星巴克不得不關掉幾家店，但是近期已重振旗鼓。對於獨立店家而言，他們也衰退了一陣子，但是他們的數量也已經持續增加。無論星巴克是一家很棒的公司還是邪惡的公司，從 1980 年代開始，它就一直是推高所有船隻的浪潮。就像一位來自加州長灘的咖啡館業者曾經跟我說的：「我的店對面正在興建一間星巴克。如果他們應允，我自願過去幫忙把石膏牆板架起來，只為了讓他們早點開幕。」他認為，人們會到星巴克，也會對於對街的咖啡店感到好奇：搞不好那家店有更好的咖啡。

咖啡有一段悠久、跌宕起伏的政治史。咖啡館雖未建立英國的政黨，卻因此催生了民主，因為一杯熱騰騰的咖啡氛圍（或許口感很糟糕）確實促進了政治觀點的交換。1676 年時，英國的保守主義分子擔心這種「中產階級的公共空間」太氾濫，因此英王查理二世下令取締咖啡館。但是他的法令從未廣泛執行，雖然在接下來的幾年，偶爾因為「煽動叛亂」的罪名逮捕業者，讓當地有些的咖啡館倒閉而蒙上陰影，但是英王跟咖啡商人一直有所接觸卻意味著皇室對於咖啡產業整體的控管已逐漸式微 [11]。從君權到一杯咖啡的政治權力已經產生轉變。法國的革命或許並未真正在巴黎的咖啡館孕育而生，但是同樣的，咖啡館是商議的中心以及尋求改變的民眾集合的地點卻不容置疑。拉丁美洲一直是勞工和土地爭議最多的地點（它是該地區最重要的議題），而不斷出現的革命活動事件都是從咖啡產業的重要面向產生的。

作為一本實用書，本書的目的在於為咖啡產業的所有面向提供一個指引。裡面所穿插的事件和個人故事都從最基本的層面講起，如咖啡在哪裡種植以及如何種植？然後敘事流程就從加工、出口、進口、烘焙，以及把咖啡豆變成飲料各個階段層層發展。在紙本或螢幕上，這本書是一部指南、一本手冊、一個參考工具，目的在於傳遞知識和娛樂讀者。但是我們

也提出一些直指核心的問題,譬如哪些做法會提高土地的價值,並幫助咖啡從業人員,以及哪些技術或習慣是有害的——有個很大的問題是錢流向哪裡,還有原因何在。如果——而且這是一個與事實相近的如果——在歐美大城市一杯咖啡要價 3 美元,但是一個咖啡農民的日薪只有 3 美元,本書的幾位作者即試圖找出是哪些原因所造成。

世界上沒有一種產品像咖啡一樣背負了罪惡感、欲望和承諾的包袱。罪惡感是來自於一杯咖啡 \$3 /日薪 \$3 的公式:西方消費者應該要做對的事,並導正這個情況。雖然許多咖啡農民依然貧窮,更別提那些他們經常僱用來摘採成熟咖啡果的臨時工了,但是圍繞著咖啡的許多罪惡感可能都放錯地方了。我們詳細審視了公平貿易的概念,還有其他想要幫助生產者的計畫,也同樣仔細琢磨了造成咖啡飲料/農場價差的基本因素。

「渴望」與咖啡已經交融了數個世紀。「熱情」則是跟咖啡聯想在一起的字眼。在過去幾年,廣告宣傳活動都訴諸怪異和極端。舉例來說,義大利 Lavazza 咖啡的促銷呈現出性愛與咖啡的強烈連結,尤其在義大利人的思維中。但是在這裡,同樣的,本書揭露了將咖啡與追求浪漫、異國風情,或只是偷得浮生半日閒相結合已有悠久的傳統。就算之前沒那麼明顯,但是在 19 世紀的最後數十年真是如此。今日,紓壓和「個人專屬時間」(在這段時間裡,人們可以遠離任何人、任何事,尤其是對女性而言)就是咖啡亂七八糟的承諾之一。例如,幾年前有一支雀巢狀元即溶咖啡(Taster's Choice)的廣告宣稱:「安祥、平靜、均衡,盡在狀元咖啡中——它讓你神清氣爽 [12]。」

就跟酒一樣,咖啡也提供了一條通往高度涵養的路。《紐約時代雜誌》(*New York Times Magazine*)在 1999 年 2 月刊出一則特別廣告企劃,聲稱「我們必須把咖啡當作是一個珍貴的商品,以愛心來貯藏和沖煮它……每顆咖啡豆都具有獨特的風味,就看它如何被烘焙 [13]。」刻意借用酒類的詞彙,同時試圖利用美國人認為高度涵養只來自於歐洲的觀念(或焦慮),於是「風土」(terroir)變成一個新潮的用詞,意思是農民在種植咖啡時給予大量的關照 [14]。

對於好味道的訴求，甚至是由即溶咖啡的業者所提出，這在咖啡廣告史上幾乎不是新鮮事。自從 1880 年代以來，咖啡業者曾經嘗試，或仍然在嘗試各種事物，好比如何利用簡單的步驟把家事做得更好，把咖啡當作社交潤滑劑，或是經由一杯咖啡把消費者帶到一個具有異國情調的地方，以及不可避免地，把咖啡跟性聯想在一起。

有一個新的氛圍環繞著這個棕色的飲料，亦即自從 1980 年代以後，咖啡就多了「道德羅盤」的稱號。「喝咖啡的人能不能拯救雨林？」有一名記者問道，然而另一名記者也想知道：「上好的咖啡能拯救叢林嗎[15]？」拯救森林或是叢林，這個任務是一個大工程，而且跟透過一杯讓人快速平靜的飲料來拯救自己差距甚遠。綠山（Green Mountain）咖啡公司在他們的包裝袋上宣稱「好咖啡改變一切」。當然，這句話隱含了喝不好的咖啡將使得產區的環境進一步惡化。

最大的跨國咖啡業者，例如 Kraft（美國）、Nestle（瑞士）、Sara Lee（美國）、Folgers（也是美國，最近被 Procter and Gamble 賣給 Smucker 公司），還有在一些數據中包含 Tschibo（德國）在內，這幾家公司每年占了全世界 50% 以上的咖啡銷售量。因為他們在咖啡產業中具有舉足輕重的地位，他們持續受到環保激進主義分子、咖啡鑑賞家，以及勞工擁護者的抨擊。或許碰觸或品嚐咖啡的每個人，從農民到背負壓力的都市人（英美）都「在你的這杯咖啡中被搶劫了[16]」。然而即使是這些咖啡業的大品牌，也都順應正面的發展趨勢。

星巴克本身很自豪他們的倡議：「為農民和地球更穩定的氣候，促進更美好的未來」，以及「經濟透明」，亦即透過付費給供應鏈的證據來證明「我們付了多少錢給種植生豆的農民」。該公司與創新的非營利組織合作，以協助鄰近地區的振興運動，並改善社區教育、就業、健康、居住條件與安全[17]。

這些聽起來都很棒。但即便是星巴克也被說成是咖啡裡的惡魔。（對某些人而言，星巴克是最主要的）在網路上搜尋反星巴克的圖像，你會發現排山倒海出現一大堆。「差勁咖啡公司」（Corporate Coffee Sucks）算

是相當溫和的,「朋友不該讓朋友喝星巴克」有一點尖銳。雖然那隻被「星滾開」(StarFuck Off)所包圍的著名美人魚挑戰傳統好味道,但「星傻客」(Starsucks)這個稱號就顯得尖酸刻薄了[18]。這家公司真的這麼糟嗎?或者因為它太出名,因此樹大招風,變成不滿的顧客方便攻擊的目標?不過,至少有個商業團體近來肯定星巴克的努力,頒給他們一個「企業責任獎[19]」。關於好巴克、壞巴克的爭議肯定還會持續。

至於慢食還是速食、手工食物還是工業食物的爭議,是要把咖啡歸在哪個類別中呢[20]?咖啡以及世界各地所有的食品業事實上都在經歷深沉的改變。咖啡是可以慢慢飲用,以幾近儀式的方式用心調製的飲品;當然,它也可以是快速或立即沖調的飲品。麥當勞現正嘗試做不可能的事,亦即在他們的餐廳裡販售手沖慢咖啡,而當顧客跨越麥當勞的漢堡區走進McCafé 之前,顯然願意多花一、兩秒的時間。

在大多數國家,喝咖啡的人都不可能嚴守產地直銷,也就是只買150英哩內所運送來的食物。除了夏威夷的小島、波多黎各和澳洲所生產的咖啡之外,沒有跨海交易、也沒有主要消費國所販售的咖啡。長距離交易本身是個問題嗎?當然,大多數的商業觀察家和大多數喝咖啡的人會說不是;這個問題應該是如何增進咖啡與金錢的全球流通。生產國的收入必須要增加,才能讓長途的交易成為必要。在一些生產國,咖啡消費的大好前景,以及連帶高檔的咖啡館和較高收入的工作已經出現。當開發中國家的中產階級,其品味和消費都提升時,流入全球市場的高品質咖啡就比較少。較少的出口供應量將有助於使價格居高不下。假如這個充滿希望的循環未被全球暖化所破壞,那麼它將改善咖啡農民的生活。

近年來在討論咖啡時,有部分的困境是傾向於把重點放在阿拉比卡咖啡上,變身為「精品」、「有特色的」好咖啡,或是「極品咖啡」。羅布斯塔一直是與精品咖啡相關的人冷嘲熱諷的對象,但是它占了全世界咖啡產量,以及咖啡所換取的許多金錢的一大部分。本書特別介紹了羅布斯塔,以及精品業界所稱的「商業咖啡」(commodity coffee),基本上就是賣場裡罐裝或塑膠桶裝的咖啡。

在這些篇幅中，如何種植、挑選，以及販售咖啡的模式有部分是關於如何從消費者身上獲得更多的錢——因為好咖啡在許多方面都可以跟好酒相提並論，而且應該獲得跟發酵的葡萄汁同樣的高價位——如何降低生產者的成本，或是如何排除將咖啡往北運送至消費大國的路上，有一些中間商的控管，唯一的目的就是把更多的錢留在種植者和烘豆商的口袋裡。

本書贊同種植和行銷咖啡沒有特定的公式。舉例來說，大型農場的農民可能會賺錢，並提供極佳的設施給流動的採果工人；消費合作社可能運作良好，也可能受內部問題所困擾，而妨礙到他們的效率和損害收益。本書的格言或許是「只要有用就行」。

咖啡植物本身是持續努力提升產量與抗寒。生產國的研究人員每天都致力於嫁接、修剪、測試，利用自然界中固有的成分製成的天然農藥噴劑，或以自製的黏稠物來誘捕害蟲，或是增加昆蟲數來控制植物的病蟲害。非有機的殺草劑和殺蟲劑向來就不便宜，從 2007 到 2008 年，在世界上許多地區，價格都翻倍上漲。

最後，咖啡農民，就像他們在其他農地上的同胞一樣，總是在尋找更多的賺錢方法。他們會在咖啡樹的旁邊或中間種植其他作物。有鳥類出沒嗎？結果吸引了生態旅遊者來造訪。有美麗的風景嗎？幾乎不用多說，只要種植咖啡的地方，都會蓋一棟小木屋，並邀請來自北半球的遊客來觀光。你所需要的就是資金和全國各地良好的治安；然而就像我們幾位作者所描述的，在咖啡生產國的許多地區，這兩個要素並不容易獲得。

當然，要使咖啡對於地球、對於種植、摘採、加工和銷售者以及消費者有益處，最好的方法就是教育最後一群人——喝咖啡的人，尤其是在北方的消費國中，必須更警覺在這杯深色飲品中加進了哪些東西。

假如生產國的條件真的要改善的話，那麼需要有更多的錢須進入整個商品鏈中，並流入農民的手中。另一種情況是赤貧，尤其是 1999 至 2004 年，當全球的咖啡價格低於當地的生產成本時，這股趨勢從鄉村蔓延到城市裡惡臭的貧民窟，譬如馬那瓜、尼加拉瓜，然後往北經由墨西哥進入到美國。在某些情況下，人們無法遷移，他們只能留在村莊裡挨餓[21]。

　　無論是否提倡有機農業，如何生產好咖啡，以及消費者合作社是否為對咖啡而言最有利的組織，都是本書要探討的重要主題。如何透過降低成本、透過公平貿易、直接交易、認證標籤，或是藉由開發消費者的口味，讓農民賺取更多的錢，則是其他重要的議題。當本書編輯和撰稿者為自己、為地球、為農民在定義杯中物時，他們希望教導更多的人有關咖啡的大小事，讓人人嚮往好咖啡。

Part I
咖啡產業

1

提升咖啡品質的策略

Price Peterson

賓州大學神經化學博士。其家族是巴拿馬博啓地（Boquete）翡翠莊園（Hacienda La Esmeralda）的業主，他是舉世聞名的咖啡農場主和革新者。他的兒子 Daniel 研發了相當受歡迎的咖啡品種「藝妓」（Gesha）。農場網址：http://haciendaesmeralda.com/。

以下是本書編者 Robert Thurston 對於 Peterson 農場經營的評註：

Price Peterson 和妻子 Susan、女兒 Rachel、兒子 Daniel 一起經營家庭農場，生產全世界最好的咖啡。他們的農場「翡翠莊園」（La Esmeralda）位於巴拿馬西部的巴魯山邊（Mount Baru）。本世紀初，Daniel 在自家土地發現「藝妓咖啡」（Geisha）的野生植栽。藝妓咖啡看似不可能成為頂級咖啡：這種咖啡樹形狀細長，樹枝捲曲而非自然垂下；生產力不怎麼高；容易罹患咖啡葉鏽病，而葉鏽病是拉丁美洲農民的心頭大患。儘管如此，Peterson 家族仍覺得藝妓咖啡潛力十足，它是 1950 年代從衣索比亞傳來的新世界品種。事後證明，他們的眼光獨到。不出幾年時間，這個品種就榮獲巴拿馬咖啡大賞最佳咖啡獎；2005 至 2007 年，連續榮獲美國咖啡烘焙師公會最佳咖啡賞，這可是前所未見的殊榮。

Price 先生取得賓州大學神經化學博士學位，是一位做事細心的咖啡農和工藝師。30 多年前，他放棄賓州大學的終身職，偕同妻子 Susan 搬到巴拿馬。他和美國進口商密切合作（如咖啡界大老 George Howell），研發出特殊方法，確保咖啡在運送途中不會變質。舉例來說，將去除果肉的咖啡豆乾燥以後（濕度約只有 12%），再把咖啡豆裝在塑膠袋裡面幾個禮拜，同時監控風味的變化。只要達到他們想要的風味，就會重新包裝咖啡豆，以真空包裝方式立刻運送出去。Price 先生最頂級的藝妓咖啡，每年 5 月直接在網上拍賣，1 磅生豆可高達 130 美元，進口商送到美國以後必須自行烘焙，烘焙後最頂級的翡翠莊園藝妓咖啡，1 磅可能要價超過 200 美元，藝妓咖啡評鑑分數屢屢超過 95 分，堪稱咖啡迷夢寐以求的咖啡。

最後，Price 還做了一件善舉：提供工具給採收工人。他們鼓勵原住民家庭每年都來採收咖啡豆，也確實獲得原住民的響應。Price 認為，永續經營的目標包含對人和土地。因此，農場為採收工人的孩子設置托育中心，並提供營養補給，每週還有醫生和牙醫來看診。除了風光明媚的農場，勞資雙方的互信也是美麗的風景。

針對 Price 的文章，我還有一點要說明：本書以 Price 的文章作為開場，部分原因是 Price 提到要達到生產國的出口水準和製作好咖啡的許多關鍵因素。他使用不少特殊用語，包括咖啡品質鑑定杯測師、黏液層，這些在專有名詞表中均有解釋。

還記得 30 年前，我購買全新的福特小貨車，價格相當於 26 袋咖啡豆，但現在已相當於是 151 袋咖啡豆。咖啡農有兩種生存之道，一是降低土地成本，以更少資源生產更多咖啡，二是和「商業咖啡」（**commodity coffee**）作區隔，專門生產頂級咖啡。品質——總是取決於買家的認知——可能意指風味、對社會有貢獻、環保、有益健康等等。

假如讓咖啡農選擇品質，那麼他們可以選擇有形或是無形的品質。你的咖啡是風味特殊呢？還是對地球和社會有益呢？生產絕佳風味的咖啡，可能長期受到全球內行消費者的肯定。但生產頂級咖啡可能所費不貲。

有些咖啡農不得不選擇無形的品質，畢竟氣候問題、當地品種、栽種方式都可能不利於生產頂級咖啡。這時候咖啡農只好投資於社會肯定的價值，包括**有機、環保、鳥類親善**或**美國公平貿易認證**，這可以滿足那些想買道德咖啡的消費者。雖然這些社會價值並非普世、也非恆久不變，卻可以讓生產者存活一段時間。

以絕佳風味著稱的高品質咖啡，究竟如何生產的？首先我要聲明，現在已有評估咖啡風味的國際公認標準。目前國際上共有來自 54 個國家，認證合格的**咖啡品質鑑定杯測師**（**Q-grader cupper**），他們按照一致的標準，完成咖啡評鑑。評鑑制度可以客觀評鑑咖啡的品質。如同品酒制度滿分是 100 分，Ted Lingle 和**美國精品咖啡協會**（**Specialty Coffee Association of America, SCAA**）所設計的咖啡豆分級表，滿分也是 100 分。一般來說，分數只要達到 80 分，就是**精品咖啡**（**specialty coffee**）。換言之，80 分以上的咖啡，就不是商業咖啡，而是值得認真考慮將其納入精品咖啡。

頂級咖啡如同美酒，不太可能是大企業的產品，只可能出自得天獨厚的小咖啡園，以及對細節近乎苛求的咖啡工藝師。

圖 1.1　2008 年 Price Peterson 攝於農場。（照片提供：翡翠莊園）

🔸 地點

有一句古諺說：「一個好咖啡園，要感謝的是人，而非土地」。這句話至今依然適用。我看過好咖啡生長在加州南部烈日炎炎的乾燥沙質山坡，咖啡農是一位加州理工州立大學畢業的年輕人。我也看過好咖啡生長在巴拿馬一個全年有雨的山谷，那裡沒有土壤，只有泥濘。這兩個例子都有一流的咖啡農。

完美的咖啡園條件包括：位於南北緯 12 度內，因為這個區域日照平均；地勢呈現緩坡，方便排水和採收；年降雨量大約 2,000 公釐，卻要有明顯

而短暫的旱季；風速每小時不超過 7 公里。好咖啡的生長氣溫，白天約在攝氏 20 度左右，晚上大約 12 度。如果沒有害蟲或病菌就更好了。對我來說，想要栽種精品咖啡（相對於商業咖啡），上述條件只有一個是絕對必要的，那就是夜間氣溫。說到寒冷的夜晚（但千萬不可以刺骨），生產國經常標榜高海拔咖啡，讓我們相信精品咖啡必定生長在高海拔地區。實情也大致如此。不過，一旦超過一定海拔（視緯度而定），咖啡樹就會生長緩慢，最後結果也會降到合理範圍以下。

基礎設施往往受到忽略。有平坦的道路，咖啡豆才可以迅速送到加工地點。有充足的水資源，才可以灑水控制蟲害。在採收期間，加工業者、運輸卡車和採收工人之間的聯繫也很重要，更別說充足的採收人力，為了吸引採收工人，提供他們全家人優質的住宿和衛生設施是個不錯的方法。

咖啡樹

說到阿拉比卡（arabica）咖啡，我們千萬別忘了，新世界的咖啡幾乎都是兩個品種的後代——鐵比卡（Typica）和波旁（Bourbon）。這個基因庫很小，若非同種交配，就是和少數幾個種類雜交。咖啡的故鄉衣索比亞，擁有上百種，甚至上千種的咖啡，但後來幾乎沒有傳入新世界。既然兩百多年來，新世界的咖啡品種幾乎沒有改變，那麼唯一影響咖啡品質的因素就只剩下栽種方式和氣候——其他因素不太可能產生影響力。因此，咖啡之間只存在微妙的差異，這就是專業咖啡評鑑師出現的原因。打個比方來說，連傻瓜都可以分辨白酒和紅酒的不同，但只有少數人懂得辨別牙買加藍山咖啡（Jamaican Blue）和夏威夷科納咖啡（Kona）之間的差異。

發現新的咖啡風味，例如帕卡馬拉咖啡（Pacamara）和藝妓咖啡（Gesha），可是難得的大事。我們不斷發現新品種的咖啡，有些風味差別之大，就好比夏多內和勃根地葡萄酒的味道差異。認識到如此多樣的咖啡風味，讓咖啡藝術邁向新的紀元。衣索比亞國內擁有如此多元的咖啡品種，為什麼沒有更早意識到咖啡風味的多元性？大概是因為加工技術欠佳、缺乏基礎設施、缺乏咖啡豆出口所需的技術、缺乏近乎苛求的咖啡農、

以及缺乏市場機會所致。

　　1950 年代研發出矮生咖啡樹品種，於是咖啡品質又前邁進了一大步。矮生咖啡樹為咖啡栽種大開方便之門，尤其是商業咖啡。就我所知，矮生咖啡樹沒有「地方品種」，對精品咖啡農來說沒有改良空間。大家都很希望咖啡樹可以抵抗昆蟲（尤其是**咖啡果甲蟲**）和真菌疾病。未來也有可能透過基因改造，生產出風味大受歡迎的咖啡植栽。這些咖啡樹都是我們技術所及——只是欠缺成熟、識貨的消費者來刺激需求，以鼓勵業者研發更多新品種。

採收

　　我們經常聽說，只要是成熟的**咖啡豆**，採收時就是「完美的」；加工並無法提升品質，加工只會彰顯、破壞或摧毀咖啡豆。**咖啡櫻桃果實**（**cherry**）必須在全熟全紅的狀態下採收。全熟前後幾天勉強可以接受，但不能過久。太早採收，咖啡會帶有草味、口感生澀；太晚採收，**發酵作用**（**fermentation**）已經開始，而產生不同程度的酒味。把樹枝上所有咖啡果一次剝除，就會混雜成熟和未成熟的咖啡果實。如果你是近乎苛求的咖啡農，絕對無法容許這種採收方式，只能接受小心翼翼逐一採收成熟的咖啡果。可惜商業咖啡生產都是採用刷落式採收法，可以透過手工或機器完成。唯有對自己技術感到自豪的工人，才有辦法做好手工採收，他們的付出和報酬自然會成正比。這個環節絕對不能省略。

　　咖啡果實和咖啡樹分離之後，立刻去除果肉、清洗，並在低溫下快速乾燥。採收後的咖啡果實放在袋子過夜，或是接受陽光曝曬好幾小時，都會讓咖啡變得難以入口。為何變得難喝，至今仍不清楚確切原因。就算沒有陽光的熱氣，一整堆或一整袋的咖啡果實仍會產生熱氣，因為咖啡果實裡面會有微生物作用，也因為咖啡果實和種子還活著，細胞作用仍在進行中。這些熱氣都有可能改變咖啡種子，變成我們不喜歡的風味。再來，一整堆或一整袋的咖啡果實含氧量低，可能促使種子產生代謝反應，導致令人不快的結果。就連腐爛的咖啡果實，也會散播惱人的氣味。

因此採收後幾小時內就要開始加工，絕對不可以有空檔，所以基礎設施更形重要。世界上多數咖啡毀壞的原因，可能都是採收和加工沒有搭配好，就連高品質的咖啡果實也經常被這個問題所困擾。我們看到很多國家的高山咖啡，採收以後因為各種延誤而腐壞，例如靠肩挑或驢子運送好幾天，才有道路可走。以這種方式運送的咖啡會逐漸腐壞，最終送達「走私業者」或中間商的倉庫，雖然還潮濕著，但還要等到裝滿一卡車，才會送到一個大型的中央工廠做最後的加工。經歷這一連串折騰的咖啡果實，頂多只能拯救一部分做成商業咖啡。我記得在玻利維亞 La Paz 市有一個大型加工廠，只有少數空間和機具用來乾燥碾磨這些咖啡果實，大部分資源都投注在密度揀選、電子分色機以及人力揀選上，以篩選出可以飲用的咖啡。

除果肉

目前有幾種機器可以除去果皮、挖出果肉、挑出果核，這幾個步驟合稱**除果肉（depulping）**。這不是什麼尖端科學，只要設備不會刮傷或傷害咖啡豆就行了。尚未除果肉的咖啡豆，覆蓋著厚厚一層黏膩的長鏈醣，這基本上就是洋菜膠。黏滑糖衣和咖啡豆之間隔著咖啡內果皮，所以對咖啡品質影響不大，但卻會危及乾燥的步驟，若是在水泥表面，乾燥危害更大。**除黏液（demucilation）**的方法，以往就是連續 36 小時讓咖啡豆保持潮濕，或是直到咖啡果肉的澱粉酵素可以分解黏液，再來清洗並乾燥咖啡豆。過去幾年，除黏液機已經研發出來了。咖啡豆從除果肉機取出來以後，除黏液機讓咖啡豆相互摩擦，把洋菜膠塗層磨掉，接著咖啡豆就可以馬上乾燥，如此可避免分批處理法的延誤問題。

乾燥

關於咖啡**乾燥**技術（或科學）的研究不勝枚舉。我遇過一位物理研究所博士班學生，博士論文就是咖啡乾燥。這一切都是有道理的。以尖銳的小刀切割潮溼的咖啡豆，你會發現水分子複雜的生命，受制於布朗運動

（Brownian motion）的隨機撞擊作用，水分子困在裡面，試圖逃脫出來，滑過潮溼的斜坡，穿越重重阻礙，包括細胞壁、逐漸集中的溶解固體、木質纖維素薄層。這絕非易事。況且咖啡豆的細胞一直新陳代謝、破壞並創造一些分子，這些分子決定了咖啡的風味。

咖啡豆混合了醣、蛋白質、核酸、脂肪、纖維素，還有少許礦物質，於是問題更複雜了。我們也知道咖啡豆烘培相當於半焚化，原本的化合物所剩無幾，倒是多了一堆新的有機分子。生咖啡豆幾乎沒有味道可言。然而，浸泡已烘焙研磨過的咖啡豆所產生的萃取液中，充滿各種重口味的化合物——但我們仍不清楚，這些化合物和乾燥烘焙步驟有何關聯性。Ernesto Illy 身為家族事業伊利咖啡的第二代傳人，終生的志業就是透過複雜的化學分析，找出咖啡風味和烘焙步驟的關係。可惜成功只是曇花一現，我們只好回頭鑽研最好的咖啡乾燥方法。

方法其實很簡單，就是盡量快速乾燥咖啡，別讓咖啡豆的溫度上升到產生化學反應的程度，但是要能夠進行正常的代謝作用。這個方法只能減低傷害，好處有限。換言之，既然不知道如何改良，那就減少損失吧！

百年來咖啡加工技術進展不大，其中一大進步就是旋轉式熱風乾燥機的發明，用以取代在戶外曬乾。耙鬆以後在戶外曬乾的咖啡豆，周圍環境變化很大，溫度大約在21至50℃之間上下波動。這根本不是乾燥「技術」，而是看天吃飯！旋轉熱風乾燥機幾乎可以完全掌控溫度和**含水量**。剛開始咖啡豆的含水量是 30%（乾燥前置作業僅先移除表面的水），透過蒸發冷卻，就算輸入高溫的熱氣（80 至 90℃），咖啡豆的溫度也不會大幅提高。隨著含水量減少 17 至 19%，溫度也調降到 60 至 70℃，但咖啡豆的溫度依然保持在40℃以下，最後含水量達到12%，溫度也變得更低。由此可見，咖啡豆的溫度絕不會比人體溫度高。這是戶外乾燥法所無法達到的穩定狀態，但非洲高架日曬法除外。

等到咖啡豆的溼度降至 11 至 12%（仍然包著內果皮），咖啡工藝師對成熟咖啡豆的保護也算盡人事了。度過關鍵時刻，咖啡終於可以盡情發揮，剩下就是烘焙的事了。

乾燥處理

乾燥以後，優質咖啡還要存放、熟成 4 至 8 週，這個步驟稱為**乾燥處理**（**dry processing**）。在這段期間，咖啡將會去除草味和生味，變成最理想的成熟風味，但確切原因至今不得而知。由於咖啡**內果皮**（**parchment**）完好無缺，所以儲存期間不會受到天候影響。

運送咖啡豆以前，還有一個步驟。這個步驟包括把咖啡內果皮碾碎，可能稍微研磨到底下的**銀膜**（**silverskin**）。銀膜是半透明的皮層，緊貼著生咖啡豆，接著再依照大小、密度、色澤、機械加工來揀選**瑕疵豆**。最後加以包裝，運送到烘豆商手中。幾百年來這個階段都是以麻袋包裝。一袋咖啡的國際標準重量是 60 公斤或 134 磅。

在整個「熟成」階段，優質咖啡宛如美酒，必須不斷加以評鑑。乾燥處理應該分批進行，而非一視同仁。縱使來自同一個農場、同一個咖啡品種，不同批次的咖啡也會有些微差異（這取決於微氣候，以及咖啡果採摘於初期、中期或後期）。正因為這些差異，一批咖啡可能被評為 92 分，另一批可能被評為 94 分，雖然差異不大，但看在咖啡行家眼裡，卻可能是 1 磅 5 美元和 100 美元的差異。**第三波**咖啡買家所追求的生命價值，就是頂級和優質的差別。

鑑往知來

幾年前，加州 Emeryville 市的咖啡大師 Bob Fulmer，預測未來 5 到 10 年，消費者走進咖啡店說的第一句話可能是：「我想要帕卡馬拉。」再過一會，他可能說得更清楚：「宏都拉斯的帕卡馬拉」。最後他會補充說：「三倍的帕卡馬拉加上脫脂牛奶、肉桂和鮮奶油。」酒神的追隨者亦復如是。起初只點一瓶梅洛紅酒，接著說「智利的梅洛紅酒」，他也可能偏好特定葡萄園或特定海拔的紅酒。

消費者味蕾不斷提升，正是我們精品咖啡界樂見之事。我們想要提供消費者更多機會，透過消費來展現自我。目前有 12 種來自不同產地的「鐵

比卡」和「波旁」，而我們希望有朝一日，消費者可以享受來自 20 個產地的不同品種。

　　咖啡包裝已經有所改良，目前正在研發「完美」的儲存方法，讓採收的咖啡可以全部或部分保存好幾年，卻不會有損品質。如此一來，咖啡可以傚效美酒，鑑定是哪個年份採收的，再以高價賣出。咖啡飲用者就有可能來到最喜愛的咖啡店，點一杯來自宏都拉斯 2004 年採收的帕卡馬拉，比例是三倍帕卡馬拉加上脫脂牛奶、肉桂和鮮奶油。假如我們有來自 20 個產地，12 個品種，7 個不同採收批次。我相信買家會有 1,680 種方式來展現自我！

2

咖啡植栽以及如何栽種

Shawn Steiman

本書科學部分的共同編輯。歐柏林大學生物科學學士。夏威夷大學熱帶植物與土壤科學碩士及博士，研究探討園藝、生化以及感官品評領域的咖啡科學。曾在學術期刊、商業雜誌、電子報和報紙發表關於咖啡的文章，並出版了《夏威夷咖啡書：從科納到可愛島的美食指南》（*The Hawai'i Coffee Book: A Gourmet's Guide from Kona to Kaua'i*）。Shawn 是咖啡顧問公司（Coffea Consulting）的負責人，該機構與咖啡業界的成員共同合作，包括農民和消費者在內，同時是一名咖啡評鑑杯測師。信箱為 steiman@coffeaconsulting.com，其他文章尚有本書第 17、23、49、50、64 章。

　　咖啡樹直立挺拔，黑亮亮的葉子，沿著樹枝成對生長。白花盛開之時，花香令人陶醉，別有韻致。咖啡果實成熟時呈紅色（但有些品種可能呈黃色、粉紅色或橘色），多汁誘人。咖啡是熱帶植物，只適合特定的氣溫（不可太熱，也不可太冷）。

　　除了溫度要求，咖啡並不挑剔，適合多種土壤，但特別偏好微酸性的土壤，因為酸性土壤排水良好，大雨過後咖啡不會淹死。對於咖啡來說，只要氣溫舒適，海拔多高並不重要。如同其他生物一樣，咖啡依賴食物和水維生，咖啡可以承受極度的壓力，除寒霜外，因為寒霜可以在一夜之間害死咖啡樹。咖啡樹經歷過寒霜的極度壓力後，無法生產很多果實供人類採收。定期修剪軀幹對咖啡樹而言不成問題，它甚至是維持生產力的必要手段。強風則是例外，一旦風太大，葉子就會受損，隨著花朵一同被吹落。

　　人類喜愛咖啡，並非因為它是觀賞植物，而是咖啡樹所生產的飲料。不過，從咖啡樹到一杯咖啡是一條漫漫長路。

　　人類真正在乎的是咖啡種子（**seed**），它藏在咖啡果實裡面。第一步就是從咖啡樹摘下**咖啡果實**（**coffee fruit**），只要搖一搖咖啡樹，咖啡果實就會落下，這可以透過人工或機器完成。在烘焙和品嚐以前，我們要從果實裡取出咖啡豆，並加以乾燥，把濕度降到很低。咖啡種子和果實外層之間，有好幾層植物纖維必須拿掉：包括**銀膜、內果皮、果肉**。

　　在**乾燥處理**中，果實和種子一起乾燥。利用專用器具，把外面幾層全部去除。若是採用**濕式處理**（**wet processing**），就要先將種子從果實中取出，然後去除掉果肉，連內果皮也要拿掉。一般來說，果肉都是直接用機器去除，不然就是利用微生物吃掉果肉。這時候咖啡種子依然覆蓋著銀膜和內果皮，可放在陽光下曝曬，或是放入熱風乾燥機。不過有時也可能保留果肉，直接乾燥咖啡豆。

　　乾燥以後，內果皮就會被碾除，有時會殘留一些銀膜，烘焙過程中，銀膜會變成碎片。接下來就是收集大小不一的咖啡豆，這些咖啡豆質地堅硬，呈藍綠色，也因為裡面摻雜一些破損、變形、蟲蛀或染病的咖啡豆，需要藉由人工和機器來挑選，淘汰異常的咖啡豆，剩下的咖啡豆就以大小、密度和色澤進行分類。

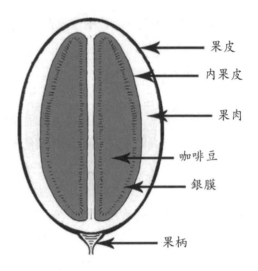

果皮
內果皮
果肉
咖啡豆
銀膜
果柄

圖 2.1　咖啡果實分解圖。（繪圖：Lara Thurston）

圖 2.2　非洲式乾燥架。在咖啡的故鄉衣索比亞仍使用這種器具。（攝影：Robert Thurston）

　　咖啡豆裝袋以後，會送到港口，最終目的地是倉庫或烘豆商，路途經常十分遙遠。經過烘焙以後，咖啡豆就可以研磨、沖煮和飲用了！

3

深入探索：栽種與產量

H. C. "Skip" Bittenbender

密西根州立大學園藝學碩士及博士。現爲夏威夷大學熱帶農業與人力資源研究以及研究咖啡、可可和咖瓦（kava）等延伸（外展）活動的協調員。與 V. E. Smith 合著《在夏威夷種咖啡》（*Growing Coffee in Hawaii*）爲 B. Goto 與 E. Fukunaga 寫的咖啡系列修訂版。Skip 與 Cathy Cavaletto 在咖啡品種評鑑方面的研究以及與 Loren Gautz 在機械整枝的研究方面，對於 1990 年代夏威夷咖啡產業的快速擴張極具貢獻。信箱爲 hcbitt@hawaii.edu。

消費者購買的咖啡，主要屬於茜草科的兩個品種。一是小果咖啡（Coffea arabica），又稱阿拉比卡種（**arabica**），二是中果咖啡（Coffea canephora），又稱羅布斯塔種（**robusta**），前者比較優質。大多數咖啡都是阿拉比卡種，其發源自衣索比亞高地。羅布斯塔則發源於象牙海岸和中非共和國等地，這些地方氣候比較溫暖潮濕。

人類把咖啡作物從發源地移植到世界其他地方以後，基因變異性十分有限。歐州人起初並不知道，衣索比亞才是真正的發源地。17 世紀歐洲人從葉門移植了阿拉比卡咖啡，品種只限於葉門當時栽種的「鐵比卡」（Typica）和「波旁」（Bourbon）。目前傳統的商業阿拉比卡咖啡，主要都是「鐵比卡」和「波旁」的混種或自然突變種。目前咖啡育種者正要開始探索阿拉比卡咖啡浩瀚的基因多樣性，1960 年代起，他們紛紛回到衣索比亞收集咖啡作物和種子。收集咖啡作物和種子的活動，主要在衣索比亞、巴西、哥倫比亞、哥斯大黎加等地進行。人們收集到一些重要特徵，如不含咖啡因、耐旱耐風、獨特的杯測品質、抗病蟲害等，商業咖啡品種可望在 21 世紀有這些特色。

阿拉比卡的基因改造工程，遠比羅布斯塔更早開始。不過，其他具有兩套染色體的咖啡品種，也可以和羅布斯塔雜交[1]，但這些品種尚未發展成熟，也尚未歸類為羅布斯塔或阿拉比卡。

咖啡販售主要看生產地和類別（species），而非品種（variety），因為自古以來，生產咖啡的地區以及烘焙與消費咖啡的地區截然二分。咖啡產地多半只生產幾種咖啡，難怪大家以為特定產地就會生產特定品質的咖啡。不過，農民最近正在透過育種計畫，試驗各種咖啡品種，這些未來都有可能上市。氣候、作物管理、加工方式對咖啡品質影響很大，所以未來會有更多新品種出現，帶給烘豆商驚喜，因為這些咖啡豆的特徵不像以前只和特定產地有關。

氣候

咖啡是常綠熱帶作物，生長於林冠層底下。咖啡產地通常有和煦的微

風，而非強風。非赤道地區只有一個雨季，赤道區域經常有兩個雨季。咖啡栽種的年雨量至少需達 1,270 公釐。降雨不足或旱季太長的地方，可以利用灌溉設施補足，維持咖啡產量穩定充足。如果氣候理想，旱季可以給休眠的花苞壓力，讓花期和雨季撞期，如此一來，結果期和熟成期就會處於涼爽的旱季[2]。阿拉比卡最好生長在低溫 15℃、高溫 25℃ 的地方。羅布斯塔最佳生長氣溫是 24 至 30℃。據說阿拉比卡商業咖啡的產地，有些結果期的白天氣溫甚至高達 32℃。地球上氣溫最適合咖啡生長的地點，若是赤道區就要選擇高海拔，若是南北緯 23 度左右，就可以選擇平地。在高海拔或高山栽種咖啡，不是為了降低氣壓，而是為了選擇白天氣溫低的區域。理論上，海拔加上緯度，決定了一個地區是否適合栽種阿拉比卡或是羅布斯塔。就阿拉比卡來說，緯度愈高（前提是位於熱帶區，咖啡樹才不會受到霜害），海拔愈低。舉例來說，夏威夷位於北緯 19 至 21 度，吹信風、四面環海，海拔 610 公尺處即可生產優質咖啡。

光照

陽光對咖啡的生長不可或缺，就連野生咖啡（生長在天然乾燥的**林下植物棲息地**）也很需要陽光。咖啡不同於一般果類作物（酪梨、香蕉、夏威夷果、芒果、鳳梨），是很能忍受陰暗的生長環境。今日的咖啡生長在多雲的地方，例如肯亞、哥倫比亞、夏威夷等地的山區。在比較溫暖、陽光比較充足的低海拔地區，咖啡經常躲在樹蔭底下，稱為**蔭下栽種**（**shade-grown**）的咖啡。關於咖啡光合作用的研究（為了生長，捕捉光能和二氧化碳），顯示咖啡葉只需要 20 至 25% 的熱帶陽光，就可以達到最完美的光合作用；頂部葉子尚未使用的多餘光能，會傳到底部的葉子。多餘的光能讓咖啡樹每個花苞開出更多花，也有了更多果實。這聽起來對咖啡農很有利，似乎每公畝所生產的咖啡更多了，但情況並非總是如此。

營養

除了陽光、二氧化碳，咖啡會從土壤吸收基本養分，尤其是氮、磷、鉀等至少十幾種元素。缺乏任何一種養分，都會降低產量和品質。氮、磷、鉀是植物最需要的養分，肥料上面都有數字標籤，分別代表這些氮、磷、鉀各占多少比率。舉例來說，一般化肥（非有機）可能標識著 5-7-4 或 5:7:4，這個比例告訴我們，每 100 磅肥料（45.4 公斤），有 5 磅是硝酸鹽（內含氮），7 磅是磷酸鹽，5 磅是碳酸鉀（內含鉀），其餘重量都是填料。

咖啡採收以後，土壤就會喪失重要養分。每採收 1 噸生咖啡豆，就會帶走 90 磅的氮、5 磅的磷、80 磅的鉀。假如果肉和內果皮不放回果園，那麼果園將會喪失 130 磅的氮、8 磅的磷和 130 磅的鉀。

如果咖啡農想要栽種有益健康的咖啡，又不想降低產量，可以改用有機肥料。肥料分成化學和有機，咖啡樹並不在乎是哪一種，只要可以吸收就好。以下是有機肥料的施用情況。以 1 噸生咖啡豆來說，光是果實就需要 5,000 磅有機肥料（2,267 公斤）的養分，例如院子裡的熱堆肥和修剪下來的枝葉，在最理想的情況下，內含 2.5% 的氮，2.0% 的磷，1.5% 的鉀，因此只要 650 磅標示為 20:5:20 的氮磷鉀肥料就有等量的氮。由此可見，必須使用較大量的有機肥料（堆肥），才有化肥等量的養分。這些需要量只能供應 1,000 磅生豆的營養所需，如果要長出葉子、樹根、樹木和果肉，還需要更多的養分和肥料。

生長與產量

阿拉比卡咖啡樹一般是從種子生長而成。樹苗先長出樹莖（垂直）和樹葉，小樹逐漸長大，垂直的樹莖冒出樹枝（橫枝）。花開在橫枝上，而非垂直的樹莖上，最後結成咖啡果實（cherries, fruit）。只要橫枝的樹葉長了一年，那個部位就會開一次花，其他部位樹齡比較小，所以只會長出新葉，等到明年才會開花結果。

咖啡產量通常以單位面積質量表示，例如每公畝生產幾磅生豆（green

beans）。對販售咖啡果實的咖啡農來說，產量就是每公畝生產幾磅咖啡果實。如果每公畝產出 1 萬磅咖啡果實，產量還算不錯，相當於約 2,000 磅（4,400 公斤）生豆，但種類不同重量也會有差。哪些因素決定產量呢？舉例來說，每公畝栽種了幾棵樹？每棵樹有多少垂直的樹莖？每根垂直的樹莖長了多少橫枝？每根橫枝結了幾串果實？每串有幾顆果實？每顆咖啡果實有幾顆種子（即生豆，通常是兩顆）？每顆咖啡豆的平均重量多重？

有幾個情況會降低產量：

1. **圓豆（peaberries）**：這大致受到基因的影響。一個咖啡果只有一個成熟的種子，任何品種的咖啡都有可能發生。
2. 節間長：節間係指兩個葉節點之間的樹枝。節間距離太長，可見資源都用來生長樹枝，而非更多的果實。
3. 新葉接收到很少的光線：無論是因為多雲氣候、山影或是樹蔭，光照不足都會導致花朵和生豆產量減少。
4. 乾旱和營養不均衡。

就算結實過剩，咖啡樹也不會放棄幼小的果實，反觀其他果樹（例如蘋果和芒果），只要結實過剩，就會放棄一些尚未成熟的果實，彷彿「知道」養分和水有限，無法顧全一切。於是美國北部就有「六月落蘋」之說。但咖啡樹上的果實，可以優先從根部吸收養分，無論有多少陽光、水、養分，咖啡樹都想讓所有果實平安長大。如果養分不足以應付果實、新葉和樹枝的生長，咖啡樹只會讓果實長大，若真是如此，沒有長出新的橫枝和樹葉，明年就不會開花結果。這種情況稱為「**隔年結果**」：意即今年咖啡豆大豐收、橫枝不夠茂盛，以致於隔年歉收、橫枝生長茂盛，如此週期反覆。如果在果實生長初期，就發生養分不足的問題，果實就會從葉子、橫枝、樹莖、樹根吸收儲存的養分，如此一來，橫枝上所有葉子和果實都無法生存，橫枝的死期也就不遠了，死亡會從頂梢蔓延到樹莖。咖啡樹從頂梢開始枯萎，不僅有損來年的收成，就連今年的收成也可能大受影響。

有不少研究探討肥料、水、害蟲、剪枝、光照的管理，有助於咖啡

農維持年度咖啡果實（和生豆）產量。在烈日下生長的咖啡樹原本難以維持高產量，但自從有了化肥，咖啡豆年產量已可居高不下。在烈日炎炎的地區，咖啡農以往都把咖啡種在樹蔭底下。即使樹蔭會抑制產量，卻可以降低養分的需求，咖啡農就不用耗費大量肥料或鋪設護根層。自從有了化肥，許多咖啡農受到農藝學家和政府的鼓勵，紛紛砍掉遮蔭樹，以化肥提高產量，如此可壓低成本和勞力。反之，若是使用等量養分的有機肥料，或是從遮蔭樹的樹葉吸收養分，成本都會提高。但化肥必須從農場外購買，咖啡農只能任由劇烈波動的獨立市場擺布，而且化肥價格往往極為昂貴。

1980 年代末期至 1990 年代初期興起的蔭下咖啡種植運動，起初的訴求目的是樹蔭可以保護候鳥，而不是提高咖啡品質、減少化肥用量。蔭下種植因可能降低咖啡產量，咖啡農自然希望建立認證制度，提高蔭栽咖啡的價格，但我們在接下來的文章會提到，認證制度往往不盡理想。

產量是最複雜的農業議題。人類開創農業是為了本身的福祉，而非植物的安康。我們所追求的產量，有時是花（例如蘭花）、有時是樹皮（例如肉桂）、有時是果肉（例如香蕉）、有時是根（例如紅蘿蔔）、有時是莖（例如松木）、有時是種子（例如咖啡）。產量受到基因、氣候、管理方式、日照、養分、病蟲害所影響，而咖啡產量的影響因素很多。說到產量，咖啡農必須考慮各個層面，包括採收更多果實付出的代價（如回補給土壤多少養分）。

4

全球咖啡體系

Peter S. Baker

他以自身鑽研咖啡的特殊經驗發展科學研究、訓練和諮詢已有 30
年以上的資歷,包括永續咖啡生產、農民參與方式、生物多樣性、
咖啡品質、氣候變遷及小佃農等議題。曾經擔任過研究員、專案
開發人員、經理人以及國際咖啡專案的團隊領導人,包括 4 年的
哥倫比亞全國咖啡種植者聯盟。有 6 年時間擔任國際農業與生物
科學中心(CABI)加勒比海研究站的負責人,接著又花了 6 年
的時間研究墨西哥南部的咖啡。過去曾發表超過 70 篇的研究文
章、評論及專著。信箱爲 p.baker@cabi.org。

最近咖啡價格上下劇烈波動，咖啡廠商對此格外憂心。當價格變得極端（過高或過低），大家紛紛召開會議找出原因。目前找到了罪魁禍首（似乎就是「投機客」，銀行就是一個明顯的目標），因此做出以下結論：「我們必須採取行動。」後來並沒有什麼太大改變，除了不知道該怎麼做，也因為這個體系終會自行修正。

什麼是體系？

體系就是元素的綜合體，長期形成一套行為模式。常見的好例子就是人類自己。我們是完全自動化、輕度波動的生命奇蹟，卻也是恢復力強、懂得自我修正的系統。咖啡生產也是一個體系，波動就是體系的特徵之一（有限度的波動，算是健康的象徵）；舉例來說，人類時而波動的心跳，比起十分穩定的心跳來得健康。波動是體系的指標，也是自我調節的主要特徵之一，而確保波動不會太劇烈，對每一個人都好，因為體系還有一個特徵：波動加大，終會摧毀整個體系，永遠無法修復，或者把體系轉變為不同的狀態，形成另一套特徵。

既然我們擁有一個波動的咖啡生產體系，那麼還有什麼好擔心的？適度的擔心是好事：任何體系都要懂得居安思危。如同完美而複雜的人類免疫系統，總是警覺有無任何外來物體攻擊人體的跡象一樣，咖啡產業也要建立免疫警戒應變（次）系統，來發現任何危險跡象。我把憂慮當成自己的使命，也相信這是學術界和支援機構的重要任務，並且尋求建設性的批評。

欠缺控制與反饋

綜觀近來的政經歷史，目前最大的擔憂是人類往往極力卸除各種控制，讓體系喪失防衛，包括咖啡體系在內。自由市場意識型態可說是所向披靡，這個簡單而單一的概念相信，開放更多，運作就會更好，換言之，自由市場體系下的價格，才是真正重要的信號。

回顧我們災難連連的自由市場體系，可以發現自由市場途徑已簡化到了危險的地步。2008 年經濟崩盤，格林斯潘（Alan Greenspan）也坦承自己「感到震驚且不敢置信」，因為「整個龐大的知識體結構」都崩解了。他的話成了名言：「我發現這個模型有缺陷，問題出在定義世界該如何運作的關鍵功能結構上 [1]。」換言之，他認為全球金融體系是有瑕疵的。有些觀察家，例如 Nouriel Roubini、Stephen Mihm[2]、Nassim Taleb[3] 都很擔憂，他們看到真正的問題：這個金融體系如此缺乏控制和反饋，金融災難一觸即發。

再回到咖啡的主題上：本文旨在論述，咖啡生產也是很複雜的體系，包含許多我們不甚瞭解的次體系，規模從微小到全球不等。幾百萬人依賴這個體系為生，卻不願全盤瞭解這個體系以及未來的走向。這就宛如古伊斯蘭蘇菲教派的一個老故事，三個盲人摸象，大家各自摸到不同的部位——象鼻、腿、耳朵——於是對大象系統做出不同的結論。

咖啡碳排放體系

系統理論對我們有什麼幫助呢？舉個時事的例子。目前一些社會運動不斷鼓吹降低咖啡的碳足跡。其中一個建議，就是以咖啡園的樹木固存更多的碳。碳固存計畫正在鼓勵咖啡農一起響應；若有足夠的經濟誘因加上運氣，咖啡農每年每公頃土地可以儲存更多的碳。若有足夠的資金和天大的幸運，很多咖啡農都可能共襄盛舉，這跟永續計畫是一樣的道理。

然而，只要我們開始量化，各種懷疑就會趁虛而入。從全球層次來看，栽種永續認證的咖啡前景看好：目前大概有一百萬名咖啡農參與永續栽種計畫，但這個數字可是十年多來的成果。由此可見，即使我們樂觀以對，每年咖啡園碳固存量也不可能超過 10 萬公頃。10 萬公頃就是 10 噸的碳，看起來很多，但只是相當於 500 公頃的森林。我們懷疑每年栽種咖啡所砍伐的森林面積，早就是幾十倍之多（但我們並不知道實際數量，因為咖啡體系的資訊回饋系統並不完善）。就我們所知（但尚未量化），幾千公頃的咖啡樹正被連根拔起，取而代之的是碳固存量更低的作物，例如牧草。

如果我們研究全球咖啡碳體系，計算存量和流量（這是所有體系都有的特徵），就會發現整個體系最大的碳流向，之後再來決定如何限制流量。相關經費也可以做最有效率的運用。因此，比較有效的做法是使現有咖啡園產量達到最大化，原始土地的壓力就會減少。

但到頭來還是經濟問題：如何針對相互競爭的目標，分配稀少的資源。因此關鍵問題在於，每年降低碳足跡的經費有限，如何做最妥善的運用？只要好好研究全球咖啡碳體系，就可以看清這個問題，再以全球性的計畫，有邏輯地化解全球問題。全球咖啡碳減排的問題，不可能單靠地方自主計畫，因為根本沒有誘因，就算大家有這個善意，時間卻不等人。

全球咖啡經濟體系

顯然，許多國家的咖啡經濟在低谷徘徊，新資本缺乏資金挹注，效率幾乎沒有提升，所以長期以來產量很低。直至今日，咖啡產業都未正視這個問題，因為咖啡產業作為全球體系，總是有辦法找到可以剝削的新土地。但目前土地已供不應求，加上咖啡碳減排的問題，想必再也無法破壞森林和大草原來栽種咖啡了。因此咖啡產業的首要之務就是提高效率，而這方面一直有待改進。

咖啡產業就如同其他體系，也累積了物質資本（咖啡園、機具、廠房）。咖啡經濟累積愈多物質資本，效率（每單位資本的產出）就愈高，每年產出也就愈多。如果把部分收入再度挹注於股本，而資本的效率（產出的能力）卻沒有透過監控體系的反饋做好管控，股本就有可能減少，一切端視資本的有效期而定。最近幾十年，咖啡生產如同世界資本，在一些國家呈現倍數成長，而未來是否能持續成長，取決於成長有沒有比貶值更快，這些受下列因素影響很大：

1. 投資所占的比例：即咖啡產業把多少收入用來投資，而非只是當成利潤（這牽涉到股東的價值觀或貪慾）。

2. 資本的效率：一定數額的產出，動用了多少資本（非洲養分耗竭的土壤以及未處理的疾病，都是效率不彰的例子）

3. 資本的平均效期：設備可以使用多久？咖啡園的壽命有多長？

如果股本效期長，那麼每年必定會有一小部分的資本流失。但是有一個問題：由於氣候變遷，咖啡基本股本（也就是土地）比以前更加快速耗盡。這個速度到底有多快呢？我們不知道（因為咖啡產業的反饋機制太差，資料的時效性很低），但可能正在加速中。如果我們不清楚土地的週轉率，以及土地會有什麼變化，我們就不會瞭解許多人賴以為生的咖啡體系。價格信號最終會凸顯這個問題，只要適當解讀，情況或許能改善，但事情卻不可能永遠完美，要經營一年 1,000 億美元的生意根本就是空想。

永續咖啡體系？

永續栽植運動善意無限，但咖啡並沒有長得很好，尤其是阿拉比卡咖啡，目前供不應求，存量已經好幾年沒有大幅成長。我們不把永續咖啡產業視為全球體系，也不打算正視眼前的一堆問題。例如永續咖啡認證幾乎只鎖定咖啡園的層次，完全把跨國議題擱置一旁。

咖啡枯萎病也是一個例子[4]。1970 年代，剛果一個小地方爆發這種疾病，後來蔓延到烏干達以及坦尚尼亞部分地區。據估計，至今已經造成非洲咖啡農至少 10 億美元的損失，只要能及早處理，這個疾病就可以很快控制並消滅，可惜咖啡資訊反饋系統很差，時效性又低，沒有任何機構（或次體系）具備即時回應的資金和能力。

對於尚未感染枯萎病的國家來說，咖啡枯萎病帶來嚴重的威脅，但咖啡產業並沒有採取任何行動，防止枯萎病蔓延，永續栽種計畫不僅沒有建議該如何因應，也沒有展開稽查，去確認跨國檢疫系統是否正常運作。這是因為沒有人把咖啡產業視為全球體系，大家只顧著自掃門前雪。

格林斯潘說對了：這個模式有缺陷（亦即目前新自由體系的運作方式）。每一個人為了自身的利益，應該會形成一個最有效率的體系。但是

大家太相信「看不見的手」，諾貝爾經濟學得主 Joe Stiglitz 即表示：「看不見的手之所以看不見，是因為它根本就不存在[5]」。

正如我們對金融體系不甚瞭解也不想管制，我們對咖啡產業也是這種態度。如果真想捍衛數百萬以咖啡維生者的生計，我們就要做得比現在更好。

5

什麼是「有機」？

Robert W. Thurston

資深編輯。西北大學學士。密西根大學俄國現代史碩士及博士。現為俄亥俄州邁阿密大學牛津分校歷史系 Phillip R. Shriver 歷史學講座教授。曾出版關於 20 世紀俄國史、歐洲獵殺女巫，以及全世界私處絞刑等專題的書籍，同時也在商業期刊和百科全書中發表多篇探討咖啡的文章。現任牛津咖啡公司常務董事。信箱為 thurstrw@gmail.com，其他文章尚有第 9、15、18、19、20、24、29、37、42、57、58、61、62、64 章等。

自然界未經實驗室或工廠改造的化學物質，就是有機物質。反之，實驗室或工業所製造的化學物質，就是無機（inorganic）或非有機（non-organic）物質。無機和有機化合物，可能有相同的化學組成，例如氫可以天然生成，也可以人工製造。美國農業部定義了何謂「有機」，並且頒布有機農業的政府標準（參見 http://www.nal.usda.gov/afsic/pubs/ofp/ofp.shtml.）「有機」通常和「永續」有關，本書經常談到永續的概念，但大家千萬記得，永續農業也有可能採用非有機的方法和物質。

「有機」食品的對立面，經常是「傳統」、「商業」、「工業」食品。以前都是有機農業，從大自然取得促進作物生長的有機物質，但 1913 年以後，德國化學家開設第一家阿摩尼亞工廠。Fritz Haber 和 Carl Bosch 設計出一個方法，稱為 Haber-Bosch 法[1]。但「有機」一詞真正廣泛用到農業上，要等到 1940 年美國人 J. I. Rodale 廣為宣傳以後。

Haber-Bosch 法開啟了阿摩尼亞的工業製造，並把阿摩尼亞當成肥料使用，讓全球農民得以大幅提高產量。合成阿摩尼亞也意外地促進廉價炸藥的發展。

說到有機農業禁用的物質，大家應該都可以列舉幾個，例如 DDT 和馬拉松（malathion）。美國農業部表示，有機農業一律不得使用污水污泥、抗生素、生長荷爾蒙以及「多數傳統農藥」。魚藤素（rotenone）取自豆科植物，即使會害死魚類，甚至毒害人類，仍然可以使用。硫是天然物質，可以用在有機農業，但不會施用於穀類作物。硫酸銅以往都是空投給香蕉和採蕉工人，有可能把人給染成藍色[2]，但仍然可以使用（某些情況下可酌量使用）。

植物無法分辨這是堆肥還是化肥的氮，但兩者在土壤的分解率和用途可能不同。有機農民也可能使用燃燒器具來燒光雜草，但這會耗費很多化石燃料，也會增加碳足跡。如果消費者真的想改善環境，就應該注意有機食品的生產方式。我參觀過一些咖啡園，雖然不是純有機，卻是鳥類和青蛙的天堂；以化肥去除雜草，不一定對地球有害，有些無機化學物質也可以快速分解，只要態度明智而審慎。轉型有機農業可能大幅提高成本，例

如比起僱用工人徒手斬除入侵的雜草，噴灑 Roundup 除草劑的成本就低得多。在有機和非有機咖啡之間做選擇，也要瞭解採收工人的待遇、有多少利潤回歸到咖啡農手中，以及農業方式是否永續。

有機食品自稱生產方式比較道德和健康，逐漸在美國擄獲民心並占有市場。有機貿易協會（Organic Trade Association）報告指出，2010 年美國有機產品銷售量（包括食物和非食物，例如棉質衣物）高達 286 億美元。有機食品市場幾乎占了大半，大約 267 億 800 萬美元，遙想 2000 年時僅有 61 億美元，就這樣一路往上攀升。雖然過去幾年有機食品銷售成長率滑落，2006 年成長率還有 21.1%，2010 年只有 7%，不過 2010 年的成長率其實很驚人，因為美國當年食物支出只增加了 0.6%[3]。

北美洲所進口的有機咖啡急劇增加，2000 至 2008 年每年平均成長29%，也就是每年超過 14 億美元。Danielle Giovannucci[4] 所完成的《2010年北美有機咖啡產業調查》（*The North Amarican Organic Coffee Industry Survey 2010*）詳細說明這種趨勢。2009 年美國和加拿大進口了超過 9,300萬磅的有機咖啡，比 2008 年成長了 4.1%。五年來，有機咖啡的平均年成長率 21%，傳統咖啡只有 1.5%，相形失色。

1970 年代綠色革命達到高峰，很不幸地，科學家鼓勵咖啡農把**遮蔭樹**砍光（遮蔭樹以往是用來遮蔽矮小的咖啡樹，以免受到陽光直射），以大幅提高產量，還鼓勵咖啡農施加大量合成農藥和肥料。同時，研究機構也研發**「開放性種植技術」**（**technified**）以及「日照栽種法」（**sun-grown**）的咖啡，對陽光直射的忍受度大幅提高。

產量確實增加了，品質卻降低了。後來合成化學農藥價格飆漲（2006至 2008 年價格整整上揚一倍），咖啡農都氣壞了。跟我談過的咖啡農，都想少用無機肥料和農藥，希望可以降低成本。最近我在幾個拉丁美洲國家發現，許多咖啡農重拾祖父輩的栽種方式，在咖啡樹之間栽種更多遮蔭樹等作物。

原則上，大家都支持有機咖啡。我們都想要無污染的環境。有誰不想看到豔麗繽紛的熱帶鳥類和色彩艷麗的小青蛙呢？咖啡農場正在興起生態旅遊（ecotourism），尤其是拉丁美洲。生態旅遊成功的關鍵，在於環境

不受污染、風光明媚、野生動物生長其中。

袋子上的有機標籤，就是光明未來的保證。烘豆商 Caffe Ibis 談到：「有機種植與加工讓人類和植物免於遭受有害除草劑、農藥和化肥的危害」。綠山咖啡公司（Green Mountain）也說：「有機栽種不用化學物質生產頂級咖啡。」但此言差矣，一切都是化學物質所組成的，咖啡農和消費者應該在意的是：用了哪些化學物質？化學物質如何製造與使用？

有機農業仍然有一些問題，其中一個就是認證制度的腐敗。我是從哥斯大黎加和俄亥俄州的咖啡農那裡聽來的，最近《紐約時報》（New York Times）舊事重提 5。有機農業可以降低食物裡的合成化學物質。2002 年消費者聯盟（Consumer Union）完成各種測試，發現有機認證食物所殘留的無機化合物真的少了很多。但最近德國有機芽菜爆發大腸桿菌危機 6，可見有機不一定比較安全。未烘焙咖啡豆的無機物質殘留，通常都是微乎其微。1993 年完成的一份大型研究，測試來自 21 個國家 60 個生咖啡豆樣本，只有 7% 驗出有農藥殘留 7。

美國進口的咖啡，都要符合嚴格的標準。舉例來說，咖啡豆的 DDT 殘留量必須為零。雖然烘焙咖啡或即溶咖啡曾被查驗出一些毒素，但這些毒素都是咖啡果甲蟲帶進來的，這種昆蟲的幼蟲會鑽入種子，所以這些毒素不是來自無機化學物質。加上咖啡豆烘焙溫度通常至少有 200 度，就算殘留非有機物質，也可能已焚燒殆盡。

既然有檢驗和加工的把關，有機咖啡的主要好處並非有害物質比較少。有機栽種加工也不一定風味更佳，但仍然存在著頂級有機咖啡。反之，多付一點錢買有機認證咖啡，主要是想幫忙咖啡農和咖啡產地。根據瑞士低咖啡因水處理公司（Swiss Water Decaffeinated Coffee Company）的說法，以瑞士「有機」水處理法降低咖啡因，完全不用「化學物質」（這句話又說錯了！），只用水。

不過購買有機產品，仍是保護農民和地球的方法，但其他認證可能也一樣值得重視。

近年來，我訪問不少咖啡產業的人，有咖啡農、加工業者、零售商、

圖 5.1 在巴西聖保羅的一個機械化農場 Sertaozinho，工人正在去除咖啡果肉。少數小規模的咖啡農場主擁有這種防護衣。（攝影：Robert Thurston）

消費者。在以下的訪談摘要中，一些受訪者談到有機咖啡的議題。

2008 年 5 月 20 日於哥斯大黎加 Paraiso 訪談咖啡農 Ernie Carman 和 Linda Moyher。

Linda：為了取得有機認證，如果栽種面積有 3、4 公頃，每年要付 700 美元。這很不道德吧？

Ernie：你知道她的 700 元美元可以付薪水給多少人嗎？我們才不會去申請認證，因為我們的農場算下來要 3,000 美元。這還是當地的認證者，而非從舊金山遠道而來。他們要認證咖啡園和磨坊。

作者：需耗時多年，對吧？

Ernie：我們以前認證過，我想我們再拿到認證也不是問題。這不是出於理念，而是太多人打著有機咖啡的名號，但賣的卻不是有機的咖啡。

Linda：如果你是稽察員，你來到大型咖啡園，有人付你一大筆錢想要取得認證，你回到認證機構就跟上司說：「那家咖啡園可通過認證⋯⋯，」我的意思是說，你如何拒絕這筆錢？那個連賄賂也稱不上，那只是付給稽察員的薪水。

　　2008 年 5 月 27 日於哥斯大黎加 San Jose 市訪談哥斯大黎加精品咖啡協會主席 Arnoldo Leiva。

Arnoldo：我不覺得哥斯大黎加適合走有機農業。我很少看到成功的例子，我的意思是說少有特例。但說到價格，為了彌補產量短少和有機農業帶來的問題，你必須付那些差價和溢價⋯⋯成本太高了啦，所以有機農業基本上沒有效率可言。從烘豆商的角度來看，我發現烘豆商也只支持一兩種有機咖啡。

　　2008 年 10 月 16 日於俄亥俄州 Butler 郡訪談咖啡農 Eugene Goodman 和 Lucy Goodman。

作者：你從別的咖啡園跑來這裡，你是決心栽種純有機的咖啡，還是只想當個有機認證的咖啡農？

Lucy：我們並不打算成為有機認證的咖啡農。我們並不想和美國農業部認證計畫打交道。

作者：所以你們自稱有機農，卻不照法律走。

Lucy：就是這樣！

Eugene：沒錯！

Lucy：美國農業部稽察員說，我每年只來一次，其他時間你們應該做這個那個⋯⋯因為取得認證不需做植體測試或土壤測試。

Eugene：沒錯，完全沒有！

作者：天吶！

Lucy：除非有人投訴某個咖啡園，他們才來做化學農業檢測。

Lucy：我們用了些許印度苦楝油（取自印度次大陸栽種的常綠植物），因為我們想增加益蟲數量，以控制害蟲的數量，而且真的有用……但是需要時間，我們來這裡 3 年以後，這裡都沒有害蟲了。

作者：真的？

Lucy：這裡原本是養牛的牧場，真不知道他們幹了什麼事，但我知道他們用了 Roundup 除草劑，因為到處都是這種除草劑的瓶子，後來我們總算明白，他們只噴灑在柵欄。

作者：所以昆蟲回來了，我猜小鳥也回來了吧？

Eugene：是的，其他野生動物例如蛇也來了。我們來的第一年，池裡的癩蛤蟆超多。

Lucy：這個池塘只有 5 年的光景，還算新，所以這種方式改變了這塊土地的生態系。

Lucy：一個農場已經連續 50 年施用農藥和化肥，突然改種有機，確實會歷經 3 至 15 年的低產量和嚴重病蟲害……土壤復原需要很長一段時間，但土壤復原後，一切大致都會步入正軌，但蚯蚓也要一段時間才會回來，還有各種線蟲、真菌、細菌。據說一大湯匙健康的土壤，應該要有 10 億個小生物。

Eugene：如果動物都回來了，就會有正常而自然的交互作用，即使我們並不瞭解箇中道理，但我相信就是這種感覺。有機栽種以後，把所有生物都找回來，從此產生了平衡。我們注意到，作物品質確實提高了，植物也變得更健康。植物更健康，果實也更健康，果實更健康，植物壽命就愈長。

最後，2012 年 3 月，有機監測組織（Organic Monitor）寄出一封信，信裡提到「有機食品與永續食品的造假事件日益增加」。2012 年 6 月阿姆斯特丹召開的永續食品高峰會特別關注這個問題[8]。

6

備受威脅的咖啡
有礙咖啡生長的咖啡果甲蟲

Juliana Jaramillo

德國漢諾威大學昆蟲學／生物防治學博士。現任漢諾威大學／昆蟲生理學及生態學國際中心的客座科學家。她在昆蟲和咖啡方面的研究主要以肯亞為據點。

氣候變遷對農業造成前所未見的立即威脅。聯合國跨政府間氣候變遷專家委員會（Intergovernmental Panel on Climate Change, IPCC）預測，2050 年全球作物產量將會下降一到兩成[1]。氣候變遷的影響不只是氣溫和特定物種的關係，畢竟氣候變了，人的基本決策也會受到影響，社會、經濟、政治、個人處境都會面臨根本的改變[2]。IPCC 評估氣候變遷對目前和未來的影響，預測到了 21 世紀末，全球平均氣溫將會增加 1.4 至 5.8℃，極端氣候變得更加普遍，世界上許多地方的降雨模式也會改變[3]。

　　研究者多半預測，氣候變遷對熱帶地區影響特別大，開發中國家所承受的風險也特別大，因為他們缺乏適應能力（這和社經、人口、政策趨向有關）[4]。兩大咖啡品種阿拉比卡種和羅布斯塔種大多栽種在熱帶地區，也容易受到氣候變遷的影響[5]。

　　全球有 70% 的咖啡都是出自小農場主，1 億多人仰賴咖啡栽種維生。自巴西、墨西哥、烏干達的研究發現，就算氣候變遷只有導致平均氣溫微升，對咖啡生產來說仍是災難一場。目前一些適合栽種咖啡的地方，未來可能有 95% 的面積再也不適合栽種咖啡[6]。

　　此外，**國際咖啡組織**（**International Coffee Organization, ICO**）預測，只要發生氣候變遷，無論哪一種情境，咖啡產量都會下降一成[7]。

　　根據國際咖啡組織的說法，預估非洲和南美洲的咖啡產量將下降最多，導致全球咖啡價格向上攀升，但實際情況可能更嚴重，因為國際咖啡組織只考慮非生物壓力（例如氣溫上升、降雨模式改變），卻忽略氣候變遷也可能讓植物更容易遭受生物壓力，譬如伺機而動的草食動物[8]，尤其是咖啡果甲蟲，牠堪稱是全球咖啡的頭號害蟲[9]。

　　在自然生態系中，植物、害蟲、害蟲的天敵之間的交互作用，受到生物特徵的影響，例如**營養位階**（**trophic level**，在食物鏈中的不同位置）、周圍生態系的特性、氣候因素等等。全球氣候變遷可能直接影響所有營養位階的族群動態，進而干擾各種生物族群之間的多重位階交互作用[10]，改變物種的生存極限，導致物種棲息地縮小或擴大[11]。說到氣候變遷對生態系的影響，至今仍然只關注單一營養位階（例如植物）。但事實上，氣候變遷已經嚴重影響到物種之間的多重交互作用，就算個別交互作用只有看

似輕微的改變，加總以後也會嚴重影響整個族群的結構 [12]。

　　氣候變遷對物種交互作用的影響，可能更甚於對單一物種的影響。**物候學**（phenology，受到氣候影響的生物生命週期）、行為、生理學、各物種的相對豐度，都會制約物種之間的交互作用。因此氣候變遷不只影響植物，也會干擾族群動態及其病蟲害 [13]。事實的確如此，畢竟氣溫對害蟲的生態、繁衍、生存影響很大 [14]，也會干擾害蟲每年的數量 [15]、害蟲生命週期和氣候的關係 [16]、害蟲的分布情況 [17]。氣候變遷也會產生間接影響，例如改變宿主和寄生蟲的交互作用關係，或者當宿主植物受到氣候變遷影響，昆蟲的反應方式也會有所改變 [18]。

　　過去 30 多年來，氣候變遷（尤其是全球暖化）改變了物種分布和豐度 [19]。其中以氣候變遷和入侵物種的擴散並列當今最重要的生態議題 [20]。這些發展對咖啡影響特別大，咖啡是許多熱帶國家的經濟基礎，也是很多人賴以維生的工具。

　　咖啡果甲蟲專門攻擊咖啡樹的果實，年損失超過 5 億美元，波及上百萬仰賴咖啡維生的人口。如果蟲害不嚴重，轉換因子（現摘咖啡果實與加工乾燥咖啡的比例）是 5:1，但只要遇到咖啡果甲蟲大舉出沒，這個數字可能變成 17:1，農民的經濟損失可想而知 [21]。

　　目前咖啡果甲蟲存在於全球咖啡產地，中國和尼泊爾除外，2007 年波多黎各也發現牠們的蹤跡，2010 年夏威夷也淪陷了。說到氣候變遷對咖啡和咖啡果甲蟲的影響，就算氣溫只有微升（1 至 2℃），對咖啡生產也是影響甚鉅。尤其是目前頂級阿拉比卡咖啡的產地 [22]。這些研究人員指出，氣溫上升 1℃，咖啡結果期的咖啡果甲蟲數量就會大量增加。這個模型甚至預測，氣溫上升超過 2℃，就會改變咖啡果甲蟲的蟲害範圍。最糟的情況正在發生，印尼和烏干達的咖啡果甲蟲已經蔓延到更高海拔的地方，另外在坦尚尼亞的吉力馬札羅山，短短 10 年時間，咖啡果甲蟲的分布範圍就上升到了海拔 300 公尺 [23]。

　　氣候變遷還有一個鮮為人知的重大影響，即影響擬寄生蟲（parasitoid，寄生在宿主體內或體表，攝取其營養，並把宿主逐漸殺死的寄生蟲）、其天敵，以及宿主的種間交互作用（interspecific interaction）[24]。營養位階愈

高，愈容易受到氣候變遷和棲地改變的影響，專食的天敵（擬寄生蟲）又比多食動物（掠食者）容易受到影響[25]。氣候變遷對作物、作物害蟲、害蟲的天敵影響不一，可能造成不同步的現象（生命週期和過程無法配合），對任何生態系產生深遠的影響[26]。害蟲的原生或外來天敵，似乎趕不上氣候變遷造成的宿主擴張[27]。在中南美洲和亞洲等咖啡產地，主要害蟲的原生天敵、宿主、外來天敵，再也無法維持原有的平衡。舉例來說，咖啡果甲蟲和天敵漸行漸遠，導致害蟲數目不斷攀升，並且爆發嚴重的蟲害。究竟氣候暖化對咖啡果甲蟲等害蟲的天敵有何影響？目前仍不清楚，但我們必須把咖啡病蟲害的天敵／競爭者的分布情況，納入現有和未來的氣候變遷模型，方便咖啡農和咖啡產業做出更好的規劃。

說到氣候變遷及其對咖啡生產的影響，熱帶地區的生計和貧窮情況首當其衝。我不妨列舉幾個可能的結果：咖啡生產的複雜農業生態系可能被迫中斷，因為氣候變遷直接干擾咖啡樹及其生產力，或者減少適合栽種咖啡的面積，或者改變咖啡的產區。至於第二個營養位階，氣候變遷可能干擾咖啡病蟲害的動態，提高病蟲害爆發的嚴重性和頻率，畢竟氣候變遷不僅影響害蟲的生命史因素，還會干擾害蟲和天敵的營養位階關係。最有可能發生的是，氣候變遷影響到咖啡的質與量。貧窮的小農場主負擔不起昂貴的調整策略，經常乾脆收掉咖啡園。大農場主很有可能依賴化學農藥，來化解氣候變遷的問題，但卻會降低咖啡產品的安全性。因此，隨著氣候變遷發生，我們必須馬上研擬負擔得起的有效調整策略，裡面也包含害蟲管理計畫。

對抗咖啡園氣溫上升的最佳方式就是引進**遮蔭樹**（**shade trees**）。遮蔭樹帶來更具適應力的多元咖啡農業生態系，更能適應氣候變遷的環境[28]。近年來不乏遮蔭樹對咖啡體系正面影響的相關研究[29]。遮蔭樹可以緩解微極端氣候和微氣候變遷[30]，把咖啡果實的周圍氣溫降低 4℃ 之多[31]，光是降低 4 度，咖啡果甲蟲增生的速率就可減少 34%[32]。如此一來，那些氣溫最可能上升，因而不適合栽種咖啡的地區，也可以栽種咖啡了。舉例來說，哥斯大黎加的研究顯示，40 至 60% 遮光度就可以把氣溫和葉溫控制在 25℃ 左右或以下[33]。

遮蔭樹也可以保護土壤和水源[34]。土壤和水源的保護和管理是很重要的議題，尤其是在中美洲和東非。此外，Teodoro 及其同事證明了，有遮蔭和無遮蔭的咖啡園相較起來，前者的咖啡果甲蟲密度少了許多[35]，大概是遮蔭咖啡生態系可以庇護節肢益蟲（包括原生和外來的），以提高生物控制的效果[36]。此外，在肯亞 Kiambu 地區連續兩年研究蔭下種植和日照栽種咖啡，結果發現遮蔭咖啡園的甲蟲密度總是低於無遮蔭咖啡園，且維持在經濟可容忍範圍以下（5%），最有可能的原因是遮蔭樹降低了氣溫。大概是土壤、養分、水質都改善的緣故，遮蔭咖啡的害蟲減少了，產量隨之超過日照栽種咖啡[37]。

說到氣候變遷對功能性農業生物多樣性的影響，以及對作物生產的影響，相關研究少得可憐（包括害蟲的研究）。這些地區缺乏適應氣候變遷的能力，需要我們立即的關注。這方面的研究和行動，將會填補氣候變遷對於咖啡栽種影響的知識空白，協助研擬咖啡栽種的氣候變遷調整策略。小農場主缺乏資本，無力投資可能很昂貴的調適策略，所以他們對環境變遷的適應力不高。然而，如果是一個較多元化經營的咖啡園（例如引進糧食作物），再以遮蔭樹壓制咖啡害蟲（例如咖啡果甲蟲），就是一種合理、負擔得起、相對簡易的方式。這個方法很重要，可以提高農業體系的適應力，尤其是熱帶地區適應氣候變遷的能力。目前對抗咖啡果甲蟲的最佳方式，似乎就是引進遮蔭樹，但我們仍應繼續發現新工具和新方法，來因應無可避免的氣候變遷。

7

文化、農業和自然界
遮蔭咖啡園與生物多樣性

Robert Rice

加州柏克萊分校博士。Robert 從 1995 年就進入史密森尼恩候鳥研究中心（Smithsonian Migratory Bird Center, SMBC）工作，在該中心的史密森尼恩保育生物學研究所從事景觀改變和土地利用之研究，其研究重點為熱帶地區之農林業系統。近年來，他也整合了 SMBC 的「鳥類親善」咖啡計畫，利用鳥類學的田野調查獲得的科學標準從事林陰咖啡認證。

十多年來，生態學家、鳥類學家、地理學家皆一致認為，咖啡**混農林業系統**（**agroforestry system**，把咖啡栽植於物種多元的**遮蔭樹樹冠下**）是一種富有保育潛力的土地利用方式。無論大型咖啡莊園或小農場，遮蔭咖啡園都不只是商業生產地點而已。其中最著名的特徵，大概就是吸引並養育極為多樣的鳥類族群，可說是與**鳥類親善**的農業[1]，最近大家又發現遮蔭咖啡園的其他生態功能[2]，其社會經濟貢獻逐漸受人注意[3]。

本章以近期研究為主，證明遮蔭咖啡確實對生態和農經有益。本章的主軸就是鳥類在咖啡混農林業體系所扮演的角色，但我們也逐漸發現，遮蔭咖啡園帶來了多元區域植被，保護原生物種、利用蜜蜂授粉結果、利用蝙蝠幫忙吃掉害蟲。我們先介紹一些遮蔭咖啡的基本概念與名詞，還有一些咖啡產地的土地管理史，再來分辨兩種咖啡栽種體系，一是密集管理、高產量，二是傳統、低投入、多重遮蔽，堪稱「棲息地」的咖啡園。

遮蔭的議題

我們所知所愛的咖啡樹（阿拉比卡咖啡），正是生長在目前衣索比亞和蘇丹中海拔地區的**林下植物**[4]。咖啡樹適合陰暗的地方，但經過長期演化，當然也可以忍受短暫的陽光直射（自然森林難免會有倒木和土石流，這都會造成光隙）。在這種自然環境下，我們可以想像幾千年來，咖啡樹面臨各種遮光度，有茂密封閉的森林樹冠，也有陽光直射的光隙。然而，阿拉比卡咖啡最常見的自然環境，仍是相對不受打擾的森林，有著茂密的林被。

全球咖啡園也存在著各種遮光度。比起中型或大型咖啡農場主，小佃農的土地持分通常較少，因此偏好多元化經營的「咖啡」園，因為套句 J. Berger 的話[5]，小佃農每年都在「苦撐」，有一堆挑戰等著他們，所以他們只能以僅有的資源奮力一搏。只有少數佃農願意把所有耕地，都拿來栽種單一現金作物，例如咖啡。因為價格波動、疾病、天災、對其他糧食的需要，都不利於栽種單一作物，因此「咖啡」園每年除了採收咖啡豆，還會栽種其他糧食作物和有用的植物，例如水果、木材，甚至傳統藥草[6]。

這種多元農林體系為土地管理者提供一系列的產品，不僅可以自用，也可以送給幫忙採收咖啡或農事的工人，或到當地市場販賣變現。

中大型（尤其是大型）的咖啡園不見得會偏重於倚賴咖啡。他們可能還有其他農地、**間作作物（catch crop）**或其他業外收入，以免受到意外天災所害，但栽種單一作物的佃農肯定遭殃。此外，大型咖啡園需要大量勞動力，既然幾乎沒有遮蔭樹，省下照顧遮蔭樹的時間，就可以直接用在咖啡灌木上──**剪枝（pruning）**、**施肥（fertilizing）**和一般栽種。若只有一、兩種遮蔭樹，樹冠整理起來也比較容易，工人只要知道遮蔭樹的生長模式，學習如何剪枝就行了。如果可以統一遮蔭樹的維護工作，就很容易維持下去。

這兩種咖啡管理方式，分別代表兩種極端的遮光率：一是極度多樣的類森林環境；二是不太多樣的陽光直射環境（或者說幾乎沒有遮蔭），介於兩者之間的灰色地帶，是稍有遮蔭、半多樣的環境。由農場主妥善管理的遮蔭樹反過來又成就了相關生物多樣性的存在。

各國咖啡產地的景觀，融合了各種生產管理模式。一般來說，只要政府部門或研究機構鼓勵現代栽種方式，以提高咖啡產量，例如哥斯大黎加、哥倫比亞或肯亞，咖啡管理方式就會偏向少遮蔭或陽光直射這一端。1970 年代，中美洲國家極力衝高咖啡產量，包括減少或移除遮蔭樹，採用農用化學物質。但只要控制不住**咖啡葉鏽病（coffee leaf rust）**，這些運動就會一塌糊塗，因為這種真菌症是咖啡的大敵[7]。哥斯大黎加、哥倫比亞、肯亞等國，也改造了他們的咖啡園，大幅降低傳統管理體系的複雜性。這些農業景觀轉變，剛好搭上農業密集化的列車，大家紛紛採用沒那麼多元的簡化系統（最可能的就是栽種單一作物），主要目標就是提高產量[8]。反觀欠缺技術支援的地方（可能因為國家不夠積極，也可能因為咖啡園地處偏遠，咖啡農反而逃避了官方發展的「善意」），往往偏好保留遮蔭樹。Rice 和 Ward 統計了拉丁美洲北部傳統咖啡和**開放性種植技術（technified）**咖啡的產區，估計 41% 都是現代咖啡或開放性種植技術咖啡，這種栽種方式通常都會減少或移除遮蔭樹（經常是咖啡生產密集化不可或缺的一部分）[9]。然而，當地咖啡園景觀囊括了各種遮光率，主要受到上述體制的

約束力和咖啡農本身個人選擇的影響。其他咖啡產地的資料就不多了，但聽說全球咖啡產區都有類似的情況，生產密集化的推廣和採用情況不一。不過，生產密集化會降低整體的生物多樣性[10]。

這些不同的管理風格究竟如何影響景觀？如何影響咖啡農和生態系？從美學來說，山坡上盡是綿延不絕均勻排列的咖啡灌木，一棵遮蔭樹也沒有，感覺還滿井然有序的，這種整齊的咖啡園景觀，彷彿一排一排的籬笆，可以想見咖啡農的持續照料和用心良苦，但這種管理體系經常被看成是生物沙漠。

相反的，若咖啡園種滿各種遮蔭樹，那片山坡肯定讓人分不清是咖啡園還是森林。清晨很有可能雲霧繚繞，絕對有不少鳥類和野生動物藏身於此，這是無遮蔭咖啡園所沒有的景色。

多虧遮蔭樹和結構多樣性（多樣性亦即蔭栽咖啡體系的「結構」），蔭栽咖啡混農林業體系的物種多樣性可以媲美自然森林。不過，農地提供野生動物的環境，以及農地帶給生物多樣性的庇護，不可能也不應該等於自然森林。蔭栽咖啡並無法取代天然棲地，但確實可以維護生物多樣性，為一些物種提供相當優質的替代棲地。

我們對蔭栽咖啡的理解

大家相當瞭解農業體系的一些生物動態。掐指一算，昆蟲學家與植物病蟲害學家也整整研究昆蟲和害蟲幾十年了，但農地為生物（非害蟲）提供棲地以及增進生物多樣性的功能，至今才有人探討。農業經濟還有很多研究領域尚待開發。例如，如何利用農地管理維護生物多樣性、生態關係的研究、保育生物學、農地管理的潛在環保價值等等。

我們評估蔭栽農業體系時（咖啡或可可），總是從農業經濟和整體生態的觀點出發[11]。咖啡和可可蔭栽體系目前把研究者的注意力導向作物管理對棲地的影響（其他耕作體系也值得注意，例如稻田對水鳥的好處），雖然我們對咖啡園或可可園的生態潛力瞭解不深，但還好有一些基礎知識。舉例來說，在蔭栽咖啡園，生物多樣性愈高（遮蔭樹種類愈多），鳥

類的種類就愈豐富。原生樹種可以保護更多種類的鳥（可能還有昆蟲），因為這些相關生物曾有一段共同的演化歷程。遮蔭樹的結構愈多樣，咖啡園的鳥類也愈多樣，有時遮蔭樹的種類甚至比當地植物種類來得重要[12]。

蔭栽咖啡也提供一系列的生態服務。生態服務意指自然棲地的自然動態過程，以「維持系統運作」。蔭栽咖啡體系有助於授粉和結果，如果附近有自然森林效果更好。此外，蔭栽咖啡園的生物控制也做得比較好[13]。況且說到當地景觀原生樹種的復育與保育，蔭栽咖啡體系也可以作為遺傳物質的儲藏庫[14]。

這些農林體系宛如森林一般，我們可以輕易想像其他關於蔭栽咖啡的生態服務。枯枝層可以增加土壤養分，樹根和護根物可以保護土壤，這是類森林環境的兩大優勢。遮蔭樹的樹冠顯然可以阻擋大雨對土壤的侵蝕，透過樹莖和樹幹把養分導入周邊土壤。陽光充足就會雜草橫生，但樹蔭通常會抑制雜草生長，也就不需要太多人力和化學物質來除草。蔭栽咖啡體系可以減少雜草，日照咖啡體系卻會助長雜草族群[15]。我們也經常聽說（但研究不多）蔭栽咖啡體系有助於緩解區域性長期乾旱的趨勢，以及颶風頻繁所導致的土石流（颶風頻繁本身就是氣候變遷的產物）。根據近期研究、研究者和咖啡農的個人觀察，蔭栽咖啡確實可以緩解上述問題[16]。

樹蔭、品質和產量：環境和事業之間的平衡

蔭栽混農林業體系可能有許多好處，但我們別忘了，這些土地都是管理者賴以為生的工具。一些行銷策略和商業刊物過分誇大，把蔭栽咖啡體系說成雨林，這無疑認為樹蔭愈多就愈好，但這些言論不應該抽離所處背景，亦即這些土地都是咖啡農賴以生存的農地，非得生產作物才行。由此可見，在我們鼓吹蔭栽咖啡的環保時，千萬記得這個警告，以免忽視咖啡農的生存策略。

就算咖啡園一切符合理想，仿造森林環境，盡可能滿足棲地需求，但說到底還是一塊農地，非天然森林，不應該誇飾為森林。雖然管理方式有助於維護生物多樣性，但農作所隱含的文化習慣，難免對棲地造成干擾，

加上植物種類也沒有大自然豐富，本就不可能達到自然棲地的品質。

基於上述原因，我們要好好保護自然森林的生態與美學優勢。蔭栽咖啡園所提供的替代棲地和生態服務，正好和自然森林互補，甚至可以幫自然森林分擔壓力[17]。蔭栽咖啡園的迷人之處正是這種雙重性（類森林的農地），但少有研究探討如何調配這兩種角色[18]。蔭栽咖啡體系的遮光率也有理論上的最佳平衡點，將棲地品質維持在最佳狀態，可是卻不會降低產量。

有一些研究探討咖啡產量和遮光率的關係。Soto-Pinto 及其同僚在墨西哥 Chiapas 省以每棵咖啡樹的果實乾重，評估咖啡產量[19]。他們發現遮光率愈高，產量往往愈低，只要遮光率超過 50%，產量就會開始下滑。另一份對於墨西哥的研究，鎖定在東部 Veracruz 省的咖啡園，結果發現遮蔭樹的種類多元（n=2），每公頃新鮮咖啡果實的平均產量是 5,322 公斤，但若以一種遮蔭樹為主（n=8），平均產量便只剩下 3,958 公斤[20]，另一份相同地區的研究，卻發現單一或多元遮蔭樹之間沒有產量之別，即使樹葉覆蓋情況、遮蔭樹密度、遮蔭樹多樣性、分層的數量等天差地遠。從這些研究可以看出，有所謂最佳的遮光率，可以兼顧最佳產量和保護生物多樣性[21]。

蔭栽咖啡園作為棲地

近期研究讓我們更瞭解蔭栽咖啡園如何作為可用的棲地，不僅提升生物多樣性，也保護那些生物防治大軍（例如鳥類和蝙蝠），並且創造適合咖啡自行授粉的環境。相關研究與日俱增，農林體系管理確實是有趣而潛在重要的保育工具。

蔭栽咖啡園的結構很像自然體系。墨西哥 Chiapas 省咖啡部門的研究，比較了咖啡園（包括保留原始林的蔭栽樹、人工栽種的印加屬樹木）和幾種不同的棲地。不論哪一種咖啡園，通常都比再生林（secondary habitat）更像自然林。此外，說到每層植物的葉簇頻率（foliage frequency），這些蔭栽咖啡園的植被結構最類似森林，例如低海拔森林、低海拔的松樹林和

橡樹林、岸邊森林棲地 22。

對鳥類來說,遮蔭樹的樹冠是否可以作為季節性或全年的棲地,端視當地氣候而定。在旱季明顯的赤道地區,遮蔭就變得不可或缺。研究者發現在厄瓜多,上層樹冠的遮光率不只影響鳥類的棲息數量,也左右鳥類旱季遷徙的趨勢(是否離開這個體系)。這種「臨界反應」(threshold response)經常發生在遮光率 21 至 40% 的地區。當遮光率接近 40%,森林鳥類利用這個體系的機率增至 1.0,就算旱季即將到來,鳥類離開的機率也會降為 0。換言之,遮光率達到 40%,鳥類就會停留在那個農林體系中;在相同的遮光率之下,縱使遭逢明顯的旱季,鳥類依然不會離開 23。這份研究透露出重要訊息:光有遮蔭還不夠,遮光率至少要有 40%,才符合鳥類的需求。

附生植物在蔭栽咖啡園的角色也是研究的主題。附生植物寄生在其他植物身上,例如一些蘭花和多數鳳梨科植物。每當遮蔭樹層長出鳳梨科植物,有些咖啡農就會定期從樹枝拔除。在墨西哥 Veracruz 省,咖啡農認為附生植物對遮陰樹有害,所以常見的作法就是拔除。然而,附生植物對鳥類的用途可多了,它們可作為築巢的材料、覓食基質、築巢地點等,咖啡園對於附生植物的習慣作法和態度有可能影響鳥類族群。拔掉附生植物也有可能改變咖啡園的微氣候。

研究者跟 Veracruz 的咖啡農合作,他們一如往常拔掉某些咖啡園的附生植物,卻保留某些咖啡園的附生植物,然後比較兩地的鳥類族群 24。拔掉附生植物的咖啡園,果然鳥類族群不夠多樣化,但保留附生植物的咖啡園,全年鳥類豐度明顯比較高。果不其然,在保留附生植物的咖啡園裡,那些把附生植物當成築巢基質的鳥類豐度較高。

透過捕捉標記再捕捉法,這個前所未有的實驗計畫證明了,鳥類選擇棲息地時可能只有一個考量——附生植物的有無。灌叢唐納雀(bush-tanager)喜歡在 Veracruz 省的附生植物築巢和覓食,牠會從沒有附生植物的咖啡園,遷徙到保留附生植物的咖啡園。另一種鳥類金眶鶲鶯(golden-crowned warbler),並沒有明顯使用附生植物,無論有沒有保留附生植物,牠的行為都沒有改變 25。遮蔭樹多為鳥類的棲地,咖啡農只要稍微調整管

理方式，就會有微妙的差異，這有助於瞭解遮蔭咖啡園的整體保育價值，以及如何做好妥善管理。

遮蔭咖啡園作為棲地的間接好處

遮蔭咖啡園作為棲地的好處，突顯出一些有趣的生態關係。遮蔭咖啡園的鳥類和其他生物，建立起一般農地所沒有的關係和服務，包括社會經濟關係以及更明確的生態現象，例如週遭樹種的擴散與復育。

在 Chiapas，近期研究探討原生下層樹種野牡丹科（Miconia affinis）的基因流動，可以發現蔭栽咖啡林和附近森林關係很深。蔭栽咖啡園不只有助於本身和附近棲地的基因交流，也是森林再造的資源。留鳥和候鳥負責散播野牡丹的種子，原生蜜蜂是授粉的生力軍，也是傳統咖啡園的捍衛者（例如蔭栽咖啡園），而傳統咖啡園又是這些生物的棲地。這些研究人員做出一個結論：「我們必須強調蔭栽咖啡園的生態功能，不只可以庇護原生動物，也可以維護棲地內部的關係以及基因流動過程，對於原生樹種再造不可或缺。[26]」

蜜蜂對咖啡生產力的貢獻也逐漸受到注意，巴拿馬史密森尼恩熱帶研究所（Smithsonian Tropical Research Institute）一位研究員，檢視了全球統計資料和非洲蜜蜂（意外）來到美洲的時間，這種蜜蜂是和長期存在於美洲的歐洲蜜蜂混種。研究員認為，20 世紀最後的 20 年間，美洲咖啡產地產量增加和蜜蜂脫離不了關係（其中 50% 以上都是蜜蜂所貢獻的）[27]。因此我們獲得一個啟示：管理咖啡園時，若為生物創造或維護棲地，就會有正面的經濟效果，像這個例子就是保護授粉動物。其他咖啡產區的研究也證實了咖啡和授粉動物的關係[28]，原生蜜蜂族群對咖啡授粉也有幫助，森林遺跡和多元遮蔭樹的咖啡園都是優質蜜蜂棲地。

不過別忘了，不是所有幫咖啡授粉的蜜蜂品種，都對咖啡棲地或週遭景觀有相同的反應。Klein 等人在印尼研究為咖啡授粉的蜜蜂，藉此探討咖啡結果的情況[29]。研究竟然發現，罕見的獨居蜂比起常見的群居蜂更有助於咖啡結果，而且光照度愈高，獨居蜂就愈普遍。愈靠近森林的地方，

群居蜂的種類就愈豐富，蔭栽咖啡園的環境類似森林，群居蜂的種類一定很豐富。既然蜜蜂可以提高整體的結果量[30]，咖啡農林體系的遮蔭樹肯定是一大功臣。

🍂 鳥類、蝙蝠與生物控制

我們假設咖啡混農林業體系可以作為真正的棲地，這個農業環境顯然也有自然棲地具備的一些動態。生物有無數的互動方式，最基本的就是食物鏈。我們研究鳥類在蔭栽咖啡園的掠食情況，結果發現傳統蔭栽咖啡園確實提供了這些互動[31]。

有一群研究者熟知蔭栽咖啡和蔭栽可可，他們針對各種觀點和環境蒐集資料，對 48 份研究展開整合資料分析。所有研究都以網罩隔離鳥類和作物（或樹冠），作為開放（無網）空間的對照組。這個整合分析試圖探討鳥類掠食節肢動物（包括昆蟲、蜘蛛等）的情況：(1) 在灌木層和樹冠層是否有差別；(2) 是否和候鳥有關；(3) 是否牽涉到鳥類多樣性和豐度[32]。這些研究人員統整了瓜地馬拉和墨西哥咖啡農林體系的資料，結果發現樹冠和咖啡灌木層的節肢動物豐度，分別下降了 46% 和 4.5%。雖然研究數量不多，但這些資料子集都證實在樹冠層，鳥類對節肢動物的影響比較大。

這些研究人員也有考慮季節性，所以他們探討候鳥如何消滅節肢動物，結果發現節肢動物數量並沒有太大變化。不過，若是大型節肢動物（長度大於 5 毫米），候鳥的存在確實大幅降低節肢動物的數量。有候鳥的環境，可以降低 36% 的節肢動物數量，沒有候鳥只能降低 24%[33]。至於留鳥，Chiapas 的田野試驗告訴我們，若咖啡園擁有多元的遮蔭樹，鳥類掠食情況會比單一植被環境更好[34]。最後，整合資料分析結果也印證了，鳥類多樣性比起鳥類物種豐度和密度，對節肢動物數量影響更大[35]。

鳥類是節肢動物的掠食者（所以是潛在的生物控制媒介）。牙買加的藍山 Kew Park 植物園地區的研究，顯示了一個有趣的面向。研究者把鳥類和咖啡樹區隔開來，藉此研究鳥類掠食**咖啡果甲蟲**的情況，咖啡果甲蟲

是咖啡樹最害怕的害蟲之一。研究者讓鳥類接觸另一批咖啡樹，亦即田野試驗的控制組。鳥類接觸不到的咖啡樹，咖啡果甲蟲的蟲害嚴重多了，不僅有一堆蟲卵，咖啡果的損傷也更嚴重。於是研究者做出一個結論，鳥類可以控制昆蟲的數量。這份研究發現，大約有 17 種鳥類都會掠食咖啡果甲蟲，其中將近四分之三是新熱帶地區的移民，到這個島上過冬。尤其有三種鶯是甲蟲的主要掠食者：黑喉藍林鶯（Dendroica caerulescens）、橙尾鴝鶯（Setophaga ruticilla）、高草原林鶯（D. discolor）。鳥類平均豐度和多樣性也和咖啡園遮蔭成正比，每公頃可以省下 75 美元的控制蟲害費用。這份研究首次探討鳥類所提供的生態服務，鳥類以生物控制的方式來抗衡有損經濟的害蟲。咖啡農林體系的遮蔭樹建立起生態、經濟和保育三者的關係 [36]。

蝙蝠也會吃昆蟲。在探討自然掠食者對昆蟲數量的影響時，多數研究以為網罩只阻絕了鳥類和咖啡樹，所以鳥類的存在與否才是影響因素。但墨西哥一份絕妙的研究，特別強調蝙蝠作為昆蟲掠食者的角色，該研究分成三種實驗，一是只在白天用網罩阻絕鳥類，二是只在夜晚用網罩阻絕蝙蝠，三是白天和黑夜都用網罩，阻絕了鳥類和蝙蝠，最後的控制組則是完全不用網罩。鳥類和蝙蝠都是控制咖啡園昆蟲數量的大功臣（這個實驗地點是一座有機蔭栽咖啡園，有 120 種以上的鳥類和 45 種以上的蝙蝠），蝙蝠加入鳥類的行列，成為全年的昆蟲消滅大隊。同時用網罩阻絕鳥類和蝙蝠的咖啡樹，比起控制組的咖啡樹，節肢動物的密度多了 46%。然而最有趣的是，蝙蝠在濕季消滅昆蟲的效果比較好，在沒有蝙蝠的咖啡園，節肢動物密度竟然增加了 84% [37]。

這些研究特地分辨日行性和夜行性掠食者，由此可見，這些農業體系的生態服務有多麼複雜。蝙蝠是大家所知的昆蟲掠食者，但全球蝙蝠的數量不斷減少，保護蝙蝠棲地成了當務之急。

另一份統合分析採用了 27 個資料集，探討蔭栽咖啡如何維護生物多樣性，評估咖啡園如何維護多元的鳥類、螞蟻和樹木 [38]。這份研究的重點是土地管理密集化對鳥類、螞蟻和樹木多樣性的影響。這份研究方便我們建立土地管理指數，評估咖啡園的使用密集度。圖 7.1 告訴我們，密集度

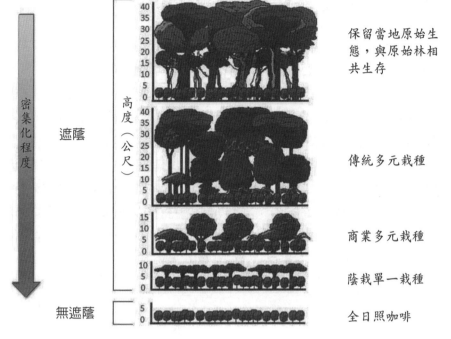

圖 7.1　咖啡管理體系
資料來源：摘自 Patricia Moguel and Victor M. Toledo, "Biodiversity Conservation in Traditional Coffee System of Mexico," Conservation Biology, 13, no.1 (February 1999). Reprinted with permission from Wiley/Blackwell.

和遮光度有關，植被的特徵決定了密集程度，土地管理指數也和管理密集度有關。

　　管理指數升高，樹木多樣性就會降低，這並不令人意外。根據鳥類和螞蟻的研究，密集度愈高，物種流失情況愈嚴重，而螞蟻對土地管理方式又特別敏感。所有咖啡園管理方式都會降低螞蟻的多樣性，也會降低鳥類的多樣性，除非是保留原始林的蔭栽體系（rustic）以及蔭栽單一栽種體系（shade monoculture）[39]。鳥類多樣性不斷降低，絕對和管理指數大有關係，由此可見，當土地管理變得更加密集，多樣性就會流失得更加嚴重。

　　這份研究帶給我們一個啟示，讓我們想起留鳥和候鳥的不同。當土地管理更加密集，留鳥的多樣性通常會降低，但候鳥多樣性受到的影響不大，然而在多數咖啡栽種體系中，候鳥的多樣性都比不上自然森林[40]。

給政策制定者和消費者的結論

　　蔭栽咖啡研究（探討遮蔭咖啡園如何為各種動物提供棲地）多半認為，保育和市場存在著正向關係。換言之，不同管理方式，對棲地的保護和支持程度不一。對**生產國**的農業規劃者和政策制定者來說，遮蔭咖啡具有雙重優勢，這種土地管理方式不僅可以作為自然景觀的替代棲地（自然景觀包括受保護的森林、森林遺跡、河邊或岸邊森林等），也可以為上千個直接或間接依賴咖啡維生的家庭提供生計。關心生物多樣性和農村貧窮問題的國家，蔭栽咖啡剛好可以兼顧這兩種目標。對消費者來說，蔭栽咖啡議題（蔭栽咖啡認證，例如鳥類親善計畫認證或雨林保護認證）讓大家有機會支持那些妥善管理土地的咖啡農。對政策制定者或咖啡消費者來說，這些管理策略讓他們得以兼顧保育和市場。

8

瓜地馬拉咖啡農的故事
在這個美麗又嚴酷的地方奮力求生

Carlos Saenz

瓜地馬拉西南部 Quetzaltenango 省熱那亞科斯塔庫卡的小咖啡農場主。他的家族經營自家咖啡園 Finca Las Brisas，現已傳承了四代。

我是來自瓜地馬拉的小農場主，住在 Quetzaltenango 省的 Genova Costa Cuca，位於墨西哥邊界南方 50 公里處。咖啡園占了瓜地馬拉全國面積的 2.5%，大約有 9 萬名咖啡農，每個咖啡園平均面積 45 公頃。如今我們面臨新的危機，起因要追溯到 20 世紀。我的家人必須鼓起很大的勇氣，才可以克服幾十年來的許多障礙；他們的決心讓我有機會繼續栽種咖啡。微風莊園（Finca Las Brisas）是我們家族世世代代經營的咖啡園，我已經是第四代傳人。

我從小每天和祖父學習，他教我簡單的採收技巧。譬如我小的時候，看著女工拿著籃子採收咖啡，我想加入她們，所以也拿著自己的籃子採收咖啡。當牽引機經過主屋建築，把咖啡苗運到田地，我衝到農用拖車上，跟工人一起下田。我逐漸愛上咖啡，不分時節好壞，我都在學習如何仰賴咖啡園維生。對我來說，咖啡栽種和加工並非一份工作，而是一種生活方式：做我真正喜歡的事情。我樂在其中，高中畢業以後，我就決定在瓜地馬拉市的拉法耶蘭地瓦大學（Universidad Rafael Landivar）研習農業，學校距離咖啡園大約 4 小時路程。然而，我祖父才是真正教我如何務農、如何過生活的人，這些都是在大學裡學不到的。

現在我很自豪地說，我在當地販售烘焙咖啡（包括研磨咖啡和原豆咖啡），也賣給國際企業（旅館、餐廳、醫院等），每天都很努力地提升咖啡的品質。

🫘 瓜地馬拉的內戰

瓜地馬拉有一段政治動盪的時期，舉國上下陷入暴力、對政府和法律的不信任以及恐懼的氛圍，到現今也沒改善多少。農民遭逢綁架、謀殺、非法入侵、縱火，還要負擔叛軍所課徵的大筆「戰爭稅」。課稅多寡取決於農田大小，農田面積愈大，繳交的戰爭稅愈多。第一年可能只是繳出所有作物，第二年可能連付給工人的薪水也要交出來。游擊隊要讓地主心生恐懼，如此一來，地主就不敢回到農場，「游擊隊總是威脅我們，再不付錢，他們就要把農地搶走。」

游擊隊來我們農場光顧好幾次，他們是從瓜地馬拉軍隊分離出來的，因為有士兵不滿意上頭的軍官。他們打著弱勢族群的旗號，亦即全國真正貧窮的一群。這些叛軍想要奪走土地，尤其是咖啡園，再把土地交給那些窮人。如今，有的叛軍甚至成為現在政府的人。他們要求的「戰爭稅」也可能是糧食、金錢或只是時間。我們有時候必須浪費幾小時，聆聽政府和軍隊的光榮歷史，游擊隊想要說服我們支持他們的所作所為。我們只好乖乖地聆聽，不然就是給他們吃喝的東西，順從他們的意思。他們想要多少，我們就給多少，否則他們會燒了咖啡園，並且殺了我們。他們神出鬼沒，從街上、公路或四面八方的山地冒出來。另一方面，只要被發現和游擊隊有勾結，政府的士兵就會殺光整個村莊，所以政府和游擊隊都有問題。因此，附近居民每天都活在恐懼之中，活一天是一天，不知道會發生什麼事；死亡是家常便飯。

1996 年，政府和叛軍終於簽署了和平協定，應該可以終結我們歷史上最漫長的戰爭，這場戰爭整整持續 36 年。戰爭期間對全國經濟造成嚴重的影響。至今每週都有慘事發生。我們每天都要和這些動盪共處，很難想像有什麼重獲安全的方法，因為我們的政府並無法提供安全或法治。在瓜地馬拉，你根本不能相信那些負責我們安全的人。

貧窮、饑餓、土地分配不公、種族歧視依然存在。原住民受害最深，因為他們缺乏機會且教育不足，但我們所面臨的問題不只是內戰深遠的影響，瓜地馬拉咖啡農還要迎接其他挑戰。政府從來不會頒布什麼政策，來支持那些想要投資或成功的咖啡農。

價格下跌

2001 年咖啡在國際市場的價格，從每磅 1 美元掉到 0.5 美元以下。這次價格崩盤主要是因為越南和巴西咖啡產量增加（越南在 1990 年代後期成為主要咖啡生產國）。價格下跌對我們是一場災難。我們最煩惱的問題就是償還咖啡園的債務。我們很難取得低利貸款，因為這個時期，大家對咖啡產業沒有信心，所以 7 年來，我們都在支付高利貸款的利息，年利率

20%，每個月都要付給銀行一大筆錢。既然我們想要保住咖啡園，我們只好借更多錢，其他咖啡農被迫賣掉土地，搬到瓜地馬拉其他地區。

在這場危機裡，許多生產高級和特高級咖啡的大型咖啡園都消失了，因為他們所賣出的價格比不上硬豆和**極硬豆**（**SHB**）。在高海拔山區，有愈來愈多小農場主開始栽種咖啡，生產極硬豆。那些咖啡農有著光明的未來，因為他們栽種的高海拔咖啡品質極佳。極硬咖啡豆和高級或特高級咖啡豆的差別在於酸度，極硬咖啡豆的**酸味**（**acidity**）比較突出，**香氣**（**aroma**）和**稠度**（**body**）也比較明顯。

我的咖啡園也是差點消失的高級咖啡園。我們經常聽說，咖啡廳一杯咖啡的價格，只有 1% 落入咖啡農的口袋，所以我決定提高我們**生豆**的附加價值，我投資咖啡**烘焙機**（**roaster**），甚至以 18% 的利率借錢購買，只為了包辦從咖啡種子、原豆咖啡到研磨咖啡的過程。掌握愈多咖啡加工過程，就可以提供我額外的收入，也有助於維護我們家族的傳統，當地一些咖啡園開始推出生態旅遊，這也可以吸引那些喜歡到咖啡園的朋友。

1990 年代後期，瓜地馬拉政府開始推行農業多樣化，這讓農民不會把希望都放在一種作物上，就算價格崩盤也不會造成全國危機。政府總算做了一件對咖啡農有利的事。我當時已經買了烘焙機，但我的顧客還不夠多，我只好放棄一半以上的咖啡園。原本種植咖啡灌木和美麗遮蔭樹的大片土地，就這樣任由太陽曝曬，隨時都可能變成牧地，淪為肥美牛群的食物。我祖母曾經告訴我：「你是家族唯一有勇氣放棄咖啡園的人。」我也在咖啡園部分的土地上種植橡膠樹，維持咖啡園的穩定經營。我很努力工作，每週工作 6 天，每天 12 小時，現在終於可以擴充咖啡產量以及烘焙咖啡的銷售量，把咖啡樹重新種回去。我的咖啡莊園共有 110 公頃，目前有 45 公頃栽種咖啡，其餘都是橡膠樹。

🫘 主要挑戰

為了持續生產優質咖啡，我們遇到幾個困難，包括勞力不足、高油價、全球暖化、來自大農場主和大型農業企業的競爭。我們咖啡栽種的成

本（包括燃料）持續飆漲，其中開銷最大的就是體力勞動成本，尤其是採收咖啡。我們的坡度多半很陡，地形不利機械化，這使我們很依賴手摘。

我們的採收工人都是咖啡園附近的家庭，但其他咖啡園不一定那麼幸運，因為當地缺乏勞工，他們的採收工人經常需要長途通勤。每個咖啡園採收工人的住宿環境不一。以我們的咖啡莊園為例，他們住在水泥建築物裡，有自來水和電力。我們也提供每個家庭一塊地，讓他們自己種植玉米。況且各地的道路、橋樑、基礎設施都有問題，難以在兩地之間移動。

🫘 成功

對咖啡農來說，生產**精品咖啡**（**specialty coffee**）就是所謂的成功。如果其他問題解決了（尤其是人力和利率），那麼瓜地馬拉的咖啡農就能種植精品咖啡：我們的咖啡栽種在全球最好的火山土上，有著自然的庇護，每個地區還有**海拔**和特定微氣候的巧妙搭配。因此瓜地馬拉咖啡被視為優質產品。在中美洲，瓜地馬拉是最大的咖啡出口國，其次是宏都拉斯和哥斯大黎加。

瓜地馬拉栽種咖啡有一種習慣，就是以大樹作為遮蔭樹，聽說是瓜地馬拉首創的作法。咖啡栽種在一定的樹蔭底下，成熟所需的時間比較長，卻可以醞釀出豐富而多元的**風味**（**flavor**）。蔭栽咖啡是混農林業間作的作物，兼顧了**永續**農業和環境保護兩個目標。許多鳥類、爬蟲類和昆蟲棲息在遮蔭樹上，前來拜訪我們的人，尤其是朋友和家庭都讚賞有加。我的咖啡園雖不提供生態旅遊，但是未來努力的目標。由於我們的咖啡是蔭栽咖啡，也算是為瓜地馬拉咖啡森林盡了一份心力，對環境做出貢獻，例如保護土壤、生物多樣性和水資源，協助降低全球暖化的負面影響。

咖啡農最大的支持來自咖啡聯合組織 ANACAFE，這是瓜地馬拉國家咖啡協會。它的地區辦事處為我們這些小咖啡農場主舉辦技術研討會和工作坊、區域咖啡博覽會等。ANACAFE 提供咖啡杯測（**cupping**）研討會、實驗分析、市場資訊和服務中心。ANACAFE 的主要目標就是刺激國內頂級咖啡消費。我們看到瓜地馬拉的市場正在成長。有愈來愈多人開始喝咖

啡，尤其是年輕族群。我國**卓越杯**（**Cup of Excellence**）競賽功不可沒，它讓更多人想喝頂級咖啡。咖啡農也正努力達到市場所要求的品質。

咖啡的另一項成就，就是提供就業與教育。瓜國大約 9% 的勞動人口，都是受僱於咖啡產業。為了協助咖啡產業裡的每一個人，農村發展咖啡基金會（Coffee Foundation for Rural Development, FUNCAFE）在咖啡農村社群致力於人類發展。這個基金會經營教育課程以及保健中心，並且促進糧食安全，再來就是教導大家如何運用菜園的食用植物，準備有營養的食物，例如一小串胡蘿蔔、甜菜根的葉子、各式飲料、冰淇淋、果醬等。我相信基金會的所有努力，都會帶來正面的效果，畢竟這些家庭這幾年來都因為天災吃盡苦頭。

微風莊園使用再生能源，因為我們有水力發電設施，這是我祖父 60 年前安裝的，一直使用到現在。有了水力發電設施，我們可以把採收的咖啡豆進行**濕式處理**（**wet processing**），也可以為主屋和勞工宿舍供應穩定的電力，勞工宿舍共有兩間臥房、一個餐廳兼廚房和一間廁所。

機會和可能的解決辦法

我們打算在亞洲和歐洲尋找市場，為我們的咖啡爭取更好的價格，高價格反映出我們的高品質。如今瓜地馬拉的咖啡，四成出口到美國。我們的策略是超越**咖啡 C 期價格**（**C price**），而且準備把咖啡推向溢價市場，例如認證咖啡、精品級、國內卓越杯咖啡拍賣等等。我們的咖啡大約一成是 **C 型期貨咖啡**（**C coffee**），其餘都是在當地販售的烘焙咖啡和研磨咖啡。我期許未來可以把烘焙咖啡直接賣給美國。

我們也打算生產更高價的咖啡，例如**有機**咖啡。瓜地馬拉目前還沒有任何形式的**認證**（**certification**），但大家正在努力當中。瓜地馬拉貪污情況嚴重，認證咖啡應該也不例外。

最後我想說的是，儘管面臨這些困難，我們仍然感激有機會生產世界上最好的咖啡。

9

採收工人

Robert W. Thurston

就收入來說，位於咖啡**商品鏈**（**commodity chain**）最底層的人，就是受雇的農業勞工，尤其是採收工人。他們不一定缺乏專業技能；任何採收過咖啡的人，都不會認為這是簡單的工作，想做好採收工作，至少要有一些經驗。除非是**刷落式採收**（**strip harvesting**），否則**咖啡果實**從樹枝拔除的時候，應該都會輕微受傷。強行拔掉樹上的成熟果實，不僅有損樹枝，也不利來年收成。

採收工人也要忍受在陡坡作業，地面又濕又滑，時而充滿泥濘，加上位於空氣稀薄的高海拔地區，在山坡上很難做事情，採收工人只好把自己綁在大樹上。失足或長時間勞動都可能跌落山谷，叮人的蟲子也會光臨這片咖啡林和工人。

採收工人必須快速作業主要有兩個原因：首先，工資以採收的果實重量計價，如果有太多受損果實和樹枝等雜料，還要被扣工資。一些臨時工把咖啡果送到收集站時，在籃子放幾顆石頭增加重量的情況時有所聞，如果他們和咖啡園沒有定期合作，灌水的情況會更加常見。其次，咖啡成熟就要盡快採收，否則樹枝上過度成熟的咖啡果就會開始發酵變成**果乾**（**raisin**）。

採收咖啡是很耗體力的身體勞動，雖然沒有排除女性，但採收工人以男性居多。採收工人經常要裝滿腰上一個又一個籃子，再把籃子裡滿滿的咖啡果，全部倒入大袋子裡，接著把袋子扛到卡車上，最後送到收集站。看著無數工人採收一袋袋濕咖啡果實，就是一幅震撼人心的場景，體重125磅的工人，整天反覆扛著跟自己一樣重的袋子，日復一日，這對身體的傷害很大。儘管如此，我還是遇過做了40年的採收工人。

採收工人經常全家出動，這樣最矮的樹枝也逃不過他們的手掌心。小孩7、8歲時就可以開始採收咖啡，為了把孩子留在咖啡園工作，只好不讓他們上學。許多小採收工人沒有受過教育，未來也難以擺脫體力勞動，從事條件更好的工作。1950年代夏威夷一些地區，甚至允許學童請假，參與採收工作[1]。

採收咖啡不只相當耗費體力，也是季節性的工作，可能持續數週，因為咖啡果實不會同時成熟，採收工人可能要來回4、5趟，才能採完果園

圖 9.1　2004 年尼加拉瓜 La Pita 社區咖啡合作社成員採收咖啡情景。（攝影：
Wayne Gilman）

圖 9.2　2008 年在哥倫比亞 Combia 咖啡園的三位採收工人，忙了一天正在休息。
他們背後的房舍有淋浴間和置物櫃。（攝影：Robert Thurston）

內所有成熟果實。採收工人從低海拔地區開始，後續幾個禮拜朝著高海拔地區移動，也會到幾個不同海拔的咖啡園幫忙，有可能在同一個**生產國**的不同地區移動，也可能跨越國界，例如尼加拉瓜人經常到哥斯大黎加等國工作。然而，採收期遲早會結束的。在下一個採收季以前，這些臨時工或家庭成員要想辦法謀生。就像 Price Peterson 先前提到的，採收工人經常三餐不繼。

哥斯大黎加精品咖啡協會主席 Arnoldo Leiva 告訴我，尼加拉瓜人跑到哥斯大黎加採收咖啡，所賺的錢似乎也買不起尼加拉瓜的土地。「我發現他們至少可以存點錢，拿給尼加拉瓜的親戚，但我懷疑他們所賺的錢並不夠多。咖啡採收季結束後，他們轉而採收柳橙、甜瓜、甘蔗，有的甚至嘗試待在工地。但是對尼加拉瓜人來說，這攸關基本生存，因為在尼加拉瓜根本找不到工作」[2]。

採收工人拿到多少錢？這就要回到那個爭議性的問題了：在咖啡消費世界裡，一杯咖啡的成本到底有多少用來支付咖啡農或工人？經過我四處訪查和閱讀，整理出採收工人收入的各種數據，茲列舉如下：

1. 1880 年代巴西和古巴：零所得。採收工人都是奴隸。

2. 1928 年夏威夷科納（Kona）：採收「一袋」咖啡豆，工資 1 至 1.25 美元，內有 110 至 120 磅咖啡果。優秀的採收工人，每天可以裝滿 10 袋。後來遇到經濟大蕭條，每袋工資降到 40 美分[3]。

3. 2008 年哥斯大黎加 Santa Maria 咖啡合作社 Coopedota：日薪 20 至 40 美元。

4. 2008 年哥斯大黎加 Paraiso 私人咖啡園：日薪 30 至 40 美元（若是十分優秀的採收工人，受雇於當地優渥的咖啡園，工資可能翻倍）。

5. 2008 年哥倫比亞整體報告：「每年採收季節都會僱用 80 萬名工人，這些工人多半在各地移動，尋找還在採收咖啡豆的咖啡園。最優秀的採收工人，每天可以採收 550 磅成熟果實，日薪 30 美元」[4]。

6. 2008 年巴拿馬 Boquete 省的翡翠莊園（La Esmeralda）：Price Peterson 提到，印第安人從高山來幫忙採收咖啡，幾個禮拜下來，

每個人可以賺到數百美元。Peterson 提供的宿舍都是獨立套房，內有盥洗室和廁所。採收工人待在咖啡園時，如有必要還會有護士、牙醫和醫師看診[5]。

7. 2010 年巴西聖保羅省的 Sertaozinho 咖啡園：採收工人月薪 1,200 美元，工作 24 至 26 天，這是駕駛收割機的男性工人的薪資。

8. 瓜地馬拉：「大型咖啡園工人的工作條件差別很大，但大多是血汗工廠的薪資，還要忍受惡劣的工作環境。……工人每天至少要採收 100 磅，基本日薪不到 3 美元。最近有關瓜地馬拉咖啡園的研究指出，超過半數工人的薪水未達基本薪資，這違反了瓜地馬拉的勞基法。這份研究所訪問的工人，不僅被迫超時工作，還沒有拿到任何補償，也沒有享受到法律規定的員工福利。平均總收入為月薪 127.37 美元」[6]。

換言之，手摘咖啡果實的工人，未來仍是頂級咖啡園的重要資產。然而，如同美國其他作物，例如番茄和葡萄，都不是美國人自己採收的，而是低薪雇用臨時性的移工，生產國將會愈來愈難找到穩定的採收工人。

各國教育程度和生活水平不斷提升，大家都不想做採收咖啡的工作。哥斯大黎加和夏威夷都有這種趨勢，當地人都不願意做辛苦的勞力工作。因此，我們衡量咖啡生產國成功與否，有一個粗略的判斷標準，那就是有多難找到採收工人。去哪裡找工人？工人可拿到多少錢？是否有針對陡峭山坡研發的小型機械裝置？這些都是許多地區的迫切議題。

10

咖啡加工
工藝家的觀點

Joan Obra

Joan 的父親在夏威夷卡霧（Kaʻu）創立了咖啡農場、研磨廠及烘焙廠 Rusty's Hawaiian，而她也加入，成為農場的新生代。說到咖啡加工，Joan 有位最棒的老師，即她的母親 Lorie Obra。Rusty's Hawaiian 是 2010 和 2011 年夏威夷咖啡協會舉辦的全州杯測競賽總冠軍，並在 2012 年烘豆師公會年度咖啡大賽中獲獎。信箱為 joan@rustyshawaiian.com。

如果你認為咖啡只是飲料，你會喪失很多體驗的機會。像我們有幸參與從採收到烘焙的過程，就覺得品味咖啡只是這場旅程的一小部分。咖啡始於咖啡樹，從樹枝摘下成熟的咖啡果，再從尚未烘焙的咖啡挑出毀損的豆子，最後階段才是慢慢啜飲咖啡，吹毛求疵地評鑑咖啡的風味。

在過程中，我們問了幾個問題。想要水洗咖啡豆（washed coffee）的細緻純淨風味呢？還是天然乾燥咖啡豆的獨特濃醇香氣呢？

所有的加工步驟都會把咖啡果實的種子，變成適合烘焙的生咖啡豆。我討厭**加工**（**processing**）這個字眼，醞釀咖啡風味的過程簡直就是一門藝術，但加工這個詞彙太過含糊和俗氣。「加工」並無法突顯我們咖啡生產者的重要性，要是我們交出有瑕疵的咖啡豆，就算使出任何烘焙或沖煮技術，都無法變成頂級咖啡。

加工過程到底發生什麼事呢？採收以後就要將咖啡種子乾燥，以保留它的潛在口感。我們通常會剝掉**咖啡果實**的外面幾層，讓咖啡**種子**接受乾燥，但有時則保留整個咖啡果實，直接乾燥內部的種子。

每種乾燥方法都有可能破壞最終的杯測，發霉是最大的致命傷，**發酵**（**fermentation**）也是，過度發霉和發酵，都會產生令人厭惡的味道。有了這些基本知識，再來深入瞭解我們的家族企業 Rusty's Hawaiian 的咖啡加工過程。我們的實驗室就位於夏威夷大島南邊 Ka'u 的農村地區，包含 12 公畝的咖啡園和微處理廠（micromill）。

這個古老的甘蔗園地處 Mauna Loa 火山，可以遠眺大海，深深吸引我的雙親。1990 年代末期，我父母 Obra 夫婦看中這個地方，恰巧有機會提早退休，於是便賣掉紐澤西的房子，搬到夏威夷來。我父親 Rusty 夢想栽種 Ka'u 地區的頂級咖啡。但我父親於 2006 年過世，留下母親蘿莉 Lorie 為他完成夢想。後來，我母親種出的**生豆**贏得好幾座國內外獎項。

母親如何完成父親的夢想呢？這是我們的推測：她的咖啡加工方式可以媲美主廚的敏銳度。人家是在燉牛肉高湯，她是在釀製咖啡豆烘焙前的風味。另外還有大師 R. Miguel Meza 的指導，他曾是明尼蘇達州 Ramesey 市天堂咖啡烘焙公司（Paradise Roasters）的烘豆大師，我母親從他身上學到**精品咖啡**產業所推崇的**風味**（**flavor**）。

　　我母親和 Miguel 共同研究我們農場各種咖啡的特性，例如紅波旁（Red Bourbon）、鐵比卡（Typica）、黃卡圖拉（Yellow Caturra）、紅卡圖拉（Red Caturra）。Lorie 自有一套處理方式，她想突顯每一種咖啡的特殊風味。她說：「我總是設想每一種咖啡想要如何展現自我」。

　　Lorie 可以花好幾年時間苦思讓她滿意的加工方式。這種堅持難能可貴，因為小型家族事業的設備和資源不足，但我們有必要投資研發。比起其他咖啡生產國，美國勞工成本很高，所以我們必須以品質取勝，而非削價競爭。

　　然而一切都是值得的。經過兩年的實驗，Lorie 和 Miguel 所研發的加工方式突顯了「紅波旁」的酸度和甜度。肯亞風格的紅波旁在 2011 年夏威夷咖啡協會全州杯測競賽獲獎。

　　我們烘焙過後的肯亞風格紅波旁，1 磅超過 114 美元，可見多麼特別和稀有。我們這個品種只有 120 株咖啡樹，去年迅速銷售一空。

　　其他生產者也採取相同策略強調品質，把生咖啡豆高價賣出。舉例來說，Finca El Injerto 莊園數次榮獲瓜地馬拉**卓越杯**比賽，今年初更以每磅 210.5 美元的價格拍賣他們的珍貴咖啡，其中包括以**水洗處理**（**washed processing**）加工的「摩卡」（Mocca）咖啡品種。一般精品咖啡等級的生咖啡豆，平均每磅售價 2 至 3 美元，可見這款摩卡咖啡有多昂貴。

　　既然大家都明瞭我們為何採取以品質取勝的策略，現在就來探討實際運作方式。首先，目前有很多咖啡加工方式。生產者可以隨著規模、設備、資源和地點調整作法。我們的經驗只是一例，絕對不是什麼標準。

　　我們的小工廠大多在傍晚開工，那時候幾百磅咖啡果正好抵達。我們戰戰兢兢地檢查咖啡果。一批咖啡果的成熟度，通常不盡相同。

　　Lorie 把咖啡果倒入裝滿水的水桶，我們再以小濾器撈起任何浮起來的咖啡果，擱置一旁。這些浮起來的咖啡果密度很低，無法均勻烘焙。我們把其餘咖啡果倒在網架上，開始依色澤篩選。我們有可能徒手挑選咖啡豆直到凌晨，端視那批咖啡豆的品質高低而定。

　　尚未成熟的青綠色果實務必挑起來，因為會讓咖啡變澀。太過成熟的棕色果實也要丟掉，因為會讓咖啡有股發酵味。除此之外，我們還要逐一

評估每顆咖啡豆的成熟度。我們心目中理想的咖啡豆是：呈現飽滿色澤的成熟的咖啡果，它將為最終咖啡增添甜味。

　　篩選好咖啡果以後，就要考慮其他因素。例如，天氣預報可能指出，後續幾天陽光充足且風大，這樣咖啡豆就會快速乾燥，這就是製作蜜咖啡的最佳時機。蜜咖啡（honey coffee）又稱為**去果肉日曬處理**（**pulped natural**）咖啡，堪稱我們最耗人力的咖啡之一，但一切都是值得的：如果作法正確，這種咖啡的甜度很適合製作濃縮咖啡綜合豆。

　　我們把「鐵比卡」的咖啡果倒入去皮機。淡色的咖啡種子，帶著濕濕的**黏液層**，成堆散落在塑膠桶中。我們把一大桶咖啡豆搬到網架上攤開，晚上是收工時間。

　　隔天清晨，我回來察看木櫃上的網架。我的工作就是定時耙鬆這些豆子，直到他們不再黏膩。如果我夠幸運，差不多下午 2、3 點，這些豆子就會不黏手，但遇到下雨或沒風的日子，就整天都要耗在這裡了，否則這些豆子可能會像焦糖爆米花般結塊，會有發霉的風險。一整天下來，我母親都在確認我的進度，觀察這些咖啡。接下來她會開始挑出破損、畸形、變色的咖啡豆。

　　一天即將尾聲，Lorie 淘汰了一堆咖啡豆，但後續幾天，她會持續挑揀出不完美的豆子，直到這批咖啡已經乾燥到可以長期存放。在這個階段，咖啡豆表面覆蓋一層薄膜，稱為**內果皮**，之後只要耐心等待，讓咖啡沉澱幾個月的時間，口感自然變得醇厚。

　　當時候到了，我們就會拿出一顆咖啡豆試試。內果皮染上一抹淡金色，脫離了乾燥的咖啡果實。Lorie 把咖啡豆倒進去殼機，剝除咖啡豆的薄膜。她問：「聞到了嗎？」這時的生豆沒了內果皮，卻多了淡淡的果香。

　　烘焙過後，就要來試試味道。Miguel 給我一只白瓷杯，裡面裝著研磨咖啡。聞起來有蜂蜜味，我們嚐嚐看味道，Miguel 說有果香、較為濃醇、還有糖一般的甜味。他說：「這款的香氣比水洗『鐵比卡』還重，現在還有一件事要做：淘汰生豆裡的**瑕疵豆**，我們會用人工或機器挑選，端視當天需要的數量而定」。

圖 10.1 宏都拉斯穆蘇拉（Musula）一大串「鐵比卡」咖啡果實。（攝影：Martha Casteneda）

　　這只是加工方式的一種。天然乾燥的「紅卡圖拉」和「黃卡圖拉」也很麻煩。對於天然乾燥的咖啡，我們並不拿掉果皮。我們只是把這幾種咖啡果直接放在個別的網架上，不時耙鬆咖啡果，以免發霉，也可以加速乾燥，造就出甜葡萄香味的「紅卡圖拉」和熱帶水果香的「黃卡圖拉」。

　　水洗「鐵比卡」比較不費力。我們以去皮機剝除咖啡果的果皮，再把咖啡果泡在水裡，發酵一個晚上。這是水洗咖啡豆最重要的關卡。Lorie發現水的多寡和發酵時間長短都會大幅影響咖啡豆的口感。她要讓咖啡豆泡得夠久，洗練出鮮明的風味，以及莓果柑橘類的香味。

　　接下來幾天，我們從水裡撈出豆子，攤在一層一層的網架上。發酵作用可以去除緊黏著咖啡豆的黏質狀果肉層，加速咖啡豆乾燥；少了甜膩的果肉層，種子比較不容易發霉。我們不時翻動豆子，來加速整個乾燥過程。

母親還會持續改良這些方法。如同咖啡烘焙和沖泡般，咖啡加工也是科學與藝術的美妙結合，不過也很費事。

下次喝到哥倫比亞 Finca Villa Loyola 別墅莊園的水洗「卡圖拉」（Caturra），不妨想想這套加工方法。想像咖啡生產者把去皮咖啡豆泡在水裡，聞聞看一把生咖啡豆。不妨想想生產者製作工藝級咖啡的成就感，以及對這個經驗的熟悉感，直接來到我們咖啡園和工廠更好，嚼嚼看咖啡果實，把內果皮剝離生豆，讓咖啡不只是飲品而已。

11

哥倫比亞咖啡產業中的女性

Olga Cuellar

哈維里亞納天主教大學社會心理學學士。亞利桑那大學拉丁美洲研究碩士。Olga 出生在一個哥倫比亞家庭,全心投入在精品咖啡和國際發展事務中。她的碩士論文剖析了應如何增強哥倫比亞女性咖啡種植者更多的能力。Olga 花了兩年時間與哥倫比亞、巴西和巴拉圭農業合作社及農村社區共同研究發展計畫,她是領有執照的咖啡評鑑杯測師。目前她在「永續收成」(Sustainable Harvest)機構擔任拉丁美洲發展經理。

哥倫比亞所有農業都有性別不平等的問題，咖啡產業也不例外，從栽種、採收、採收後的加工、配銷到行銷皆然。但女性在咖啡園的地位，幾十年來大幅提高，目前女性還要在全球市場力爭上游。

幾十年來社經巨變，有助於提高女性的地位。由於**國際咖啡協議**（**International Coffee Agreement**）宣告中止，哥倫比亞正式引進自由貿易，加上游擊隊動作頻仍、社群遭到暴力驅逐、男性從農村外移到城鎮、農村工作機會不足，都是社經變遷的原因[1]。20 年來，哥倫比亞夾在游擊隊、準軍隊、軍隊之間的衝突，造成 7 萬多人死亡。300 多萬人流離失所，更有許多人慘遭游擊隊、準軍隊或軍隊的毒手而「人間蒸發」了。戰爭和暴力不是政治墮落，而是達到政治目的的工具[2]。

這些因素為哥倫比亞咖啡產業帶來新的挑戰和機會。市場對女性所栽種的咖啡興趣增加，女性組織也有如雨後春筍般出現，讓女性的需求被更多人看見，引起國內外組織的關注，女性因此獲得更多經濟支持。

自從 1980 年代中期，咖啡產業有了新的關注議題，跨國公司也和生產者合作幾項國內外計畫，並且更致力於提供男女平等的機會，讓生產者享受更平等的社經機會，不因為性別、種族、階級或族群受到歧視。

諸多外移模式、新的咖啡生產方式、不斷成長的全球市場，以及男性生產者外移導致收入降低，讓更多女性主動投入咖啡生產，以維持日常家計。Deere 和 León 指出，1960 年代女性成為農業勞動力，主要是因為缺乏其他就業機會以及男性外移到都市等原因所致[3]。雖然女性確實對農業生產有所貢獻，但農民仍以男性居多。Deere 和 León 也提到，農業決策還是由男性主導[4]。

如今，資本主義的需求以及當地條件，改變了分工方式以及適合女性的工作。男性從農村外移找工作，性別分工方式隨之改變，大家也不再認為男性是主要農業工作者和家計負擔者。女性和孩童通常留在農村地區，丈夫和青少年男女前往都市，形成所謂「農業女性化」的現象[5]。

近十年來，政策制定者、研究者和農業發展機構，開始發現女性農業勞工增加了，試圖讓女性參與發展計畫和永續計畫。1990 年代早期以前，我們不太注意咖啡產業變遷如何影響女性日常生活，但目前發展計畫

經常納入性別觀點。此外，一些發展機構例如世界銀行、美國國際發展署（United States Agency for International Development, USAID）、國際合作社聯盟（International Co-operative Alliance, ICA）、聯合國糧農組織（FAO）以及整個聯合國都決定，2015 年除了消除饑餓和貧窮，還要促進性別平等，讓女性有能力掌握自己的人生，特別是在農村地區[6]。咖啡產業的幾項計畫也均致力於幫助女性取得領導地位、提高行銷技巧。**咖啡品質學會（Coffee Quality Institute, CQI）、國際婦女咖啡聯盟（International Women's Coffee Alliance, IWCA）** 正在評估這些計畫如何滿足女性需求。本文聽取那些國內外備受忽視的聲音，瞭解他們在咖啡價值鏈的經驗（從生產到行銷的經驗）。

本研究鎖定一個組織，Cauca 省女性咖啡種植者協會（Association of Women Coffee Growers of Cauca, AMUCC）。咖啡買家都知道 Cauca 省有著絕佳的海拔、氣候和土壤，適合生長頂級咖啡[7]，因社會政治動盪，導致 Cauca 省一直很難接觸到咖啡生產的新知識，增加市場機會。

這份個案研究關注女性組織的成立，以及為了加入國際市場，採取新的咖啡品質標準。AMUCC 符合 Goodman 所謂的「道德經濟」（moral economy）[8]，這個協會的成立，就是因應中型西班牙咖啡烘焙商 SUPRACAFÉ 的要求[9]。AMUCC 和 SUPRACAFÉ 建立**直接貿易**（direct trade）關係，方便 Cauca 省把咖啡賣到西班牙。如此一來，品質和道德價值都會化為溢價，這些經濟利益不僅可以用來建設，也可以幫助 AMUCC 的女性會員[10]。

2007 年夏天，我深入訪談 AMUCC 的 9 位領導人，以及其他資料提供者。另有 21 位女性接受問卷調查。我想知道當女性參與兩性混合組織時，女性如何看待自己以及參與度，女性覺得自己是什麼樣的咖啡農與純女性組織會員，以及她們對 AMUCC 決策的影響。我也傾聽她們的丈夫、兒子等男性親戚的看法。

Cauca 省

AMUCC 位於 Cauca 省省會 Popayán，地處哥倫比亞最南方，西臨太平洋。Cauca 省約有 125 萬居民 [11]，下轄 41 個自治市，AMUCC 會員來自其中 12 個城市，地方經濟主要依賴農業，包括咖啡、甘蔗、天然纖維等現金作物 [12]。Cauca 省是哥倫比亞七大咖啡生產區之一。

Cauca 省一直住著原住民、非裔哥倫比亞人後代和農民。土地分配和土地所有權從古至今都是族群衝突的導火線。大莊園的地主反對土地重分配，過去發生激烈鬥爭。1970 年代初期，Páez 和 Guambianos 印第安人社群，還有一些占據私人土地的農民，闖入 Cauca 省 20 多個大莊園 [13]。咖啡農工紛紛要求法定工資、福利和社會安全福利。勞工聲稱受到地主的虐待 [14]。1959 至 1960 年農業普查顯示，哥倫比亞將近 5 萬農民的土地都不是自己名下的財產，哥倫比亞有超過三分之一的農地都是由農場管理者所掌管 [15]。

1994 年哥倫比亞土地改革法的主要目標就是解決農村財產集中化的問題。1960 年代晚期至 1970 年代初期，土地鬥爭大多伴隨土地改革資本主義（agrarian capitalism）而來 [16]。土地改革以後，哥倫比亞咖啡種植者中，有 64% 屬於小農場主。他們每人平均擁有的土地面積為 1 公頃：28% 擁有 1 至 3 公頃、5% 擁有 3 至 5 公頃、4% 擁有 5 至 20 公頃，只有 0.56% 擁有 20 多公頃 [17]。

Cauca 省農民的經濟鬥爭，大多還是圍繞著土地不足、土地分配不均、農業生產困難，以及來自厄瓜多進口商品的競爭（受到厄瓜多政府的補助）。在這些經濟和社會鬥爭之下，一些農民開始栽種非法作物，尤其是古柯葉 [18]。栽種非法作物有一些好處，例如市場穩定、方便運輸、利潤比農產品高。管制非法作物的生產，至今依然是政府和地方機構的一大挑戰。有一位女性咖啡生產者告訴我：「這就是現實，古柯葉的錢很好賺，工作比較輕鬆，卻可以賺比較多，不過也為社區帶來更多暴力。[19]」

1994 年的土地改革大約把 1,200 萬公頃土地重新分配給 65,000 個農村家庭 [20]。大致上還算成功，但土地改革也製造出幾個問題。許多農民和

原住民社群必須搬到其他地區。許多貧窮的農民被排除在外,因為他們申請貸款的文件不足,不然就是有債在身,再不然就是土地定價過高[21]。此外,土地分配時反映了政治偏好,特別偏袒某些在地菁英。這種不公平的土地分配,造成更多族群衝突。新法規鼓勵農民遷移到別州,結果導致某些地區人口過剩。根據 Grusczynski 和 Rojas 的研究[22],1994 年所分配的土地,到了 2003 年竟然有超過三分之二遭到棄置和抵押,絕大部分都荒廢掉。不過,1990 年代初期哥倫比亞的農地改革,還算有幫助到貧窮女性農民或女性家戶長,這些人以前沒有自己的財產。因此,土地重分配提高了獨立女性農民的數量。

有關農業品質的相關知識,在 Cauca 省並不容易流通,部分原因出在技術助理人員不足。2007 年在與幾位 Cauca 省的咖啡技術員(根據哥倫比亞咖啡農協會 1997 年的普查)訪談時發現,85,000 名咖啡農,只有 800 位技術員。由於 Cauca 省咖啡生產日益專業化,須生產清楚標示來源的特殊咖啡,這些咖啡品質特殊,市場價值也特別高。由於農村本身的問題,需要更多女性投入咖啡生產,並且積極參與咖啡**價值鏈**(value chain)的各個階段。這些變遷皆促使各地成立女性組織或團體,AMUCC 也是其中之一。

AMUCC 概述

AMUCC 應 SUPRACAFÉ 的要求,於 2002 年成立。SUPRACAFÉ 公司是一個西班牙基金會[23],它和 AMUCC 以及當地合作社 CAFICAUCA[24] 都有意願發展一條女性的咖啡生產線。起初只是一個專屬女性的計畫,後來變成一個協會 AMACA,會員共有 300 位女性,她們都來自同一個自治市。但只過了一年,AMACA、SUPRACAFÉ 和合作社之間就有誤解,AMACA 只好切斷彼此的聯繫。

然而,這兩個贊助組織並沒有放棄。他們成立另一個組織,會員來自 Cauca 省的各個自治市。這就是 AMUCC 的誕生。如今這個組織共有 390 位會員,全都是生產咖啡的女性。

三方都有各自的角色。西班牙公司 SUPRACAFÉ 既是咖啡買家，也是咖啡品質的評鑑者。西班牙基金會是 AMUCC 的經費來源。合作社負責儲存、去殼和包裝，還要把咖啡送到西班牙。AMUCC 和西班牙買家的目標，就是讓咖啡生產以社會環境永續發展為本，還要提升咖啡生產者及其社群的生活水準。既然可以和西班牙買家直接談判，女性會員就能夠賣出更好的價格，並且在國際市場建立更有機會的網絡。此外，生產者也會更瞭解行銷（**marketing**）過程。他們正在學習如何應付咖啡買家，同時更加瞭解自己的咖啡品質，以爭取更好的價格。這些女性從事生產成本和利潤分析，解讀咖啡價格波動，並且學習因應價格做調整，這些特別有助於進攻國際市場。

　　AMUCC 會員來自於 Cauca 省不同的自治市，十分多元，社經地位相差甚大，主要取決於她們來自哪個自治市。舉例來說，鄰近省會 Popayán 的自治市，發展程度較高。來自這些社區的女性，更有機會享受基礎設施、土地和經濟資產。另一方面，住在 Cauca 省南方的女性，由於距離 Popayán 遙遠，並不容易接觸這些設施和可能性。這導致女性在栽種、運輸和行銷咖啡時，所承擔的生產成本和挑戰天差地遠。

　　AMUCC 的會員中，平均每人擁有 1 至 3 公頃土地，這在 Cauca 省只是小規模。中規模咖啡農擁有 5 至 8 公頃土地，大規模則超過 10 公頃。2007 年，AMUCC 生產 2,500 袋咖啡，相當於 10 個出口貨櫃，其中四成都是賣給西班牙，其餘才是賣給當地的買家。

　　AMUCC 女性會員至少要有 1 公頃土地（對這塊地擁有法定產權），並且栽種優質咖啡。一旦考慮加入 AMUCC，女性就更有能力向丈夫、家人或政府爭取土地權。一旦加入 AMUCC，女性就更容易打入咖啡市場，被認定為咖啡農，取得貸款、現金所得、訓練機會等服務。這些因素不時改變女性、家人、社區對性別角色的認知，以及女性以咖啡農身分投入咖啡產業的情況。此外，當女性有機會積極參與商業生產，她們在家裡和社區的決策能力也會相應提升 [25]。

Cauca 省女性咖啡農的崛起

Cauca 省曾是殖民地區，因此階級、性別和族群對社會政治關係有著深遠的影響。Cauca 省曾被西班牙人占領，天主教遺風影響著 Cauca 人的行事作風、節慶活動和分工方式。此外，在 Cauca 省，都市和農村居民差別很大，對於性別角色和家庭傳統的認知不同。農村女性就是要做家事，投入社區事務，不需離家太遠。Cauca 人認為有一種天生的性別分工，不容許女性積極參與公共領域，市場、政治和經濟制度都屬於公共領域的範疇，但事實上，兩性共享一個空間，責任分工只是權宜之計。

文化模式把「女性角色」和「男性角色」變成刻板印象，再受到政治宗教組織所鞏固。舉例來說，哥倫比亞咖啡農國家聯盟（FNCC）等咖啡組織，不開放女性加入。哥倫比亞的習俗都有強烈家戶長制色彩。1960 年代中期，女性不可以組成咖啡組織，進而打壓她們在社區的決策權力[26]。儘管如此，內外環境仍鼓勵女性接近公共領域。

AMUCC 歷經了成立女性組織的困難與挑戰。透過 AMUCC 的故事，我們可以明白咖啡產業不同參與者的互動（咖啡農、協會、合作社、FNCC、非政府組織、買家、烘豆商、消費者），以及直接貿易多麼得來不易，這提供產品可追溯性，也為女性帶來更穩定的市場。AMUCC 女性會員已經展現出她們有能力改良咖啡品管和她們的組織。女性不斷磨練技術，就可以放眼前景看好的國際市場，也會從備受忽略的咖啡產業參與者，變成市場能見度高的主要生產者。

AMUCC 會員開始關注取得土地、技術知識與協助、投入（農化物質、基礎設施和運輸）、貸款和資本、達到高品質的標準、發展永續農業。為了滿足歐洲烘豆商對女性生產咖啡的需求，合作社 CAFICAUCA 於 2000年研擬了「女性咖啡農計畫」（Mujer Caficultora）。

AMUCC 現況

AMUCC 目前有 390 位女性會員，彼此身分差異很大，有已婚女性

（77%）、未婚女性（10%）、女性家戶長（13%）。此外，一些會員來自 Guambiano 印第安人社群（2%）。AMUCC 女性會員平均年齡是 40 歲，年輕女性極為少數。大部分會員都有孩子，平均育有 4 名子女。我們調查樣本中的 24 位女性，大多是中學畢業，其中 8 位只有念到小學一、二年級，只有一位是專業農藝學家。

想要加入 AMUCC，女性必須證明擁有自己的土地，可以在上面栽種咖啡。根據 2005 年 CAFICAUCA 所做的調查，平均每位女性會員擁有 2 公頃土地，我的調查再度確認這個數字。女性有兩種可以取得土地權的方式。我所訪問的 24 位 AMUCC 女性會員，大約兩成擁有土地權。六成有文件可以證明，土地所有人（女性的家人或丈夫）讓她全權處裡那塊地。其餘兩成沒有土地權，但正在取得有效文件：至少要有臨時的土地使用文件，才可以加入 AMUCC。

AMUCC 對女性生活、家庭和社區的影響

「現在的我，不只是家庭主婦，還是咖啡農」

—— Yolima，AMUCC 會員，2007 年 7 月

「如今我不只是家庭主婦，我也是咖啡農……或許我一直都是咖啡農，只是我沒有發覺而已」。

—— AMUCC 參與者 [27]

當那些女性被問到為什麼想當一名咖啡農時，她們大多回答，自己從小在咖啡園長大，沒有想過其他工作。對她們來說，栽種咖啡只是在農村討生活罷了，但也有女性考慮到，栽種咖啡方便她們在家工作，一邊照顧小孩，一邊做家事，也有一些女性 10 年前就開始栽種咖啡，她們覺得這份工作可以養活全家。只有一位受訪者放棄非法作物改種咖啡，他們夫婦體會到，古柯葉為這個地區帶來更多暴力和社會衝突。

我詢問 AMUCC 會員，為什麼覺得這個組織是女性專屬。她們從中獲

得什麼好處？未來希望從這個組織獲得什麼好處？她們談到成立女性團體時，總是提起自己終於有機會被視為咖啡農或行銷者。有一位女性說：「以前我們不知道丈夫拿什麼咖啡到當地城鎮販售，也不知丈夫賺了多少錢，花了多少錢。我們完全是局外人。[28]」另一位會員 Ana 回憶起：「我們（女性）沒有任何權利……FNCC 等組織總是給男性特權。」Camila 說：「我們也是勞工，卻不被認可。」最後，Amelia 指出：「女性總是在經濟上依賴丈夫，因為丈夫才是負責賣咖啡的人……現在女性也可以賣咖啡了。[29]」大致說來，AMUCC 會員都很樂見女性有機會團結起來，見證咖啡產業的正面發展。

這些女性提到了 AMUCC 的幾個有形和無形好處：AMUCC 和西班牙買家直接貿易，讓女性咖啡農打入精品咖啡市場；提供女性咖啡農建造太陽能乾燥機的材料；讓女性咖啡農對咖啡、價格、新市場、買家需求更加瞭解。Ana 指出：「我們以前生產咖啡卻不懂各種品質標準、價格、認證，也就無法好好行銷我們的咖啡。[30]」我和幾位咖啡買家談過，他們也覺得女性為咖啡產業增添獨特的風格。女性懂得把理論付諸實踐，去提升咖啡品質，加上她們把重心放在社區，也有能力分辨輕重緩急，對家庭和社區有所貢獻，也為咖啡貿易創造更美好的前景。[31] 女性最在乎的還是收入。Yolima 說：「我參加的動機就是多找一個謀生方式，我們想要的就是……錢[32]。」另一位受訪者說：「現在我不用跟別人要錢，我也可以讓孩子受教育，滿足孩子的需要。這感覺好極了，我以前對經濟沒什麼貢獻，現在卻是孩子和社區的楷模[33]。」

AMUCC 參與者也提到，由於大家都是女性，就會比較有自信，彼此相互扶持，也有機會和其他自治市的女性交流，彼此交換經驗。會員也提到女性團體有助於從市場爭取外部支持，找到其他想和女性咖啡農合作的組織。總而言之，女性組織讓女性感到自在，營造出暢所欲言的環境，並且讓她們瞭解到，自己對咖啡產業的貢獻有多大。Cauca 省其他咖啡組織的女性成員也有相同感覺：「我很害怕發言，但自從我參與這個組織，再也不會害羞，現在我不怕和重要人士交談，例如國際買家。只要有必要發

言，我就會發言。我看到其他女性害怕表達自我或在眾人面前發言……我瞭解那種感覺……但擺脫恐懼公開發表意見，需要一段適應的時間。[34]」

受訪女性本身也受到 AMUCC 的影響。她們經常提到最難忘的經驗，就是有機會到 Popayán 參加會議。她們把會員身分視為逃離日常家庭主婦生活、變身女性企業家的機會。她們對丈夫的經濟依賴降低了，也覺得自己對家計有所貢獻。其他組織的女性會員也有類似轉變。ASOMUCA 的女性成員說：「自從我們（女性）加入女性專屬團體，我們學會如何公開發言，我們學會和丈夫協商……這是天大的好處，可以為自己在家裡爭取一席之地。[35]」

然而也有女性提到工作量的增加。Meertens 提到，農村女性一日工作量不只是栽種咖啡，還有家事要忙[36]。哥倫比亞農村女性每天平均勞動 16 小時，男性 14 小時，甚至有些女性比男性超出 4、5 個小時[37]。對女性來說特別繁重的工作是煮飯給工人吃，光是咖啡採收期平均每天就有 10 名工人，而準備食物的工作，便由女性獨挑大樑。就算女性要參加 Popayán 的會議，要賣咖啡給合作社，或者參加訓練，仍要早起準備餐食。

不過，丈夫和小孩也開始分擔女性的家務。說到煮飯給工人吃，現在丈夫會把食物搬到咖啡園，幫忙洗碗，這些在以前都是女性的工作[38]。當我們詢問丈夫如何看待妻子的新角色，他們大多表示贊同。然而，只要談得更深入，他們就會抱怨女性對一些家務變得漫不經心，也有丈夫抗議女性出門在外的時間增加了。儘管有這些抱怨，丈夫大多還是支持妻子的努力，因為這對家庭經濟有幫助。Natalia 的丈夫說：「我覺得她參加 AMUCC 對我們有好處，我們有了太陽能乾燥機……這可以提升我們咖啡的品質。[39]」

一位 AMACA 成員把加入會員視為「覺醒的過程」，讓女性不斷累積實力[40]。她也認為女性對組織經營權的提升，使她們必須更加積極投入、更加瞭解市場的一切。另一位會員 Alicia 說：「我們再也不用忍受家戶長制，我們以前就不希望合作關係變成那樣……我們學了很多，學會自己思考與行動……現在我們知道往哪裡走、該怎麼走……如今我們有更美好的企業願景，也更瞭解當責、行政和管理過程。我認為我們走對了。[41]」

　　其他女性也很樂見自己學到的東西，卻仍然覺得自己的知識不足：「我們以前對咖啡瞭解不多，現在我們知道生產成本、利潤、市場上的國際價格。但我們還要學得更多……我們女性還有很長的路要走」。焦點團體裡有一名女性說：「我們參考有關品質標準的資訊，逐步提升咖啡的品質，但為了不讓品質停滯不前，我們需要更多持續的技術協助和訓練。[42]」

　　最後，加入 AMUCC 也改變女性的社區生活。有一個自治市共有 8 位女性加入 AMUCC，該組織似乎發揮很大的影響力。這個社區的領導人提到，AMUCC 有助於凝聚鄰里和家庭。這個社區一直深受暴力事件所苦，隨處可見游擊隊和準軍隊。根據一位受訪者的說法，AMUCC 是這個地方第一個正式組織。Florina 指出：「暴力的影響之一就是社區居民失去信任感，大家都選擇自我孤立，人心恐懼，沒有合作的可能……然而，自從我們加入 AMUCC，合作和包容都增加了，我們正在重新建立社區關係。[43]」

　　此外，看到其他自治市的女性有所進步，就會萌生希望。因此，Yolima 指出：「很多人看到女性工作之後有所成長，就會受到鼓舞，即使還不是組織成員，也會有動機在咖啡園工作。[44]」

　　總而言之，AMUCC 對女性的意義，就是提供「發展、和平、成長和新的空間，讓女性和其他女性、朋友、咖啡農一起分享挫折、努力和成功，這個環境讓我們收獲良多、出人頭地，並且更有勇氣以女性的身分公開發言。[45]」

土地、權力和金錢

　　另一個收獲就是女性取得土地。Cauca 省並不限制女性取得土地，卻期許女性是家庭咖啡園的一份子，而且土地所有人必須是戶長（戶長通常是男性）。此外，許多地區並不把女性視為家中主要的農業工作者。這都使得女性無法取得或繼承土地。拉丁美洲一些地區，即使女性可以繼承土地，也會希望她放棄權利，或者分享、傳承、賣給男性親戚[46]。

　　唯有獨生女或家中沒有男性成員，才會輪到女性繼承土地。此外，如果母親是寡婦，或者母親遭到父親遺棄，女兒就比較有可能繼承土地。一

位哥斯大黎加的咖啡農就提到：「我很開心從來沒有見過父親。我可以想像如果他還在，就沒有今天的我。我不會擁有土地，我的人生也會完全不同。唯有母親是家戶長，我才有機會變得更加獨立，成為擁有自己土地的咖啡農。[47]」

AMUCC 的女性成員也認為，土地所有人能夠取得其他資產、訓練機會、技術協助，與如何生產優質咖啡的資訊。Amelia 在訪談中提到：「現在我可以宣稱這塊地、這座咖啡園是我的。[48]」另一位女性也說：「我們現在可以擁有自己的土地；我負責管理，我也知道我投資了多少，可以從中獲利多少。這大幅改變了我的人生。[49]」女性的收入代表著經濟獨立，她們在家中和社區也會掌握更多權威和決策權。

總而言之，AMUCC 女性成員不只是咖啡農與行銷者，更是土地所有人、對家庭經濟有貢獻的人、孩子的楷模、社區領導、Cauca 省新的社會經濟階層。女性在咖啡生產與行銷方面的能見度都提高了。

性別暨集體行動國際研究工作坊（International Research Workshop on Gender and Collective Action）[50] 指出，資訊取得是一種權力資源，可以改變對於家庭和經濟選項的看法[51]。雖然 AMUCC 女性仍面臨一些極度不平等的關係，卻比以前更有機會採取獨立的生產行動。

此外，女性在 AMUCC 內外分享實踐和策略。她們正在學習搜尋資訊，還有領導、組織、維持組織的運作。她們的市場經驗讓女性有更多創造機會的工具，也讓女性更有決策權和談判權。

由於女性較以往更容易取得土地，而且只要提高咖啡利潤將就更容易申請到貸款。AMUCC 會員目前都沒有貸款，但她們未來打算申請貸款來投資咖啡園或購買土地。此外，成為 AMUCC 的會員，比較容易申請到銀行貸款[52]。如同聯合國糧農組織所指出的，擁有財產權的哥倫比亞女性，也比較容易申請到貸款[53]。

全球咖啡產業重組，加上咖啡產地的家戶長制度有所變化，讓女性咖啡農的生活持續改變。如今，咖啡生產者已都無法擺脫國際咖啡市場需求的影響。很多國家的咖啡農被迫尋求其他收入來源，例如生產精品咖啡，以因應這些新壓力和新需求。

多年來哥倫比亞女性參與咖啡園和家務工作。現在 NFCC、非政府組織、地方機構，都承認 AMUCC 是一個女性團體，對咖啡生產有所貢獻，也執行許多滿足女性特殊需求的計畫。由於國際性別平等政策和新組織紛紛成立（開放女性參與），目前政府和非政府計畫都積極和 AMUCC 合作，因為他們覺得 AMUCC 是哥倫比亞其他女性組織的表率。舉例來說，AMUCC 主席受邀參與美國精品咖啡協會（SCAA）2008 年的展覽與會議。

本研究無意要貶抑女性作為家庭主婦和母親的重要性。反之，女性可以兼顧母親和妻子以及生產者和行銷者的角色。她們在家庭和咖啡園的工作量一定會增加，但這是她們的經濟機會，也是應付家庭開銷的方式。

「童話故事」並不存在，我們並不保證女性有一天會成為咖啡農，生產自己的咖啡，在國際市場持續發光發熱。基本貧窮問題更是沒有簡單的解決辦法。悲觀主義不時趁虛而入：Florina 即表示：「生產成本每天都在上漲，我們賣咖啡拿到的錢都拿來還債，雙手再度空空如也……我們存不了錢……有時候我根本看不到未來。[54]」當女性咖啡農打入國際市場，業績並不代表會直線成長發展，反之受到許多因素影響，成長和不景氣交替更迭。這不是單純的商品交易，有人生產有人消費。這是一種生命週期，人、經濟社會資本、外部因素（諸如價格波動、環境條件、買家和咖啡產業對品質的定義）都會影響談判和行銷策略。

咖啡是商品，也是產業；吸引消費者上門，商品才賣得出去。女性投入精品咖啡市場是有影響的。大公司以女性生產的咖啡作為行銷策略，他們之間僅止於經濟關係，沒有社會關係，但只要考慮到當地環境，你不僅願意付出更高的價格，更會肯定這些咖啡生產者的辛苦。

就算這個團體達成一切目標，但我們別忘了，咖啡生產工業化、新科技的使用、價格波動、哥倫比亞政治暴力等因素，都會影響咖啡生產和女性決策。在政治動盪的地區，女性從自治市賺到的錢，一部分要付給叛亂團體。她們可能要想辦法融入叛亂團體，但她們也知道許可和協議說變就變，端視誰來掌控準軍事游擊組織。[55]

在政治較穩定的地區，女性社經地位通常比較高，也容易取得土地，

甚至有汽車和卡車，擁有更高的社會經濟地位。此外，孩子可以就讀私立學校，有些孩子甚至到 Popayán 念大學。這些高社經階級的後代，也會享有更多經濟和就學機會。

即使本研究的女性可以取得土地等基礎設施，也加入了法定的咖啡組織，但經濟獨立程度以及為自己土地做決定的能力，通常還是受到限制，因為大家仍然把男性視為主要的咖啡生產者。女性依然以家庭為重，需要丈夫的協助。Cauca 省的男性和女性皆體認到，女性取得資源的機會變多了，也逐漸受到世人的認可，但丈夫都很擔憂，新現象可能撼動既有的家庭關係。

許多農業研究把女性聯想成自給農業，把男性連結到商業生產。但 Cauca 省的女性不只是「助手」，而是國內外市場的全職咖啡生產者[56]。咖啡生產的分工仍然影響很大，但並不存在簡單的性別分工。我們訪問生產者後發現，家庭內部分工取決於個人能力、技能和偏好。在某些家庭，男性發現女性想出更好的方式來生產優質咖啡，也就決定採用那些方法。我拜訪一個家庭，那個丈夫說：「我妻子參加那些工作坊，學習如何改善我們的生產方式，她再回來教我，我們一起把知識付諸實踐。[57]」此外，女性宣稱男性有助於她們的成長，兩性通常可以互補，一起建立互助而有效率的體系，每個人都可以在咖啡生產體系中，視當時情況輪流上工。

總而言之，家庭的目標就是維持家人的生存，達到文化所定義的「正常」的生活水準[58]。因此，新計畫或新政策不該中斷家庭既有的運作。未來的計畫必須考慮到咖啡農的家庭模式和動態，以及他們一家人出動的工作型態。把個人和女性視為咖啡生產者和行銷者，只能說是近期的現象。因此，分工的議題以及為女性爭取更多獨立的機會，對整個家庭來說還是新的經驗。

AMUCC 提供新的家計選擇，也提高女性的能見度。然而，女性會員身陷於家庭、社區和特定地區；咖啡生產也是發生在家庭環境，受制於更宏觀的社會文化制度。如同 Jelin 所言：「家庭永遠脫離不了宏觀的社會、政治和經濟條件。[59]」

真正的改變還需要一段很長的時間，讓大家改變對家庭和性別的看法。計畫組織者和商業管理者把家庭視為基本生產單位，就會瞭解當地人如何建構現實。這是計畫成功的關鍵，因為計畫管理者才能夠理解特定社群所有成員的觀點。一個社群受到各種力量左右（包括歷史、實體和自然環境、當地習俗），這些都要納入考量。

12

一名阿肯色州的鄉下女孩
如何成爲領導其他女性的
咖啡進口商

Phyllis Johnson

BD 進口公司的共同創辦人，這家公司是從咖啡生產國的永續來源進口生豆（未烘焙），然後賣給位於美國、加拿大、日本和臺灣的烘豆零售商與烘豆批發商。

我喜愛秋天的氣味。作物逐漸成熟、落葉繽紛、變冷的氣溫,讓阿肯色州長大的我感到興奮。我小時候就被教導努力工作、相信自己、忠於自我的信仰。我們的家庭活動都是在農田裡度過。夏天我們摘棉花,不熟悉摘棉花的人會說:「那就像拔雜草吧?」不是喔!從我有記憶一直到我 16 歲為止,摘棉花就是夏天清晨 5 點起床,換上長袖服裝,身著輕便棉質套衫和長褲,再戴上一頂寬邊草帽。每天連站 12 小時,一週工作 5 天。母親幫所有的人準備午餐,每天都在樹下野餐。我總是好奇為什麼摘棉花會深深影響我的人生。或許是因為那是我做過最勞心、勞力的事情吧!夏天結束,小孩可以拿一些錢買制服和文具,但大部分的收入都拿來整修房子和滿足家庭所需。我在阿肯色州的農村長大,母親獨力撫養 8 個孩子,我是老么,從小就被教導辛勤工作和堅忍不拔的重要。

我曾經每個禮拜有 60 個小時待在艷陽下摘棉花,這是我後來可以堅持到底,取得微生物學大學學位,成為各行各業佼佼者的原因,甚至在夫妻倆忙著養家活口時,仍有信心創立 BT 進口公司。我想要透過生活和工作來表達自我,同時發覺自己的潛能,因此我決定創業。大學畢業以後,我在各個科學公司做過研究員、採購、行銷管理、區域業務代表等工作。我的工作很棒,收入很高,也帶給我靈活應變和揮灑創意的空間,但我覺得這樣還不夠。我的天賦、能力和機會,不應該只為自己所用。我必須想辦法回饋別人。身為美國南方長大的非裔美國人,我不斷提醒自己,有了別人的犧牲,我才可以享受這些特權。我覺得自己必須善用哥哥姐姐和媽媽帶給我的每一個機會。

我以前都沒發現,最好的回饋方式,就在國際市場的咖啡。

大學畢業後的工作,讓我在美國走透透,慢慢懂得欣賞非洲手工藝品,我出差尋找販賣稀世珍品的零售商,我經常光顧 Minneapolis 市區的一家小店,最後還跟那位肯亞老闆成了好朋友。他會告訴我肯亞人的故事,還有每件藝品的意義。對我來說,手工藝品背後的意義,讓它變得獨一無二。我覺得自己的購買行為可以改變工匠的生活。1999 年拜訪這家店時,我發現 132 磅生咖啡豆的袋子,這是老闆連同手工藝品一起帶回來的。我詢問他關於地上這只奇特的大袋子,他說:「那是咖啡,我們在肯亞種

植的，這是全世界最好的咖啡，稱為肯亞AA。」我不等他接話，劈頭就說：「沒錯！我要從肯亞進口咖啡到美國。」

　　回到旅館，我開始忙著創業。小時候哥哥姐姐都叫我瘋狗。對於喜歡開我玩笑的兄弟姐妹，我總愛找他們打架，還會咬他們，但都是鬧著玩的。長大以後，瘋狗的簡稱「BD」，變成他們對我的暱稱，所以我覺得「BD進口公司」這個名字有著瘋狗的韌性，一定會成功的。還記得那天晚上，我打電話給我先生Patrick，告訴他整件事以及公司的名字。這不是我們第一次討論創業的意願。打從一開始，他就很期待也很支持這個構想。

　　我從來沒有想過把公司名稱背後的故事告訴我的潛在消費者，直到威斯康辛州麥迪遜（Madison）市一家小烘豆廠的老闆率先問我這個問題，我一整個尷尬到了極點。20多年來我就是憑著瘋狗的韌性活下去。白天是區域業務代表，一邊研究咖啡。我丈夫還在大科技公司工作，每天下班以後，我們都還要忙著創業。我的車放了兩個公事包，一個裝滿科學文獻和工具，另一個是咖啡樣本，就這樣持續了4年。這段時間真的很刺激，我喜歡拜訪咖啡烘焙商更甚於科學家。我也覺得自己很假，無法完全投入自己想做的事，因為害怕自己會失敗。幾年來試圖兼顧兩份工作的我，終於決定追隨自己的本心，放棄科學事業，完全投入咖啡產業。我可以誠實地說，至今12年來，我從來沒有後悔過自己的決定。

　　咖啡社群從以前就令我極度感興趣，至今仍是如此。BD進口公司的初衷，就是從肯亞進口頂級咖啡，把生產者美妙的故事說給買家聽，讓他們也有我在肯亞手工藝店的感覺。不用說也知道，咖啡和手工藝品很不一樣。我想盡量多認識咖啡，所以我專心投入，盡己所能的瞭解咖啡產業。每當我有所恐懼時，我總是告訴自己：「你摘過棉花，還拿到有機化學的學分，學咖啡會有多難？」回顧過去，我覺得自己受到很多幫助，連我都無法解釋。很幸運的是，當時我在尋找出口商，肯亞最大的咖啡出口商竟然願意回我信。Amu Malde先生收到我的信時，正要從工作30年的肯亞咖啡產業退休，但他很有耐心，帶我認識肯亞咖啡產業的運作方式。他的知識和咖啡杯測知識賦予我競爭優勢。他把所有時間都奉獻給BD進口公司。我的肯亞咖啡樣本勝過評鑑桌上的其他樣本。每當我遇到有疑慮的買

家，回絕我們的樣本，後來就會接到電話，電話另一頭會是興致勃勃而有禮貌的買家，說他們好幾年都沒看過這麼棒的咖啡。

　　這幾年來公司經歷不少轉變。BD 進口公司就是我的生活。我經營這家公司所付出的一切，都變成自我的一部分。幾年前，我們決定和最大的客戶停止合作。我覺得這個顧客扭曲了 BD。他們在企業印刷品介紹我們公司，說我們是他們主要合作的少數族裔供應商，但他們 1,000 萬磅的咖啡豆中，我們只占了 25,000 磅。我花很多時間教育這個顧客咖啡的知識，並協助他們介紹敝公司和咖啡農的關係。後來我發現再也無法和這位顧客做生意了。他們主要是想利用 BD 來宣傳供應商的多樣性，卻不給我們真正的機會深化彼此的合作關係。這段耕耘 5 年的關係，真的很難說斷就斷。他們把我們說成主要供應商，卻無法充分實現我們公司的價值，我覺得這也是咖啡農的心聲。既然我經營這家公司，我就有最終的決定權，可以決定跟誰做生意。

　　我們斷絕來往不久就遇到全球經濟蕭條。原本向 BD 進口非洲咖啡的客戶們，紛紛投靠更便宜的供應商。就算 7 年來從未錯失每月信貸還款，銀行還是決定中止和 BD 合作，因為銀行認為我們有投入報紙和廣播的大型廣告。雖然我很擔憂，但我知道這對我們和公司的意義不只如此，只是我還不清楚那是什麼。

　　2002 年我和丈夫第一次前往肯亞，自從我們成立 BD，大約向 20 個合作社購買咖啡，這次決定挑選兩間拜訪。Kaburu-ini 合作社位於肯亞 Nyeri 市，他們知道我們要來，特地準備盛大的歡迎活動，咖啡農、當地政治人物、合作社的職員都來迎接我們。女性耐心地坐在帳篷外濕答答的地上，男性則坐在帳篷內的椅子上。我、我丈夫和幾位特別的客人圍著長桌而坐。輪到我說話時，所有女性都從地上起身，湧進帳篷。我和那些女性之間有著特殊的聯繫，她們顯然也有相同的感覺。BD 向這個合作社購買大約 50 袋咖啡，沒想到我們開出的價格，竟是合作社有史以來的最高價。咖啡農期待見到他們精品咖啡的買家，卻很驚訝竟是一位來自美國的非裔美國女性。一位當地政治人物提到，他們以為是一名歐洲男性。咖啡農為我取一個 Kikuyu 人的名字 Nyawire，意指努力工作的女性。我和當地

政治人物一起在地上種下一棵咖啡樹。參觀合作社時，一位年長男性把我拉到旁邊，希望我多幫忙合作社的女性。他說咖啡都是那些女性種的。自從 2002 年起，BD 向 Kaburu-ini 合作社購買了好幾次咖啡。

回顧 BD 的歷史，我們持續照顧著咖啡產業的女性。2003 年首次從盧安達 Buf Café 小農場主場購買咖啡。Epiphanie Mukashyaka 是傑出的領導者，她是盧安達第一位擁有咖啡水洗站的女性。近年來許多進入咖啡產業的女性，都以她為榜樣。2004 年美國公共電視特別節目報導她，強調大屠殺過後，盧安達女性如何出人頭地。我坐在沙發上看著她，感到無比驕傲。同一年，我接受美國國際開發署（USAID）的邀請，到華盛頓演說我和 Buf Café 的合作經驗。同一時間，Mukashyaka 更上一層樓，她角逐盧安達卓越杯，現在她的品牌已經聞名全世界。

BD 在肯亞協助成立第一家肯亞原住民女性所擁有的出口公司 DEMAC Trading，DEMAC 向衣索比亞 Amaro Gayo 咖啡處理站購買第一袋咖啡。Asnakech Thomas 女士正是這家處理站的老闆，也是衣索比亞第一位擁有咖啡處理站的女性。她努力在國際上建立自己的品牌，BD 為更多女性提供機會，我對此感到驕傲。

我盡其所能壯大 BD，並試圖幫助咖啡產業裡的女性。2009 年我下定決心，就算事業舉步維艱，我仍想堅持自己的熱情。我現在時間比較多，於是打算和好朋友一起做志工，把時間投注於**國際婦女咖啡聯盟**（**International Women's Coffee Alliance, IWCA**）。他們總是期待我把 IWCA 拓展到非洲，可惜面臨幾個阻礙，一來公司夠我忙了，二來我住在芝加哥，不是非洲。然而，我還是堅持在非洲做些改變，把時間用來做志工。一直以來，我已經透過 BD 幫助咖啡產業的女性。我拜訪非洲咖啡生產國，見證女性對生產和採收的貢獻，但我也發現女性決策權力有限。IWCA 以不同的方式賦予女性向上提升的機會，以發展計畫促進貿易關係。我也不確定結果會如何，但我躍躍欲試。

我們決定在東非舉辦工作坊，邀集各國咖啡產業的女性領導人，共同討論 IWCA 在中非的計畫。我為工作坊募集資源時，有人建議我聯繫日內瓦的國際貿易中心（International Trade Center, ITC），這是聯合國和世界

貿易組織的下轄組織。ITC 的資深顧問 Morten Scholer，多年來參與相關計畫，同意贊助我們的工作坊。ITC 和**咖啡品質學會**，共同協助我們舉辦第一個非洲工作坊。我把心思都放在非洲的工作坊，整整 8 個月無暇顧及自己的公司，卻有機會領導我所堅持的計畫。我在烏干達遇到 IWCA 的優秀志工團隊，還有 ITC 的代表們，一起對來自 9 個非洲國家的女性發表演說。我們談到如何攜手合作，組成一個全球網絡，幫助提升咖啡產業女性的地位。

雖然這樣的付出令我感到充實與滿足，但是我的公司卻欲振乏力。就在烏干達工作坊第 3 天（也是最後 1 天），我和 IWCA 其他志工坐在一起回憶這個活動，以及我們對那些非洲女性的期待。那天晚上，丈夫打電話通知我，BD 拿到新的咖啡合約，未來將為一家國際連鎖大飯店供應客房咖啡。這個好消息來得正是時候！果然，堅持自己的理念是值得的。早在 3 年前，BD 就和那家飯店建立關係。該飯店的策略採購主管說，有鑑於我們的誠信、熱情、自我風格和產品品質，他們覺得 BD 不輸給一些咖啡巨頭。

如今，我仍然管理著 BD，領導著 ITC/IWCA 咖啡產業女性計畫。我的公司正在茁壯，2002 年咖啡產業女性計畫也正式邁入第 3 年。我們在蒲隆地共和國、肯亞、盧安達設立 IWCA 分會，烏干達、坦尚尼亞和衣索比亞分會也正在籌備中。這項計畫引起全球合作夥伴的興趣。IWCA 分會網絡原本只限中南美洲 5 個國家，後來拓展到其他洲的 9 個國家，巴西、印度、秘魯、宏都拉斯、印尼等國也有興趣加入。我們預計未來 3 年將會有20 國加入。

近年來，我更能夠體會咖啡產業中女性的掙扎。2010 年我懷著謙卑的心，前往美國、坦尚尼亞、尼加拉瓜、薩爾瓦多的會議，以及世界貿易組織於日內瓦慶祝國際婦女節的場合，還有 ITC 於中國重慶的女性賣家論壇暨展覽會，談論 ITC/IWCA 的咖啡產業女性計畫。為了出席這些演講，我甚至無暇領取當地社區 YWCA 領袖午餐會為了獎勵我提升女性權力所頒給我的獎項。

　　我聽過一個關於抉擇的故事，你有兩個選擇：有一艘船停靠在淺水區，看似十分安全，另一艘船正要航向危險的深藍色大海。說故事的人細心描繪兩種不同情境下的心情。留在靠近陸地的淺水區，顯然比較舒服。然而，淺水區陰森森的，幾乎沒有植物和海洋生物，徒有一堆石頭和碎玻璃。深藍色大海美麗而清澈，充滿著植物和海洋生物。雖然我出身自阿肯色州的農村，但咖啡提供給我的資源，讓我有機會學習和成長。當我回顧擔任咖啡進口商的過程，我就像選擇航向深藍色大海的船隻，充分體驗生命的光明璀璨。我確實在深海處遭遇一些危險，但我很欣慰自己選擇迎接新的挑戰。

13

非營利組織在咖啡產業的角色

August Burns

公共衛生碩士、合格助產士、內科醫師助理。August 是一名女性健康專家，曾在十幾個國家工作過。她是《在沒有醫生的地方，女人如何自救》（*Where Women Have No Doctor*）一書的共同作者，這是一本為身處在醫療資源缺乏環境中的女性所寫的保健指導手冊，這本書已被翻譯成 30 種以上的語言。

Doña Cielo 沿著咖啡生產國尼加拉瓜內地深處的陡峭小徑，前往北方高地的村莊 El Cua。Cielo 掛念著今天要拜訪的女性 Elena。社區健康促進者 Doña Cielo，鼓勵偏遠地區女性前往農村診所就醫，並且篩檢子宮頸癌，篩檢方式快速有效，價格也很合理。她知道子宮頸癌是社區問題，女性年紀輕輕就死於該病症，留下嗷嗷待哺的孩子，重要的是她們也是家裡重要的經濟來源。Doña Cielo 最關心的對象，莫過於無數和 Elena 一樣的女性，她們就住在這條泥濘小徑的盡頭處。當地咖啡合作社贊助子宮頸癌篩檢，正在拯救女性的性命。

15 年來，健康基石組織（Grounds for Health）訓練幾百位健康促進者，Doña Cielo 就是其中之一，他們具備基礎健康資訊，能推廣和傳播健康概念的技巧，鼓勵女性接受必要的篩檢。健康基石組織是非營利機構，總部位在美國佛蒙特州的 Waterbury，協助在咖啡農社區抵禦婦女殺手——子宮頸癌。他們發現唯有藉助咖啡產業的幫忙，才有辦法根絕這個全球婦女殺手。

健康基石組織起初便是鎖定咖啡產業，這絕非出於偶然。健康基石的創辦人 Dan Cox，擁有一家咖啡公司，當時正要到墨西哥 Oaxaca 採購咖啡，隨行是他的好友 Francis Fote，一位退休的婦產科醫師。Dan Cox 整天忙著採購咖啡，Fote 醫師就到幾家診所瞭解情況。當天忙完，Dan Cox 回到旅館，看到焦慮又激動的 Fote 醫生。他問：「怎麼回事？」Fote 醫生說他拜訪一家醫院，外表看起來乾淨無瑕，但裡面殘破不堪。有一位醫生告訴他，當地女性死於子宮頸癌的比率很高，比美國高出了 4、5 倍，而子宮頸癌幾乎是可以治癒的疾病，但為何死亡率還那麼高？原因只是因為當地女性無法享受簡單的早期篩檢或治療。

Fote 醫生大喊：「我們得要採取行動。」Dan Cox 的回應是：「誰是我們？什麼行動？」但其實他心知肚明。因為他有咖啡產業的人脈，「我們」自然就是咖啡產業，「行動」已經昭然若揭，那就是預防如此高的子宮頸癌致死率。他打了幾通電話給朋友，募集到足夠的資金，從墨西哥一個小社區展開行動。從此以後，咖啡產業一直是健康基石組織的經濟後盾。

　　起初那幾通電話,讓健康基石組織變成全球打擊子宮頸癌組織的領導者,這都要感謝這個組織和咖啡產業的良好關係。健康基石組織的成功故事告訴我們,個人的願景和意志可以改變世界——我們要解決問題,千萬不要坐視不管,或者留給他人解決。這也證明民間產業可以讓別人更幸福,讓世界變得更美好。

　　子宮頸癌是全球奪走最多女性生命的癌症,88% 發生在開發中國家[1],但只要及早發現、及早治療,子宮頸癌幾乎可以治癒。這些可怕的數據只是因為缺乏保健基礎設施,以完成篩檢和治療。

　　大多數咖啡栽種社區皆位於開發中國家,農村山區缺乏道路、運輸設施、保健設備和醫療人員,這使得醫療服務嚴重不足。這些偏遠地區的女性經常是最不易接受任何服務的一群。她們資訊不足,也無法把後續療程或篩檢做完,其他更迫切的需求正在壓榨她們的時間和資源。一旦有援助進駐開發中國家,農村女性經常是最後的享用者,但健康基石組織和咖啡產業決定把這些女性擺在第一位(她們就住在這條泥濘小徑的盡頭)。

　　1996 年起,健康基石組織為幾千名女性提供直接醫療服務,也在開發中國家訓練幾百名醫生和護士,讓他們自行完成高品質的醫療服務,持續為女性篩檢和治療。健康基石組織的合作夥伴有咖啡公司、醫療從業人員、當地咖啡合作社,在咖啡產地建立當地人所管理、永續而有效的子宮頸癌防治計畫。

可供開發中國家仿效的永續計畫

　　健康基石組織是絕佳的典範,結合了民間、政府和企業的力量,動用了三方面的合作夥伴:以社區為基礎的咖啡合作社、地方和全國政府保健部門、咖啡產業資助者。

　　除非接到咖啡合作社的邀請,健康基石組織不會在咖啡栽種社區展開計畫。合作社透過社區支援和投資,展現對整個計畫的投入。交給合作社來領導,有助於社區動員,確保社區成員獲得必要的資訊,找出子宮頸癌的高風險女性,並鼓勵她們接受篩檢服務。因為合作社是地方組織,獲得

社區的信任。因此,合作社可以開著自己的卡車,接送女性去接受篩檢,並確保女性後續治療並非孤立無援。

健康基石組織也提供技術支援,例如提升合作社的能力與管理,訓練醫生和護士的醫療技術,捐贈基礎設備讓醫療服務持續運作。除了咖啡合作社的領導人,健康基石組織也和當地政府保健機關確認有多少醫療人員和設施可以使用,並確保醫療服務的長久經營。這些合作關係和地方支援是計畫淵源流長的關鍵。

多虧咖啡產業的金錢贊助,一切才有可能實現。健康基石計畫接受250家咖啡相關企業的贊助,這些企業遍及美國、加拿大、澳洲、臺灣、英國等地。咖啡產業贊助商透過直接捐款、咖啡館宣傳、咖啡溢價、捐贈生咖啡豆和商品給年度線上咖啡大拍賣。向這些合作社購買咖啡豆的廠商,大多很關心生產者的健康和幸福。就連沒有合作關係的廠商,也認為有必要支持這個計畫。子宮頸癌製造了沉重的經濟社會負擔,波及到許多家庭和咖啡園,引起咖啡供應鏈中各方業者的重視。

健康基石和贊助者的關係,並不需要過分放大,因為許多非營利組織同樣貢獻良多,他們投注很多時間做研究、寫報告、向贊助者回報。這種特殊合作模式不只鼓勵女性接受醫療服務,也提供健康基石穩定的收入,以持續完成這個使命。多虧咖啡產業的善舉,健康基石才能夠獲得直接且立即的資金,沒有後顧之憂,這讓健康基石更加靈活,可以因應每個社區的情況,找出最適合的計畫加以執行。

例如,近10年來世界衛生組織和蓋茲基金會(Gates Foundation)投資研發子宮頸癌及早發現治療的方法,尤其是針對資源不足的地區。一次篩檢治療法或一次看診法就是「資源不足地區」所需要的技術。只要有醋、棉球、充足的燈光,一次看診法也可以媲美子宮頸抹片,察覺初期的細胞病變[2],所耗費的資源很少,也無須特殊設備,每個女性的材料費只要區區25美分。

研究顯示,一次性篩檢治療法不僅安全、令人滿意,也符合成本效益。這個簡便的方法利用家家戶戶都有的醋,觀察女性子宮頸的變化,判斷是

否有初期病變。若有發現子宮頸癌前兆，就要馬上接受冷凍治療。如果每個女性一生都可以接受一次篩檢（有子宮頸癌前兆時及時治療），就可以降低三成的子宮頸癌發病率。若一生可以接受三次篩檢，子宮頸癌發病率可望降低 64%。這是一個值得努力的目標 [3]。

然而，子宮頸癌發病率降低的主要原因是，一次看診法可以馬上知道結果；女性可以在同一天接受治療，對抗子宮頸癌，不用回家等候篩檢結果，之後再來接受後續治療，當場就可接受必要的治療，長途跋涉只要一次就好，這一點很重要，因為長途跋涉確實會阻礙女性接受後續治療 [4]。

感謝咖啡產業提供彈性的資金，健康基石才能夠領先世界其他組織，把創新方法融入這個子宮頸癌防治計畫。健康基石勇於嘗試新的方法，目前已經學會執行一次看診法，也把這個組織變成國際認可的資源，有助於防治資源不足地區的子宮頸癌。

健康基石和其他全球子宮頸癌防治機構分享經驗。若沒有咖啡產業協助改善婦女健康，其他團體可能就不會知道這些祕訣。

⚫ 成功的關鍵

健康基石從工作中發現幾個成功的關鍵：

1. 社區直接支持並參與這項計畫，就是計畫永續發展的關鍵。民眾為自我發展與健康而努力，就算失去外援，也會確保醫療服務持續下去。
2. 一次看診法適合資源不足的地區。
3. 一次看診法很有效，拯救了女性的生命。
4. 只要是受過基礎訓練的醫療人員，透過高度集中、實際演練的互動性培訓，就可以得心應手。
5. 子宮頸癌防治服務為農村貧窮女性開啟了其他婦科醫療之門。
6. 藉由提供女性醫療服務，合作社成為有利的社區資產，幫助合作社吸引更多社員，強化協商能力，對經濟有正面助益。

7. 向這些合作社購買咖啡的贊助商，能從中獲益，因為咖啡社區更加健康團結，確保咖啡長期供應無虞。

8. 贊助商可以跟消費者分享健康基石的故事，這是一種行銷手法，可以提高品牌忠誠度。

9. 醫療服務提升品質，對社區的好處需要好幾年才會見效。

　健康基石的方法和成效皆卓著，這個組織致力於建立長久合作關係以及永續醫療計畫，縱然以拯救婦女生命為主，卻讓每位參與者收獲滿載。精品咖啡產業慷慨解囊，讓公共醫療再度有所突破，長期下來咖啡社區都會感覺到進步（效果不限於咖啡生產地，而會擴及整個開發中國家）。這是社會責任付出的典範，其他國家也會受到鼓舞起而效尤，由此可見咖啡產業確實有能力改變生活。

14

咖啡園的饑荒

Rick Peyser

綠山咖啡烘焙廠社會宣導與供應鏈社區外展主任，他已為該組織工作了 24 年，曾出任 SCAA 主席，在國際公平貿易標籤組織（FLO）國際委員會工作 6 年，目前任職於「咖啡兒童」（Coffee Kids）、「咖啡農民好生活」（Food4Farmers），以及「Ixil基金會」（Fundacion Ixil）等董事會。信箱為 Rick.Peyser@gmcr.com。

本書編者 Robert Thurston 的話：電影《狙擊風暴》（*Men with Guns*，由 John Sayles 執導，1997 年，美國片）內容就是描述在中美洲國家挨餓的「咖啡農」，影片中的畫面令人不忍卒睹。2004 年 10 月，我拜訪尼加拉瓜一個咖啡合作社 CECOCAFEN，本文作者 Rick Reyser 稍後也會介紹。深入那片山區，我聽說採收期過後幾個月，糧食嚴重不足，甚至有人餓死。

尼加拉瓜仍然是西半球最貧窮的國家，僅次於海地。2001 年人均所得估計為 3,000 美元，大概在全球排名 167。三分之一成人都是文盲，水媒傳染病造成許多人虛弱或死亡〔《世界各國紀實年鑑》（*The World Factbook*），https://www.cia.gov/library/publications/the-world-factbook/geos/nu.html〕。有鑑於尼加拉瓜的概況，咖啡栽種不是糧食不安全的唯一罪魁禍首，但如同美國南方傳統的棉花栽種方式，咖啡單一栽種可能是飢荒的主要原因。

近期關於富國促進窮國糧食安全的資料，請參閱 2009 年由史丹佛大學國際倡議組織執行之糧食安全與環境計畫所發表的「在 21 世紀餵飽全世界：探索糧食生產、健康、環境資源和國際安全的關係」（Feeding the World in the 21st Century: Exploring Connections Between Food Production, Health, Environmental Resources and International Security）。

🫘 咖啡農的饑餓情況：尼加拉瓜個案探討

2007 年 8 月我和 Don Seville 從涼爽的家園飛到溼熱的尼加拉瓜 Managua 市，Don Seville 服務於永續糧食實驗室（Sustainable Food Lab）。我們聯繫國際熱帶農業中心（CIAT）的代表，這個農業研究機構位於哥倫比亞 Cali 市，研究計畫遍布全球。

我們在 Managua 集合，準備下週與小農場主的一對一訪談。我在綠山咖啡烘焙公司（Green Mountain Coffee Roasters）任職滿 20 年，不久前接

了公司的新職務：社會宣導暨咖啡社區推廣主任。我想多瞭解小農場主家庭所面臨的挑戰和機會。

我們詢問的問題，一部分是想要蒐集這些家庭的基本資料（例如子女人數、教育程度、識字程度）以及咖啡生產情況（例如擁有多少土地、去年靠咖啡賺到多少錢、生產成本及認證概況）。小農場主滿意他們拿到的價格嗎？然後再來深入談論個人問題。例如還有其他收入來源嗎？有接到海外家人的匯款嗎？有想過種植咖啡以外的工作嗎？有想過搬到城市或別的國家嗎？去年家人有沒有健康問題？如果有，怎麼解決的？去年有沒有遇到糧食嚴重不足的情況？如何解決這個問題？

我們只訪問咖啡農。如果他的配偶也在，我們會分開做個別訪問。國際熱帶農業中心解釋得很清楚，一起訪問可能影響任一方或雙方的答案。

隔天早上我們離開 Managua：大約 2 小時後，我們抵達 CECOCAFEN 的辦公室，見到這個公平交易（**fair trade**）合作社的社會計畫管理者 Santiago Dolmus。聖地牙哥在他們收購咖啡的社區，幫忙我們安排受訪者和受訪地點。我們講解訪談的問題和程序，接著來到北邊 El Coyolar 的 La Esperanza 合作社，這是 CECOCAFEN 內部的社區合作社。

我們有一個半小時的時間是走在地上大大小小的坑洞上。在 La Esperanza 合作社，第一位受訪者是 Norma Velasquez，我們一同來到燈光微弱的大房間，分別坐在兩張尼加拉瓜常見的塑膠椅上。

經過幾分鐘介紹式的閒聊，我跟 Norma 說明，待會要問她一系列的問題，我會把她的答案寫下來，她所分享的資訊都會保密（Norma 也不是她的真名）。她問我們要怎麼利用這些資訊，還說以前也有一堆人跑來 El Coyolar 做調查和蒐集資料，之後卻再也沒有見過他們。我跟 Norma 說，我們還不確定怎麼使用這些資料，因為還不知道有哪些資料，但我保證會做一件事，那就是回來和受訪者分享。合作社的管理階層也想知道研究結果，我們也覺得跟受訪者分享這些是重要而且也是應該的。

我和 Norma 的訪談過程很順暢，沒有任何阻礙。全程都用西班牙語，我的邏輯還算跟得上。我們來到最後一個問題：「去年你們家有遇到嚴重缺糧嗎？如果有，你們怎麼熬過來的？」我說完這個問題，Norma 低頭

看著桌子，這一瞬間宛如永恆。不久看她將手伸進樸素的裙子口袋裡，找到一張仔細疊好的衛生紙，拿起來擦乾滑落臉頰的淚水。我的腦子一片空白。我說錯話了嗎？我等 Norma 整理好她的情緒，大約 1 分鐘後，她開始回答問題，她和家人每年都有 3、4 個月嚴重缺糧，我問她是哪幾個月。她回答：「通常是 5 月底到 10 月。」我問：「這幾個月為什麼會缺糧？」Norma 說咖啡採收期通常始於 10 月底或 11 月初，於 2 月底結束。她說來自咖啡的家庭收入，5 月底就用得差不多了，5 月底剛好是雨季的開始，每年這個時候，基本主食（玉米和豆子）價格會上漲，一直持續到秋末的採收期。她的家庭有整整 3、4 個月，沒有多少收入或存款來購買食物，屋漏偏逢連夜雨，他們還要忍受各種糧食輪流漲價。

我繼續追問 Norma 和家人怎麼撐過去？她說有三種方法。第一，每餐份量都要固定分配好，還要避免消耗卡洛里。第二，就算是平常習慣吃的食物，價格貴也要少吃。第三，找朋友、鄰居、親戚或當地合作社週轉。Norma 說借款必須在下一次採收期結束前還清，於是形成了借貸循環。

這是我的第一場訪談，所以心想（暗自祈禱）Norma 一家的故事只是特例。我訪談的對象都是 CECOCAFEN 的成員，他們享受公平交易認證（**fair trade certification**）的所有福利，尤其是透明性、社會補貼、保證基本價格。我曾經在國際公平貿易標籤組織（Fair Trade Labeling Organizations International）董事會服務，所以 Norma 的故事讓我聽得很揪心。

更令人憂煩的是，我在訪談那週聽到每位受訪者對於有關糧食安全的回答。第一天收工時，我和團隊成員進行經驗分享，他們竟然也有相同的訪談結果。

後來幾天我們到別的社區繼續進行家庭訪問，每個社區彼此距離 1 個小時的路程，路面崎嶇難行。我在合作社、咖啡農家或咖啡園找咖啡農聊天，最後終於搭著卡車來到小而美的房子裡，展開本週最後一場訪談。司機把我放在小村莊的外圍。我徒步走下小山坡，來到 20 呎見方的木板房子，屋頂是鐵皮搭蓋的。我上前要敲門，卻找不到門，只好敲著門框。過了幾秒鐘，咖啡農 Eduardo 出現了，請我入內。他的家是水泥地板，看起

來很堅固。我提到房屋的結構，他說已經有 60 年歷史了，提供了全家人安穩的住所，但不知道還可以撐幾年，因為遭到白蟻入侵。

這個家以木牆隔開兩個房間。訪談 5 分鐘後，Eduardo 的妻子 Esmeralda 來到木牆附近，開始幫忙老公回答問題。我知道這不是國際熱帶農業中心所樂見的，但我無權請她離開自己的家！不久，他們的孩子（介於 5 到 16 歲）也來了。

我感謝他們撥冗跟我談話。當我離去時，走到半路，轉身望著他們。一家人就擠在門口看我上路。我們相互揮手道別。突然間，我感覺到那一週所有訪談故事的重量。這一刻，改變了我整個人，這可以媲美甚至超越我第一次的咖啡原產地（origin）之旅。眼淚就這樣奪眶而出，因為我覺得這家人可能是我的家人，也可能是你的家人，可能是任何人的家人。我只是比較幸運，家人住在佛蒙特州，擁有很多必需品。一個接著一個家庭，分享他們每年有好幾個月，餐桌上都擺不了什麼食物，我很難受。不應該是這樣的。

隔天早上，我正在盤算何時離開，卻忍不住想起那些家庭毫不保留地分享他們的生活點滴，包括他們的夢想，還有缺糧的痛苦。我不確定自己還想不想服務於從小深愛的咖啡產業。我怎麼到現在才知道咖啡農的痛苦？我在咖啡社區當過幾個月的志工，也在咖啡農家裡住了幾個禮拜，從來沒有人提到缺糧，但這個卻是尼加拉瓜咖啡社區常見的現象，甚至還有專有名詞：「瘦身月」（"los meses flacos"）或「牛兒瘦」（"la vaca flaca"）。

我覺得自己真蠢，完全被蒙在鼓裡。我回到美國以後，計劃了一週的旅行，我順便打電話給 Dan Cox，他是我的朋友兼前同事。Dan Cox 創立咖啡企業，待在咖啡產業 26 年，這幾年來去過咖啡園好多次。他邀請我拜訪位於 Champlain 湖畔的新辦公室。他帶我參觀華麗的辦公室時，順便問我：「最近過得如何？」我告訴他訪談的結果，以及我對糧食安全的瞭解。他說：「你在開玩笑吧？」我說：「不！我倒希望不是真的。」我不斷接觸其他我所認識的圈內人，他們都在咖啡產業裡待了好幾年，也在咖啡生產社區耕耘很多時間，但他們聽到我說的故事都很驚訝。

　　兩個月後，國際熱帶農業中心來佛蒙特分享訪談結果，訪談地點不只尼加拉瓜，還有瓜地馬拉的兩個地區、墨西哥兩個州。跑遍三個國家，才完成總長 179 小時的訪談。大約有 67% 的受訪者都說，他們去年有 3 至 8 個月極度缺糧，只有 16% 受訪者說去年有點缺糧。就在分享會快要結束時，國際熱帶農業中心的 Sam Fujisaka 轉身跟我說：「Rick，你要怎麼處理這些資料？你會放在精美的資料夾，收入辦公室的櫃子，就像大多數公司無動於衷呢？還是你會採取行動？」Sam 的問題觸動我的神經，我馬上回答：「我當然會採取行動！」只是還不知道要採取什麼「行動」。

　　我發覺自己在綠山咖啡的新職位讓我有機會，至少為我們供應鏈的一些家庭做出小小的改變。2008 年春天，我和受訪者還有 CECOCAFEN 合作社管理階層分享訪談結果後，綠山咖啡就贊助一場會議，讓合作社成員共同商討缺糧月份的策略，當地非政府組織也來共襄盛舉：(1) 除了咖啡以外，家庭咖啡園還要種植糧食，家庭可以自行享用，也可以到當地市場販賣；(2) 種植並儲存基本穀物。

　　這場「策略高峰會」結束後，CECOCAFEN 根據這兩個策略研擬糧食安全計畫，提交給綠山咖啡。2008 年夏初，綠山咖啡同意支援這項計畫，預計可嘉惠 CECOCAFEN 社區大約 300 個家庭（或 1,800 人）。

　　我認為這場仗要分成兩條線來打。首先，我們也要和其他社區合作；再來，我們必須喚起精品咖啡產業的意識。這種現象在咖啡生產社區如此普遍，整個咖啡產業竟然都不知道也不揭露？這項任務單靠綠山咖啡來做也太沉重。

　　2010 年，我在美國精品咖啡協會論壇暨會議（SCAA Symposium and Conference）跟咖啡產業分享訪談結果。2011 年，這場年度盛會舉辦電影《收割後：在咖啡園對抗饑餓》（*After the Harvest: Fighting Hunger in the Coffeelands*）的首映會。這部 20 分鐘短片，由 Susan Sarandon 擔任旁白，讓許多咖啡產業圈內人士聽到糧食短缺的咖啡農的聲音、影像與求生之道。觀者皆為之動容，我們也持續建立合作關係，幫助這些家庭找出永續的解決方式，迎接每年一次的糧食危機。

我總算開始把這項挑戰視為咖啡生涯的新契機。如今綠山咖啡所支持的糧食安全計畫，正在幫助 47,000 個家庭（或 227,000 人）獲得更穩定的糧食。

糧食當然不可或缺，有足夠的糧食，才有健康、學習能力和工作能力。3 歲以下孩童營養不良，可能對他們一輩子的身心造成不可逆的影響。

栽種精品咖啡的家庭，就像世界上其他農村地區的居民，孩子紛紛從農村外移到市中心，因為覺得都市有更多過好日子的機會。這也是地球上第一次都市人口超越了農村人口。想到糧食短缺、醫療服務不足、水質不純淨、咖啡社區中學教育不足，就覺得憑什麼要他們留下來。若是你，你會留下來嗎？再丟一個難以回答的問題：誰來栽種以後的精品咖啡？如果我們不提供這些家庭所需的工具來提高生活品質，年輕人還會想繼續栽種精品咖啡嗎？

圖 14.1 在 La Pita 的孩子們。（攝影：Robert Thurston）

本書編者 Robert Thurston 補充說明：最近關於尼加拉瓜咖啡農的研究，也發現認證咖啡農面臨嚴重的問題[1]。這些作者總共調查 Nueva Segovia 和 Madriz 的 327 位合作社成員，他們都是栽種阿拉比卡咖啡的咖啡農。然而，栽種認證咖啡卻比傳統咖啡更容易低於絕對貧窮線。我們 10 年來的分析顯示，有機咖啡農和有機公平貿易咖啡農也變得比傳統咖啡農更貧窮[2]。在我們研究的地區，三分之一咖啡農每人每天平均收入低於極度貧窮線，亦即 1 美元（每人每年 246.8 美元），但若是有機和有機公平交易認證咖啡農，數據還會上升到 45%。

有機咖啡生產成本較高，可能還要聘請家人以外的工人，更別說申請認證或維持認證的成本，這往往超過咖啡農從有機咖啡豆拿到的溢價。若咖啡農同時申請有機和公平交易的認證，成本會更高。有機咖啡農的咖啡園通常比較小，卻要養活更多家人。此外，雖然投入更多勞力，有機咖啡的產量卻比傳統咖啡來得少，這也會降低家庭從認證咖啡獲得的收入。

公平交易咖啡的**農場交貨價格**（**farm gate prices**），亦即咖啡農拿到的錢，而非合作社拿到的價格，其實低於相同等級、非公平交易咖啡農拿到的錢，例如合作社有貸款要還的話。再者，傳統咖啡農的總收入也可能高於公平交易合作社的成員，因為可以販賣牲畜或栽種其他作物。

這些研究者不想隨便下定論，因為受訪者都在同一個咖啡園工作 10 年以上，挑選受訪者的方式也不是完全隨機抽樣。不過，研究者認為，「咖啡產量、利潤和生產效率必須提升，因為認證咖啡的價格並無法彌補低生產力、土地或勞力侷限等問題」[3]。

以下這段文字摘錄自 2008 年 5 月 24 日在翡翠莊園與 Price Peterson 的訪問：

Nogöbé 印第安人（平常住在高海拔地區，採收期就下山幫忙我們）極度貧窮。他們來這裡採收咖啡，一家 2 至 4 口人，3、4 個月後就只帶著 300、400 美元離開，因為他們已經花錢買了一些東西，剩餘的錢就是往後幾個月的生活費，所以他們是低於極度貧窮線的一群，每人每天收入不到

1 美元。他們大約 3 月回到山上，4、5 月栽種一點玉米和其他作物。到了 7 月就會花光所有的錢⋯⋯就算沒有花光，只要碰上家庭緊急意外，就醫也要花上 200 美元。

我曾經看到一對年輕小夫妻，妻子 16 歲，丈夫 17 歲，育有 3 子，其中 1 個還是小嬰兒。他們隔年回來的時候，只剩下 2 個孩子，因為那個嬰兒⋯⋯到了 7 月時媽媽沒了奶水，就餓死了。我記得幾年前，一家子隔年回到我的咖啡園，我問他們過得怎樣，他們說不太好，我追問：「什麼意思」？他才說：「我們每天都飽餐『一』頓。Price 先生，你不會懂的，就是一天一餐」。

15

咖啡的「價格」
咖啡商品市場如何運作？

Robert W. Thurston

130 多年來，生豆大多是在都市的商品交易所成交的，場面混亂至極：一群人擠在櫃檯，一會兒按鈴，一會兒揮舞紙張，高喊著各自的語言，大家同時講著手機。這些人顯然就像寄生蟲般，日復一日吸光別人手上的錢。

如果你關心咖啡或跨國企業的任何層面，不妨把視線移開交易所幾分鐘。首先，商品交易逐漸從那些「櫃檯」轉移到安靜的密室或電腦上。更重要的是，商品市場到底是如何運作的？什麼是咖啡產業和媒體所謂的**咖啡價格（price of coffee）**？為什麼這個數字一直都很重要？我把重要議題羅列如下，再來深入探討。

1. 商品意指可供買賣或交易的東西，包括勞力和服務在內。咖啡連同其他非耐久的農產品，一同被視為「軟性商品」（soft commodity），例如可可、糖、冷凍濃縮柳橙汁。咖啡是軟性商品，意指所有咖啡，不應該和**商品期貨咖啡（commodity coffee）**混為一談，那是品質低於精品咖啡的咖啡豆。

2. 目前有一個「現貨」市場，人們可以付錢購買咖啡。

3. 目前也有一個「期貨」市場（**futures market**），讓買家購買一定數量和品質的咖啡合約，在指定時間運到紐約或任何港口。

4. 咖啡相關電影或文章所說的「價格」，通常意指阿拉比卡咖啡目前在紐約商品交易所的價格，紐約商品交易所提供現貨和期貨交易。這個交易所過去稱為紐約期貨交易所，簡稱 NYBOT，2007 年被美國洲際交易所（Intercontinental Exchange）收購，改稱洲際交易所（ICE）[1]。這個交易所販售多種等級的咖啡；最常見的稱為 C 型咖啡。任何想要瞭解阿拉比卡咖啡產業的人，都要觀察**咖啡 C 期價格（C price）**的變化。不論是「阿拉比卡咖啡基準合約」或是「世界主要咖啡合約」，咖啡產業和媒體都要根據 C 期咖啡價格，制訂阿拉比卡咖啡的價格[2]。咖啡 C 期價格也是**公平交易**等買家簽約的依據。**羅布斯塔咖啡**主要在倫敦交易所販售，但這部分並不在本章討論的範圍之內。不過，羅布斯塔咖啡的交易情況跟阿拉比卡咖啡並無二致。

5. 大生產商、進口商、烘豆商和投機客，都在洲際交易所買賣。除了可以交易實質的咖啡，一些口袋夠深、願意承擔高風險的人，也可以在此買賣咖啡期貨和期權。

咖啡交易量驚人

在洲際交易所，咖啡期貨和期權交易量是「每年全世界咖啡產量的七倍」[3]。一紙合約可能轉手好幾次，增值以後的價格，可能超過咖啡實際價格的七倍。

為什麼買個咖啡要如此大費周章？有沒有更簡單而便宜的方法呢？比方派個人到咖啡園買咖啡，再運送到烘豆商手中。首先這和歷史有關，再來是受制於大量咖啡的物流運輸和經費來源。另一方面，公平交易和**直接貿易**並不透過洲際交易所，也有一些特選咖啡農（例如 Price Peterson）每年在線上拍賣完成交易。本文將探討為什麼阿拉比卡咖啡大多都是在洲際交易所買賣。

咖啡交易的歷史

自從 1620 年代起，義大利城市街頭就開始販售咖啡豆和咖啡飲品，但直到 1640 年代，阿姆斯特丹才有第一個咖啡豆商品市場。David Liss 的小說《咖啡商人》（*The Coffee Trader*）重現交易所的刺激和風險，交易商有丹麥人、法國人、德國人、荷蘭人，以及從西班牙和葡萄牙流亡的猶太人，大家口中操著拉丁語、德語和葡萄牙語漫天開價[4]。人人都想知道倫敦、漢堡等遠方城市的市場現況。咖啡交易早就是很國際化的事情。

如同小說所描寫的，咖啡**期貨**（**futures**）交易可以回溯到 17 世紀。咖啡商人向期貨經紀商承諾購買一定數量和品質的咖啡，但稍後才會拿到實品。在那個年代，生產者（更有可能是中間商）向中東阿拉伯人購買咖啡，然後透過期貨經紀商在阿姆斯特丹販售期貨。我們稍後再來探討這些至今仍對咖啡產業有意義的可能性。

咖啡期貨早就存在，但有很長一段時間，咖啡交易主要都是現貨市

場，因為咖啡作物和長途海洋運輸難免會有意外。船隻抵達紐約等港口，貨櫃的消息就會在交易商之間傳開，拍賣就此開始。例如 1871 年初，紐約交易商從「競爭號」（Contest）買了 1,375 袋巴西咖啡（每袋 200 磅），還從「芙蕾亞號」（Freya）買了 967 袋[5]。

但現貨交易對很多商人來說太過混亂，簡直是一場災難：「現貨市場失控的投機買賣，在 1880 年造成市場大崩盤」[6]。兩年後，一群咖啡買家組成紐約市咖啡交易所，倣效 1870 年成立的棉花交易所，開放大家購買咖啡期貨合約。

這段故事也和運輸有關。1870 年代各國鐵路蓬勃發展，定期遠洋貨櫃航線也開始承接鐵路送來港口的商品，但當時甚至後來幾十年間，這些發展仍然無法擴及咖啡生產國的各個角落，1950 年以後，還有很多咖啡靠著驢子或人力扛到山下。直至今日，非洲或墨西哥的路況仍然很差，導致咖啡運輸耗時昂貴。

然而，1882 年紐約咖啡交易所成立之時，運輸成本變低，也變得更加可靠。1886 年巴西和美國之間有了電報纜線[7]，咖啡主要生產國的資訊可以即時告知美國商人。咖啡產業逐漸融入延續至今的交易網絡。不到幾年時間，電話以及後來的電腦和網路，都在加速咖啡交易，卻沒有改變基本的輪廓。

☕ 咖啡 C 期價格的出現

理論上，任何產品都可以在期貨體系買賣，訂好合約先付多少訂金，產品拿到以後再付全額。然而，很少人買東西簽合約，例如不會有人現在簽約，半年後再拿車，以確保半年後還有車可以買，除了油價的波動，現在和半年後的車價有可能不變，頂多影響你選擇省油車或耗油車。但購買期貨可以避免買賣的風險，尤其當產量波動很大時，這是農產品常見的問題。簽約確定咖啡交貨的數量和品質，就可以無視產業的高低潮，否則這在過去是會拖垮很多公司的。透過期貨來做生意，讓生活變得更加可期，例如糖果製造商在 3 月就可以知道 9 月的糖價，可以事先規劃成本。如同

商品界所言，糖果製造商可以「發現」糖的價格。

為了預測未來，有了咖啡C期價格的出現。C期價格可能每天或每個小時波動，該價格是根據19個國家生產的水洗阿拉比卡咖啡「最近月」交割期貨合約予以平均而得。最近巴西咖啡品質有所提升，因此很快也會名列其中。「最近月」意指下一個可能到貨日期。

C期合約買賣的咖啡豆，可以稱得上是相當好的咖啡，但若是懂得品嚐咖啡的人，C期咖啡可能還不夠看。一些國家的咖啡超越C期平均價格，也有的低於C期。例如2001年初，哥倫比亞咖啡的價格比C期高出4美分，墨西哥咖啡每磅價格比C期低了7美分。但到了2011年7月，墨西哥咖啡與C期價格等價，哥倫比亞咖啡多了2美分（或200個「基準點」），厄瓜多咖啡少了4美分。2013年3月多虧運輸效率，盧安達咖啡從原本少3美分變成少1美分，巴西咖啡每磅卻低了9美分[8]，由此可見，咖啡商人認為他們的品質還有很多進步空間。

咖啡期貨交易

期貨是怎麼運作的？為了理性地購買期貨，使用者必須瞭解生產成本，當然也包括產品本身。如果進口商預測以每磅2美元購入某種咖啡就會獲利，那麼他們就會以該價格買進。但現貨價格持續波動，所以只在現貨市場買咖啡是很危險的，因為價格可能突然超出進口商付得起的價格，不過還是有利潤。在現貨市場，咖啡的成本幾乎無法預測，但至少理論上，我們可以持續關注期貨市場，只要期貨交割價格下降了，從我們的例子來看，只要降到2美元以下，就可以簽期貨合約了。許多公司和個人坐在電腦前面，看著咖啡生產國的天氣預報等資訊。一旦具有公信力的分析師提到，哥倫比亞哪一年將會生產多少咖啡，都會大幅影響期貨市場的價格。

期貨合約還有另一種經濟效益：進口商手中可以留著資本，因為只要付給期貨經紀人一些費用，還有展現誠意的「保證金」帳戶，這就好比買房的委託付款帳戶（escrow），以確保履行合約。近年來，連期貨經紀人都省了，人們可以直接從電腦購買期貨。

大型進口商（例如 Folgers 公司）從洲際交易所購買阿拉比卡咖啡。光是哥倫比亞安地斯山區生產的咖啡就有很多種，專業咖啡公司可能嘗試好幾種，再從當地上百種咖啡當中選出品質最好的種類，一家進口商可以提供烘豆商 10 至 20 種咖啡。烘豆商收到各式各樣的小包裝咖啡，一次只有幾盎司或 1 磅，把這些咖啡豆放入樣品烘焙機，再根據這些樣品決定要大量訂購哪幾種咖啡。多虧進口商負責咖啡的大小事，烘豆商才可以集中火力，把咖啡準備好給顧客。唯有最大或最知名的烘豆商，才有能力派公司人員到海外，長途跋涉前往個別咖啡園或合作社。就連大型進口商 Folgers，也是直接從交易所買咖啡。不過，「好」咖啡（又是一個極度含糊的詞）秉持只有不畏艱難的精神才找得到，因為那得要願意忍受長途跋涉以及離家數月，親自到生產國苦苦追尋[9]。

為了具體化虛擬的 C 期買賣，不妨想像一個進口商，密切關注生產國的氣候和政治情勢，在 3 月就決定訂購 9 月交貨的咖啡。既然到貨日和簽約日相隔幾個月，進口商就會和期貨經紀人簽署期貨合約，或者直接線上交易，接著進口商存入保證金。我們假設合約載明，某個品質的哥倫比亞咖啡每磅 2 美元，7 月 12 日送貨到紐奧良。C 期合約最少要訂 37,500 磅咖啡，買賣協定可能包含好幾張 C 期契約，最低數量可能都不一樣[10]。心臟不夠強或口袋不夠深，千萬不要輕易嘗試。

如果這個進口商可以靠著買賣期貨合約賺錢，那就更好了。投機客當然只想交易這些合約，不想拿到實體的咖啡，更別說烘焙咖啡了。最複雜的情況是，進口商為了規避風險，可能購買另一張期貨合約，讓自己多一點保障，情況有可能是：第一張打賭現貨價格下降，第二張合約打賭現貨價格上漲。其目的是防止價格不如原先預期，造成巨幅損失[11]（原物料避險和「避險基金」是不一樣的，後者是最可怕的賭注，也就是有錢人冒險購入股票、房地產等的標的）。

只要咖啡買家預測 C 期價格會變，也可以購買期權。如果你預期價格上漲，例如巴西霜害可能會損害供應量時，你就可以購入「買權」（call option），你就有權力（而非義務）購買保證數量的咖啡。咖啡到貨時，你可以用更高的現貨價格賣出，光靠合約就能賺錢。同理可證，你也可以

購入「賣權」（put option），那麼你就可以保留以指定價格賣出咖啡的權利；當然要有人接手那個賣權。之後只要現貨價格上漲，以協議的價格賣出契約規定的數量，再以更低的現貨價格買入咖啡。你再度靠著期貨合約賺錢，不用烘焙咖啡豆，通常也不用交貨，甚至連咖啡豆你也沒有看過一眼。

如果預期現貨價格下降。你可以反向操作：賣出買權和／或購入賣權。向你購買買權的人，就要支付協議的價格，而你可以用更低價在現貨市場購買咖啡。賣給你賣權的人，也要尊重那個價格，亦即支付指定的每磅咖啡價格，然後你又可以在現貨市場以更低價買進咖啡。

以上只是咖啡大量交易的梗概，我只有列出幾個影響價格的因素。C期市場還有其他面向，這裡並未討論，但這些都是基本常識。

☕ 近期交易趨勢

有人總是在現貨市場購買咖啡。假設一位進口商不想賭期貨，手上的生咖啡豆存貨也是很多。只要現貨價格上漲，就可以用高出期貨協議價的價格，賣出倉庫裡的咖啡豆；若有新貨入庫，他只要再以更低的成本更新存貨即可。因此，這買賣適合存貨多、現金足的玩家。

重申一次，這一切本來是要避免咖啡交易的許多風險，但期貨並非萬靈丹。以最近價格波動來說，1994 年春天至 1995 年 8 月，咖啡 C 期價格飆升 4 次，後來跌到比 14 個月前的起點價格還低 [12]。以下就是 1997 年 3 月至 6 月 C 期價格走勢，這無疑是咖啡產業最不穩定的時期 [13]。

1. 2 月 14 日：180。新聞報導南美國家不肯鬆綁出口限額，於是價格上漲。

2. 2 月 27 日：172.85。後來咖啡價格明顯下跌，但《紐約時報》發現，咖啡的 C 期價格仍然比 1 月 1 日上漲 59%。2 月 27 日這波漲價是因為哥倫比亞咖啡產量受到大雨威脅。

3. 3 月 13 日：205。原因不明 [14]。

4. 3 月 14 日：182.25。新聞報導巴西和哥倫比亞將增加出口量，因此價格下跌。

5. 3 月 26 日：179.3。價格連續跌了幾天，終於回升，因為預期供貨量緊縮。

6. 4 月 10 日：189.7。哥倫比亞官員指出，該國和巴西的咖啡樹正在減少。

7. 4 月 17 日：208。新聞報導巴西大港 Santos 碼頭工人展開罷工，存貨量比預期還低，以致價格暴漲。

8. 4 月 30 日：226。美國最大烘豆商 Folgers 拉抬零售價格，「讓人更擔憂今年的供貨量」。

9. 5 月 14 日：241。巴西乾旱報告導致價格上漲。

10. 5 月 20 日：253.1[15]。Folgers 預期巴西收穫短少，再度拉抬零售價。

11. 5 月 30 日：318 是當日最高；收盤價 314.8。新聞報導巴西可能有霜害，尼加拉瓜等產地可能收成不佳。

12. 6 月 3 日：254。期貨價格跌了 22.45，因為巴西霜害危機解除了。

13. 6 月 18 日：208.7。價格持續下跌，因為巴西情況變好；現在價格不降反升，因為在南美洲收成以前，美國存貨可能「緊縮」。

14. 6 月 24 日：175.5。作物分析師預測巴西可能豐收。

這種價格波動至今依然持續著（只是沒有如此劇烈），恐怕還會持續一段時間。類似 1997 年的報告一出，大家無論是肯定、否定還是反抗，對 C 期價影響都很大。這可能是預測錯誤，也可能只是謠言，也可能是天大的謊言；沒有期貨交易經紀人敢確定。1997 年任何咖啡交易者萬萬沒想到，幾年後越南產量大幅增加，這是 2000 至 2003 年 C 期價格下跌的主因。

在洲際交易所市場（更確切地說，無論任何地方的生豆價格），只要任何咖啡的供應量改變（包括羅布斯塔咖啡），就會嚴重影響烘豆商該支付的價格。1990 年末期越南開始生產大量羅布斯塔咖啡，導致阿拉比卡和羅布斯塔價格雙雙下跌。羅布斯塔咖啡價格下跌的原因很明顯，但為何

阿拉比卡跟著下跌呢？因為大企業的罐裝綜合咖啡也用了羅布斯塔，尤其是義大利和法國烘豆商的濃縮咖啡綜合豆。此外，大烘豆商設法在烘焙過後，以水沖刷咖啡豆本身，去除羅布斯塔的澀味，這樣就可以混入更多羅布斯塔，阿拉比卡需求量因此降低，價格自然下跌。

當 C 期價格上漲，譬如 2010 年 6 月至 2011 年 4 月直線攀升，頂級咖啡價格也就跟著水漲船高。受人敬重的咖啡買家和咖啡專家 Tom Owen，目前任職於 Sweet Maria's 咖啡公司，他說：「我們付給進口商的價格，以及進口商付給咖啡農的價格，都和 C 期市場密切相關，合約上就寫著『C 期價格＋ 40 美元＋進口成本』，或『C 期價格＋ 40 美元』。隨著 C 期價格上漲，合約價格也跟著漲。」2010 年末，Sweet Maria's 向咖啡農直接購入咖啡，平均為「1 磅 2.79 美元」[16]。但自從合約跟著 C 期價格走，Sweet Maria's 和進口商購買咖啡的成本也跟著上揚。只要 C 期價格上漲，進口商就會調漲賣給烘豆商的價格。

聽起來很複雜，但 C 期價格仍是追蹤阿拉比卡市價的最佳方式。無論何時，C 期價格都可以用來判斷咖啡產業的現狀。2001 年末，價格只比 40 美分高一些，這讓拉丁美洲等地咖啡農不敷成本。簡言之，種咖啡賺不了錢，咖啡農紛紛改行。中級咖啡（介於羅布斯塔和最頂級阿拉比卡之間）也不樂觀。但 2010 年 10 月，咖啡 C 期價格上漲到 2 美元以上，因為世界需求大增，而且哥倫比亞收成不好。2011 年 4 月底，價格來到 3.1 美元，創下 1997 年以來的新高。這些價格走勢也可以套用在頂級咖啡上，但最頂級的咖啡並不透過洲際交易所買賣。

對咖啡農的意義

C 期價格高，咖啡產業每個環節都會有所反應，因為整體需求上升，大家都要付更多錢購買咖啡豆。咖啡農可以賣得更好的價格，尤其是中級咖啡（頂級咖啡的評分必須高於 80 分，需求量也比較穩定）。然而，咖啡農賺得愈多，合作社就會有大麻煩，因為會員可能私自把咖啡賣給中間商，而不尊重先前所簽訂的共同合約。如果有人親臨農場拿現金買咖啡，

真的很難拒絕。當地買家經常被稱為「郊狼」（coyotes，這絕非暱稱），可能在艱困的時期開出極低價格，但不論開價或高或低，現金經常都是咖啡農的夢想或急需之物。

　　合作社交出咖啡拿到貨款，最後交到咖啡農手上，可能已經過了很長的時間，但價格好的時候，如果大家離開合作社自行買賣，以後想要重建合作社就很難了。

　　無論在洲際交易所或其他地方，沒有一種咖啡買賣方式可以保證賺錢。如果你賭期貨合約漲價，最後卻下跌，你就會損失。避險只能救回一部分的金額。

　　期貨經紀人和投資客是吸血鬼嗎？他們不種咖啡，通常也不關心咖啡（對他們來說咖啡只是一種商品），也從未見過實體的咖啡，甚至還拿別人的錢來操作。但只要壓對寶，他們確實有能力把資本放到有生產力的企業，並因此大賺一筆。這就是世界運作的方式，無論你的杯子裡裝的是什麼咖啡，C 期市場還是會持續運作下去。

16

品質評鑑
咖啡農的向上流動之路

George Howell

在美國麻州 Acton 市開設了 Terroir Coffee 咖啡館。George 是美國「輕度烘焙」（"light roast"）運動的發起人，也是在各國舉辦的「卓越杯」（Cup of Excellence）咖啡評鑑比賽的創始人，更是精品咖啡界公認學識淵博和擇善固執的人士之一。公司網址：http://www.terroircoffee.com/。

在咖啡產業，普通等級的咖啡算是常態，偏遠山區（那裡的咖啡大多很有潛力）的咖啡農並無誘因生產高品質咖啡，只求品質「尚可」，直到最近出現新一代咖啡**烘豆商**，因為這種經營模式漸漸無法帶來長期經濟效益。普通咖啡的商品價格一直在低點徘徊，只比生產成本再高一點。利潤少之又少，根本沒有資本投入工藝級的生產，打造頂級咖啡。

咖啡市價分布仍然反映著重量不重質的傳統市場驅動力，不像茶和酒已有成熟的頂級市場。目前大包裝咖啡豆的零售價，低於每磅 10 美元，只有極少比例的咖啡價格高於 10 美元。小島咖啡的出現，如同彼此孤立的繁星，例如夏威夷的科納、波多黎各、雅買加、聖赫勒拿群島（Saint Helena，因拿破崙被流放於此而聞名）。像聖赫勒拿群島的咖啡，1 磅可以賣到 50 美元以上。這些小島幾乎都難以到達，充滿著故事和傳奇。雅買加的藍山咖啡很有潛力，夏威夷的咖啡也很優質，但這些咖啡並非好上好幾倍，更別說它能否超越濃醇的中美洲咖啡以及精緻的肯亞咖啡。**膠囊咖啡**（**capsule coffee**）每磅售價可能超過 20 美元，但消費者只是想要一杯個人化的咖啡，並非真的在乎品質。

全世界最昂貴的咖啡是**麝香貓咖啡豆**（**kopi luwak**），每磅要價 300 美元以上。坦白說，咖啡生產者和消費者都不懂品質，但茶和酒卻完全是另一回事。茶和酒是「高貴」的飲品，幾千年來的文化產物，以極致工藝追求更高品質。品質和價格五花八門，提供消費者各種選擇。那咖啡呢？最頂級的咖啡價格必須突破每磅 10 至 15 美元，否則**精品咖啡農**沒有誘因提高咖啡品質。巴拿馬的翡翠莊園以及瓜地馬拉茵赫特莊園，已經做到商品獨立自主的程度，應該要有更多咖啡園跟進才是。

就算是每磅 10 美元的咖啡豆，一杯 20 盎司的咖啡仍比等量的可口可樂便宜。一瓶酒 10 美元，大家不覺得貴，平均下來一杯酒 20 盎司成本 4.73 美元。同樣價格的咖啡豆，一杯 20 盎司咖啡的成本只有 0.53 美元。如果一杯 20 盎司的咖啡可以賣到 4.73 美元，1 磅咖啡豆就可以賣 85 美元，差真多！

咖啡產業還在起步階段。600 年前，咖啡起初只是沖泡飲品，當時茶和酒早有悠久的歷史，而咖啡沖泡方式卻很原始。直到近期才出現沖泡一

杯完美咖啡的技術。拜現代科技所賜，採收、加工、運送、儲存和烘焙也大有斬獲。濾滴式咖啡和沖煮式濃縮咖啡正在改良，逐漸能夠展現咖啡的莫大潛力。咖啡能否和茶、酒名列高貴飲品，就看我們的決定了。但另一方面，若偏遠地區的咖啡農沒有誘因提高品質，就會臣服於沒有特色的工業化咖啡，這就連低海拔的平地也種得出來。風味絕佳的傳家咖啡品種也會跟著消逝。

我們已經看到酒市堅持品質的結果。普通酒價格下跌，但名酒市場依然強勁：「這似乎和一般認知不同，畢竟這幾年法國、義大利、西班牙和澳洲都有酒類生產過剩的問題，歐盟也考慮拔掉一些葡萄樹，就連加州中央谷地也淘汰幾十萬公畝的葡萄園，但頂級酒市（一瓶要價 25 美元以上的美酒）生意好得很，3 年來銷售量平均成長三成」[1]。《葡萄酒觀察家》（*Wine Spectator*）雜誌也發現普通酒和頂級酒之間的懸殊：「在最高價酒款的產地，至少有一家酒廠標價硬是比別人貴一倍」[2]。

這就是精品咖啡的目標；我們需要勇敢的英雄，也需要廣大的莊園。這些奇蹟正在瓜地馬拉 Huehuetenango 發生，茵赫特莊園已經成了傳奇。所有知名的精品咖啡公司，至今主要還是販售綜合豆，這讓咖啡農永遠默默無名，只能受制於買家市場。新一波咖啡廳開始主打咖啡園或小型合作社，並強調品種、產地和生產國。咖啡開始邁向品牌的時代。

想像一個品質金字塔，精品咖啡位於大眾市場的上方，約占銷售量兩成。精品咖啡還可以垂直劃分為：重度烘焙（dark roast）、輕度烘焙（light roast）、公平貿易和有機，並沒有孰優孰劣的問題，只是不同種類罷了。在品質金字塔的最頂端，就是莊園咖啡，僅占銷售量不到 1%，無論來源是小咖啡園、合作社或大咖啡園。

然而，最頂端所占比例極少的咖啡，可能發揮莫大的影響。最好的例子就是 1999 年巴西首次舉辦的**卓越杯**。精品咖啡人士突然間找到他們原本消失殆盡的熱情。在那幾天密集的比賽中，全球把目光移開「尚可」的咖啡，深入探索極品咖啡。他們每天都有更深的體會，每一次**杯測**就淘汰一些，最後挑選出前 10 名。

這 10 位獲獎者可以參加線上拍賣，讓烘豆商相互競標，至今仍然每

年舉辦，有 8 個國家線上拍賣這些頂級稀有的咖啡。去年瓜地馬拉一家特別的咖啡園，生豆以每磅 80 美元賣出。幾年前，巴拿馬翡翠莊園更在一場卓越杯，以 100 多美元賣出生豆。奢華咖啡市場以極致著稱。極致反映出商品的地位，這會沿著產品品質階梯，影響整個價格鏈。未來咖啡將會如同酒類飲品，價格和品質變得更加分歧。

品嚐頂級單品咖啡的最佳方式，就是使用濾滴式濾紙。把萃取率和濃度發揮到極致，煮出來的咖啡就沒有雜質，更能突顯咖啡風味。相反地，混濁的沖泡方式，只會掩蓋頂級咖啡豆微妙的差異。沖煮烘焙咖啡的目的，就是為了萃取一定比例的咖啡豆可溶固體（例如方糖就是可溶固體）。

咖啡豆最多可以萃取出三成，最理想是萃取 18 至 22%，這個程度的黑咖啡甜味最高。萃取率愈高，口味就會愈苦澀。然而這個簡單的道理，就連頂級餐廳和咖啡廳也經常忽略。濾滴式的萃取結果也取決於溫度，攝氏 93.3 度最為理想。濾滴式咖啡袋還要輕輕搖晃，確保所有渣滓均勻萃取，同樣重要的是，時間和研磨程度也要掌控好：顆粒愈粗，泡熱水的時間愈久，顆粒愈細，時間愈短。濃縮咖啡只花幾秒鐘，所以要磨得很細；美國 Chemex 手沖咖啡濾壺的濾紙很厚，粗磨的豆子萃取率大概 20%。以滲漏式研磨（drip grind）來說，磨得愈細，就會產生較多微細的粉末──風味就會一下子釋放出來（導致過分萃取）。

所以我們最好鎖定粗磨的豆子，可以降低超細粉末的比例，並且拉長沖泡時間，一壺咖啡可以沖個 6 分鐘。最後就是水質（礦物質含量不多也不少）、咖啡的品質以及濾紙的品質都很重要。濾紙必須用熱水先洗過，去除任何異味，以免污染到咖啡飲品。

濃縮咖啡一沖泡好，馬上就拿來喝，宛如一杯現開現飲的白蘭地。但濾滴式咖啡就不一樣了，你不用趁熱喝第一口，然後當下判定好壞。頂級輕度烘焙的濾滴式咖啡，可以品嚐 20 至 30 分鐘以上，濾掛式咖啡冷卻以後，特殊風味隨之顯現。太燙的咖啡反而會傷害你的味蕾。在最高溫的時候，頂多就是聞聞第一道香氣。

當一杯咖啡的溫度，大約降到攝氏 57℃ 時，就可以開始探索咖啡的甜味（sweetness）和清澈度（clean cup），甜度取決於咖啡的成熟度，清澈

度要看加工過程。咖啡不夠清澈，就會暗沉混濁，但卻經常被誤認為「濃郁」。唯有咖啡降溫以後，才可以品嚐飲品本身的香氣，並隨著溫度變化，體會巧克力、榛果、蜂蜜、花果等多層次的美味。好咖啡的自然風味是多層次的，前提是品質真的要好，還有不要過度烘焙。

　　除了風味（**flavor**），還有**酸度**（**acidity**）、**稠度**（**body**）和**口感**（**mouthfeel**），最後更有**餘韻**（**aftertaste**）。咖啡產業才剛開始探索咖啡風味的多樣性，消費者更不用說了。然而，只要生產過程稍有不慎（從栽種、處理、運送、烘焙、儲存到沖泡），都有可能讓咖啡風味變得單調，所有咖啡都混成咖啡色，喝起來的味道都一樣。這樣的咖啡就不太妙了！

17

何謂精品咖啡？

Shawn Steiman

2011 年，在美國精品咖啡協會（SCAA）會議與貿易展中，於展覽期間每日出刊的《晨間咖啡》（*The Morning Cup*）詢問咖啡專家：「精品咖啡對你的意義是什麼？」

有四位專家回答如下：

來自英國 Harrogate 市的 Hannah Eatough：「精品咖啡代表絕佳的品質，而且咖啡貨源符合道德良知。它是會讓你想要一喝再喝的上好咖啡。」

來自美國印第安納州 Muncie 市的 Chris Demarse：「精品咖啡有一些基本的特性：透明、永續、公平與優質。」

來自美國賓西凡尼亞州 Scranton 市的 Mary Metallo-Tellie：「精品咖啡的意思就是好味道，以無比熱忱、最高品質……許許多多非常棒的東西融合而成。」

來自盧安達 Kigali 市的 Jean Mare Irakabaho：「精品咖啡就是正確加工的高品質咖啡。它是讓消費者愉悅，提升農民收入與生計的一種咖啡。」[1]

何謂精品咖啡？

這個世界上有很多咖啡等待被品嘗。我們可以買到用袋子、鐵罐、錫罐、玻璃罐和磚餅包裝的咖啡。有可能是咖啡豆，也可能是咖啡粉，可以沖煮、即溶，或是預製和即飲。可以在家喝，也可以在外面喝，以人工或是機器來調製。所有這些可能性，以及其他種種都將為最後喝到這杯咖啡的人創造出不同的經驗；說得婉轉些，並非所有的咖啡喝起來都一樣。人們會根據他們的基本需求和經濟需求來將事物分類和做區分，他們藉由說明該飲品的質感，致力於歸類和瞭解所有不同的咖啡——嚐起來的味道如何，以及為什麼嚐起來會是那種味道。

美國精品咖啡協會行政總監 Don Holly 於 1999 年在《SCAA 大事記》

（*SCAA Chronicle*）中寫道，**精品咖啡**一詞是 1978 年由 Erna Knutsen 所創。她將之定義為在特定氣候與地理條件下所培育出具有獨特風味的咖啡豆。她觀察到，並非所有的咖啡喝起來的味道都一樣，明顯與眾不同的好味道才叫做特別。Holly 亦精闢定義了精品咖啡，其中涉及了製作咖啡從頭到尾全部的過程，他強調了在這個產業中可能許多人都有志一同的一個重點：「不只是咖啡喝起來不錯；要被認為是精品更需格外的好。」他最後做了一個偏辟入裡的結論：「說到底，飲用時即決定了它是否為精品咖啡。」[2]

在 Holly 寫了該定義之後的 10 年，SCAA 的執行董事 Ric Rhinehart 更進一步做了詳細的說明。Rhinehart 針對一個發展已臻成熟的產業做全盤的觀察，他的討論不只涵括咖啡所有的流程——從種子到成為飲品，以及這個流程最後的結果，同時也包括整個流程的參與者。Rhinehart 寫道，「在最後的分析中，精品咖啡是由產品的品質所定義，包括生豆、烘焙豆或是沖調好的飲料，以及咖啡所能帶給從事咖啡栽種、調製和品嚐的人們何種生活品質。」[3]

但遺憾的是，無論是 Holly 或 Rhinehart 都未能量化精品咖啡與非精品咖啡，即**商業豆**（commercial coffee）在口味上的差異；再者，他們的定義是解釋為了做出一杯特別的咖啡必定會發生什麼事以及誰一定會從中獲益的哲學命題。任何天真到去做這種定義的人也知道這個任務根本窒礙難行。

🫘 初期

或許曾經有一段時間，咖啡世界被一分為二：一種是量產，一般含有咖啡因的咖啡；另一種則是「其他類別」，亦即被認為不再只是咖啡的咖啡。這種咖啡近期才被（重新）發現，有一小群珍愛它的工藝師對它非常感興趣，將它找出來，並頌揚它，直到後來他們的努力和理想創造出一個新的產業：精品咖啡業。

經過快速的成長與拓展，精品咖啡仍持續將它自己定義為「其他類

別」，如此模糊的概念使得所有不同的咖啡都被統稱為精品咖啡。缺乏較為嚴格的定義使得可以被稱為精品的咖啡和飲品如雨後春筍般湧現。如今，這種「其他類別」充斥著許許多多其他種類的咖啡，而這個產業的領導人物只能去思辨他們所希望的精品咖啡為何，而未必是現在的定義。

毋庸置疑地，精品咖啡產業中最早、最大、最有影響力的交易團體和具有發言權的 SCAA，因其聲望與使命，在定義該名詞上面占有一席之地，它有能力將含糊不清的精品咖啡世界予以分類。在某種程度上，SCAA 和其他有影響力的團體已經在做了。精品咖啡的基礎也已經奠定了。

SCAA 標準

2009 年，SCAA 公布了修正版的生豆品質標準[4]。SCAA 建立了被認為「精品」所需要的實質準則，但是其聲明係根據其杯測標準程序及評估計畫，咖啡必須符合 80 分的最低杯測分數[5]。杯測標準程序建立了一個滿分 100 分的評分系統，可用以評估所有的咖啡。當然，以 80 分的分界線來描述咖啡飲品的品質並非絕對，因為分數是根據構成評分系統的各種類別計算，它們可能隨著每一種咖啡而有所不同。不過，一般而言，只要咖啡沒有任何可察覺的缺陷，像是發霉或發酵的瑕疵豆，就有可能達到 80分的水準。

雖然這個系統的使用者全都同意這是一個合理的分界線，但是他們之中只有少數人喝到 80 分的咖啡時會感到高興。這個分界線雖然實用，但是幾乎無法代表令人滿意或有時候甚至是可被接受的咖啡；「不錯」未必等同於「特別」。儘管如此，是否能稱為精品的數字門檻還是必要的，因為它建立了最低的限定條件和基準，使得每一樣事物都能夠被比較。可惜的是，建立精品這個等級，對於咖啡實際上的口味並未著墨太多。

精品咖啡：灰色地帶

取得慎選來源、細心烘焙、用心沖煮的咖啡，予以評價，並且將它鑑

別為精品是一回事。走進一個活絡的市場，從貨架上挑選一項產品，並且稱讚它或是駁斥其為精品又是另一回事。可以說，在這種曖昧不明的氛圍下，精品咖啡產業的身分認同是最需要努力的一件事。

忠實的精品咖啡迷往往認為只有純的黑咖啡，用心、細心地取得和調製，才算是真正的精品咖啡。然而精品咖啡市場充斥了許多名實不符的選項，但是事實上依照大多數的定義卻又算是精品咖啡。在任何一家美國的超市，顧客都能找到烘焙好的袋裝咖啡、可即飲的飲料，以及個別包裝的咖啡包（pods）和咖啡杯，這些會與一般人認為的商業咖啡（由大型公司製造生產的工業／罐裝咖啡，咖啡品項往往只是其商業模式中的一小部分）區隔開來，自成一區。這些咖啡常常都有符合精品定義的原產地和歷史。雖然它們或許不能新鮮現採，而且可能未能依照該產業的嚴格標準沖煮，但是許多咖啡本身皆能獲得 80 分的分數。然而，並非所有精品咖啡產業的成員皆同意其為精品。

當咖啡烘焙後再調味，或者在咖啡館裡，添加調味品在最後的飲品中，這條界限就變模糊了。添加甜味劑是行之有年的慣例，肯定會改變咖啡的風味，可以說低於 80 分。最模糊的地帶是黑咖啡和牛奶的結合。從一處特定的咖啡園取得的咖啡並精心調製成飲品，當加進了牛奶或許就不是精品了。然而，將同樣的咖啡沖煮成濃縮咖啡（espresso），並加入奶泡混合，最後的成品卡布奇諾卻是精品咖啡的標記。

在灰色地帶的中心議題就是：什麼才是精品咖啡？它何時被認可成為精品的？業界至今仍缺乏共識。SCAA 的 100 分量表原本是用來評估生豆的，而且該標準程序定義了什麼樣的咖啡有可能提升到 80 分的水準。在那之後，它就無法再左右咖啡的命運。一杯 95 分的咖啡添加了巧克力夏威夷火山豆口味，它還是精品咖啡嗎？

這點凸顯了定義精品咖啡的困難處。它是以實際的杯中物還是以某一個時間點能夠達到標準的咖啡豆來衡量？這個問題暗示了一個難題：精品咖啡是由「其他種類」組合而成，而且沒有哪個人或是機構有權限或正當性去描述一個全球現象中的全體成員。

　　Holly 和 Rhinehart 瞭解這個問題。這就是為什麼他們從未討論精品咖啡品嚐起來像什麼的原因。他們瞭解精品咖啡並不是被喝下肚或是被體驗的某樣東西；它是被接受的一種觀念。精品咖啡絕不可能有明確、量化的描述。咖啡的品質與精品咖啡是會隨著文化、時間以及定義它們的飲用者而改變的移動目標[6]。因此，精品咖啡飲品的定義必須依照需要，不斷地重新討論與修訂。精品咖啡並非以咖啡本身的味道來定義，而是由跟咖啡互動的人們來定義。

　　精品咖啡的概念就是某些咖啡以直接或間接的方式使得與它們有所關連的人在生活上產生改變。對於農民而言，精品咖啡可能帶給他們較多的收入或是較高的尊嚴。對消費者而言，可能給予他們回味無窮的好味道，無論是在口中或心中。就如同 Rhinehart 所寫的，精品咖啡就是一種生活品質。

　　更進一步來說，咖啡改變了我們對世界的觀感。精品咖啡是讓我們思考的咖啡。它讓我們去思索我們喝到什麼、感覺到什麼，以及那種咖啡如何影響它周遭的世界。

18

在咖啡供應鏈中，
錢流到哪裡去了？

Robert W. Thurston

我們都曾經把現金付給賣咖啡的人，但是你可曾想過那筆現金付的是什麼錢？從咖啡樹到你買咖啡的街上，這條路徑是很長的，本文乃根據SCAA 所描述在這條路上每一站的概況，再加以編修而成。

比方說，你擁有一家咖啡館。為了維持營運並維生，你必須要從中獲利。這表示在支付完你所有的開銷後留在銀行裡的錢。也就是說，你的成本是多少？以下這個例子包含了每一個階段的開銷，從出口到你店裡賣出的那杯咖啡，使用經認證的**公平貿易、有機**咖啡。你的角色所發揮的作用一直持續到最後。這個歷程是從已研磨的**生豆**開始——亦即，咖啡豆只剩一層薄薄的**銀膜**包覆——在生產國以 1 磅 1.50 美元賣給美國進口商。然後進口商必須付出額外的費用與成本（所有的數字都是以每磅來計算）：

◎ 運費和報關費 0.095 美元。

◎ 倉儲和物流 0.05 美元。

◎ 融資與庫存 0.095 美元。

◎ 進口商利潤 0.15 美元。

因此截至目前為止，進口商在每磅咖啡的成本上增加了 0.39 美元，因而每磅的總投入為 1.89 美元。

接下來，咖啡運至烘豆廠。成本增加如下：

◎ 運費 0.12 美元。

◎ 重量縮減損失 18%，成本為 0.44 美元（這類損失在烘焙過程中是很正常的，因為生豆多數的重量在於水分，烘焙後會變成蒸汽蒸發掉）。

現在總成本為 2.45 美元／磅。接下來的成本為：

◎ 包裝 0.39 美元。

◎ 直接勞工 0.55 美元。

◎ 美國公平交易證書維護費 0.10 美元。

這使得咖啡成本增至 3.49 美元。

但是**烘豆商／批發商**還有其他開銷：

◎ 不包含直接勞工的薪資 0.94 美元。

◎ 銷售、一般與行政成本 1.68 美元。

◎ 利息、貶值、攤提、租賃 0.38 美元。

現在每磅咖啡的總投入為 6.49 美元。

假設烘豆廠以 7.25 美元將咖啡賣給咖啡館，稅前獲利為 0.76 美元。就該金額而言，州稅與聯邦稅為 0.27 美元，因而烘豆廠的淨利剩下每磅 0.49 美元，大約是售價的 6.7%。

假設你是零售商，現在要在你的店裡將咖啡作成飲品。

1 磅的咖啡可製作成 7.5 公升（以容量來算大約 253.5 盎司）的咖啡飲品，每公升的水（以容量來算為 33.8 盎司）可沖泡 60 公克（以重量計算為 22.12 盎司）的研磨咖啡。因此端出這杯咖啡的成本如下：

◎ 就本例而言，一杯咖啡是 475 毫升（相當於 16 盎司的容量）。

◎ 因此每磅咖啡所沖調出的 16 杯咖啡為店裡賺進了 28 美元。

◎ 除了你已經花在咖啡豆上的 7.25 美元之外，你還必須付出：

　　◆ 杯子 2.00 美元。

　　◆ 杯蓋 0.46 美元。

　　◆ 攪拌棒 0.16 美元。

　　◆ 調味品 0.56 美元，如牛奶、糖、鮮奶油、人工甘味劑等等。

另外，目前你每磅咖啡所賺得的毛利為 17.57 美元。聽起來相當不錯。但是還有一些其他的支出要扣除：

◎ 人事 5.60 美元！

在咖啡館中，人事成本是最大的一筆開銷，超過生豆從生產國出口時

售價的 3.7 倍。因此這項產品的附加價值在消費國高得驚人。我們愈來愈瞭解為什麼農民在美國或歐洲國家咖啡店裡一杯咖啡的成本所能分得的獲利寥寥無幾了。

在你的店裡當然還有其他的成本開銷。延續美國的例子，這些開銷含括了：

◎ 租金 1.96 美元。

◎ 水電 0.70 美元。

◎ 行銷 0.84 美元。

◎ 維修 0.56 美元。

◎ 一般費用與行政費用 4.20 美元，例如，電話、無線網路、記帳等。

以上各項將你的淨利降至 3.71 美元／磅。這還沒完呢！在某個時間點，你還必須添購新的設備以維持營運，除非你有資金充裕，不然你也必須貸款。因此你必須支付：

◎ 貶值、攤提、利息 1.12 美元。

◎ 州稅與聯邦稅 0.91 美元。你以為查稅員會忘了你嗎？

現在你的淨利只剩 1.68 美元，或是營業收入的 6%。

讓我們來檢視零售的部分。你花費在咖啡、人事、調味品、爐具、燈光、租金等等的金額總共是每磅咖啡的 20.72 美元。扣除掉支付烘焙咖啡豆的 7.25 美元，剩下 13.47 美元。換言之，你，咖啡館的老闆，花了其他各項開銷 1.8 倍的金額在咖啡上。購買咖啡豆的金額約占總成本的 35%。我們現在又更清楚知道為什麼農民只能分得咖啡館中一杯咖啡售價的一小部分而已了。

這就是 SCAA 的「錢跑到哪裡去」的故事結局。當然，全美各地的成本開銷差異甚大，更別說是歐洲與日本了。在某些地點，租金和人工比這裡所提到的高出許多。此外，這是合格的公平貿易有機咖啡的例子。其他

類似品質的咖啡或許成本會大幅減少，不過最受人喜愛的咖啡，以及被評為 90 分以上的咖啡價格會更高。而且，生豆的價格會隨著天氣、全球產量、政治動亂，以及其他因素而起伏。當價格上漲時，你或許會發現很難轉移額外的成本到你的顧客身上。因為已經壓榨得差不多了。

我自己跟咖啡館的業者訪談後，建議修改上述的概要。零售商表示他們購買咖啡豆的成本通常低於總成本的 20%。無論在哪裡，人力都是最大的成本。經驗老到的咖啡師（barista）在他們能夠單獨服務客人之前，必須經過至少 6 個月的在職訓練 —— 為缺乏耐性的客人調製拿鐵、雙倍濃縮咖啡、瑪琪朵、加入脫脂牛奶的卡布奇諾，小杯、大杯，以及超大杯，這些點單全都要現點現做 —— 他們所得到的薪資會比只是按幾個鍵，然後等待機器緩緩流出咖啡的店員要來得高。

每一家咖啡店的業者都會被徵求捐贈或贊助許多的活動。應該也會有咖啡原產地的尋根之旅、咖啡展與大型會議，或許還有更多的教育訓練。

當數字被計算得太過頭時，「農民一天 3 美元，在美國一杯咖啡 3 美元」的不公義就會變成相當棘手的事。可以確定的是，咖啡師或是咖啡館業者如果營運正常，平均而言，會比一般肯亞的農民日子過得優渥許多。但是兩個國家真的不同。只有在肯亞擁有跟美國相同的基礎建設，特別是勞工成本方面，那麼農家／一杯咖啡的比較才會更站得住腳。在目前的情況下，以一個都市西方人買一杯咖啡所花的錢來衡量一個農民一天賺多少錢，並不是一個特別有用的習題，尤其是某些型式的咖啡還摻入了牛奶。

咖啡鏈不爭的事實就是其價值絕大多數是附加在消費的區塊中。假如這個例子談的是生產國的咖啡館，這還是正確的。在巴西首都聖保羅和肯亞首都奈洛比要調製出一杯咖啡的成本是不便宜的，部分原因是因為在當地交通運輸及能源成本過重。在西歐、日本和美國以外的地區，勞工較廉價，但是不可能是免費。無論如何，不管是哪裡的消費者都必須再三思考，農民如何從他們的作物中獲得更多的錢；未來咖啡的供應將建立在這個議題上。

　　至於誰的日子過得較好的倫理問題，我們可以想想沒有咖啡或類似如此受歡迎的商品可販賣的農民。無論是在尼加拉瓜的田裡，或是在洛杉磯的麥當勞，體力勞動並不會增加太多最終成本在加工品上。每個喝咖啡的人都應該正視這條供應鏈上一路增加的成本開銷；我們不能忽視商業成本的實際狀況，因為這對於解決農民問題並沒有太大幫助。

（註：本文是由 Robert W. Thurston 根據美國精品咖啡協會 2010 年的一項
　　計畫經許可改寫而成。）

Part II
全球咖啡現況之貿易概述

19

咖啡的全球貿易
總論

Robert W. Thurston

17 世紀初期，自從咖啡的涓滴細流從中東流向西歐開始，咖啡的全球貿易成長已不可同日而語。與一般人認知不同的是，全球合法交易的商品中，咖啡並不是排名第二最有價值的商品。不過，咖啡是「全世界交易最廣泛的熱帶農產品，在 2009 年 10 月的出口額約為 154 億美元，運輸量約 9,340 萬袋[1]。」但在一些報告中指出，咖啡從樹上到咖啡館和你家中，每年 1,000 億美元的總交易額顯示，整個咖啡產業可說是生意興隆。但這並不代表在許多地區的農民過著富裕的生活。

本書的幾篇文章討論了直到 20 世紀咖啡農業與貿易的成長概況。在 20 世紀早期，各國試圖努力穩定咖啡的價格（但並非控制價格），尤其是巴西。最早的行動是 1905 至 1908 年施行的「物價穩定措施」計畫，在該計畫中，巴西政府收購大量的咖啡並加以貯存，然而稅賦政策的目的是藉由徵收咖啡田的新稅額來壓低產量，並提升價格[2]。1930 年代，巴西燒燬了大量的咖啡，並傾倒了數十噸的咖啡到大海裡。里約熱內盧和聖保羅的居民皆抗議在他們的城市上空，咖啡濃煙的雲霧久久無法散去。1937 年，巴西銷燬了 1,720 萬袋咖啡，而當時全球的消耗量是 2,640 萬袋[3]。但是那段時期的經濟大蕭條使得價格一路下滑，1 磅不到 7 美分，這些方案對於改善現況作用不大。

1940 年，二次世界大戰已經在歐洲如火如荼展開，美國政府擔心拉丁美洲咖啡的低價會造成當地農民的貧困，因而把許多農民推向支持法西斯主義或共產主義，因此提出了「美洲各國咖啡協議」（IACA），規定美國一年進口量不得超過 1,590 萬袋，同時拉丁美州政府必須控制產量。到了 1941 年底時，這項協議成功使得咖啡價格翻漲二倍。

到了 1950 年代中期，供需之間的平衡已經形成，所有的國際協議也消失了。但是價格波動以及 1959 年古巴革命之後，美國擔憂共產主義在拉丁美洲蔓延，這兩個因素激勵了區域性的政府再度嘗試控制供給以及價格。1962 年，第一次**國際咖啡協議**（**International Coffee Agreement, ICA**）出現，為全球大多數的生產國設定了出口配額。當價格跌落到每磅 1.2 美元以下時，配額將會緊縮，以減少全球市場的咖啡數量，並將價格往上推。當價格超過 1.4 美元時，配額就會放寬；在所謂的嚴控系統中，

讓生產國出口更多咖啡，使價格往下跌[4]。當天氣條件造成價格急劇上升時，就像 1975 至 1977 年那樣，配額系統就完全被摒棄了。1989 年，在第一次國際咖啡協議所有的商議瓦解之前歷經了三次修訂。當時，美國對於拉丁美洲激進主義的擔憂已然消退，然而一些生產國的政府認為配額系統不公平地限制了他們。

1994 年，雖然在各生產國之間最後又出現了一個新的 ICA，並且於 2001 和 2007 年經過修訂，但是這份協議並未設定配額或是其他機制來控制產量和出口額。其他試圖調節市場的努力都失敗了。1989 年，當控制消失時，**國際咖啡組織**（**ICO**，該組織於 1963 年成立，目的是監督第一次國際咖啡協議）成為致力蒐集資訊和執行計畫的團體，以強化品質與產量[5]。在這個新的包裝下，ICO 證明其擁有關於咖啡的豐富資料來源與知識，目前該組織有 30 個出國會員國和 5 個進口會員國（美國、歐盟、突尼西亞、挪威和瑞典）。

從 1999/2000 到 2009/2010 這段時間的 ICO 數據顯示，全世界的咖啡總產量並未向上攀升。不過，**離岸價**（**free on board, FOB**，亦即在生產國內，所有的費用、稅金、關稅和其他成本均已支付，而咖啡已經裝載於一艘正要出海的船上）浮動地很厲害，從 2004 年 5 月開始，出口咖啡的價格也大幅上升。下表整理自該數據[6]：

表 19.1　全球出口咖啡的數量與價格

年份	出口價格（10 億美元）	百萬袋	FOB 每磅美分
1999-2000	8.7	89.4	74
2000-2001	5.8	90.4	49
2001-2002	4.9	86.7	43
2004-2005	8.0	89.0	76
2007-2008	15.0	96.1	118
2009-2010	15.4	93.4	125

雖然在 1980 年以後，日本的消費額快速增加，使得該國成為全世界第三大進口國，僅次於美國和德國，但是日本在過去 10 年的需求已呈現平穩狀態。西歐整體的消費額則在 2000 年代初期略有下降；這個下滑似乎是因為人口高齡化，以及年輕人多傾向喝機能飲料所致。另一方面，咖啡在東歐愈來愈受到歡迎，尤其是俄國，其進口額現在大致與英國旗鼓相當。在本篇裡討論各消費國的章節將針對特定國家提供更多資訊。

羅布斯塔持續占了所有咖啡出口額的 30 至 40%，**阿拉比卡**占 60 至 70%。大部分都是由羅布斯塔所製成的**速溶**（**soluble**，同即溶）咖啡，在東歐和許多家用消費市場依然穩居主流地位，英國就是一例。由於全球暖化使得更多地區適合較耐寒的品種，而且不利於阿拉比卡的生長，因此羅布斯塔的產量可能會增加。

巴西仍然是這兩大基本品種的生產之王，無人能出其右，而且其輸出量可能會增加，除非遭遇大規模的寒害。巴西的機耕已經充分發展，特別是在收成時，因此它的產量比徒手摘採的國家高出許多。哥倫比亞過去向來是世界第二大生產國，近年來則因為咖啡果甲蟲、氣候變遷，以及不少農業轉向種植古柯樹而變糟。哥倫比亞的困境也是導致阿拉比卡從 2009 年開始價格更高的原因。2012 年，衣索比亞的產量首度超越哥倫比亞[7]。

雖然所有生產國依賴咖啡的出口外匯收入作為一定比例的所得已經減少[8]，但是咖啡在許多國家的經濟中仍然極為重要。蒲隆地共和國領先群雄，其 59% 的外匯收入來自於咖啡。衣索比亞在 2010 至 2011 年以 33% 居次，緊接著下來是盧安達的 27% 以及宏都拉斯的 20%。而巴西和越南則僅有 2%[9]。

整個咖啡產業主要和持續的擔憂是**生產國**創造的總資產值只有一小部分能繼續維持。樂施會（Oxfam）在 2002 年的報告中發現早在 10 年前，出口額就占了咖啡市場總價值的三分之一，但不可否認地，近數十年來的咖啡價格接近最低點。在這份報告公布的當時，這個數字掉到每磅低於 10 美分[10]。在 2006 年，總市場價值估計為 700 億美元，據說其中出口國僅賺了 50 億美元[11]。

圖 19.1 在衣索比亞，咖啡仍然是野生的，但是因為該國日益增加的人口壓力和森林砍伐，保留野生種插枝的母株將是一場長期抗戰。（攝影：Robert Thurston）

　　然而，咖啡總「價值」的增加有許多原因，其中大多都是消費國所造成的。廣告、薪資、租金、保險、水電瓦斯、運輸，以及其他成本，全都列入咖啡的最終價格裡。在生產國，肥料、殺蟲劑，以及運輸燃料的價格從 1990 年代初期到 2006 年大幅上漲；只有在目前經濟衰退時，有些項目的成本才下跌。更精確地說，他們的成本波動相當大。請參見本書第 18 章「在咖啡供應鏈中，錢流到哪裡去了？」，這章詳細說明了為什麼咖啡在消費國的成本會這麼高。在咖啡市場的總價值中，無論生產國屈居下位的原因是什麼，這個全球產業都一直在設法提升農民的收入。

　　未來會如何沒人說得準，農業也是如此，而咖啡更是。種下一顆咖啡樹，等待 2 至 4 年結出可用的果實和希望，在短時間內很多事情都有可能

改變。僅管如此，有一些猜測似乎是肯定的。在 2009 年初，ICO 預測該年的咖啡飲用量將大幅超過生產量，後來證實的確如此。哥倫比亞的問題加上在拉丁美洲、歐洲和日本對咖啡的需求愈來愈高，使得整體情況呈現供不應求的失衡局面 [12]。截至 2011 年底，咖啡的需求赤字約為 290 萬袋，大多數是阿拉比卡 [13]。我們似乎可以肯定地預測至少在短期之內，許多農民將嘗試提高阿拉比卡的產量，即使氣候變遷並不利於成長。

在 2010 年 10 月，一群「來自於全世界形形色色的咖啡專家」在德州聚會，討論咖啡產業是否應該以及如何支援一個全球性的研發計畫來提升阿拉比卡咖啡的供應量與品質」。在為期 3 天的討論之後，該團體一致同意這是一個重要的全球目標。2012 年初，上述的與會人士以及更多的個人和團體，包括精品咖啡業界的龍頭公司，決定成立「世界咖啡研究」組織（World Coffee Research），以提供資訊和協助給世界各地阿拉比卡的種植者 [14]。若問到這些提升阿拉比卡產量的努力是否會把全世界推向過度生產和價格下跌的另一個循環，沒人說得準。我們只能夠期盼影響阿拉比卡供應的多重因素能夠配合需求，以維持和提升農民的收入。

20

咖啡認證計畫

Robert W. Thurston

就咖啡而言，**認證**係指由一個外部機構 —— 無論是政府、民營公司或**非政府組織**（non-governmental organization, NGOS）—— 來判斷特定的咖啡、農場或是合作社是否符合某些標準。這些標準或許跟購買咖啡的價格、農作工法、環境條件、農場裡的遮蔭樹和野生動物有關，也或者是跟農民和僱用工人的條件有關。2009 年，美國進口的咖啡中，16% 至少有一項認證。在荷蘭，這個數字高達 30%。但是全球數據大約只有 8%[1]。

認證機構一般都會為咖啡種植者安排教育和監督計畫。若是非政府機構，那麼這些計畫的資金來源是靠捐款和藉由鼓勵或要求進口商花費比目前市價高的價格購買認證咖啡，而不購買同類但非認證的咖啡。大多數認證機構的主要目的就是確保咖啡來源是可追蹤的；換言之，消費者會知道咖啡來自何方，這跟購買一罐咖啡，外包裝頂多只標示「阿拉比卡」完全不同。

以下將個別討論主要的認證團體，並詳述其標準和運作方式。

美國農業部

美國農業部（USDA）頒發認證給美國境內販售的「**有機**」商品。各州（例如加州）不同的機構對於境內的有機認證可增添額外的要求。其他許多國家，包括加拿大、西歐和中歐，以及日本，均執行各自的認證計畫。美國農業部執行的是全國性有機計畫，並提供有機農業產品的準則（例如「美國全國許可與禁用物質清單」）。中央與地方均可增加新的物質，或是現有的物質也會更動，只要有新的科學資料出現或是公眾請願更改即可。美國農業部的清單對於美國境內販售的有機產品認證非常重要，無論是國內或國外的商品，而且對於國外認證計畫也同樣重要。

美國公平交易

美國公平交易組織（Fair Trade USA，正式名稱為 TransFair USA）與

生產者協會簽訂出口合約，通常是合作社。公平交易（FT）是跟 **FOB** 咖啡製造商所達成的協議。FT 合約提供咖啡的最低價格，假如**咖啡 C 期價格**高於最低價，那麼該價格也可能調高，但是絕不可能低於這個數字。截至 2011 年 4 月為止，**日曬法**（natural processing）阿拉比卡的 FT 最低價為 1.35 美元，而**水洗法**（washed processing）的咖啡豆為 1.40 美元，有機豆 1.70 美元。FT 合約也要求買方每磅多支付 20 美分的「社會溢價」。合作社從這筆費用中所收到的金額將用於改善農民生活品質的方案中，例如學校或是乾淨的供水系統。

好咖啡認證

好咖啡認證（Utz Kapeh Good Inside）大體上是關心農地工作者的生活條件。「Utz Kapeh」源自瑪雅語，意思是「好咖啡」。該組織的網站宣稱其標章是「咖啡生產責任的保證」。

好咖啡認證並非全然抵制使用合成**殺蟲劑**和**肥料**；然而，它力勸農民將使用量降到最低，並「要求認證生產者訓練其員工有關衛生與安全的工序，並正確使用殺蟲劑[2]。」所有生活在認證農場裡的孩子一定都能接受教育，而工人及其家庭也必須有「合宜的住宅、乾淨的飲用水和健康保健服務。」好咖啡認證的農場必須努力減少水的使用和侵蝕作用，部分是利用原生樹木做好水土保持，並提供樹蔭。好咖啡認證在歐洲比在美國更廣為人知，該機構目前使用其認證咖啡在大西洋的兩岸慢慢擴展其事業。

跟公平交易不同的是，好咖啡認證並未參與為農民協調價格，而是要求進口商能夠付出高於市價的溢價來購買咖啡。

雨林聯盟

雨林聯盟（Rainforest Alliance）成立至今大約 20 個年頭，宗旨是遏止和徹底扭轉森林砍伐，倡導利用咖啡園裡的**遮蔭樹**，並支持**永續農業**，不僅只是咖啡，也包含其他的農作物，甚至家禽。就像好咖啡認證一樣，

該聯盟並不完全致力於有機耕作。以下這段引文摘自該聯盟網站上關於農用化學品的聲明：

永續農業網（SAN）標準乃根據國際公認之害蟲管理綜合模式，容許有限制地、嚴格使用某些（合成、非有機的）農用化學品。SAN標準強調兩個重要的目標：野生動物保育以及勞工福利。取得雨林聯盟認證的農民並不使用美國環境保護局及歐盟禁用的農用化學品，他們也不使用由北美殺蟲劑行動網所列出的黑名單上的農藥。該聯盟要求認證農場的經理盡可能使用生物學和手工操作防治方式來取代殺蟲劑。當農民認為有必要使用農用化學品來保護農作物時，他們必須選擇最安全的產品，並採用各種防護措施來保護人類健康與環境。

跟好咖啡認證相同的是，雨林聯盟並未參與簽署咖啡或其他產品的合約。但是這個團體聲明，「大多數的農民因為他們的農場經過認證，因此能夠獲得價格溢價。」2010年初，雨林聯盟「對於其收費結構做了一個重大改變。之前，每公頃（hectare，大約2.5英畝）農地向農民收取7.5美元的認證費。現在，就像大多數的認證機構般，雨林聯盟也向咖啡進口商收取費用，每磅收費1.5美分[3]」。

SMBC 鳥類親善認證

史密森尼恩鳥類遷移研究中心（SMBC）透過其「鳥類親善®」（Bird Friendly®）的認可標章，促進了蔭下栽種咖啡的生產和候鳥的保育。這個名稱是給予在有機農場上生產的蔭下栽種咖啡，它們必須符合USDA的標準。有意加入史密森尼恩計畫的農民必須與一個經正式核准的民營或公營咖啡認證機構合作；這些機構設置在幾個拉丁美洲和歐洲國家、印尼及美國。所有列名在史密森尼恩清單上的機構也被允許頒發有機認證和鳥類親善標章。標章的取得必須通過史密森尼恩的核准機構至少為期三年的訪視，他們會去檢查農場遮蔭樹的數量與型態。

SMBC 主張蔭下栽種的咖啡風味較佳，因為「果實在樹蔭下較慢成熟，因而味道更濃郁」，但是其他的精品咖啡專家發現並無差異。還有許多重要的優點：改善農民的健康、在園區裡鳥類的數量和品種帶動了生態旅遊的活絡、死亡和腐爛的樹木，以及每年的落葉都為土壤增加了有機物質，遮蔭樹可成為木材以及水果生產，還有著「超過有機溢價的溢價可能性」。在這個計畫中，農民須負擔認證費用，不過進口商被要求付出高於市價的價格購買咖啡。

4C

在聯合國 2003 年的千禧年目標——消弭全球的貧窮與飢餓——激勵下，4C 協會於 2006 年成立。4C 的宗旨為「透過品質改善、提升行銷條件、降低成本、增進效益，以及將供應鏈的功能發揮到最大，增加咖啡生產者的淨收入。」任何在咖啡鏈中的農民或是公司都可以加入該組織。小規模生產者的費用是一次只要繳 7.50 歐元（2012 年秋，約 9.52 美元），「使得全球各地大量的咖啡種植者都能加入 4C 協會，然而貿易和產業會員每年需支付高達 16 萬歐元（約 203,200 美元）的費用。」烘豆商會員承諾會逐步購買愈來愈多的認證咖啡。4C 的指導方針主要是提升種植的永續性、加工與行銷咖啡。「透過 4C 的全球網絡，該組織提供支援服務，包括訓練和獲得工具與資訊。」[4]

C.A.F.E.

星巴克（Starbucks）自有的認證計畫 C.A.F.E.，意思是「咖啡與種植農公平慣例準則」（Coffee and Farmer Equity Practices）。透過這個標籤和公平交易，星巴克於 2006 年進口了大約 1 億 5,500 萬磅的認證咖啡到美國[5]，這是目前可取得的最後一筆資料。C.A.F.E. 的指導方針是關於薪資、禁用童工、勞工安全與訓練、環境保護，以及勞工能擁有合宜的住宅、醫療照護和教育[6]。勞工必須獲得地區性或全國性的最低薪資。農地和加工

設備無論是總分或是各類別的分數都必須高於本計畫中一定的品質分數。之後，星巴克會支付溢價購買 C.A.F.E. 所認證的咖啡豆。

認證本身已經變成了一個爭議性的問題；許多探討認證是否為農民帶來更多收入的研究仍莫衷一是。有些研究顯示，若農民販售認證咖啡豆，收入較高，然而有些研究則否。在許多地區，也或許在整個國家，譬如尼加拉瓜，小生產者所遇到的一個問題就是，認證的費用以及生產有機咖啡的成本或許高於販售較高價格的咖啡豆之所得。「生產認證咖啡的家庭，尤其是有機─公平交易認證的咖啡，面臨人力不足的問題，因而必須僱用額外的工人[7]。」

有一份在尼加拉瓜隨機挑選 327 個農場的研究發現，有機生產者獲得的利潤比最高，其次是傳統的農民，然而有機─公平交易的農民排名最後。最後一個類別所獲得的咖啡**農場交貨價格**最高。然而這些生產者卻比有機（非公平交易）生產者獲得的利潤比要來得低。這可能是因為各種因素所致，包括每公頃的產量、勞工成本，以及家工人力不足。最後，同一份研究發現，有機農民愈來愈高的勞工成本使得他們的平均收入低於全國的貧窮線，而另外兩群人則高過貧窮線一點。這篇研究的作者所做的結論是：農地的生產力和效率必須提升，因為「認證咖啡的價格無法應付低生產力、土地或人力不足的窘境[8]。」

當咖啡價格上漲時，與認證相關的問題變得更為嚴重。當然，只要你一直在追蹤咖啡價格的話，你會發現它本來就是上下波動的；然而，就像我們在本書中其他章節所提到的，現在剛好有很多因素似乎可能讓優質的阿拉比卡咖啡豆至少在未來的幾年維持高價格。

咖啡作家 Rivers Janssen 指出，當咖啡 C 期價格太低時，例如 2000 至 2005 年，「對於賺的錢遠低於生產成本的咖啡農民而言，每磅幾美分的潛在溢價至少是一條救生繩，很多人都願意僱用額外的勞工，承擔認證的成本和風險，只希望過更好的生活。」但是今天，「有些烘豆商懷疑認證是否還存在跟幾年前相同的意義[9]。」美國公平交易組織總裁 Paul Rice 在最

近一次報告中表示，有人提議：「在今天，咖啡 C 期市場價格這麼高，質疑公平交易是否還有意義是再自然不過的事了。」Rice 堅決主張當然有意義，因為公平交易是為了永續農業和對農民有益的發展計畫而努力[10]。

但是當價格高時，合作社的成員可能會潰散，並且賣貨給「土狼」，也就是親自到訪農地的獨立買家，而不依照約定將咖啡運到合作社。手上拿著現金的土狼對農民具有極大的吸引力，因為他們會立即付費——農民不必等到合作社簽完合約，然後發錢，而且往往是一年只發一次。Janssen 也指出，農民和合作社都可能尋求認證，然後他們會發現根本沒有買家要購買他們比較貴的咖啡[11]。認證費用可能所費不貲，取得認證的過程又曠日費時，而且文書作業也會令生產者卻步。當所有的咖啡價格都居高不下時，去區分高檔咖啡和普通咖啡的動機就變少了，因為它費時、費工，又要特殊的照料。

雨林聯盟似乎在這部分比其他的認證系統問題要來得少，因為其核可的農場大多數都是莊園，他們不需要賣貨給土狼。在巴西聖保羅和米納斯吉拉斯州（Minas Gerais）的伊帕內瑪（Ipanema）偌大的咖啡園裡，我看到這條原則起了作用。而 4C，由於小農的認證成本最低，因此也很能夠把他們留在這個體系中。

就在目前經濟衰退以及咖啡 C 期價格直線上揚之際（大致從 2008 年 9 月開始），「追求永續性」的報告中發現，「由於認證後跟傳統農地相比，淨收入普遍較優越，因此大多數（60%）的認證農場（在 5 個國家所做的調查）皆回報整體經濟情況改善，縱使有一大部分（62%）的認證農場回報產量減少[12]。」在本書其他章節裡，有作者提到利用遮蔭樹或有機方法可增加產量。然而問題是假如在認證農場上的產量並未顯著高於傳統農作工法，而且取得認證的困難點依然存在的話，在價格合理的情況下，農民可能會在認證計畫之外販售其產品。

總之，就如同 Topeca Coffee 的業主 John Gaberino（譯註：薩爾瓦多聖安娜火山斜坡上的一家咖啡種植者）所說：「農民只想要更好的生活品質，別無其他[13]。」

21

咖啡的直接貿易

Geoff Watts

知識分子咖啡與茶公司（Intelligentsia Coffee and Tea, Inc.）的咖啡部副總。身為知識分子公司的採購承辦人，Geoff 過去 17 年一直在追尋更好的咖啡。他在超過 30 個國際咖啡競賽中擔任評審。身為直接貿易法的先鋒和數個發展機構的顧問，過去 10 年，他花了大半的時間跟東非和中南美洲的咖啡種植者密切合作，提升品質和建立系統，以確保供應鏈中的可追蹤性和公開透明化。

大多數創新的出現都是為了回應某一特定的需求或是努力解決某個特殊問題的結果。有時候它們會以非常精心設計的方式呈現，按部就班發展，這種就是有系統的研究與細心規劃的產物。在某些情況下則比較是自然發展而成，由一個簡單的想法或靈感所激發或者甚至有一點是偶然發生。成功的創新一般都有一個共同點，它們或多或少都讓事情變得更好。在咖啡交易中，**直接貿易**（direct trade, DT）的概念之所以出現也是為了因應明確的需求，亦即為了能夠可靠地供應高品質的咖啡。但是 DT 也一直試圖要解決許多咖啡交易中其他常見的困境。在咖啡產業中，商業與政治，農業與社會、國家經濟以及商品市場全都交錯相關。許多領域都必須同時進行。

　　DT 的問世是由於觀念進步的咖啡公司想要買賣某種水準的咖啡，但是產量有限，同時難以穩定地取得，而且他們的事業願景包含了有強烈的意圖想要處理與咖啡生產密不可分的**永續**議題，但現有的選擇讓他們感到失望。**烘豆商**所面臨的許多障礙包括無法對於他們販售咖啡的大環境產生影響力，或者無法達到一定程度的品質，讓他們在一個愈來愈以口味為導向的市場中擁有競爭優勢。於是 DT 逐漸發展成克服這些障礙的方法。

　　在「直接貿易」這個名詞被創造出來之際，竟無法獲得我們所謂的「卓越品質」是很令人吃驚的──也就是由於其固有的感官特性，可名正言順稱得上美食的咖啡，無論從哪一方面來說，它都是手工製品，而不只是商品。原因有很多，最基本的就是嚴重缺乏公開透明和可追蹤性，且一般都以這種方式處理咖啡。咖啡烘豆商與咖啡農可說是咖啡供應鏈中關於品質方面最重要的兩個主角，但兩者之間存在一道鴻溝。他們因為地理位置遙遠、語言隔閡，以及在咖啡供應鏈中模糊的監管過程，而被區隔開來。烘豆商常常覺得買咖啡跟在零售店買衣服很類似──買家基本上買到的是「現成的」咖啡，而且僅限於從手邊現有的存貨選擇。極佳品質少之又少，想要找到就跟尋找埋在土裡的寶藏一樣困難。沒有太多的機會可參與它的發展或創造，想要確切知道是誰生產了這些咖啡、在何種環境條件下種植，以及種植者獲得多少的報酬對他們來說是極為困難的事。

　　接續服裝的比喻，我們必須跟裁縫師密切合作才能製作出一件特別的

衣服，而擁有各種優質特色的咖啡也是一樣。這是著手獲得商品昂貴化的方法，只要商品具備特別高的品質價值，就有充分具體的理由去合理化增加的費用。

愈是清楚瞭解 DT 對於咖啡已經變得如此重要，就愈能理解導致烘豆商去尋找其他選擇而不以傳統方式採購咖啡的一些基本動機。其中一個關鍵就是差異化，就精品咖啡而言，要成功吸引消費者拋棄主流的**商業咖啡**，它就必須展現出品質上的差異。如果消費者被要求付出比從前更多的金錢來買咖啡，那麼他們能夠輕易地理解「價值主張」（value proposition）是很重要的事；這類咖啡必須嚐起來比消費者習慣喝的一般商業咖啡所建立的基準線要好上很多。故事背景也很重要，因為如果喝咖啡的人確信負責生產咖啡的農民能獲得實質利益，他們肯定會更容易對一杯好喝的咖啡感到欣喜。述說關於咖啡的動人故事以及與精品咖啡密切相關的農民利益，還有詳細說明咖啡來自何方，都能夠創造連結，讓消費者對於他們的選購感覺良好，而且會愛上它們，以不具名的方式銷售的咖啡便不會引起這般的感動。知道支持高品質咖啡的道德理由有助於增強其知覺價值。

但是咖啡最終還是必須能夠透過口味述說自己的故事。一旦消費者決定將他們所喝的咖啡品質升級，並開始更關注口味的細節，那麼他們就會有更高的期待，此刻差異性就會變得更重要。關於要喝哪些咖啡的決定並非總是要永遠侷限於有品質和沒品質的二元主張；相反地，呈現出的差異常常愈來愈細微，並且往更高的品質水準去探求。離基準線愈遠，這個咖啡就愈有機會成功。而且隨著市場上高品質的咖啡愈來愈常見，消費者也有更多的選擇，這時差異化又往前邁進一步。

一旦消費者欣然接受咖啡應該要有好味道的觀念，他們的下一步就是開始嘗試在各式各樣的咖啡中找出他們的偏好，因為所有的咖啡都有某種程度的「優點」。正因為如此，追求更好的品質將永遠是大多數加入與咖啡種植者直接貿易的烘豆商最基本的動機之一。他們希望烘焙和販售競爭對手所沒有的產品，而且他們也承認假如他們希望獲得好咖啡，就必須在供應鏈中成為更活躍的參與者。他們可以把努力獲取能賦予他們競爭優勢

圖 21.1　即便在 2012 年，宏都拉斯的咖啡園裡仍然經常使用牛拉車。（攝影：
Martha Casteneda）

的咖啡說成是解決問題的努力，目的是克服尋求與主流咖啡產業有所區隔
的公司所面臨到的一些常見障礙。這些公司自我設定要在精品市場中獲得
成功。以下各節是追求這個目標所遭遇的一連串障礙，以及簡要說明直接
貿易法如何能夠提供消除這些障礙的解決之道。

🫘 問題一：尋找優質咖啡

　　這是關於咖啡最基本、根本的問題：世界上所生產的咖啡絕大多數
（90%）品質皆明顯低落。最大的原因出在經濟：購買生豆付給農民的價
格通常不足以支付改善品質所需的額外成本。假若沒有可靠的機制回收這
些成本，並且從品質提升中獲利的話，種植者便沒有太多的動機花更多的
時間金錢在栽種、採收和加工上。除非較高品質的咖啡有明顯的報酬，否
則現實告訴我們，農民將選擇每年以最低的成本生產最大量的咖啡。

這個品質的障礙可以透過 DT 法有效地解決。假如一個烘豆商想要獲得優越的品質，那麼最直接的方法就是找一位能夠生產這種咖啡的農民（或是一群農民），並擬定協議，給他們一個令人信服的理由去做這件事。另一個方式則是不斷的如大海撈針般找貨，但由於市場上的稀有性，常會遭遇商品品質不穩定和成本過高的問題。

問題二：投資規定

當然，事情並不是像達成協議然後等待結果出現那麼簡單。為了增加成功的機率，想要達成品質目標還有許多其他的障礙必須解決。農民必須有管道獲得投資在更高品質上所需的財源。生產優質咖啡的相關成本，大多數會在咖啡的最終銷售之前形成，而且許多農民並沒有足夠的資金或是管道取得貸款去籌措農作物從開始到收成的資金。能獲得貸款的農民常常是向當地的機構借高利貸，利息恐怕超過從提升品質中所獲得的利潤，使得整個計畫頂多只能達到收支平衡。因此烘豆商／進口商必須常常投入資源來協助推動這個過程，包括確認預期增加的生產成本，以及找到籌措資金的解決方案，可能是他們自己或是透過第三方微型信貸機構來達成。

問題三：創造卓越品質的困境

要做出不好不壞、不惹人討厭的咖啡是比較落於俗套的做法，但是要生產非比尋常的咖啡卻仍然是難以掌握的目標。沒有一張藍圖或是簡單的食譜教你怎麼做。少數農民從口味和感官的角度以系統化的方式評估他們自己的咖啡使得事情更加複雜。有許多種植者，即使品質是他們的目標，但是卻跟最終結果中斷了聯繫，而使得整個品質的想法有一點偏離主軸。要處理所有生產出好風味咖啡的變因在任何情況下都是艱鉅的任務，但是缺乏評估結果的能力以及判斷哪些變因有效的能力，使得這項任務變得特別有挑戰性。感官分析自成一個世界，以品嚐會來進行詳細的咖啡品質評估是一種需要某種程度練習的技術，尤其是如果目的是要找出發生在農田

裡的事件與沖煮好的咖啡所展現出的口味之間的因果關係的話。

這其中存在了一個難題：雖然可以遵循一般通用的公式，而且應該會增加品質成果的可能性，但是農業是很微妙的，而且必須根據每個農場和每個生長季節的大量環境變因來調整。與種植和加工的小細節相關的重要研究幾乎找不到探究與頂級咖啡品質相關的細微末節，因此追求品質的人大部分只能交由他們自己的裝置來創造這些關聯性。這表示有許多的實驗和試驗必定是一個緩慢和長期的過程，因為咖啡一年只採收一次。

當品質的定義本身就是個變因時，挑戰就更複雜了——雖然在整個產業中，對於好咖啡喝起來應該是什麼味道有一些基本的共識，但是對於哪些因素讓咖啡變好卻有許多不同的想法。買方是最終評鑑咖啡和付出溢價的人，因此嘗試要創造品質的農民若不知道誰會購買以及他們如何評估價值，當在收成時要做出影響咖啡最終口味的決定時，事實上無異於是在追尋一個不斷移動的目標。

DT 能夠有助於解決這個兩難的困境，因為烘豆商和農民成為夥伴後，他們可以擬定一個特定的品質目標，並相互調整，當收成後評估咖啡時，即可確認他們用的是相同的檢視衡量標準。有了適當的反饋迴路，農民和烘豆商就能有計劃地朝向不斷提升品質的方向努力。由於雙方都是參與者，而且同意為結果分擔責任，因此與品質相關的試驗也能降低風險。當農民和買方組成一個團隊，而且不斷進球得分時，那麼成功就能夠更容易被量化和複製。

問題四：農民對於生產成本與浮動市場採取保守策略

由於咖啡的價值向來跟商品市場（**咖啡 C 期價格**）密切相關，因此沒有特定買家對象的農民若選擇增加其生產成本，以努力達成更高品質的話，永遠是在冒險，他們的投資可能血本無歸，而且假如收成和販售的時節剛好市場衰退，那麼任何的損失都會加劇。有很多農民知道他們能夠生產更好的咖啡，但是就是選擇不做，因為他們覺得額外花費付諸流水的風險太高。跟一個願意在收成之前就做出價格承諾的烘豆商成為夥伴後，許

多投資在品質提升上的風險將會減少。

在這些協議中，烘豆商承擔了某種程度的風險，因為他們把自己鎖定在一個價位水準，一旦收成時間到了，結果可能高出市價很多。此外，真的無法保證咖啡本身可符合各種程度與品質相關的期望。但是那些風險或多或少會因為其他因素而減輕。如果農民擁有必要的資源、適當的動機，以及全心投入做出最好的成果，那麼種出優質咖啡的可能性就很高。每一年市場都會暴跌，但是可能另一個時間點又急劇上升，所以就長期努力而言，這只是一個潛在的小缺點。假如烘豆商和農民能夠找到一個估價協定，雙方都能遵守互惠承諾，那麼市場浮動和價格變動就會變得比較不相干，而且每一方都能夠更有信心投資於種植上。

緩和市場價格浮動是雙方都渴望的事，而且根據真正的生產價格建立直接關係對每一方都會是強大的優點。對於想要保有競爭力的公司而言，發展一個可靠的供應鏈永遠是他們所關心的事。

問題五：供應鏈中可追蹤性與公開透明的需求

如同前述，由於作物上市的方式迂迴曲折，因此可追蹤性在咖啡產業中一直難以確立。大多數的農民並不清楚他們的咖啡離開農場後最後被運往何處，而大多數的烘豆商也無法一路追蹤他們所銷售的咖啡到**原產地**（咖啡種植的農場）。咖啡到達烘豆商手中之前，通常會轉手3至6次，而在供應鏈中的中間商並不喜歡揭露他們的成本或來源。大多數的咖啡在送到消費市場時都是來源不明的。這對於烘豆商而言呈現出各式各樣額外的問題。在來源不明的情況下，咖啡是如何被銷售的？在未能直接瞭解咖啡生產的方式和地點的情況下，如何確保任何的永續性？我們如何知道生豆最終價格有多少百分比到了種植咖啡的農民身上——亦即，**農場交貨價格**為何？

通常最原始的生產者（農民）所獲得的報酬只占了輸出咖啡價格中非常低的比例，遠遠低於他們在咖啡生產中的角色必須獲得的報酬。這個落差是因為供應鏈效率不彰或是他們與最後買家距離遙遠所致。這些因素

模糊和淡化了咖啡原有的特質，以及其對於負責生產的農民所具有的價值之間的連結。假若咖啡的品質及其以實際產地利得所衡量的價值之間沒有清楚、具體和一致的連結，那麼農民幾乎沒有什麼動機去提升品質以超越某一可被接受的水準。藉由直接合作，烘豆商和生產者能夠更清楚地定義任何必要中間商的角色、量化他們在供應鏈中參與的成本，以及保障一個達成協議的產地價格。藉由直接協商以及以他們自己的方式定義咖啡的價值，烘豆商和農民有效地改變了咖啡交易的方式，將中間商降格為更容易被取代的角色，以及他們提供的服務如何能獲得一個更具競爭性的價位。

就這類交易的掌控權而言，有很大程度是從貿易商或服務供應商手中轉移到原始的生產者和烘豆商手中。因此對於透明公開和可追蹤性的擔憂頓時煙消雲散。同樣重要的是，這意味著為了品質所付出的溢價更可能被投資在改良品質上，因為農民可以更容易衡量經濟利益。在許多的 DT 模式中，有個非常有用的機制就是分層的定價結構，也就是先建立基礎品質標準，然後為指標性的咖啡協議增加溢價。依照這種方式，品質與價格將齊頭並進，因而有效證實了必須不斷追求向上提升品質的想法。

問題六：某些農耕方法污染環境

就像大多數的農產品一樣，生產咖啡的方式有許多種。有些種植咖啡的方法是保護生態的，有些則不是。在咖啡生產系統中最重要的環境議題之一都跟咖啡加工的用水有關。兩個最大的擔憂就是造成重要的水資源不必要的浪費，和排放發酵池的污水。藉由與農民直接合作，烘豆商能夠影響咖啡生產的方式，並查核在咖啡農田實行的是好的耕作方式。在多數情況下，咖啡種植者並非有意浪費水資源或是污染他們農場周圍的環境，相反地，許多農民都注意到他們所造成的影響，也或者他們並不熟悉能夠處理水議題的一套新方法。在許多傳統的種植地區，節約用水是比較新的觀念——在不久前，水似乎還取之不盡、用之不竭——而且很多農民只是不瞭解他們有辦法能夠大幅減少水的使用，而且品質不會打折扣。當說到廢水處理，可執行各種低成本的解決方案，其中有些其實還能產生有用的副

產品。DT 給了烘豆商機會去選擇與已經在實行永續生產技術的農民合作，或是幫助農民減少對環境的影響。

直接貿易如何發揮作用

DT 並不是一個短暫的趨勢。它是一個以強有力的觀念為基礎，經過證明有效的模式：咖啡烘豆商和咖啡農民透過密切的合作，能夠解決許多他們各自所面對的挑戰，即使他們個別要面對的挑戰並不相同。隨著咖啡消費變得更為分化，在這個產業成功的策略也發生深層的改變。對於農民而言，想要把自己跟嚴酷的商品市場做區隔以及達到一個過去難以實現的穩定程度，製作更高品質的咖啡變成一個合理的方式。烘豆商知道為了要避免傳統咖啡市場特有的競相趨劣，他們需要優越和穩定的品質，才能達到最大效益，並且以比競爭對手稍微低一點的價格提供咖啡。傳統的模式將農民和烘豆商的目標置於永遠相反的位置上，這種情況導致日益惡化的品質，而且除了（或許）有手腕的貿易商能夠利用價差賺到錢外，其他人能獲得的實質利益少之又少。

直接貿易其實是一個古老的做法；各種商品的生產者和賣家設法密切合作了好幾個世紀來解決各式各樣的問題。這個想法對於今天的農民和烘豆商來說變得更加具有吸引力，大部分是因為咖啡的情勢在近幾十年發生了深層的改變。商品市場空前動盪、氣候條件改變，以及生產成本顯著增加，導致農民想要尋求不同於傳統貿易管道的方式。

更多的利益隨之而來。隨著直接貿易關係的成長以及數量增加，烘豆商可以成為新網絡的樞紐，將來自不同的國家、有相似理念的農民連結起來，因為他們可能不會相互聯繫。這些網絡促進了農民之間知識的交流，並提供了一個平台來分享寶貴、難得的經驗來提升品質。製程管控、病蟲害的防治、土壤管理，以及其他重要的耕作實務創新方法，就算距離相隔遙遠的地方也能夠相互交流，就像肯亞與宏都拉斯。這種交流在以 DT 方式採購咖啡出現之前很罕見，但是它已經變得非常有助益。

DT 之所以成效卓著的另一個原因是它本身的機動性；在每一種應用

DT 的情境中，它可以被調整為提供最大的利益給農民和烘豆商（以及擴大到消費者身上）。這種形式的貿易跟人類的關係有很多相同的特色，每一個參與者的需求可以被快速處理以因應不斷改變的環境。購買咖啡最具有挑戰性的一個面向就是每個國家、每個地方的規定都不同。雖然有一些共同的環境背景，但是與盧安達的農民合作跟與哥斯大黎加或是瓜地馬拉的農民合作，在本質上是不同的經驗。在印尼、秘魯、衣索比亞、肯亞、玻利維亞等國家也是一樣。生產咖啡的方式及其所經歷的監管鏈存在具體的差異（往往受當地法律所管轄，有時候是歷史環境或是傳統所造成的結果），因此一個真正有效的模式必須依照每個特定地區來量身打造。

當烘豆商與種植者建立友好關係，並要求他們找出最佳可能的合作方法，那麼結果可能相當振奮人心。確實就是這一個觀念，農民和烘豆商為了彼此的利益相互支持合作，直接貿易的定義莫過於此。事實上，烘豆商需要農民致力於種出最好的咖啡，並竭盡所能提升咖啡的品質，而農民需要烘豆商資助這項工作，為他們的咖啡創造市場，並教導消費者體認到品質與永續性是跟價格是密不可分的。咖啡產業已經有好幾十年從下到上一直在內耗，所造成的經濟失調其實阻礙了高品質的生產，阻止了農民向上發展的動力，並且使得烘豆商被定位為是在行銷時尚而不是實物。DT 的目的是要解決悲慘的現況，隨著一年一年過去，DT 也變得更有成效。這是一個不斷在進行中的系統，而不是一個靜滯不動的系統，一想到這個世界改變得有多快時，這點更是重要，而且它也提供一個取代以傳統方式處理咖啡的有力方案。

22

公平交易
對全世界的農民和工人仍是一大加分

Paul Rice

耶魯大學學士。加州柏克萊分校商管碩士。「美國公平貿易」
（Fair Trade USA）機構總裁兼執行長，此為非營利組織，以及
在美國公平交易產品主要的第三方認證機構。在 1998 年創立「美
國公平交易」機構之前，Paul 在尼加拉瓜擔任農村發展專家 11
年，他在該國成立了第一個公平交易、有機咖啡出口合作社。

在咖啡 C 期市場（C market）價高時，質疑公平交易是否仍有意義是再自然不過的事了。當然有意義，因為公平交易的內涵不只是價格。公平交易是永續發展的綜合方案，藉由品質提升、環境管理、商務能力訓練、取得信貸，以及籌募社區發展資金等方式來協助農民改善生活。此外，消費者愈來愈傾向尋找可信賴的第三方認證，以確保他們的咖啡來源符合道德和永續性的原則。

本章將檢視美國首要的認證機構「美國公平交易組織」一些最重要的任務。

市場進入

市場進入和供應鏈穩定性是美國公平交易組織的核心目標。我們每年不斷地招募新會員加以訓練，並頒發認證給新的生產者團體，擴大利益給更多農耕社群。自 2005 年以來，公平交易生產者團體的數量成長了二倍以上。除了農場級的認證外，進口商和烘豆商經常爭取我們的支持去協助他們辨別特定來源的優質公平交易農民並與他們合作。我們也跟全球金融機構、產業伙伴、非政府組織（NGOs）、重要的社會企業家，以及國內的服務供應商合作，為生產者與買賣事業帶來最大的公平交易利益。這些伙伴關係使得目標明確的計畫切實可行，藉此幫助農民提升品質、增加生產力、擴大獲取資金，並且成為更強大的事業伙伴。

在巴西，有個極為成功的範例是跟美國國際發展局和一個名為 SEBRAE-MG 的非政府組織合作。我們共同投資了超過 200 萬美元在公共建設、訓練和技術支援上，服務將近 6,000 名位於聖保羅、米納斯吉拉斯和聖埃斯皮里圖（Espirito Santo）的農民。

環境管理

在一個高價市場中，農民可能會想要走捷徑使得產量和收入達到最高。公平交易組織鼓勵農民採取長期的農業策略，支持保護自然資源的永

續耕作法。我們嚴格的環境標準保護了水資源、鄰近的森林，限制使用有害的**殺蟲劑**（pesticides）、農用化學品以及基因改造產品、促進**有機農業**，並協助減少碳排放量。農民必須遵守這些核心準則，以取得認證，然後履行每年的進程要求，以便再取得認證。

獲得信貸

提升獲得可負擔得起的信貸是公平交易組織的另一個基本目標。若沒有相對便宜的信貸，農民容易受到中盤商的剝削，合作社也無法有效地與較大的商家競爭。有幾家跨國的放款機構與位於肯亞、蘇門答臘、瓜地馬拉、哥倫比亞和尼加拉瓜的公平交易合作社合作，提供信貸給農民。如此一來，農民就能夠將設備升級，並投資於提升品質生產的過程中。

社區發展

公平交易的另一個核心利益是社區發展附加費用，買方被要求必須支付這筆費用給認證的農民。這筆附加費用目前設定為每磅（生豆）20美分，將直接流向種植的社區，把錢投入在教育、健康照護、乾淨水源、工作訓練、有機轉型，以及微型貸款等事務上。經過一段時間後，這些附加費用對於農民的生活品質產生了巨大的影響。從 1998 年開始，公平交易認證幫助美國咖啡產業發放超過 9,300 萬美元的附加費用回到咖啡小農身上，光是 2012 年就占了 3,200 萬。

公平交易影響的個案研究：盧安達

歷經大屠殺後超過 10 個年頭，盧安達的農民謀生依然不易。2007 年，美國公平交易組織與荷蘭的基金會 Stichting Het Groene Woudt 聯手讓 7 間合作社有能力協助超過 10 萬人。這個為期 3 年的計畫幫助合作社的會員改善他們的組織能力、強化內部的公開透明和民主治理，以及提升管理

技能。然後這些合作社投資金錢，藉由建造新的**杯測實驗室**以及向國際專家學習如何品評咖啡，以改善他們的咖啡品質。其中一個參與的團體COOPAC，即贏得 2010 年盧安達**卓越杯**的大獎肯定。

在盧安達，公平交易認證已經轉化成學校、乾淨的水井，以及長期的經濟保障。根據盧安達經濟發展倡議組織執行長 Christine Condo 的說法，「在非洲，村民要上學是非常困難的事，但是自從這些合作社加入公平交易組織後，大多數的會員，超過 90%，都能夠送他們的孩子去上學。」

公平交易組織努力不懈地建立消費者教育與意識，不只是關於咖啡，而是各式各樣的商品。它只是眾多致力於將公平交易的好處帶給咖啡產業的其中一個組織。我們希望透過我們的工作來幫助人們瞭解他們每天花點小錢就能做出正面的改變。

Part III
全球咖啡現況之生產國概述

23

夏威夷

Shawn Steiman

對大多數人而言,說到夏威夷咖啡——美國唯一生產商業咖啡的地方——就會聯想到科納(Kona)。科納是大島(又稱夏威夷島)的一區,由兩個行政區所組成:北科納與南科納。鮮少有人知道在整個夏威夷州有 5 個島和 10 個區域種植咖啡。雖然在將近一世紀的時間裡,科納是唯一生產咖啡的地區,但是到了 1990 年代初期,情況就改變了。科納長期的優勢有點令人意外,因為夏威夷最早種植咖啡的地方並不是科納。

很有可能在 1825 年時咖啡就經由巴西傳到夏威夷[1]。雖然並不確定第一批咖啡樹是什麼品種,但是可以確定的是,全都是**阿拉比卡**。咖啡最早是種植在歐胡島上的瑪諾亞山谷(Mānoa Valley),但是很快就移植到其他島上。19 世紀末期,在夏威夷各島不同的地區開始商業化地種植咖啡,而科納獲得高品質的美譽。1892 年,「鐵比卡」(Typica)的品種經由瓜地馬拉傳到夏威夷,並得到農民的青睞。接下來在 1899 年時,全球咖啡價格崩跌,導致夏威夷大多數的地區不再種植咖啡,而改種甘蔗。只有科納仍保留種植咖啡,因為大島並不適合新的甘蔗採收機作業,而且甘蔗生產的基礎建設並未準備就緒[2]。

在 20 世紀大半時間,夏威夷島的商業咖啡農作僅存在於科納。由於其他種植地區並沒有競爭對手,因此科納變成了夏威夷咖啡的同義詞。但是很諷刺的是,因為甘蔗的關係,咖啡又再度在夏威夷各處擴散開來。夏威夷無法再與全世界其他的甘蔗生產國競爭,因此種蔗糖的公司開始增加其他作物,咖啡是最成功的。到了 1990 年代,在其他島上有 4 個大型的機械收成咖啡農場也生產咖啡。**精品咖啡**的崛起以及網際網路有助於推動夏威夷各島上其他地區的小農場;這兩個新發展創造了單一莊園咖啡的需求,同時提供了銷售管道,將咖啡賣給住在夏威夷以外的人們。

夏威夷州依據農場所在的行政區來劃分種植區域,計有 8 個咖啡種植區:歐胡島(Oʻahu)、摩洛凱島(Molokaʻi)、考艾島(Kauaʻi)、毛伊島(Maui)、科納(Kona)、哈瑪庫亞(Hamakua)、普納(Puna),以及卡霧(Kaʻū)。最後四區全在夏威夷島上。夏威夷咖啡生長在北緯 19 至 21 度,海拔 100 至 1000 公尺(350 至 3,200 英呎)的地方。由於夏威

夷的緯度較高，因此低海拔地區溫度也較低，這使得大多數其他生產國的低海拔地區也被認為能生產出高品質的咖啡。

2010 年，夏威夷的 830 個咖啡農場在 3,237 公頃（8,000 英畝）的土地上生產出 320 萬公斤（700 萬磅）的生豆。這個數字還不到全世界產量的 0.04%[3]！

就如同在大多數的咖啡原產地一樣，夏威夷的農場一般都不大，面積不到 2 公頃（5 英畝）。大約有 20 至 30 間農場的規模占地 2 至 60 公頃（5 至 150 英畝）。4 個最大型的農場，全都是機械收成，面積為 60 至 1,215 公頃（150 至 3,000 英畝）。

除了少數幾間農場是由企業所經營外，其他夏威夷的咖啡農場都是家族事業。在科納，許多農場都是家族代代相傳下來，經營者一般都是到夏威夷的咖啡園和甘蔗園工作的亞裔移民後代。如今，他們通常收成**咖啡果實**後就賣給工廠。然後工廠再轉手賣出這些咖啡，大多數是以**生豆**形式販售，一小部分則是烘焙過的咖啡。在科納以及夏威夷各處其餘的農場近年來都被收購。這些莊園農場通常都是販售生豆或是已烘焙的產品，不過有一些偶爾也販售咖啡果實。

過去夏威夷咖啡並未遭受到令人頭痛的蟲害或疾病的侵襲。夏威夷位處偏遠，加上對於外來的咖啡種植原料執行檢疫，有效防止病蟲害的入侵。2010 年時，科納卻發現了**咖啡果甲蟲**。目前並未蔓延至科納和卡霧以外的地方，但夏威夷州其他地區面臨此病蟲害只是時間早晚的問題。

夏威夷少數的農民以有機方式栽種咖啡，這群農民往往是因為理念，而不是為了價格溢價才這麼做，也因為沒有太多病蟲害的問題，所以很少在農場上使用化學合成藥劑進行防治。

就咖啡業界常見的**認證**而言，「有機」只出現在夏威夷。跟在美國本土的農民一樣，夏威夷的生產者也必須遵守許多社會、政治、經濟、勞工和環境法規。這些法律規定了權利與義務，但大多數的認證是為其他地方的農民所設計的。在夏威夷執行咖啡公平交易的概念並沒有太大意義，因為夏威夷的咖啡將會一直公平交易下去，甚至可能比來自其他地方的認證

圖 23.1　從 1920 年代開始，日裔美籍家庭能夠購得夏威夷的好咖啡田。因此往往全家人，包含學齡兒童在內，都在田裡工作。照片裡可以看到一般日本咖啡田所使用的農具，這些都保存在夏威夷庫克船長區的科納咖啡生活歷史農場（Kona Coffee Living History Farm, Captain Cook, Hawaii）中。（攝影：Robert Thurston）

咖啡「更公平」。環境認證有時規定得比美國法規還嚴，但這並不符合夏威夷的獨特性；好比說，各式各樣原生的**樹冠層**（overstory）品種原就比大多數其他的咖啡原產地要來得低，且夏威夷各島從來就不是候鳥的棲息地。因此，雖然有可認證的空間，法規仍需要修改以符合夏威夷的實際情況。

　　夏威夷雖然是**原產地**，但是它很特別。一般來說，這裡的農民比其他地方的農民富裕，因此他們有管道取得相當多的資訊和農業資源，尤其

是從當地的科學社群中，他們從 1950 年代開始一直都有所貢獻。夏威夷境內的交通運輸相當發達：幾乎所有的公路都鋪上柏油，無論是在島內運送咖啡（生豆或烘豆），或是運送到國外都很方便。由於夏威夷是高度已開發國家的一部分，因此有現成和容易進入的當地市場，不只是在夏威夷州，也包括整個美國，都有現成且容易進入的當地市場。

夏威夷咖啡常常被認為價格過高。在最低價時，生豆一般售價為每磅 8 美元，不論是何種品質等級的夏威夷生豆卻能要價 20 美元。這樣的價格水準遠高於**咖啡 C 期價格**，而且往往比**卓越杯**的價格還要高。並沒有競爭對手敢訂出跟夏威夷一樣的價格，價格是由市場所決定的。

能有此高價格最簡單的解釋就是消費者願意買單。市場上對於夏威夷種植的咖啡需求相當高，但供應量卻非常少。儘管因為需求高，其他原產地雖有類似的條件，價格卻仍較低。造成這種例外現象除了供需的情況外，還有四個原因。

首先，夏威夷有全世界最昂貴的咖啡生產成本。夏威夷地處偏遠，距離美國本土超過 3,700 公里（2,300 英哩）遠。夏威夷州並未生產農田設備、肥料、建材以及包裝等等的資源，每樣東西都必須跨海運送過去。勞工成本也很高，因為農民必須遵守美國勞工法規。

第二，環境、安全和商業法也增加了農耕的成本。美國是一個做生意很花錢的地方，故其成品出口到其他國家也相對高價。

第三，夏威夷是一個高消費的居住地，農民想要過得像舒服的美國人般的生活。農民也想要任何美國居民所想擁有的奢華享受：汽車、手機、電視、好房子，以及可支配收入。為了維持美國頗高的生活標準，農民必須將咖啡賣得高價。若有人認為夏威夷咖啡並不貴，那麼就表示其他的咖啡價格過低。

第四，夏威夷是樂園。至少，它是這麼推銷給觀光客和非居民的（不過大部分的居民很感激他們的好運氣）。夏威夷真的是一個美麗且令人驚艷的群島。這樣的印象被用來行銷許多夏威夷的產品，咖啡自然也不例外。雖然光這一點並不足以增加咖啡的價格，但它確實有助於維持高價，

因為許多購買夏威夷咖啡的消費者想要獲得間接感受的經驗，或是再次體驗他們曾經在這些島嶼上所經歷的一切。

夏威夷咖啡比較貴，而且有可能只會愈來愈貴。運輸和生產成本與石油價格息息相關。咖啡果甲蟲破壞了可銷售的產量，防治措施也增加了額外的生產成本，消費者將如何回應更高的價格長期看來尚未可知。

精品咖啡業的成熟也影響了夏威夷的咖啡田。有些農民開始去探索可製作出引人入勝和各式各樣咖啡飲品的方法與品種。譬如，有些農民正在試驗**蜜處理**及**日曬法**。有些農民則正在種植當地的種苗培育場剛發表、尚未命名的品種。這些咖啡將賣給願意付更高價格來購買各式咖啡豆的行家消費者。其他的農民可能考量到原有的市場因為較高價格而萎縮，因此開始迎合高端精品市場的需求，以幫助強化一個受到生產成本不斷增加所拖累的產業。

夏威夷依然是個樂園，群島上的生產者能夠供應的不只是早晨的咖啡，更是一杯讓人想起夏威夷的陽光與沙灘的咖啡，即使是對那些只是從電影或傳說中認識這些群島的人也一樣 [4]。

24

中國
快速變遷的圖像

James Sun

中國石油大學科技學士。在行銷中國當地咖啡豆方面有多年實務經驗。他在中國曾有出口水洗阿拉比卡咖啡豆 3 年的經驗，專門負責出口及物流業務。曾擔任雲南冶金集團進出口公司經理，目前為雲南咖啡公司業務部總經理。James 對於咖啡供應鏈的每個環節均瞭若指掌，亦致力於符合 4C 標準（4C code of conduct）的永續咖啡認證。

有些人對於中國栽種咖啡仍然感到相當訝異，即使在咖啡產業中亦然。事實上，中國種植咖啡已有超過百年的歷史。第一批咖啡樹是在 19 世紀末和 20 世紀初期，由法國傳教士引進到雲南的朱苦拉村。至今雲南省的咖啡園面積已超過 66,000 公頃，占了中國咖啡總產量的 90% 以上。其餘的部分大多種植在海南島。

　　中國國內的咖啡飲用量一年約成長 15%，遠高於全球 2% 的成長率。但是在中國的咖啡飲用量要能開始與美國媲美還有一大段距離，更不用說跟北歐相比了。目前估計，在中國每人的飲用量是一年 4 至 5 杯（香港 150 杯、美國 400 杯，芬蘭則是 1,200 至 1,400 杯[1]）。無論是中國和國外的觀察家均認為，中國潛在的咖啡市場規模龐大。就如同其他地區一樣，譬如日本，年輕人愈來愈風靡咖啡。在中國，有一些業界的專家預測，中國國內的飲用量將在 10 年內增至 7 杯。在主要的大城市將可能看到跟現在的香港相同的咖啡飲用量。不過，基於文化與歷史因素，中國人依然嗜喝茶。

　　雀巢咖啡公司在 1980 年代進入中國，並在產地設置採購站。該公司教導農民如何栽種和加工咖啡，並向他們購買咖啡豆。1999 年星巴克首度進入中國，他們既買咖啡也開咖啡店，並成為「中國最著名的生活型態品牌之一[2]」。然而，咖啡飲用量依然低迷，部分原因是因為在咖啡店中一杯咖啡的要價太高，一般中國的民眾付不起。但隨著中產階級的興起，這種情況有所改變。有鑑於中國的人口規模約有 14 億人，因此已經有數百萬中國人可以輕易地買一杯咖啡，或是盡情地享用咖啡。目前為止，星巴克在中國已經開了大約 1,500 家店；該公司計劃在 2019 年之前要在中國開設 3,000 家店。其他的國際咖啡巨擘，例如 Costa（英國 Whitebread 公司）、Yum（美國 KFC 公司），以及 UBC（臺灣上島咖啡）也在中國大陸開了許多家店。除了雀巢和星巴克外，Taloca、ECOM、Costa 和 Louis Dreyfus 也購買中國種植的咖啡豆。

　　中國主要生產阿拉比卡咖啡。種植的品種包括「鐵比卡」（Typica）、「波旁」（Bourbon）和「卡帝莫」（Catimor）。「卡帝莫」是在拉丁美洲所研發出來的品種，為阿拉比卡與羅布斯塔的混種，抗葉鏽力強；然而，

就像在其他地方一樣，要用「卡帝莫」製作出絕佳風味卻是個問題。在中國，純種的阿拉比卡葉鏽病特別嚴重，因此「卡帝莫」成為培育的重點。中國的有機咖啡並不普遍，大多數的田地是日曬咖啡，並需要施予大量的肥料和殺蟲劑。

雲南咖啡的產地位於北回歸線以南，緯度稍高，氣候條件佳的地區。其主要特色為：有許多在地品牌，但是沒有一個達到龐大規模；沒有著名品牌；沒有許多精品咖啡，而且跟大型的消費區域，譬如北京、上海和廣州沒有強烈的商業關係。當地企業的市場推廣能力依然薄弱，而且品質改善還有相當大的空間。大多數當地的咖啡企業都是向小農場主購買咖啡豆，他們種植咖啡的土地面積平均約為 3 公頃。這些農民一般都是在自己家中使用簡單的設備取出咖啡的果肉並加以清洗。研磨則是在區域工作站進行。不過，還是有大型咖啡園，例如妙曼谷咖啡，該農場在數個地點共有6,800 公頃的園地。整體說來，中國咖啡的產量從 2010 年的 36,000 噸成長至 2014 年的 108,000 噸 [3]。

出口量也大幅增加，從 2001 年僅約 20 萬袋到 2012 年的 110 萬袋。目前，在中國所生產的所有咖啡，大約 90% 都是出口。德國是中國咖啡最大的出口目的地，大約占總出口量的 37%，日本和美國則分別位居第二和第三 [4]。

另外，中國（包含香港與澳門）也進口大量的咖啡，在 2009 年約617,000 袋（每袋 60 公斤），2012 年則為 160 萬袋。越南仍是最大的進口來源。在 2012 年，約有 900,000 袋生豆輸入中國，不過有 700,000 袋為即溶咖啡 [5]。有些進口咖啡又再出口。雖然沒有精確的數字，但是國際咖啡組織的報告中提到，中國（同樣包含香港與澳門）在 1998 年可能飲用了 199,000 袋咖啡，而在 2012 年則飲用了 110 萬袋 [6]。由進口的即溶咖啡以及部分進口的生豆被製成即溶咖啡來看，很顯然在中國就像其他咖啡的新興市場一般，飲用大量的即溶咖啡。

由於中國和其他消費國一樣日益關切地球和農業的未來必須受到保護，因此永續咖啡的觀念也被引進中國。當地的咖啡業界竭力想獲取有機和永續咖啡的認證，就如同星巴克「符合 4C 規格的咖啡」一般。

中國：快速變遷的圖像

　　雲南省咖啡產業發展計畫（2010至2020年）指出了幾項主要的挑戰。其中包括缺乏當地政府的支持以及未有統一的管理系統。基礎建設的問題限制了生產能力，一開始往往是仰賴小型、零星分散以及過時的加工機具。市場的波動未獲得適當評估，亦未擬定有效的預防措施。水源使用與競爭正形成嚴重的問題[7]。有些加工廠將重點放在精品咖啡的領域，然而葉鏽病加上缺乏經驗、行銷技術以及不成熟的市場，在在顯示仍有相當大的改善空間。這些難題意味著雲南咖啡的杯測分數大致上在80分上下波動。2013年時，國外消費者的一些評分高達86分，這是一個充滿希望的指標。

　　近年來，之前栽種咖啡的一些地區已經改種果樹和蔬菜。但另一方面，咖啡比該地區傳統作物「茶」賣得更高的價錢，因此許多農民也已改種咖啡。種植者後來瞭解到咖啡需要密集的投資和複雜的管理。多樣性是提高他們收入的一種方法。一般而言，如何增加國內消費以及不再仰賴進口應該是雲南咖啡的發展之道。

　　雖然中國從19世紀末就已經開始種植咖啡，然而大規模的生產卻大約僅有短短的30年。由於中國起步較晚，而且可以汲取其他生產國數個世紀的經驗，因此在提升咖啡的標準和口味方面，中國事實上表現得還不錯。在國內和國際行銷方面必須多多向其他經濟關係和產品的概念取經，例如聯想（Lenovo）電腦。雖然各地的農民皆遭遇到發展初期的困境和問題，但是咖啡近期的盛行將擴展至中國的生產與消費中。中國的新面貌將是一個中產或小康的年輕人在一間新開的店裡喝著咖啡。在大城市中只要花幾個鐘頭就能預見這個光明的未來。

25

印度

Sunalini Menon

在印度和世界各地的咖啡產業工作已有 30 多年資歷，國內外咖啡與品質相關的議題都會直接聯想到她。1972 到 1995 年都在印度咖啡局的品質控制部工作，後成為品質控制局長。1997 年，她在印度 Bangalore 成立了自己的公司 Coffeelab，這是印度民營企業中第一家該類型的公司。該公司為印度咖啡產業提供全方位的品質相關服務。身為亞洲最優秀的咖啡杯測師之一，她經常到咖啡產地主持杯測專題討論會並為咖啡企業家和愛好者解說咖啡細緻的香韻。信箱為 coffeelab@vsnl.com。

　　咖啡在印度的歷史與傳奇故事可追溯到 17 世紀，當時有一位回教朝聖者 Bababudan 從麥加將種子帶回到印度。據說他將種子種在他自己位於 Chikmagalur 的小屋周圍，這裡就是印度咖啡種植的起源地。

　　英國在 1792 年開始在印度有系統地建造咖啡園。今天，咖啡主要是種在印度南部，靠的是勤奮不懈的咖啡農民們努力對抗大自然的逆境：蟲害、疾病、氣候和環境。

　　印度是咖啡的百貨公司，**阿拉比卡**和**羅布斯塔**皆有種植，在海拔約 1,500 英呎（457 公尺）到 4,500 英呎（1,370 公尺）的高度，在透光的樹蔭下，即可發現這些咖啡樹的身影。樹蔭是由常綠豆科林木所組成，在咖啡農場裡有將近 50 種不同的品種。各式各樣的**間種（intercropping）**形式是印度咖啡農場的特點，譬如跟胡椒、小荳蔻、丁香、香草、檳榔，以及像是波羅蜜、柳橙和香蕉一起種植。

　　印度是全世界排名第 6 大咖啡生產國，第 1 大咖啡生產國巴西的產量大約是印度的 9 倍。印度在 2010 至 2011 年產季的總產量為 302,000 公噸的生豆，其中阿拉比卡大約占了總產量的 35%，大約有 65% 的咖啡皆為出口；印度在全球產量的占比及出口額為 4%[1]。

　　截至 2010 至 2011 年為止，印度種植咖啡的總面積為 404,645 公頃。大約 99% 的農民都是土地少於 10 公頃的小農場主。阿拉比卡的產量大約 513 磅／英畝（575 公斤／公頃），而羅布斯塔為 942 磅／英畝（1,056 公斤／公頃）。

　　印度傳統的咖啡種植地區位於南部的 3 個省份：Karnataka（Coorg、Chikmagalur、Bababudan 和 Biligiri 區）、Kerala（Wayanad、Travancore、Nelliam-pathy 和 Kannan Devan 區）以及 Tamilnadu（Nilgiris、Shevaroys、Pulneys 和 Anamalais）。

　　種植咖啡的非傳統地區在南印度的 Andhra Pradesh 和 Orissa，和 Nagaland、Assam 以及其他東北方的省份。

　　直到 1996 年，印度咖啡都是透過印度咖啡委員會來銷售，這是印度政府的節點組織，位於 Bangalore，旨在致力於咖啡的發展。1996 年 1 月，

市場開放了，各地方的咖啡農村公社都能夠 100% 銷售自己的咖啡。在新局面中，許多小農場主直接販售自家農場的咖啡，以乾燥的**咖啡果實**或是**內果皮**的形式賣給貿易商和出口商。大型咖啡園的農民則是以乾淨和分級的形式販售咖啡，若非直接賣給出口商就是透過私人拍賣會。開放的市場有助於海外的買家購買印度咖啡，無論是在拍賣會上或是透過產地、代理商、註冊出口商購買，或者最重要的是直接從農民手中購買。最後，最大的進步是印度咖啡農現在不只能夠當個種植者，也能夠成為乾處理廠、交易者、出口商和烘豆商。

由於這些改變，品質也成了首要考量。生產者保證在農場內嚴格監督品質。帶著這份宣稱、自豪和加工咖啡的傳統，印度農民勇於為自己的農產品建立莊園品牌，同時也與海外買家建立直接的行銷關係。於是，印度的**直接關係咖啡**（relationship coffee）時代於焉展開。

咖啡的加工與品質標準仍遵守印度咖啡委員會的規定，對於咖啡農民具有強制性。委員會設計了標誌，為各區的咖啡提供身分證，這個重要的創舉是考量到許多區域性的咖啡豆沖煮後會有獨特的風味調性。

雖然咖啡委員會不再關心**行銷**的問題，但它依然是負責研發、拓展、推廣和品質控制的部門。一般來說，委員會的目的是要增加咖啡的生產力（productivity），而不是增加種植面積、採取各種措施以減少生產成本、鼓勵咖啡農民製作獨特且以莊園為品牌的精品咖啡、將印度咖啡標準化和確保品質、對於品質意識實施訓練課程、教導消費者如何沖煮一杯好咖啡。很受歡迎的「Kaapi Shastra」計畫就是提升意識工作的好例證，這個計畫是在城市與鄉鎮中教導咖啡業者和消費者沖煮咖啡的藝術與科學。

經由印度咖啡委員會的中央咖啡研究站（CCRS）鍥而不捨的努力，大約有 12 種阿拉比卡**培育品種**（cultivars）被放入田中，其中有許多都帶有固有品質特色，能夠讓印度製作出特別的精品咖啡。重要的阿拉比卡作物栽培品種包括「Kent」、「S. 795」、「Sln. 9」和「Chandragiri」。舉兩個成功的雜交例子，「Sln. 9」是跟阿比西尼亞的品種培育而成，而且保留了其衣索比亞親株的水果風味調性。「Chandragiri」則不只能夠抵禦各種病蟲害（尤其是葉鏽病），而且產量豐富，沖煮出來的品質也屬上等。

　　針對植物體的研究包含了羅布斯塔和阿拉比卡。在印度種植羅布斯塔咖啡的地區有一大片土地種植了「S. 274」，這個品質在全世界均受到好評。「S. 274」是古羅布斯塔／裴拉甸尼亞（Peradeniya）的栽培品種，它一開始是從斯里蘭卡傳到印度。一個更近期的羅布斯塔選擇是「剛果咖啡」（Congensis）的幼苗，想當然耳，它是從剛果來的。這種品種會結出碩大的果實，而且有非常細緻的**杯測結果**，跟阿拉比卡類似。

　　由於現今栽植場的人力供應不足，因此農場設計出一種經嚴格訓練、有系統且有效率的**篩選**（sorting）方式。只有成熟的咖啡果實才會送去以**水洗法**或**日曬法**加工。在印度，許多的農場在製作水洗咖啡的過程中，都實行自然**發酵處理**以去除掉**黏液層**，不管是羅布斯塔或阿拉比卡都一樣，好讓咖啡豆中不易覺察的固有風味調性顯現出來。不過，目前農民們並未遵循某個標準的處理模式，而是以咖啡豆做實驗並尋求發展出可突顯其固有風味調性的技術。

　　日曬法是晾乾咖啡的主要方法，在印度，這是最好且最符合成本效益的方式，日曬法通常是將咖啡豆放在一個架高的桌面上進行。目前，由於近年來氣候改變，以及勞工短缺，因此正在進行烘乾機的試驗，看看乾燥過程能否更有效率，而又不會破壞品質。

　　以天然的方法處理從水泵房排出的廢水，環境也受到保護，利用土塘除圬的厭氧和有氧方法，亦有助於將生化需氧量（BOD）降低到可接受的限度。

　　設備完善的乾碾廠將咖啡豆剝殼、分級和分類成詳細區分的等級。咖啡豆最後會以特別的黃麻袋（IJIRA bags）分裝成**袋**，這是以蔬菜油製作而成的。這些袋子不只對環境友善，它們也能保存咖啡豆的品質。袋子上的標誌大多都是使用植物染料，這是咖啡委員會所鼓勵的創舉。

　　像是 Monsooned 咖啡、Mysore Nuggets EB 和 Robusta Kaapi Royale 等精品咖啡便銷售給世界各地的咖啡行家。早在 1972 年，印度咖啡委員會就發售了 Monsooned Malabar 和 Monsooned Basanally 咖啡，並受到有鑒賞力的消費者的歡迎。這些咖啡是特別以印度西海岸高品質的阿拉比卡咖啡果實所製成。在季風雨季期間，亦即一年的 6 月到 9 月間，咖啡豆能吸

收水分，而且在沖煮時會經歷明顯的視覺和感官（organoleptic）變化。

　　大約有 99% 的出口咖啡都是優質等級，裡面並未含有國外或外來的物質。有很多出口商行從事咖啡生意多年，贏得了可信賴、品質導向和誠信的聲譽。也有許多有經驗的清關和報關行，他們能夠確保咖啡的運輸安全無誤。

　　1996 年印度第一家咖啡館開幕之後，在咖啡館的國內咖啡消費即開始急劇增加。這間咖啡館是由一名咖啡農所開設的，當時在印度的市場上電腦正夯。Café Coffee Day 是印度第一家本土咖啡連鎖店，它首開先例讓客人點一杯咖啡即可上網 1 個小時。今天，許多國內和國際咖啡連鎖店在印度各地皆設立了咖啡館，因此「咖啡館文化」有助於增加國內的咖啡消費，從 1995 年停滯的數字 55,000 公噸增加至 2011 年時 110,000 公噸以上 [2]。

　　今天，印度咖啡產業正採取各種措施來提升品質。研究人員不斷地檢討育苗計畫，新開發的栽培品種，無論是阿拉比卡或是羅布斯塔，也在進行中。印度咖啡委員會也正在檢視機械化耕作，包括採收（**harvesting**）。該委員會以市場上現有的設備執行試驗。目前正採取措施以增加生產效率，並進行研究以減緩氣候變遷對於咖啡品質與數量的影響。印度咖啡委員會的擴展服務正在強化中，在小農場主之間也開始組織自助團體。咖啡的附加價值也增加了，因此印度政府也提供補助以購買咖啡烘焙和研磨設備。

　　「杯測文化」正蓬勃發展，而且印度咖啡委員會開設鑽研咖啡品質的研究所文憑課程；此課程訓練年輕的研究生探討品質的各個面向，在生產的每一個階段，讓他們能夠協助提升印度咖啡的品質。「Kaapi Shastra」計畫在前面已經提過。

　　由於競賽通常能激勵品質提升，而且對農民有益，因此「印度風味」杯測競賽在 2002 年登場。每一年都會舉辦阿拉比卡和羅布斯塔咖啡的競賽。

　　獨特品種的咖啡和特有的加工技術近年來不斷有所進展，並以「莊園品牌」來行銷。Balehonnur Corona、Merthi Mountains、Balanoor Bean、Harley Classic、Veer Attikan、Sethuraman Sitara 和 Buttercup Bold 都是長期受到國際市場好評的莊園品牌咖啡。

　　從 2002 年之後，咖啡業每兩年舉辦了印度國際咖啡嘉年華。它提供了買方和賣方能夠互動的平台，印度咖啡可以在這裡展示，並交換咖啡界中最新發展的資訊。

　　即便農民面臨了困境，印度咖啡的前景仍令人感到鼓舞。印度咖啡在過去被認為是「替代」產品，但現在已經從平凡無奇躍升為高品質的獨立產品，以微批量到達全球的咖啡杯中。印度咖啡是**濃縮咖啡（espresso）**綜合豆最佳的基底。在印度，咖啡的未來是光明的，而且愈來愈明亮。印度咖啡業是堅定、勤奮和創新的。它將繼續提升產品的品質、改善農民的生計，以及維護環境的永續性。

26

印尼

Jati Misnawi

印尼珍寶大學食品化學與生物科技博士。印尼咖啡與可可研究學會研究員。

咖啡並不是印尼原生的植物，但是隨著時間過去，咖啡幾乎遍布該國每個角落。咖啡進入印尼是因為荷蘭殖民企業的野心。1596 年，荷蘭從更早的入侵者葡萄牙人手中征服了這個地區。咖啡的種植變成殖民經濟的支柱，而且也被各種文化社群所內化。

聯合東印度公司（VOC）的總裁 Nicolaas Witsen 在 Nusantara 發起咖啡的種植，Nusantara 是舊爪哇島群原來的名稱。Witsen 建議將咖啡樹進口到荷蘭殖民政府管轄的地區，那裡有適宜的肥沃土壤和氣候。最重要的是，他所指的就是爪哇島。1696 年，駐守在印度 Malabar 的荷蘭殖民政府首長 Andrian van Ommen 將咖啡種子運送到爪哇。

基於荷蘭亟欲在他們的殖民地上開發商業作物，因此咖啡樹在 VOC 的主導下，遍布整個 Nusantara。起初是從爪哇島的西爪哇 Priangan 地區開始種植。這裡的人們被要求種植大量的咖啡，村民必須以非常低的價格將他們的產出全數賣給 VOC。VOC 於 1798 年破產之後，村民又必須將咖啡賣給荷蘭政府[1]。雖然荷蘭的殖民體系為當地居民帶來了巨大的困境，但是農民們也認識到種植咖啡的方法及其商業價值。

🫘 印尼咖啡的發展

數個世紀後，咖啡成為印尼的一個重要商品。它仍然為該國提供重大的經濟利益。當然，政府已經透過咖啡出口的外匯收入獲得豐厚的收益。除了石油之外，咖啡依然是外匯的前十大來源。印尼咖啡的產量約有 67% 用於出口。在上游部分，咖啡已經提供了一個機會給人們，以展現他們的專業知識，並有能力成為有競爭力的投資者。印尼的咖啡種植場有超過 95% 都是由小農場主所經營，他們的土地不超過 1 公頃。由於民營和國營的大型公司皆顯示不願意開發咖啡種植場，於是數以百萬計的小農場主只好增加他們的產量。在印尼各島處處可見小農咖啡，結果種出了世界知名的咖啡，譬如 Toraja、Mandheling、Lampung、Java、Bali 和 Flores。

直到 19 世紀末，荷蘭政府、殖民地居民以及企業家皆從 Nusantara 的咖啡獲得利益。但是在 1885 年，荷蘭殖民地的咖啡黃金時期開始衰退。

政府對於工業咖啡產業的直接參與也開始減少。同時間，參與咖啡生產的私人莊園和個人驟增。接著從 1891 年開始，在蘇門答臘許多大型農場的種植者以眼前獲利較高的作物取代咖啡，尤其是橡膠，其價格在當時急劇攀升。1918 年，荷蘭殖民當局結束了在咖啡規章方面所有的參與。從那時起，大多數的爪哇和蘇門答臘咖啡事業就由民間公司接手。

在政府參與結束之後，咖啡種植的研究快速成長。若干新的咖啡品種也進口到國內，同時育苗與加工技術也提升了。其中一名開路先鋒是 Teun Ottolander，他也是荷蘭東印度農業企業聯盟的創辦人。在 Besoeki 開始設一個研究機構是他的想法。該機構現改名為印尼咖啡和可可豆研究學會（ICCRI），之後遷移至 Jember。

進入 20 世紀，所有從荷屬東印度公司出口的咖啡都被稱為爪哇咖啡，不過人們所熟知的爪哇咖啡其咖啡豆來自於 Nusantara 各處，包括爪哇以外的地區，譬如蘇門答臘、東帝汶和蘇拉威西。這種籠統的命名法直至 1921 年才終止，當時美國農業局要求「爪哇咖啡」這個商標只能用在出自爪哇本身的阿拉比卡咖啡上（更精確地說是東爪哇）。根據 William Ukers 所著的《咖啡簡史》（*All About Coffee*, 1932）所述，雖然採取了這一步驟，但是在當時，最好的阿拉比卡咖啡其實是來自蘇門答臘島上的 Mandheling 和 Ankola。

二次世界大戰期間，印尼各島上的咖啡產業受到重創。種植者轉向種植糧食作物，像是稻米、玉米和樹薯。結果，1950 年的咖啡收穫量只有戰前高峰期的八分之一。

1945 年 8 月，印尼宣布獨立，但在 1949 年獲得完整主權之前，卻跟荷蘭打了一場浴血之戰。當印尼政府開始將荷蘭公司國有化時，咖啡產業進入了一個新時代。1958 年，荷蘭與其他外國公司被收歸國有，成為 Perusahaan Perkebunan Negara（PPN，國有種植場），後來成為 PT Perkebunan Nusantara（PTPN，國有莊園有限公司）的前身。政府根據收購之種植場的地點與主要的農作物，將其分成 14 家公司，以便分散和加強管理。PTPN XII 設於東爪哇，是生產咖啡豆主要的國有公司，它最有名的咖啡就是被稱為「爪哇」的咖啡。

　　然而，從 1970 年代開始，非官方的農民在政府局處的扶植下，開始進入咖啡產業。這些農民從北蘇門答臘、亞齊、楠榜、爪哇、峇里島、蘇拉威西、東帝汶、弗羅瑞斯和巴布亞等地擴展他們的事業。2010 年的資料顯示，今日多數的印尼咖啡農場皆由小農場主所經營，在種植咖啡的 130 萬公頃總面積中，他們掌控了其中的 95.5%。剩下的土地則屬於 PTPN（1.7%）和民間團體（2.8%）。不屬於政府或私人公司的小農場主，成為咖啡產業中真正的投資者兼生產者。

小農場主的處境與問題

　　在印度幾乎所有的島嶼都種植咖啡。蘇門答臘島就占了總產量的 74.2%，其中最大的收穫量是在朋古魯、楠榜和南蘇門答臘。其餘的部分則分布於蘇拉威西（9.0%）、爪哇（8.3%）、努沙登加拉（5.8%）、加里曼丹（2.0%），以及摩鹿加群島和巴布亞（0.6%）。全國產量有一半以上來自 5 個省：南蘇門答臘（21.4%）、楠榜（12.6%）、亞齊特別行政區（8.7%）、朋古魯（7.4%）和東爪哇（7.2%）。

　　不僅因為咖啡在印尼具有悠久的歷史，也因為咖啡作物的經濟價值，使得許多農民依賴其種植。目前，印尼的咖啡農人數約有 197 萬人，每人平均擁有 0.6 公頃的咖啡農地。假設一家有四口人，那麼至少有 790 萬人仰賴咖啡，並受到廣泛的價格波動所影響。

　　咖啡對於印尼的全國經濟有重大的貢獻，是印尼主要的農業商品之一。2009 年的出口量總計 433,000 噸，占了全世界出口量的 7.6%。出口金額達 8 億 4,990 萬元（約 8 兆印尼盾）。以金額來看，咖啡占了印尼出口額的 0.71%，但是咖啡占了總 GDP 的 0.16%。在過去整整 30 個年頭裡，咖啡每年平均出口量達 327,000 公噸，價值 4 億 8,900 萬美元。

　　從 1970 年開始，咖啡價格整體的趨勢是下降的，小規模的咖啡生產者仍然為咖啡作物的低價格感到苦惱。在消費國每賣出一杯咖啡，農民約可獲得總價格的 19 至 22%。從 2004 年以後，即使生豆價格已經回復，但獲利比例並未有所不同。印尼的農場交貨價格就像其他地方一樣，跟消費

國咖啡的價格上漲形成反比。印尼的小農場主們在咖啡產業裡迄今仍未能有太多議價的能力。

咖啡的特殊性

印尼皆位處於熱帶地區，其地理位置剛好可以生產具有獨特風味和特色的各類型咖啡。相同的咖啡品種在不同的島上可能生產出不同特色的咖啡豆。生長在蘇門答臘的阿拉比卡咖啡可能跟種植在爪哇和蘇拉威西的相同栽培品種有相當大的不同。一般而言，咖啡的味道反映出原產地的環境特徵。要製作出不同特色的咖啡飲品，兩個主要的因素是土壤成分與氣候條件的差異性。印尼產的咖啡有許多都變成知名的**精品咖啡**，譬如 Java、Mandheling、Gayo、Flores、Lintong、Kintamani 和 Toraja。

在蘇門答臘，從最北的亞齊到最南的楠榜全都種滿了咖啡。連亞齊省的加幼（Gayo）山脈地區也種植咖啡。沿著亞齊省中部和貝內爾美利亞縣（Bener Meriah）的加幼高地（海拔 1,200 公尺），有一大片的種植場栽種阿拉比卡咖啡的品種，一般都以**濕式處理**來製作。Gayo 咖啡帶有一股濃郁的**香氣（aroma）**和均衡的**稠度**。

除了 Gayo 咖啡，亞齊地區也生產受歡迎的羅布斯塔咖啡——「Ulee Kareng」。這種咖啡產於亞齊省的 Lamno、Geumpang 和 Pidie 地區。Ulee Kareng 呈現溫和的特色，但是它剛入口時似乎會出現鹹鹹澀澀的苦味。在北蘇門答臘也能找到精品咖啡，亦即曼特寧、林東和西迪卡蘭咖啡。來自這些地區的咖啡都是阿拉比卡種。

曼特寧咖啡來自南達斑努利、北達斑努利、喜瑪隆貢和德利沙登。曼特寧（Mandheling）這個字源自於巴塔克（Batak）族的土語稱法 Mandailing。曼特寧咖啡的稠度醇厚、**酸味低**、 苦味少，而且帶點泥土的芳香和少許似花果的香料味。

林東咖啡（Lintong）來自於北蘇門答臘 Humbang Hasundutan 區的 Lintong Nihuta 鎮，該品種質地清澈、稠度佳。西迪卡蘭咖啡（Sidikalang）則產於海拔 1,500 公尺的 Sidikalang Sumbul 和 Sidikalang of Dairi 區一帶。

西迪卡蘭是一種知名的阿拉比卡咖啡，味道濃烈刺激，酸度高，在均衡的稠度中帶有一點草味的口感。

蘇門答臘也產羅布斯塔。其中一個最廣為人知的品牌就是楠榜羅布斯塔。在蘇門答臘有 4 個生產羅布斯塔咖啡的地區：Bandar Lampung、Lampung Barat、Tanggamus 和 Way Kanan。有趣的是，雖然這些咖啡來自於同一個省，但是它們的特色卻是大大的不同。

由於爪哇島是 Nusantara 最早種植咖啡的地方，因此它的咖啡聞名遐邇是理所當然的事。有個品種就叫做爪哇咖啡，它產於由 PTPN XII 經營的東爪哇阿拉比卡種植場。爪哇阿拉比卡咖啡的特色是稠度適中，帶有巧克力香、花香和均衡（**balance**）的韻味。爪哇阿拉比卡生長於宜珍（Ijen）火山周圍，在海拔介於 900 至 1,400 公尺的山頂處。爪哇阿拉比卡是以水洗法處理，發酵 24 至 36 小時，接著再以日照曬乾。在荷蘭人離開後，爪哇咖啡擴展到其他 5 個地區。

雖然峇里島是從 1990 年代以後才開始變得熱門，但是它也以生產精品咖啡──Kintamani-Bali 咖啡著稱。在海拔 900 至 1,500 公尺高的巴杜爾（Batur）山區大範圍種植了咖啡。咖啡樹與較老的柳橙樹間種。峇里島有特殊的土壤和氣候條件，一般認為這是決定咖啡飲品印象的原因，這種咖啡帶有果香和微微的酸味。喜愛 Kintamani 咖啡的人多來自於日本、美國、荷蘭和法國。Kintamani-Bali 咖啡是第一個獲得由印尼政府所核定之地理標誌（Geographical Indication）認證的農產品。

在印尼的其他地區，蘇拉威西和努沙登加拉是旗艦級精品咖啡 Toraja 和 Flores Bajawa 咖啡的原產地。大受歡迎的 Toraja 阿拉比卡咖啡其實來自南蘇拉威西的兩個地區；因此有兩個流行的品牌：Toraja 和 Kalosi。Toraja 的特色繁複，融合有巧克力、甜味和香草的調性。

Bajawa Flores 咖啡就種植在弗羅瑞斯島上。這座島上群山層巒疊嶂，同時有活火山錯落其間，因此火山土為其特色：由火山噴發物質所形成的深色土壤，其滲透性佳，鋁含量相當高。這種土壤用來種植阿拉比卡咖啡最為理想。Flores 咖啡生長在海拔 1,200 到 1,800 公尺的地方。飲品特色是帶有巧克力味、甜味、果香和些許柑橘的餘韻。

🫘 麝香貓咖啡（KOPI LUWAK）

　　印尼還有另一個舉世聞名的一般化品牌（generic brand，亦即直接以產品名稱作為品牌名稱），那就是**麝香貓咖啡**（kopi luwak）。這種咖啡有個仿若神話的名聲，說它是世界上最貴的咖啡。麝香貓是一種鼬屬動物，麝香貓咖啡豆其實是工人從麝香貓的糞便中挑揀出來。麝香貓吃下的是最好的成熟咖啡果實，有阿拉比卡，也有羅布斯塔。有人可能會說，當咖啡豆經過這些貓的消化道時已經完成大半的加工了。所以麝香貓咖啡貴得嚇人也就不足為奇了。在世界市場中，麝香貓咖啡的價格已經達到每公斤 150 美元。麝香貓咖啡在全世界變得如此讓人著迷，有部分是因為價格很昂貴，因為麝香貓咖啡的存貨很稀少。不用說，這種咖啡具有獨特和特殊的風味。在它沖煮成咖啡後，杯中咖啡有均衡的醇度、高酸度，以及一些苦味，即便這些特色仍有賴於咖啡的特質和處理方式。麝香貓咖啡的濃郁香氣中帶有甜味，有時是果香。

🫘 對未來的展望

　　從咖啡生產所獲得的利益對小農場主的生活產生極大的影響。他們希望咖啡價格穩定，以及希望公平價格的成效能在農民、加工者、零售商和貿易商之間散布開來。印尼咖啡和可可豆研究學會（ICCRI）在政府的支持下，致力於尋找好的栽種原料、發展最佳的農業和良好的處理方式、發展永續咖啡、促進國家和全球的咖啡市場，並判定全印尼日益增加的咖啡耕作的需求和永續性。精品咖啡是達到印尼整體的咖啡永續性主要的因素之一。

27

哥倫比亞

Luis Alberto Cuéllar

哥倫比亞波哥大市大哥倫比亞及埃爾羅薩里奧大學經濟學學士；義大利杜林市國際勞工組織大學碩士。他在哥倫比亞 Quindio 市的一家咖啡合作社擔任經理、哥倫比亞咖啡種植者全國聯盟的咖啡合作社顧問、美洲國家農業合作組織（Inter American Institute for Agricultural Cooperation）裡的合作社與農村發展國家專家、ACDI/VOCA 計畫主持人及哥倫比亞國家代表，在 5 個哥倫比亞的局處負責精品咖啡計畫；現任 ACDI/VOCA 的農企業／特種作物產品組合資深技術顧問。

哥倫比亞從 1723 年開始種植咖啡。一般認為是耶穌會會士將咖啡生產引進到這裡，就在 Meta 河與 Orinoco 河的交接處。1830 年，在哥倫比亞 Norte de Santander 省的一個自治市 Salazar de Las Palmas 開始大規模的咖啡生產。村裡的牧師 Francisco Romero 在散播該作物方面扮演了重要的角色，因為他習慣叫他的教區民眾以種植咖啡樹當作修行。

安地斯山脈的 3 個分支，構成了國家的命脈，從南到北橫亙於哥倫比亞。高峰低壑的地形是人口最密集的區域，也是種植咖啡最重要的地區。此處為 Antioquia、Caldas、Cundinamarca、Risaralda、Tolima、Quindío、Valle del Cauca、Cauca、Nariño 和 Huila 省份的所在地。在東北方和安地斯山東坡，Norte de Santander、Santander 及 Boyacá 等省份也種植咖啡。在北海岸，咖啡種植在 Magdalena 和 Cesar 省內 Sierra Nevada 山脈的坡地，以及在 Guajira 省的 Guajira 山脈的坡地。

咖啡成為出口商品

在 1830 至 1840 年這 10 年間，哥倫比亞開始出口咖啡。剛開始，每年出口 75,000 袋（每袋 70 公斤裝）的咖啡豆。在 1880 至 1890 年間，咖啡出口量每年達 240,000 袋。在 19 世紀最後的 10 年，咖啡成為哥倫比亞出口商品中一個重要的項目，並開始代表該國貿易差額一個基本的部分。

到了 1905 年時，咖啡每年的出口量增加到 500,000 袋。1913 年達到 100 萬袋的里程碑，並在 1920 年代達到 200 萬袋。這 10 年間，Caldas 省和 Antioquia 省超越 Santander 省，成為產量最大的區域。1923 年之前，哥倫比亞的出口商品大多是透過國際經紀公司駐哥倫比亞的代表提供融資與管理。貿易與出口商品順著 Magdalena 河運至重要港口，如 Girardot、Honda、Puerto Salgar 和 Puerto Berrío。

哥倫比亞全國咖啡種植者聯盟的創立

在 1927 年，哥倫比亞經濟最活躍的區塊決定要集合咖啡種植者以提

升咖啡作物，並對抗長期的社會問題：酗酒、缺乏教育、通訊建設不足，以及不良的公共衛生服務。從 19 世紀末開始，咖啡一直是主要的出口商品，以及經濟成長的引擎。哥倫比亞全國咖啡種植者聯盟是在 1927 年由第二屆全國咖啡種植者大會所設立，並由所有的咖啡種植者所組成。其成員可獲得農業推廣服務，包括咖啡種植的技術支援，以及咖啡區原生作物的多元化經營。1927 年的第 72 號法案（Law 72）制定了咖啡稅，針對每一袋離開該國的咖啡徵稅。這筆稅金的收益成為該聯盟的主要收入來源。

該組織實施健康、營養和教育計畫，並建造基礎建設，譬如在咖啡種植區興建鐵路、渠道，和電氣化設備。該聯盟也以村為單位組織了農民團體，幫助組織合作社，並提供機械設備和信用貸款以及對咖啡種植者及其家人有益的其他服務。

該聯盟的另一個重點領域是咖啡研究。1939 年，全國咖啡研究中心 Cenicafé 在咖啡種植區中心地帶（Caldas 省）開始運作，在全國各處設有數個研究站。該中心從事下列領域的研究工作：咖啡和相關作物的品種改良、農業氣候學、昆蟲學以及咖啡樹的生理學、咖啡的工業應用、咖啡種植的土壤之性質與品質，以及研發抵抗病蟲害的新品種。

🫘 1930 年代的咖啡

1931 年 5 月 15 日，第一屆國際咖啡大會於巴西聖保羅舉行。與會者是全世界主要的生產國，尤其是拉丁美洲國家。這次大會決議創立了國際咖啡局（International Coffee Bureau）作為生產國之間合作的基礎。

1935 年時，由於生產過度、咖啡替代商品的強烈競爭，以及歐洲國家徵收高額的進口稅等因素，使得咖啡產業深陷危機。在這個艱難的時刻，哥倫比亞全國咖啡種植者聯盟於 1936 年 10 月邀請全世界咖啡生產國的政府與民間機構到波哥大（Bogota）參加一場集會。當年這場美洲咖啡大會會期的主題，討論了價格穩定性，這項因素能提供足夠的薪資給農民。

過度生產也促使巴西和哥倫比亞之間達成協議，後者是當時的第二大咖啡生產國。1933 年，巴西在倫敦金融與經濟大會上提出一項正式

的議案。在這場會議中達成的最重要協議就是創立了泛美咖啡局（Pan-American Coffee Bureau），目的是將拉丁美洲國家咖啡政策標準化。

　　隨著這些計畫的發展，1940 年時，哥倫比亞全國咖啡種植者聯盟創立了全國咖啡基金會（FNC）。其宗旨為調整國內的商品化以及管理存貨量，以促進美洲各國協議（Inter-American Agreement）出口配額的施行，這是同一年在華盛頓所達成的協議。

1950 年代的咖啡

　　在 1954 到 1956 年之間，價格達到平均最高水準每磅 0.8 美元，有部分是因為巴西的寒害。由於更大的出口量和更高的價格，外匯收益有大幅的增加。當時，宏觀經濟的政策無疑對於咖啡產生巨大的影響。事實上，為了抵消咖啡價格暴漲對經濟的影響，政府當局主張於 1951 年開始擴大開放進口。他們也推行外匯管制。結果，數個月後，咖啡價格開始下跌，因此便實施了外匯管制。在 1956 和 1968 年期間，國際咖啡價格跌至每磅 0.4 美元。這個危機的影響相當劇烈，因為咖啡當時占了哥倫比亞出口額的 80%。結果，貿易支付差額出現赤字，經濟開始衰退，通貨膨脹暴增。在這段期間，哥國必須中止支付外債，並中斷開放進口。

1960 年代的咖啡以及國際咖啡協議（ICA）

　　在聯合國的支援下，1962 年 7 月在紐約舉辦一場會議，以討論**生產國**與**消費國**（consuming countries）之間所提出的協議。這場會議採用一項計畫，並於 1963 年底開始實施。42 個出口國和 25 個進口國簽署了此項協議，這些國家分別占了出口額的 99.8% 和進口額的 96.2%。

1962 年協議的主要目標是要完成下列事項：

1. 使咖啡的供應與需求達到合理的平衡，以對生產者公平公正的價格購入，確保有足夠的咖啡運送給消費者和市場。

2. 緩和沉重的產量過剩和咖啡價格過度浮動所造成的困境，這些對於生產者和消費者皆造成傷害。

3. 促進成員國生產資源的發展，並提升和維持就業及收入水準以幫助達成公平薪資、更高的生活標準，以及更好的工作環境。

4. 維持公平水準的價格和增加消費，來提升咖啡出口國的購買力。

5. 盡一切可能促進咖啡消費。

6. 鼓勵國際合作以處理全球咖啡問題，明瞭咖啡貿易和工業商品市場的經濟穩定性之間的關係。

1970 年代的咖啡

這 10 年要從 ICA 開始談起，ICA 透過出口配額的使用成為生產國和消費國之間的交易管理者，在哥倫比亞與全國咖啡種植者聯盟共同負責監督工作。

此外，ICA 與最重要的國際烘焙商簽訂供應合約。哥倫比亞與國內的烘焙商落實供應協議，每家烘焙商都有一定的生豆供應配額。

由於每年給生產國的配額與生產和庫存累積量有關，因此全國咖啡種植者聯盟與政府決定增加種植區的生產力，結果造成了咖啡作物的輪廓改變。哥國積極發展「卡杜拉」（Caturra）品種的單一作物技術，這種方式得要砍光咖啡種植場的遮蔭樹。在 1975 到 1980 年間，產量加倍，從 600 萬袋增至 1,200 萬袋。然而採行此種方式，並未將環境和社會的永續性考慮在內。

1980 年代的咖啡

1980 年代的特色是鞏固哥倫比亞受控制的咖啡經濟。單一作物快速擴充，出口量倍增，出口的收益也成長 3 倍。單一作物的推廣作法是只針對決定要根除遮蔭樹和栽種毫無遮蔽的「卡杜拉」品種的人給予貸款，這種耕作法每公頃密度超過 5,000 株咖啡樹。後來在 1989 年，ICA 管理之下

的配額系統宣告結束。

美國國務院在 1986 年主張，配額系統從已開發國家轉移資源到開發中國家，因此阻礙了市場設定價格的能力。此外，國務院認為以中期目標來看，欲達到更高價格的目標似乎站不住腳，因為更高的價格造成的產量增加，接著巨大的供應量又把價格壓低。最後，賣給非 ICA 成員國的咖啡數量增加，因而引起 ICA 國家的強烈反對，因為咖啡是以更低的價格賣給 ICA 以外的國家。

在美國的施壓下，以及因為對價格的反彈，ICA 依然無出口限制。ICO 成員同意讓該組織繼續以討論和統計的論壇形式存在。

🫘 1990 年代的咖啡

在 1991 至 1992 年，哥倫比亞的最高收穫量破紀錄，將近 1,600 萬袋。這場豐收是因為 1980 年代末期全國咖啡種植者聯盟重新開始種植其所推廣的改良品種。雖然市場價格很低，但是這兩次大豐收暫時改善了咖啡的收益。然而種植場的土地改革中斷、1995 至 1998 年咖啡果甲蟲的嚴重侵襲，以及一個重要的咖啡區翻新，這些因素加總起來使得接下來的幾年全國收穫量大減。

對此全國咖啡基金會因應的措施是付給種植者一筆額外津貼，大約每公頃 1,250 美元，鼓勵他們改種其他作物以取代咖啡。於是產量從 1992 年的 1,700 萬袋降至 2000 年的 1,100 萬袋。再者，1999 至 2000 年的咖啡年，哥倫比亞的咖啡出口量上升至 900 萬袋，在 2000 至 2001 年則增加到 950 萬袋。這些出口量的金額為 1 兆 2,450 億美元，FOB 為 8 億 7,800 萬美元。不過在上一個咖啡年，收益少了 30%。雖然 2000 年時，哥倫比亞的出口量占了全球咖啡交易量的 10%，但是總出口金額卻高達 14%，這是對該國咖啡豆高品質的肯定。

到了 2000 至 2001 年，越南取代了哥倫比亞，成為全世界第二大生產國，當時其產量為 1,050 萬袋 60 公斤裝的咖啡豆。當年咖啡收穫量的金額為 8 億 7,600 萬美元，比 1990 年代早期所達到的數字少了 40%。

圖 27.1　為了滿足一些高要求的顧客，在哥倫比亞，咖啡最後會經過一道人工分類
　　　　的程序。咖啡豆在打了燈光的輸送帶上往前移動，並由工人（多數為女性）
　　　　挑揀出有瑕疵或甚至有些微問題的豆子。在人工更便宜的其他國家，譬如
　　　　衣索比亞，幾乎所有的分類都有賴人工。（攝影：Robert Thurston）

同時間，咖啡在哥倫比亞出口商品中失去了經濟重要性。咖啡在總 GDP 的占比從 1950 年代的 10% 降至 2000 年的 2%。咖啡占出口商品比例也從 1950 年代的 80% 降到 2000 年的 6%。在同一時期，當時正值自由市場的年代，但因為全國咖啡基金會的財務限制，因此它在收益穩定化方面的成果相當有限。總的來說，哥倫比亞的咖啡政策試圖捍衛生產者的收入，同時當咖啡 C 期價格和咖啡收穫量雙雙下跌時，也提供更公開透明的國外購買價格和國內銷售價格。這兩大趨勢有礙咖啡出口稅的徵收，並使得基金會的財務更加惡化。

哥倫比亞咖啡種植的今日與未來：若干挑戰與展望

哥倫比亞咖啡出口活動在民間貿易商和全國咖啡基金會之間所占的比例這幾十年來一直在變動；目前分別是 79% 和 21%。美國已經取代德國成為哥倫比亞咖啡主要的買家。影響德國市占率的因素包括德國市場的喜好轉向較便宜的咖啡，像是巴西日曬法咖啡和羅布斯塔。哥倫比亞咖啡第三重要的出口目的國是日本，在最近幾年，每年都購買了將近 120 萬袋。

全國咖啡政策最有權力和最重要的機構就是全國咖啡基金會。它的作用就是由全國咖啡種植者聯盟所管理的公共國庫帳戶。FNC 的財務來源是透過向該國咖啡生產者徵收出口稅而來。

自從 1989 年國際咖啡市場開放以來，FNC 的資金分配不斷地受到議論，因為許多咖啡種植者沒有錢投入更多的資金來重建哥倫比亞的咖啡農業。儘管如此，重大的資源已經用在許多提案上：

1. 保證收購全國的收成，並穩定咖啡收益。
2. 提供資金用於農業研究與擴展。
3. 投資全國各地支援咖啡生產的公司，並在地方上投資興建溝渠、學校和公路。
4. 調整債務。
5. 促進國內外消費哥倫比亞咖啡。

從二次大戰之後，該基金會投資不少支援咖啡生產的公司，並執行關於整頓哥國咖啡供應的協議。以此方式所創立的公司有銀行和保險公司；Almacafé 監管咖啡庫存量；Cenicafé 負責研究和技術轉移；以及各省咖啡種植者委員會和合作社等區域體系監督收購收成和品質管制的政策。

這些公司在國際咖啡協議期間提供重要的服務，並由全國咖啡基金會展現出具體的金融成就。在 1990 年代，國際咖啡市場的危機，以及全球開放的新趨勢和市場普遍更大的競爭，造成這些公司多遭遇嚴重的財務困境，因而耗盡了 FNC 的資產淨值。

關於全國咖啡基金會在未來應該扮演的角色，哥國全國上下討論得沸沸揚揚。顯而易見的是，若要繼續為區域性的基礎建設或是支援咖啡生產的國內企業的各項投資提供融資，資源非常有限。基金會穩定價格的功能，甚至更具挑戰性的——咖啡收益，普遍都認為並不可行。國家政府所舉行的協商是針對補充 FNC 的資源而設，資金來自於維持購買收成以及在種植咖啡的省份持續農村擴大計畫的全國預算。儘管如此，還是沒有足夠的資源為全國約 500,000 名咖啡種植者服務。

在出口配額協議實施期間，全國咖啡種植者聯盟和中央政府之間所建立的咖啡模式有效地做出因應措施，但是當面對自由市場時，卻遭遇到了問題。一般而言，傳統的制度安排試圖保護直接生產者不受市場活動與趨勢的影響。掌管哥倫比亞咖啡事物的法規和法律準則，以及中央集權化的決策與規劃已經開始趨向彈性，要求民間創新作為，以尋找新的商業管理選擇。

有幾個終結此危機的提案已出現，譬如支持以高品質標準推廣區域性、精品和永續性的咖啡。這一措施是認定哥倫比亞在國際咖啡貿易中現有的競爭優勢，因此生產者和他們的組織能夠以永續的方式與購買者建立直接關係。

哥倫比亞咖啡面臨的另一個嚴重問題是如何恢復其生產水準，從 2008 年平均 1,100 萬袋降至 750 至 800 萬袋，降幅超過 30%。產量減少的原因是因為暴雨、氣候變遷、咖啡果甲蟲侵襲增加、**咖啡葉鏽病**的新攻擊，以

及因為某些地區重新改種有抵抗力和精品咖啡的品種而減少產量。重新種植是全國咖啡種植者聯盟所主導的機構計畫，與其提升競爭力的策略一致。基於目前咖啡的價格相對較高，以及市場上似乎對於優越的阿拉比卡咖啡豆需求增加，因此哥倫比亞的咖啡種植者可以抱持審慎樂觀的態度。

28

衣索比亞

◈

Willem Boot

Boot Coffee 公司的創辦人，這是一家跟咖啡製造商、烘豆商以及非營利組織團體合作推動品質提升和策略性行銷企劃的顧問公司。該公司亦提供關於咖啡藝術與科學的訓練。

咖啡迷應該覺得自己非常幸運。想像一下若沒有衣索比亞傳奇性的關鍵性地位，那麼我們所喜愛的飲料會如何進展。雖然衣索比亞為阿拉比卡豆的發源地，且擁有獨特的歷史，但是這個咖啡的故鄉卻僅僅部分定義了國際咖啡貿易的演進，而且對於飲品本身的驟增只有些微貢獻。那麼為什麼還有這麼多咖啡專業人士和愛好者會無條件地為衣索比亞奉獻呢？

咖啡地景的演變

數千年來，衣索比亞擁有數不清的咖啡種類和基因型。在該國的南部和西部日益縮減的森林中仍可發現數以百萬計的野生咖啡樹；這些植物是廣大咖啡生態系的遺跡，在地球上獨一無二。衣索比亞咖啡的特殊之處藉由在咖啡液中許許多多的風味屬性表露無遺。專業杯測師通常不避諱使用不落俗套的誇張讚譽，但是他們仍常覺得傳統用來描述味道屬性的行話太過有限，而無法呈現衣索比亞咖啡風味令人著迷的等級。對許多咖啡迷而言，衣索比亞咖啡風味的強度和層次讓人忍不住想瞭解杯中物是什麼，同時引發探索衣索比亞咖啡的精髓所在。看起來衣國擁有一套特殊的歷史、植物學和社會學的條件，加總起來便形成一組理想的環境，以創造出衣索比亞咖啡愛好者的國際大家族。此外，我們應該將其人民無比友好的因子，深植於日常生活飲用的咖啡文化中，以及將衣索比亞的經濟根深蒂固地仰賴咖啡的因素納入考量。

衣索比亞是位於非洲之角東部的一個內陸大國。其面積約加州的三倍大，或者大約跟法國、德國和英國三國加起來的面積一樣大。衣索比亞也是非洲人口第二大的國家，估計有 8,500 萬人。知名的東非大裂谷貫穿了衣索比亞的中央地帶，事實上許多全球最知名的咖啡都沿著這道山谷和山坡地生長。

衣索比亞傳奇與咖啡史

許多研究皆主張，「咖啡」一詞源自於「Kaffa」，這是衣索比亞西

南方的一個地區。在衣索比亞語中,咖啡叫做「bunn」或是「bunna」,在西達莫(Sidama)語中被稱為「tukke」,阿拉伯語是「kahwah」,土耳其語則是「kahveh」。有位法國的文化人類學家和植物學家 Jacques Mercier[1] 說了一個咖啡起源的故事:很久以前,有三個人,Abol、Atona 和 Baraka,他們要到一個靜修處尋找上帝。他們希望獲得天上掉下來的神賜(食物),但是什麼東西都沒有,他們幾乎快餓死了。最後,上帝出現在他們面前,並描述兩種不尋常的植物神奇的功效,分別是「阿拉伯茶」和「咖啡」。祂建議他們嚼一嚼第一種植物的葉子,並以特別的方式沖煮第二種植物。方法是先將果實烘烤,然後加水煮開,製成飲料。神奇的是,他們的飢餓感消失了,而且能夠繼續接下來的旅程。這個故事描述他們三人都連續沖煮了三杯飲料。第一杯飲料叫做「abol」(閃族語的「第一」),第二杯飲料叫做「atona」或「tona」(閃族語的「第二」),最後一杯叫做「Baraka」,祝福之意,係指喝咖啡時間結束時所舉行的儀式。

另一個不同的傳說,要追溯到公元 1451 年,關於一個叫做 Kaldi 的阿比希尼亞牧羊人的故事,他觀察到他的羊群在吃了咖啡樹叢裡的果實後變得格外失控和躁動不安,於是自己也嚐試吃了咖啡果實。吃下去後,Kaldi 覺得有點興奮且精力充沛。附近修道院的僧侶們注意到他的變化,於是很快地在他們做晚禱之前,所有的僧侶也都先嚼咖啡果。

還有另一個故事是法國民族學家 Marcel Griaule[2] 所描述的。當時他造訪吉佳(Zege)——衣索比亞北部塔納湖邊的一個半島,蒐集到一個關於咖啡起源的神話故事,這是關於當地的聖哲 Batra Maryam 的故事,他是西元 17 世紀的人。他有一次在做禱告時,將他的手杖插入土中。結果這支手杖奇蹟般地長出根,然後開始長成一株會結果子的咖啡樹。這就是咖啡最早在吉佳種植的由來。

🫘 衣索比亞 vs. 葉門

在葉門,關於咖啡的歷史有各種不同的故事在流傳。許多葉門人聲稱作為咖啡的發源地是該國的榮耀。其中一個葉門傳說提到 Abu Bakribn

Abdallah Al Aydarus，此人發現了飲用咖啡的方法。在這個故事中，Abu Bakr 在 16 世紀初期造訪了位於衣索比亞 Harar 省的蘇菲派伊斯蘭教修道會。在他遊歷這個地區的期間，他有一次在咖啡樹下休息，偶然間嚐到咖啡樹上甜美多汁的果實。他立刻注意到這種果子在他身上產生了活力充沛的效果。

根據葉門的傳說，有三個關鍵人物將衣索比亞咖啡引進葉門：據說是 Al Dabani、Abu-l- Hasan Ali Ibn Umar Al Sadili〔15 世紀時在 Yishak 帝王統治期間，一位待在衣索比亞伊法（Yifat）的蘇菲教徒〕和 Abu Bakr。無論如何，咖啡樹似乎是在 15 世紀時從衣索比亞高原區移植到貧瘠的葉門山區。

衣索比亞咖啡樹的激增

19 世紀時，許多到衣索比亞的遊客都說在阿比西尼亞高原區，咖啡樹處處可見。例如，Theophile Lefebre 在 1839 至 1843 年間為法國海軍執行了一個為期 3 年的衣索比亞探索計畫；他確定衣索比亞是咖啡的故鄉 [3]。在整個 Changalla 地區（衣索比亞西南方）到處都可以看到野生的阿拉比卡咖啡，在 Jimma 鎮和 Kaffa 地區也有栽種。

關於在衣索比亞境內咖啡樹真正的發源地眾說紛紜。有些報告提到 Kaffa（西衣索比亞）是發源地，然而其他的報告卻說 Harar 省東部才是真正的發源地。W. C. Harris 少校在 1840 年代為英國陸軍調查了衣索比亞盛產的咖啡。他在其著作《衣索比亞高原》（*The Highlands of Aethiopia*, 1844）中提到，「在 Limmu Enarya，每個樹林中都有野生咖啡，樹高 8 至 10 英呎，果實多到把樹枝都壓彎了 [4]。」他也觀察到麝香貓在 Itoo 和 Arsi 山區四處散播咖啡，只要任何在衣索比亞住得夠久的人都知道這裡曾經盛產咖啡。

衣索比亞麝香貓，跟亞洲的椰子貓（Paradoxurus hermaphroditis）系出同源，是一種哺乳動物，名字源自於阿拉伯語的「qat al-zabad」。這種動物向來在衣索比亞被用來製作「麝香」，這是一種從麝香貓的肛門腺產

生的分泌物。人們將牠們囚禁起來，然後刮下牠們肛門腺的分泌物來採集麝香；這種物質通常被用來當作香水的芳香基。一名法國醫生 Charles Jacques Poncet，在西元 1700 年時造訪衣索比亞，他描述有商人豢養了 300 隻麝香貓，餵牠們吃小麥和牛奶，然後每週從牠們的腺體採集麝香[5]。我們可以假設麝香貓對於衣索比亞各地咖啡的繁衍扮演重要的角色，因為牠們吃了咖啡樹上成熟的果實後，就在森林四處排便，於是將種子散播開來。在衣索比亞的河岸邊和山區都可以發現許多的野生咖啡樹，這些地方都是麝香貓和其他哺乳動物以及鳥類出沒覓食的地點[6]。

☕ 咖啡作為一種食品

1972 年，衣索比亞歷史學家 Tekettel Haile-Mariam 在 Kaffa 跟一些長者進行訪談，以口述的方式記錄他們在這個地區傳統上使用咖啡的故事。一開始，咖啡是跟其他的糧食一起食用；它對於戰士而言是一種特別重要的機能飲料。到了 19 世紀中期，咖啡果實則是跟奶油、紅椒以及其他的香料混合，做成點心來款待家裡的賓客。根據 Tekettel 的資料來源，因為咖啡果實的營養價值高，因此 Kaffa 省的咖啡交易發展蓬勃[7]。由於只有新鮮的果實銷路好，以及因為它易腐敗的特質，所以必須快速運送，而且距離種植的來源不能太遠。這個關於果實新鮮度的面向促使官員和地主在他們所管轄的地區種植自己的咖啡樹。

蘇格蘭探險家 James Bruce 在 1768 至 1772 年間到衣索比亞旅遊，他針對飲用烘烤過的咖啡豆做了報導。「蓋拉人（奧羅莫人）吃烘烤過的豆子，他們把它碾碎，並加入奶油，做成一顆如撞球大小般的硬球，這種咖啡球能夠讓他們在一天的操勞當中仍保持活力與精神，比吃一條麵包或是一餐肉的效果更好[8]。」

整體說來，看起來衣索比亞擁有許多方法將整棵咖啡樹和它的果實應用到一個極致。有個例子就是咖啡飲料「chemo」，它在衣索比亞最西部的地區仍然相當受歡迎。Chemo 的做法是先烘烤或曬乾咖啡葉，然後壓碎，再以沸水沖泡而成，同時也加入各種從森林中摘採來的香料和香草，

譬如薑、胡椒、洋蔥、鹽和敘利亞芸香。這種飲料放涼之後喝更好喝。它有迷人的香味：芳香、提神、淡淡的青草香，還有因為萃取出的咖啡因，而帶有甜甜鹹鹹的明顯餘韻。

論咖啡故鄉複雜的政治史

衣索比亞的政治史很難用三言兩語解釋清楚。從公元 1 世紀時阿克蘇姆帝國創建到 1974 年 Haile Selassie 皇帝退位，衣索比亞在超過 1900 年的時間裡，經歷了國王、皇帝，以及其他區域性和地方性的封建統治者。除了 1936 至 1941 年義大利短暫的侵略外，從未被外來國家殖民或併吞。衣索比亞位處阿拉伯世界與西非之間的交界處，好幾個世紀以來，回教、基督教、猶太教和本土宗教在該國皆欣欣向榮。1974 那年，同時經歷了在東非大裂谷發現傳奇的人形化石露西以及德格政權（一個馬列主義國家）的誕生。此時開始實施農業改革政策，所有私人的土地所有權皆收歸國有。德格政權的假想敵人都被凌虐或殺害，政治與經濟的黑暗時期緊接而來，加上乾旱和飢荒，使得當地百姓民不聊生。

1991 年，爆發了另一場革命，由 EPRDF（衣索比亞人民革命民主前線）所發起，他們從那時開始維持該國的政治控制。從 1995 年以後，在 Meles Zenawi 總統長期的領導下，進行了逐步改革和現代化的進程。

衣索比亞咖啡產業一直都在逐步但緩慢地前進。大約在 21 世紀初期，該國採取新政策將部分由政府控制的專賣咖啡市場轉變成一個更多樣化的產業，讓民間出口商和企業聯盟加入。

大約在 2005 年時，已臻成熟的國際**精品咖啡**產業引起一股搶購高等級衣索比亞咖啡豆的風潮。雖然提高了咖啡出口數字，但是農民們在追求以阿拉比卡的產量來建立永續的謀生之道中仍然是吃虧的。更高的需求和不斷增加的出口量在現行的國內咖啡行銷系統中並未發揮作用，因為裡面有太多的中間商以及一個效率不彰的全國咖啡拍賣平台。衣國政府的做法是祭出新政策，但卻大幅攪亂了國際精品咖啡業。

2009 年，衣索比亞商品交易（ECX）組織成立；它使用的是高科技

的咖啡交易平台，包含許多品質劃分的等級與類別。跟之前的拍賣系統不同的是，EXC不允許買方（出口商）和賣方（生產者）之間有任何的勾結，試圖保證一個公平價格的公開資訊系統，期盼最終能為咖啡農民創造重大的經濟利益。

精品咖啡買家起初對於新的商品交易充滿恐懼，因為在它原本的脈絡下並不允許交易的咖啡貨品有任何明顯形式可追蹤貨源。讓咖啡迷更加難過的是，其實EXC授權允許以普通的咖啡豆與珍貴的咖啡豆相混合。

EXC產生了什麼影響？有人可能主張衣索比亞咖啡農民的窘境在採用新系統之後有了明顯的改善。咖啡業的專家下結論說，新模式的規劃者只不過是僥倖，因為剛好國際咖啡商品價格同時間大幅上漲。時間會證明一切。無論如何，隨著衣索比亞咖啡業的演進，一個新的精品咖啡出口商類別正在崛起：私人莊園主人。預估到了2025年時，這些新的「咖啡大亨」加總起來的產量將超過衣索比亞咖啡出口量的25%。

🐾 原產地的源頭

作為「所有**原產地**的源頭」，衣索比亞有數不清的獨特特徵，尤其是生長在該國各地不計其數的小咖啡園中數以千計的原生品種。在許多情況下，農民種植他們自己祖傳下來的品種。在大多數的地區，從東部的Harar到南邊的Sidama，再到西部的Lekempti高原，小農場主的農場將他們的咖啡集中在當地的研磨站，每個農民都貢獻了自家製作的咖啡。結果便產生了混雜的獨特風味，最真實的表現出當地的**風土**（**terroir**）。舉例來說，耶加雪夫（Yirgacheffe）咖啡液中豐富且多層次的味道主要就是這些世上獨一無二特殊環境的產物。所以要將衣索比亞咖啡的味道和本質做概括性的歸納是不可能的事，因為它變化多端。

29

越南

Robert W. Thurston

　　越南咖啡的大新聞，事實上或者可以說是全球輸出業的大新聞，就是在 1990 年代初期，其產量開始巨幅增加。在 1980 年，越南生產的咖啡豆數量微不足道，出口量亦幾乎未曾聽聞。在後殖民時期，後越戰時代，咖啡首度在 1981 年出口，有 68,700 公噸輸出到國外。到了 1987 年，咖啡栽種面積約有 100,000 公頃。到了 1997 至 1998 年，越南生產了 580 萬袋，約 3 億 4,800 萬公斤的咖啡豆，全球排名第四，前三名為巴西的 2,250 萬袋，哥倫比亞的 1,050 萬袋，以及印尼的 670 萬袋[1]。到 2000 年時，越南已經躍升為全球第二大咖啡出口國。

　　越南在 2011 至 2012 年的收穫量有不同的數字，從 1,850 萬袋至 2,167 萬袋不等[2]，然而巴西在 2012 至 2013 收成年的產量則預估會有 5,060 萬袋[3]。越南已經完全超越哥倫比亞，哥國在 2011 至 2012 年的收穫量為 850 萬袋[4]。目前，越南大約有 500,000 公頃的土地種植咖啡，政府希望能維持這個數字。

　　根據國外的估計，越南產量中有 97% 為羅布斯塔，但官方數字為 93%[5]。雖然越南正嘗試逐漸轉換成阿拉比卡，但是農業部預期至少在未來 5 年內，羅布斯塔在咖啡作物的比例上不會有任何改變。越南在全球羅布斯塔的產量排名第一，2008 至 2009 年時約 430 萬袋。雖然越南為自己找到或創造出一個羅布斯塔的商機，但這並不表示該國的咖啡收入讓農民變得富有。在進口市場上，羅布斯塔一直被認為比阿拉比卡廉價；在 2012 年 1 月底時，紐約運送出去的羅布斯塔賣價為 111.08 美分／磅，而阿拉比卡可賣得 220.08 美分／磅（或 1.11 美元／磅 vs. 2.20 美元／磅）。

　　越南的咖啡最早是在 1857 年時由法國地主栽種，在某些記述中有說是傳教士所種植。到 1970 年代，種植咖啡的面積只有數千公頃。接著有幾個發展刺激了該國的產量直線上升。1989 年，美國不滿自由市場的原則被國際咖啡協議所破壞，因為該協議為每個國家的產量設定配額，而且咖啡價格太高，在美退出該組織後，該協議宣告瓦解。接下來在 1994 和 1997 年，巴西的壞天氣造成全球咖啡價格一飛沖天；這個趨勢誘使越南政府和許多農民大量投入咖啡生產。另外，1991 年後，越南國營的進口公司引進了價格低於全球市場數字相當多的肥料[6]。

　　當咖啡豆的價格再度暴跌，時間從 1998 年初開始，一直到 2002 至 2004 年咖啡跌至空前低點，許多人將此情況歸因於越南的咖啡大量傾巢而出 [7]。當然，越南產量的增加造成價格狂瀉，原因有二：首先，雖然出口的咖啡幾乎清一色都是羅布斯塔，但是全世界的咖啡實在太多了，而且有許多消費者習慣喝包含羅布斯塔的即溶咖啡或是便宜的賣場綜合豆，因此所有咖啡的價格都下跌。其次，最大的進口商發現他們能夠用蒸氣加壓在成批的咖啡豆中，去除羅布斯塔原有的一些苦味。但是，就如同本書中有幾個章節所提到的，整體上對咖啡的需求，特別是對於精品咖啡的需求，又再度迫使所有咖啡豆的價格回升。

　　世界銀行鼓勵越南農民種植咖啡，而不顧其損害其他地方農民的利益嗎？世界銀行想要壓低咖啡的成本，如此一來，西方世界的消費者就能付出較少的錢購買咖啡，或者西方國家的公司就能賺更多的錢嗎？世界銀行強烈否認此番控訴，舉例來說，在 2004 年 9 月所公布之「常見問與答」中提到：

問：世界銀行鼓勵越南農民種植咖啡，是不顧其損害其他咖啡生產國農民的利益嗎？

答：越南咖啡的擴張在 1994 年之前就展開了。本銀行是在 1996 年後才又開始貸款給越南農村。本銀行支持越南竭盡所能提升經濟和減少貧窮，但是並未有任何的投資目的用於提升咖啡產量 [8]。

　　世界銀行否認在越南咖啡的擴張中扮演重要的角色。當然，無論是任何目的的貸款都能活化該國境內的一些資金，並用來投資咖啡生產。無論如何，從 2004 年開始，越南激增的產量反映出的是咖啡價格普遍上漲，而非下跌。

　　世界銀行的政策目的是要推動資本主義和私有化，但是這些目標似乎剛好符合越南政府本身在 1980 年代末期以後的計畫。國家機構在基本糧食方面實施價格控制，然而卻採用幾種措施來擴大咖啡的產量。這些措施

包括提供給農民由國家所資助的土地以及優惠貸款，在某些情況下，也提供幼苗、肥料、灌溉和農事設施[9]。而由國有銀行貸款給農民的利率只有1%。越南到了 1980 年代晚期，大部分的土地都是政府所有；後來變成由農民個人種植，且大多數都是以長期租賃的方式在運作。到 2003 年時，只有 5% 的咖啡種植面積仍然由政府經營管理。這些政策跟一套通用的方案一致，容許創業活動。

若要總結越南躍升到全球產量第二的原因，是越南擁有一些世界最低的生產成本和最高的羅布斯塔生產力。他們有大量的勞工願意拿低薪工作，有時候一天 1 美元。現在咖啡業雇用了大約有 60 萬名工人，在收割季節的高峰甚至有 80 萬人[10]。便宜的土地、政府政策和補助，全球對於羅布斯塔咖啡日益增加的需求，以及 ICA 的瓦解全都是因素。坦白說，世界銀行對於越南成功的貢獻，實在微不足道。

對於一個亟欲嘗試從數十年的戰爭中復原的國家而言，它想要提升普遍低落的生活水準，而咖啡正好代表一個進入世界市場的方式，賺的是實實在在的貨幣，而且讓人民有工作。從政府的觀點來看，第二個好處是有機會讓更多人──尤其是越南種族的人──遷移到咖啡種植區。但這個趨勢等於犧牲了柬埔寨人，他們曾住在中央和西部高地，亦即越南主要的咖啡生產區域。

當越南嘗試要降低成本和改善咖啡品質時，面臨了嚴峻的挑戰。「越南的產量……相當依賴密集的灌溉，和大量使用養分與肥料。[11]」以這種方式耕作的成本，以及投料和對土地傷害的角度而言，無法永續運作。灌溉用水變成愈來愈珍貴和昂貴的資源。根據「越南咖啡與可可協會」（Vicofa）的統計，大約有 137,000 公頃的低品質老咖啡樹必須被汰換，總計超過咖啡總面積的 25%[12]。

越南咖啡大部分都種植在西部高原，海拔 500 至 700 公尺的地方。相對較低的海拔高度不利於轉換成阿拉比卡。只有少數農地有遮蔭樹，而且農民不樂意把種咖啡的土地拿來種遮蔭樹。氣候變遷在這裡也跟其他地方一樣是個問題；在正常的旱季期間發生嚴重的乾旱，而作物開花季的降雨量也變得不太穩定。大約有 70% 適合耕種咖啡的土地都是從種子開始種

植；有 30% 是以營養砧（亦即以無性繁殖之苗木作為砧木）的方式種植。這種農業結構可能使得越南特別容易受到病蟲害的侵襲，目前在該國已經是個嚴重的問題。品質低落依然是個挑戰，舉例來說，已成熟和不成熟的果實往往在收成時混雜在一起。其他需改進之處，包括農民之間需要更多的協調，因為烘乾機和露台的使用量增加，資金卻短缺不足 [13]。

從好的方面來看，1998 年 Dang Le Nguyen Vu 在胡志明市開設了第一家越南人經營的極品咖啡店。到 2004 年時，他的連鎖網絡雇用了超過 6,000 名員工，而且他的公司也在東京、新加坡、臺北、紐約、多倫多、巴黎以及其他歐盟城市設立出口分公司 [14]。就像在中國一樣，越南的創業家也將他們國內的咖啡行銷重點指向年輕顧客。國際連鎖店 Gloria Jean's 在 2011 年底時在越南開設了 6 家咖啡館，並計劃在未來 5 年內再展店 20 家 [15]。星巴克預計在 2013 年時進軍越南 [16]。這般擴張是由於越南經濟快速成長的環境：越南的人均收入從 1994 年的 220 美元上升至 2010 年的 1,168 美元 [17]。2007 年開始的全球經濟衰退因為有適當的補助，看起來越南很有可能繼續維持在向上走的軌道上，國內消費也可能跟著出口量而增加。過去，越南已經證明了其驚人的韌性，而且它有很大的機會克服目前在咖啡產量與品質方面的問題。

30

巴西

Carlos H. J. Brando

P&A 國際行銷公司的董事及合夥人，這是一家關於咖啡諮詢、行銷和貿易的公司。P&A 出口 Pinhalense 咖啡機，並為全球咖啡業提供技術、品質、行銷、咖啡消費及策略等諮詢服務。Carlos 曾在超過 15 個國家協調咖啡專案計畫，並且經常在咖啡活動中擔任講者。他是 UTZ 認證委員會、咖啡品質協會（CQI）、伊帕內瑪（Ipanema）咖啡公司，以及巴西聖多斯咖啡博物館的成員。

　　過去 20 年間，一場靜悄悄的革命橫掃了巴西的咖啡業界。新的方法、最新的技術，以及現代的市場觀點，均有助於巴西從種子到一杯咖啡，重新塑造該產業。

　　效率與品質的提升使得巴西咖啡更具競爭力，同時也改變了該國的形象，從一個原本只求產量變成質量並重的生產國。從種植品種（**variety**）的選擇到栽種、收成以及收成後的加工，對品質的強調開始影響許多活動。巴西不僅生產數種非常優質的咖啡，它也對該產業的每一面向嚴加控制品質，將行銷重點放在咖啡品質上。

　　巴西將咖啡種植場往北遷移，遠離容易遭到霜害的地區，朝著 Cerrado 熱帶大草原較平坦、較容易機耕的地區移動，並在較乾燥的地區開始增加灌溉系統的使用，以對抗週期性乾旱的不利影響。巴西已經灌溉了超過 10% 的咖啡種植園：約有 40% 的科尼龍（conilon，巴西羅布斯塔）種植在 Espirito Santo 州和 Bahia 州南部地區，而位於西部和 Cerrado 東部、Minas Gerais 等地區約有 25% 的阿拉比卡種植園現在都有灌溉系統。

　　咖啡的產量過去每公頃只有 10 至 12 袋（60 公斤裝）的咖啡豆，現在已經達到每公頃 20 袋，而且還會更多，這個全國平均值很少國家能趕上。高密度種植新技術加上先進的土壤施肥和抗病品種，使得整個區域的平均產量每公頃超過 30 袋。某些地區，像是 Bahia 州的 Cerrado，每公頃甚至高達 50 袋。

　　生產的環境改變了，連帶供應給市場的產品組合也改變了。今天，市場上所需要的各種咖啡，巴西幾乎都有生產，不管是質和量方面都能符合小至微型烘豆商大至跨國企業的需求。柯尼龍的產量比例，過去大約是全國輸出量的 15 至 20% 之間，但是在接下來數年可能會達到 25%。2012 年的咖啡作物預估量顯示，巴西可能生產 4,800 至 5,200 萬袋的咖啡，其中大約有 1,200 萬袋為柯尼龍。

　　物流與加工和運輸成本因為散裝量大貨品搬運和高速公路的私有化而大幅改善。Vitoria 港相較於 Santos 港，出口比例增加，因為柯尼龍的產量在近幾年增加 50% 以上。已臻成熟的出口業證明他們能運送大量的作物，

圖 30.1　此圖為位於巴西聖保羅州的 Rio Verde 農場，是大規模「開放性技術化」的巴西咖啡生產的絕佳範例。（攝影：Robert Thurston）

並未遭遇瓶頸。2012 年，巴西出口了 3,340 萬袋咖啡，創下出口業的新紀錄，獲利約 90 億美元。

　　國內的咖啡消費是特別的亮點；在 1992 至 2002 年之間從 650 萬袋翻倍增加到 1,300 萬袋。近年來，巴西的咖啡消費每年均成長 5%。2011 年，國內咖啡消費超過 1,900 萬袋，該產業預期它們很快就會達到 2,100 萬袋。巴西現在是全世界第二大**消費國**，僅次於美國。當地的消費呈現出一個壟斷市場，光是巴西本國生產的咖啡就占了 30 至 40%，這是無庸置疑的競爭優勢。

　　巴西咖啡業在質與量方面的優勢獲得咖啡研究集團（由巴西農業研究公司 Embrapa 所經營）所執行的研發模式大力的支持。該集團在咖啡世界

229

是獨一無二的。它將巴西大多數傳統和有聲望的研究機構跟較新近的研究中心集結起來探討新的技術或是設置在以分散式和多元化模式經營的新生產區域的研究中心合作，並由該領域中所有相關單位監督。所有的研究工作皆以顧客需求為導向，無論對象是咖啡種植者、產業界，還是消費者。這份投入研究的用心奠定了巴西咖啡業不斷改革的基礎；在未來的幾年間還會有更多的革新出現。

巴西咖啡生產的未來

雖然巴西咖啡產業的未來看似前途光明，但還是有一些疑慮存在。巴西貨幣匯率走強和愈來愈高的生產成本，尤其是勞工，使得該國之前的低生產成本升高到跟今日普遍在哥倫比亞以及大多數生產成本高昂的中美洲生產國不相上下。當今的挑戰是如何從全球市場短暫的「好價格」中獲利，並且透過較低的成本和較高的附加價值增加競爭力。如果無法完成這項挑戰，巴西便難以維持這幾年所達到的高市占率。

阿拉比卡

巴西種植阿拉比卡的農民必須處理三個關鍵，以維持他們的領導地位：可增加產量的灌溉系統、可降低成本的機耕，以及可改善價差的品質提升。

巴西的平均產量從 10 至 12 袋／公頃增加到 18 至 20 袋／公頃，因為咖啡樹的密度增加了。因此阿拉比卡平均產量下一輪的增加，或許達到 30 袋／公頃，可能是因為灌溉系統的緣故。目前，種植阿拉比卡的區域只有不到 20% 設置灌溉系統，造成巴西每 6 至 7 年就會因為影響各個種植區域的乾旱，損失掉所有阿拉比卡咖啡的產量。今日不只有各式各樣的灌溉技術，近幾年來設備價格也大幅下降。灌溉設備的需求也急劇增加。

採收將是機耕工作的重點。目前只有 20% 的阿拉比卡咖啡是機械採收。人工剝殼採收將逐漸被機器剝殼所取代，手持式的採收機適用於山腰

上所種植的咖啡，無論坡度有多陡峭皆適用。這個改變能夠增加採收者的效率 4 至 5 倍，因此採收者為了每單位 500 美元這麼低的價格自行購買這類機器也就不令人驚訝了。大型的咖啡採收機，機器本身有輪子和引擎，對於地勢平坦與坡度和緩的地區是比較適合的選擇；在這種情況下，每部機器最高可取代 100 名採收工人。

現在已經具備引發這個新革命的技術，因為巴西咖啡研究集團本身投入大量的人力物力，並和民間機構合作，尤其是肥料、農用化學品，以及設備製造商。比較大的障礙是如何讓最多的阿拉比卡種植者快速學會這項技術，並且訂出合理的費用。現在需要做的就是擬定管理和技術「套裝計畫」，依照阿拉比卡主要生產區域的情況做調整，包括土地恢復原狀和翻新的財務資助，以及擴展技術支援和農村推廣服務的行動，尤其是對小農而言。

沿著「品質階梯」往上爬可以大幅提升競爭力。儘管農務能夠有助於充分提升品質（例如，品種的選擇和營養施作），但是最大的潛在利潤卻在於採收後的加工，尤其是使用**蜜處理法**，這種製作咖啡的方法在巴西稱為 CD（Cereja Descascado）。蜜處理法的咖啡豆要價較高，因為它們帶有特有的香甜和高品質日曬法的稠度，然而當氣候條件不佳時，也不會有巴西式日曬法可能產生的澀味。CD 的生產已經超越精品咖啡的商機，在某幾年的產量已經超過 700 萬袋。水洗式巴西咖啡在 2013 年紐約的 ICE 期貨開始交割買賣。

雖然有國內消費的安全網絡，吸收了大約 30% 阿拉比卡的平均產量，但是在巴西，阿拉比卡的種植者為了保持目前全球出口的市占率還是必須要具備競爭力。這項任務雖困難但並非不可能，因為仍然有廣大的傳統種植區將改成**開放式種植技術**。灌溉系統可確保乾旱年份的產量，因而可能降低生產成本，而且有新的領域有待開發，特別是在技術領域，當然地理疆界也包括在內。不過，這些都是中長期的解決方案。短期來說，進步的農場管理、善用現有的金融工具，以及附加價值等等對於增強巴西阿拉比卡的競爭力都是一大助力。

🫘 柯尼龍

從遠景、國內消費或是出口的角度來看，在巴西種植柯尼龍的未來看似一片光明。2012 年柯尼龍的總需求量預估約有 1,400 萬袋，但是產量卻只有 1,200 萬袋。大約有 900 至 1,000 萬袋送到國內的烘豆商，另外 300 至 400 萬袋則進入了即溶咖啡業（其中約有 80% 將製成即溶咖啡出口），最後只剩下 100 萬袋左右供出口。柯尼龍當然還有擴展的空間。

有三種不同的方法可增加柯尼龍的產量：在現有種植區增加產量、在傳統的柯尼龍種植區種下新苗，以及開拓新的種植區。主要的生產州 Espírito Santo 有些農場所發展出的技術已經逐漸提高產量，從一開始的每公頃 6 到 10 公噸，現在已經刷新紀錄每公頃達 12 公噸，然而跟全國平均產量 22 袋／公頃（1.3 公噸／公頃）相較之下，該州的平均產量是 25.5 袋／公頃（1.5 公噸／公頃）[1]。在現有的種植區還有很多的成長空間，尤其是上述的高產量是在實際的種植區而不是在試驗田中達成，以及四年連續下滑的平均值。因為高產量的柯尼龍幾乎都種植在低海拔和近海的地區，再加上較低的勞工成本，因此現有的技術必須接受測試，如果要以柯尼龍來取代阿拉比卡的產量的話，當柯尼龍移往較高的地區種植時，可能大多數的技術都要再做調整。

由於高端的國內市場和出口業對於水洗柯尼龍的生產日益感興趣，因此品質改良成為另一個受到關注的領域。

🫘 結語

居高不下的咖啡價格為巴西製造一個特別的機會，可持續其生產改革，以確保當咖啡價格跌回接近歷史水準時仍保有競爭力。

永續性可能是巴西新咖啡革命的基礎，其為今日全世界最大的永續咖啡豆供應國。增加該類型咖啡數量的可能性仍然很大。巴西的高產量確保種植者有獨特的能力投入在對社會和環境負責，以及生產真正永續的咖啡上。

這些是巨大的挑戰，但工具已經備妥，而且咖啡的好價格創造了任由他們使用的環境條件。現在比較大的問題是，在咖啡價格再度跌落之前，近期和未來的獲利是否足以抵消在這 10 年間影響了大多數巴西咖啡種植者的資本縮減（甚至損失），而咖啡業界和政府是否將共同策劃與實施有助於轉變的政策。如果答案為「否」，那麼只有適者才能生存，但為數不多，且巴西將不再增加其市場參與度，無疑將失去阿拉比卡的市占率。

同時，整個巴西咖啡產業應該設法為它目前以生豆形式出口的咖啡生產增加價值。有鑒於巴西咖啡是全世界大多數綜合豆的主要成分，巴西應該打開其疆界，從其他來源國進口咖啡，使巴西成為一個由民間企業（亦即現有或新的國內外公司）所製作的成品出口平台 —— 烘豆、研磨和即溶。這個出口平台最後可能成為阿拉比卡的防護罩，就如同他們今日為柯尼龍所做的一樣。

31
協助咖啡農因應市場變遷

Jeremy Haggar

農業生態學博士。這位熱帶農業生態學家在中美洲及墨西哥研究永續生產體系已有二十多年的經驗，在 2000 至 2010 年間，主持了一項區域性專案計畫，目的是要發展中美洲咖啡種植業的生產能力，並擔任尼加拉瓜熱帶農業研究與高等教育中心（CATIE）農林業之木本作物計畫的主持人。目前擔任英國格林威治大學自然資源學院農業、健康及環境系系主任。信箱為 j.p.haggar@gre. ac.uk。

協助咖啡農因應市場變遷

從 2000 至 2010 年這 10 年間經歷了全世界咖啡價格劇烈的變動，從全球咖啡供應過剩，每磅價格低於 0.50 美元（紐約咖啡 **C 期價格**）開始，直到 2011 年時因供不應求，價格飆漲至每磅 3 美元。在 2000 至 2003 年，咖啡價格極低的時期，從咖啡所賺得的出口收入砍半，而且中美洲累積的損失總計達 8 億美元[1]。結果導致 50 萬名工人失業，在咖啡種植區的貧困狀況十分嚴重。全世界有 2,000 萬依賴咖啡生產為生的家庭都受到類似的影響。

同時，消費者要求更好的品質，對社會與環境負責的認證咖啡也有相當大幅的成長。在這段時期，生產者、咖啡業者和國際發展機構之間開始有密切的合作，他們旨在設法協助生產者因應這個變動中的環境。本文將檢視這個變動在中美洲所造成的一些結果。

🫘 對於咖啡價格在市場上崩盤的因應措施

為了因應 1999 至 2003 年之間咖啡價格下跌對社會與經濟方面的影響，中美洲主要的捐助者——世界銀行、美洲發展銀行，以及美國國際開發署（USAID）——在 2002 年 4 月於瓜地馬拉召開一場會議，邀請咖啡業界所有相關人士提議和討論因應策略[2]。基本上，捐助者指出，他們並不願意再提供融資讓中美洲的咖啡業者像從前一樣繼續苦撐，但是願意投資在「改變」上，以增加咖啡業的競爭力，重點主要是放在為**精品咖啡**市場改良品質，以及鼓勵不具競爭力的地區多樣化經營。由這個事件所引發的其他新方案，包括三個區域性計畫：第一個是由 USAID 提供資金，由 Chemonics 執行；第二個是由 IADB 提供資金，由 Technoserve 執行；第三個是由世界銀行提供資金，由熱帶農業研究與高等教育中心（CATIE）執行。世界上其他地方也著手其他新方案，譬如在哥倫比亞由 ACDI-VOCA 所執行的計畫，以及在坦尚尼亞的 Technoserve。這些方案整體而言有類似的目標：提升所生產的咖啡品質、增加生產者組織的商業功能，以及強化與高品質咖啡買家的聯繫。在 2004 至 2007 年間，CATIE 的方案「串連農民與咖啡市場」是與瓜地馬拉全國咖啡協會（ANACAFE）、宏

都拉斯咖啡協會（IHCAFE），以及尼加拉瓜小型咖啡生產者合作社協會（CAFENICA）聯合執行。本文後續部分將利用該方案說明，在瓜地馬拉、宏都拉斯和尼加拉瓜三國為 49 個生產者合作社，和大約 3,500 個家庭的成員培養能力的過程。而這些合作社又分屬 10 個行銷合作社。

對農民的協助與訓練

雖然「串連農民與咖啡市場」的策略中生產的部分著重在咖啡品質，但是顯然生產力也非常低，而且這也影響了咖啡耕種的經濟可行性。因此，該方案也提供了恢復現有咖啡種植園生產力之訓練，主要是透過改良的農事操作，譬如修剪，以恢復植物的生產力，還有遮蔭樹的調控、土壤施肥管理，以及病蟲害的防治等等。在採收和加工期間，優先處理採收時的品質控制面向。該方案在每個國家訓練 20 至 30 名推廣專員以及農民贊助人，再由他們訓練各國約 2,000 名的農民。

該方案的商業面向旨在遵從對生產者與行銷合作社的創業能力診斷分析——它透露出相當大的能力差異。為了解決這些問題，該方案提供了策略規劃、財務管理，以及商業管理一連串的正式訓練課程，並且由每個合作社進行個別追蹤，以適當的方式將這些原理應用在他們的需求和產能上。農民和合作社兩者皆獲得協助以發展管理認證過程的能力，這是合作社的目標之一。同時，行銷合作社也與 Technoserve/IADB 中美洲咖啡計畫合作執行教育訓練以提升其品質控制和可追蹤系統。此外，也提供設備給每個國家設立杯測實驗室。在行銷支援的領域，為不同組織設計促銷傳單、影片以及網頁，並在經驗豐富的促進者協助下，參與美國精品咖啡協會每年的研討會和展覽，安排和促成與咖啡買家的會面。

訓練成果

因為增加了 10% 至 20% 的咖啡農民修剪樹叢、施肥以及調控遮蔭樹，因此他們在咖啡管理方面有了些微改善。另外，增加了 20% 至 50% 的農

民只摘採熟紅的果實，正確發酵咖啡果，然後將水洗咖啡分級（grading），因此在確保咖啡品質的工作實施方面也稍微有所提升。同樣的，幾乎有二倍的農民（大多數）由於遵守認證標準，改善了他們過去農場管理的紀錄。

在商業管理方面，大多數的合作社皆設計了策略性計畫，修正或是發展財務管理程序、分析他們的成本結構，並檢視他們的行銷聯盟策略。其中有 17 家合作社獲得新認證，大多來自於雨林聯盟、Utz 好咖啡認證，以及 C.A.F.E. 慣例準則（在該方案出現之前，大約有半數的合作社都已經是經過認證的有機咖啡）。或許最重要的是，根據行銷聯盟的分析，在宏都拉斯，過去未加入某一行銷合作社的 6 間合作社決定成立一個新的行銷合作社——CORECAFE。雖然這個新方案需要時間去制定，而且 CORECAFE 是該方案執行的最後幾個月唯一合法成立的機構，但是 4 年後，該組織成功出口了 11 艘貨櫃船的咖啡，其中 4 艘是雨林聯盟認證咖啡。整體而言，種植未認證咖啡的農民所獲得的價格從每磅 0.77 美元上升至 0.87 美元，而且與紐約咖啡 C 期價格的逆價差（逆價差會隨著來自這些來源國的咖啡可觀察的品質不同而變動）也降了一半。不過，有機咖啡的價格仍穩定維持在每磅 1.02 美元。在該方案實施期間，並未銷售其他認證的咖啡。

提升產量、品質、商業功能以及行銷等種種效應在宏都拉斯發酵，該國的生產者更積極參與每年的卓越杯計畫，在 2007 年的競賽中出現三名得獎者。其中一名是一間小型的有機合作社，獲得精品咖啡買家 Atlas 咖啡的注意，這家公司後來每年都跟這間合作社購買咖啡。另一名得獎者是 Dona Maria Irma Gutierrez，她將成功歸功於該方案所提供的訓練。

成果對於咖啡生產者生活的影響

咖啡產量與收入的變化在這三個國家各不相同。2004 至 2005 年以及 2006 至 2007 年，在尼加拉瓜和宏都拉斯，參與者的咖啡生產力增加了 10 至 25%，然而淨收入幾乎增加了二倍（尼加拉瓜每個家庭從 724 增加到 1,591 美元，宏都拉斯每個家庭從 2,192 增加到 4,040 美元）。在瓜地馬

拉，生產力下降了 11 至 13%，不過有機咖啡農民的淨收入仍維持不變（每個家庭 800 美元），傳統農民的收入則減少了（每個家庭從 \$2,887 下滑至 \$2,146）。之所以產生這個差異主要的原因是，在這段時間，瓜地馬拉日薪費率上漲了 30 至 50%，限制了瓜地馬拉的農民投入在改良措施上的能力，同時也增加了他們的成本。儘管如此，中美洲各國 2,000 個農民家庭的收入平均每個家庭增加了 800 美元。合作社所銷售的咖啡數量增加了 24%，數量超過 95,000 袋 100 磅裝的咖啡，然而銷售金額從 6,695,000 增加到 9,094,000 美元，增加的金額超過 200 萬美元。

我們永遠都無法確定該方案對這些改變的助益有多大，但是我們確實知道透過提高生產效能、建立市場區隔，並且在改善該方案所努力的領域裡，我們看到了進步，而這些並非單純仰賴世界咖啡價格的上漲，因為在這段時間的咖啡價格相當穩定。不過，我們也很清楚的瞭解到咖啡生產者如何能夠因應不斷改變的市場環境。在該方案實施之前——在咖啡史上的低價期（2001 至 2003 年）——小規模的農場主從咖啡生產中每年獲得的淨收入約 200 至 300 美元。在這些方案所涵蓋的復原期間，這個情況普遍獲得改善，農民們能夠稍微增加生產方面的投資，不過仍然沒有足夠的收入完全翻新咖啡種植區，達到能夠大幅增加產量所需要的水準。然而，農民的淨收入確實增加到每年 1,000 至 4,000 美元〔咖啡農場面積平均為 1 至 3 公頃（約 2.5 至 7.5 英畝）〕。在尼加拉瓜和宏都拉斯，跟同一批農民的後續合作雖然證明他們藉由咖啡生產，總收入增加了 20 至 70%，但是這個獲利卻被不斷增加的日薪費率和進口價格所抵消，就像 2009 至 2010 年時，他們的淨收入大體上並沒有改變。2010 和 2011 年咖啡價格上漲可能再度影響了這個情況，或許讓農民們終於能夠投資於翻新咖啡種植園以增加產量。如同以往，希望此舉不會播下生產過剩的種子，而導致另一波咖啡價格暴跌。要規劃一種作物的經濟和農作方法，其生產年限超過 20 年，而且這段時期的價格可能上下波動達六倍之多，這對於生產者和咖啡產業而言都是無止盡的挑戰。

Part IV
全球咖啡現況之消費國概述

32

消費國簡介

Jonathan Morris

本書歐洲部分的共同編輯。劍橋大學義大利現代史博士。英國赫特福郡大學歐洲現代史研究教授。曾出版關於義大利現代史的書籍與文章。他也是「卡布奇諾征戰」研究計畫的主持人，旨在追溯義式咖啡的跨國史，於英文和義大利文的學術與商業刊物中均發表過相關的文章。近期新作為《咖啡的世界史》（*Coffee: A Global History*）。信箱為 j.2.morris@herts.ac.uk，其他文章尚有本書第 38、42、43、46 章。

在 18 至 20 世紀之間，亞洲、非洲和拉丁美洲這三個區域的咖啡為了提供歐洲和北美兩個地區享用而有實質的成長[1]。**生產國**很少消費自己的咖啡：當地人偏好其他的飲料，例如在拉丁美洲的瑪黛茶（mate），不過也有好幾個生產國阻止他們的人民品嚐成品，因為他們必須靠咖啡賺取珍貴的外匯收入。舉例來說，在 2002 年之前，肯亞不允許在該國烘焙咖啡。在這幾個大陸的生產國中，最具代表性的例外是衣索比亞，據估計，該國大約有一半的咖啡是在國內消費，還有日本，它在 1945 年之後變成主要的**消費國**之一。

當今的情況看起來更不一樣了。從 2000 至 2010 年，傳統市場所消耗的全世界產量，比例從 60% 降至約 52%，但是留在生產國的咖啡數量卻從 25% 上升至 31%。同時，全世界非傳統的新興市場繼續增加飲用量，比例從 15% 增加至 17%。以絕對體積來看，在 2000 至 2010 年間，全世界的飲用量增加了 27.4%，但是在傳統市場，這個數字僅成長了 11.6%，在生產國，飲用量增加了 56.7%，在新興市場，則增加了 41.9%[2]。

從咖啡總飲用量來看，2010 年 ICO 的數字顯示巴西現在位居第二，僅次於美國，而且以每年 4.1% 的成長率快速追趕美國的 1.6%。第七名是俄羅斯聯邦，在 2009 至 2010 年間，該國的進口量增加了 16.9%，超越了傳統市場國家，譬如加拿大、西班牙和英國。然而俄羅斯聯邦，雖然是最大的新興市場，卻不是成長最快的。成長最快的是它的鄰國烏克蘭，在 21 世紀的前 10 年間，該國咖啡的總飲用量每年成長率達 23.6%。

蘇俄和烏克蘭的消費擴張是一種現象的表徵，就像克羅埃西亞的一名作家 Slavenka Drakulic 在她 1996 年所出版的著作《歐洲咖啡館》（*Café Europa*）[3] 中所指出的：1991 年蘇聯解體之後，一般人稱「歐羅巴」（Europa）的西式咖啡館在易北河以東的歐洲各大主要城市快速崛起。這些店成為一個渴望新生活以及希望變得更「歐洲人」的重要象徵，尤其是年輕族群。咖啡天堂（Coffeeheaven）是位於波蘭、拉脫維亞、保加利亞和斯洛伐克等國家一間主要的咖啡連鎖店，現由咖世家（Costa）咖啡所經營，他們向來宣稱他們的咖啡館「感覺就像在倫敦、巴黎或羅馬的咖啡

館一樣熟悉和悠閒……咖啡天堂的概念結合了兩個日益趨同的世界最棒的部分：西方經驗和『新』歐洲的抱負、才華與朝氣。[4]」

不過，在歐洲以外的新興市場，參照標準幾乎都是美國，因為咖啡館似乎是接觸西方生活方式的管道。星巴克以及麥當勞和肯德基，在中國將他們的訴求部分建立於在飲食當中體驗美式事物的吸引力上。

同樣的，在傳統市場中，也正在產生變化。歐洲國家，譬如法國、德國和英國，經過一段時間已經發展出不同的消費模式和產業結構，但是20世紀末在家庭市場所向披靡的精品咖啡，或者更精確的說，**濃縮咖啡革命**對他們的影響已經跟美國和義大利不相上下。單人份量（**膠囊咖啡**）機器的興起有可能將咖啡館的經驗帶進廚房，因此可能更進一步顛覆傳統。同時，消費者在選擇咖啡時日益受到倫理因素所影響，我們在討論丹麥時將詳細說明。

假如本書在未來十年內更新內容，那麼我們可能會討論不同的消費大國──或許是中國，其菁英份子展現出對咖啡豆高度的興趣，或是土耳其，它是最早將咖啡引進歐洲的國家，在以茶作為主要飲品超過一世紀之後，民眾也快速增加咖啡消費。就目前來看，這些概述讓我們得以一窺在全世界一些主要的消費市場中咖啡文化的演進與現今的特質。

33

丹麥

Camilla C. Valeur

丹麥羅斯基勒大學研究生。哥本哈根商學院及羅馬大學商學碩士。目前在丹麥中小企業總會（DFSME）擔任專案經理。Camilla 之前在「丹麥咖啡、茶和可可網」（The Danish Network for Coffee, Tea and Cocoa）擔任秘書長和義大利 Oxfam 組織的市場開拓專家。她曾經跟特別關心永續咖啡趨勢的咖啡農民、買方以及終端消費者合作，在亞洲、非洲和拉丁美洲已有 10 年以上從事永續商業發展的經歷。信箱為 caceva@hotmail.com。

　　檢視丹麥消費者對永續和認證的興趣，對於瞭解目前市場上關於認證咖啡的趨勢，是很有用的個案研究[1]。丹麥國內市場在每人咖啡消費額以及永續咖啡的市占率均名列前茅。丹麥人是歐洲國家嗜飲咖啡的第二名，每人每年喝掉 9.7 公斤的咖啡[2]。根據丹麥咖啡協會的統計，2010 年，丹麥從各個來源所進口的生豆（非低因咖啡）總計達 35,592 公噸（593,200袋），2009 年還只有 30,889 公噸（514,817 袋）。增加的數量為 4,703 公噸（78,383 袋）或 15%。

　　丹麥市場由四家公司主導：Sara Lee、Kraft Foods、BKI 以及 Peter Larsen。這四家公司就足足囊括了大約 90% 的零售業和家庭／餐廳／咖啡館的市場，剩下的部分則由另外 15 至 20 家微型烘焙商組成[3]。大部分的進口商和烘焙商皆供應永續性咖啡，尤其是**有機**和**國際公平交易組織**（**Fairtrade International**）認證的咖啡。有些微型烘焙商描述他們整個生產線都遵守永續原則，而且是他們經營理念不可或缺的部分（例如，請參考 Just Coffee.dk）。在超級市場，大多由上述四家大廠獨占貨架，不過在精品咖啡店和在家庭外的市場還是可以找到微型烘焙商的蹤跡。

　　一般而言，丹麥消費者對於永續產品的需求也是數一數二，尤其是在咖啡方面。大約有 40% 的消費者會固定購買公平交易認證的商品，在過去 5 年來，公平交易的銷售量均呈現正成長，只有在 2011 年時經歷小幅的衰退。從 2010 至 2011 年，減少的主因是原物料價格大幅攀升，進口商品的價格上漲，而且咖啡的數量也減少。金融風暴也影響了消費者之間的價格彈性，較高的咖啡價格造成規模縮小的效應，導致許多消費者開始購買較便宜的產品。但是對於購買認證咖啡的消費者而言，這個趨勢影響不大，因為會購買認證咖啡的人通常比較具有忠誠度，而且比較不受價格所左右。

　　丹麥的消費者花費在有機產品上的錢在全球排名也是首屈一指。2009年，丹麥每人每年花在有機產品的費用為全球最高，有機食品銷售的市占率為 7.2%[4]。相較之下，2010 年美國有機食品和飲料的銷售約占所有食品和飲料的 4% 左右[5]。在美國，2010 年永續性咖啡的市占率數量約占11%，金額為 14.5%，2011 年數量約占 10.7%，金額則為 14.2%[6]。

消費趨勢與丹麥咖啡的永續議題

丹麥消費者購買認證咖啡有個重要的原因是關心生產咖啡的農民。另一個因素則是健康考量（有機食品的消費者特別會將健康列為他們選擇購買有機產品而不買傳統產品的重要理由）。消費者主張，如果他們確切認為多出的費用能嘉惠農民的話，他們願意支付多出約 10% 的費用購買公平交易認證的產品。根據 2008 年的一項研究顯示，丹麥消費者認為他們購買公平交易產品最主要的原因就是他們想要感覺自己對世界有影響力，並且幫助了農民和工人[7]。

因此消費者相信認證是很重要的。根據 Capacent Epinion 顧問公司為丹麥商務辦事處所執行的一項民調顯示，將近有三分之一（31%）的受訪者回答說他們增加購買公平交易產品的主要理由是他們愈來愈信任公平交易標章是對農民有確切利益的保證[8]。

這樣的回應意味著消費者不全然會購買任何宣稱對他們有好處的東西，而是除非他們確定這項產品會履行該承諾。社會學家及消費者分析專家 Eva Steensig 主張有個典範轉移正在發生：消費者逐漸揚棄「因為感覺不錯」的經濟，並要求能永續、健康、環保，或是一項產品或公司可能宣稱的訴求之證明文件[9]。Anthony Aconis 近來主張全球八大消費趨勢之一就是「乾淨、實在」，這個大趨勢是指消費者要求從乾淨的公司出品的乾淨商品。這表示沒有隱藏化學成分，沒有非永續性生產方法，以及最重要的是，沒有誤導或不可靠的資訊傳播。「消費者想要農民真的能從公平交易中受惠，或是該產品任何其他永續主張的證明。[10]」這個趨勢在 2011 年 Aarhus 大學商學院發表的一篇探討「食品業趨勢」的報告中獲得證實[11]，該報告的研究人員解釋，消費者希望購買到的產品，其種植或研發跟社會和環境議題相關聯。

該相信誰？

我們不相信公司[12]，但是丹麥消費者高度信任歐盟組織的標章以及公

平交易組織標章。由 Capacent Epinion 所執行的一項調查顯示，有 75% 的受訪者同意，像公平交易組織這樣的標章是農業永續性的保證 [13]。

但是有報告指出，標章並不堅守其主張，這點恐怕會破壞消費者對標章的信賴。所以當顯示有些農民販售有機產品並未堅守有機原則，或者農民並未從公平交易組織的溢價中獲益的個案出現時，消費者對標章的信賴可能會逐漸消失 [14]。同時，大多數的消費者似乎並未因為負面消息而改變購買習慣。購買者似乎知道公平交易的議題是一個複雜的過程，其結果和影響並不容易衡量。此外，消費者相信大多數的有機農民都符合這個名稱的標準。

由於標章的價值有賴消費者的信任，而且因為該結果的全盤檢驗是維持信心的關鍵，因此許多標章正在加強其內部監督與評估。再者，能夠提供影響的證明文件也很重要，而且「國際社會與環境鑑定標籤聯盟」（ISEAL）推動了一個多方利益相關者的程序，以幫助他們的會員——包括公平交易、有機、雨林聯盟、Utz 認證、4C，以及許多其他系統——更瞭解這些機構和執行可靠的影響評估。許多發出永續標章的主要機構個別開始與「國際永續發展協會」（IISD）的永續性評估委員會（COSA）合作，以便更瞭解他們在實務工作上的效果。這種種的努力皆顯示影響評估的複雜性以及認證機構及其利益相關者賦予這個議題的重要性。一份剛發表的公平交易組織報告說明了在公平交易組織中所包含的農民人數，以及在「公平交易獎金」（Fairtrade Bonus）計畫中農民可獲得的利益 [15]。在丹麥的公平交易組織 Fair Trade Denmark 已經宣布，為了更清楚的證明公平交易組織如何發揮影響力，它將大幅增加影響的文件證明。

證明文件應該要如何傳達給消費者？

隨著消費者的需求愈來愈高，現在有一些機構致力於提供評估或平台以獲得較透明、可靠的資料。這不只是像全球永續報告協會（GRI）所推動的基本化企業永續性報告綱領。新成立的組織，譬如全球影響投資網（Global Impact Investing Network）、Big Room 公司，以及 People4Earth.

org 全都對於消費者方便使用且更公開檢視永續工作的平台感興趣。有些團體正在發展評比系統以獎勵致力於永續性的公司和產品，並且讓忽視永續價值的公司或甚至是使用不名譽或欺瞞手段的公司曝光。根據丹麥咖啡產業和零售市場各種來源的資料顯示，對可追溯性（traceability）系統日益增高的興趣是提供永續證明文件的需求擴大的另一個指標。

Utz 好咖啡認證，就像它之前的有機組織一樣，挺身而出成為為永續性咖啡執行追蹤系統的先驅者，並且從 2002 年開始利用其線上追蹤系統作為市場區隔的參照標準。Utz 好咖啡認證目前在一間大型的連鎖超商測試一項前導計畫，讓消費者使用智慧型手機掃描咖啡的包裝袋，然後再裝設於貨架附近的一個螢幕上，以及確切看見生產和運送咖啡的農民或合作社，並瞭解他們的故事。這項前導計畫是整個價值鏈的重要人物密切合作的成果，包括：生產者合作社、進口商和烘焙商，以及一個擁有追蹤系統的認證機構 16。

一間大型的丹麥零售商表示，追蹤系統將在未來扮演一個重要的角色，而且會被用來追蹤愈來愈多不同的變項，像是碳足跡和產品新鮮度，並且藉由結合不同的技術，將資訊傳達給消費者 17。

在這方面所遭遇的大挑戰是判斷要將哪些資訊傳達給消費者，以及在何時與何處提供。上述的例子始於 2009 年；它顯示隨著時間過去，消費者不需在超市裡掃描產品，之後出現的行動裝置管理更受歡迎。這種行動裝置管理意味著有智慧型手機的消費者能夠隨時在家中掃描產品，這表示更有可能找到適當的時機做這件事。

企業對企業（B2B）的商務市場對於永續性資訊的要求或許又不同。有位丹麥的貿易商表示，進口商愈來愈期待他們的供應商提供有關於他們的永續性行動計畫的證明文件，不只透過認證，也透過其他備有證明文件的來源 18。在企業對消費者（B2C）的商務市場中，藉由在網頁上說明特定企業的社會責任（CSR）計畫與新行動方案或是透過其他的傳播管道即可達成。在 B2B 的商務市場中，烘焙商和進口商可以邀請他們的客戶到咖啡生產國參訪選定的供應商，以「證明」其行動計畫的有效性 19。

氣候變遷的影響以及二氧化碳的證明文件

丹麥全國消費者保護局指出，氣候是目前許多 CSR 工作非常關注的焦點，而且是丹麥消費者最關心議題的第三名[20]。他們在 2008 年的報告中指出，丹麥消費者對於碳足跡標章非常關心；有四分之三的消費者同意氣候標章將促使他們購買對氣候較有利的產品。

根據一家經過授權的科技服務機構 Aspecto 為 AgroTech 所執行的一項調查顯示，消費者確實想要更清楚和更精確的資訊，但是他們不見得想要更多標章[21]。他們覺得自己已經快被資訊洪流給淹沒了。有個解決方法是可將碳足跡的面向納入現有的標章系統中。

另外，人們對於有關氣候和永續性的資訊愈來愈感興趣，從全球足跡網絡的措施「生態足跡」（Ecological Footprint）的普遍使用[22]，以及基本標準平台，譬如 People4Earth 的出現即可證明。在實務工作上，COSA 將碳吸收納入其所有生產系統的指標中，並打算測量傳統方法與各種永續行動方案之間的差異性。目標是去判斷他們處理碳的能力，並觀測因此減緩不利的氣候影響是否有明顯差異。諸如 Utz 和雨林聯盟這類的認證組織表示，碳的控管將是未來永續性標章系統中的一部分幾乎是可以確定的，即使並不清楚這樣的系統如何或是何時將符合市場需求。

2009 年時，丹麥咖啡網絡在哥本哈根主辦了一場咖啡氣候會議，目的在鼓勵更多人投入傳播與研究咖啡價值鏈正在如何影響全球氣候，以及全球氣候如何影響咖啡價值鏈[23]。該網絡也與烘豆商和哥本哈根的咖啡館合作，以降低他們公司的碳排放量，並從他們的廢棄物中創造價值。後續的行動方案是與哥本哈根市政府的工程師共同執行，讓企業有權使用 Climate+ 標誌，以此方式向消費者傳達他們的努力。

未來展望

致力於公平交易商品和永續性的丹麥及其他組織現在必須做兩件重要的事：

1. 在適當的時間和地點提供可靠且透明的適量訊息。

2. 增加認證機構與研究者之間的合作，以及企業與研究者（尤其是在民間的標章系統中）之間的合作。

從 2005 年開始，丹麥消費者明顯增加購買永續性咖啡，而且願意付更高的價格來購買，只要他們有自信其購買行為對於農民和環境會有正面的影響。消費者對於永續證明文件的需求日增，以提供關於影響的可靠證明，此舉對於整個供應鏈形成更大的壓力，包括烘豆商和認證機構。許多咖啡公司依賴認證以有效傳達永續性的影響，而不必讓消費者接收過多的資訊或是需要花費太多的力氣。有個當務之急是發展可信賴的系統以測量產品的碳足跡，並將數據納入現有的永續標章中。

對於企業為其產品的永續性負起責任的期盼，以及對於證明文件的需求可能會增加某種形式的追蹤系統的使用。至少，這些系統能夠追蹤改善或違反道德標準的情況。在這項工作中，有些困難在於許多咖啡農民住在偏遠的農村地區，沒有辦法使用網際網路。有些農民則根本不識字。

此外，由於這些系統必須兼顧可信賴和較低成本，因此它們可能必須被納入經過驗證的實地測量系統中，譬如無線射頻辨識系統（RFID），讓終端消費者能夠獲得必要的資訊。在某些情況下，譬如 B2B 的商務市場中，可以做到直接驗證，這個趨勢或許不必單單只依賴科技，也可以包含意見交換和實地訪查在內（無論如何，在直接貿易的概念中，這些都是重要因素）。

近幾年來，消費者的價格彈性隨著咖啡價格的上漲而縮減。這些趨勢使得永續性咖啡的市場更難操控了。然而與永續性咖啡相關的基本問題以及如何將其社會與環保價值傳達給消費者依然是首要工作。

34

法國

Jonathan Wesley Bell

《茶與咖啡產業雙月刊》（*STiR Tea & Coffee Industry Bi-Monthly*）
顧問和特約作者，已發表 250 篇以上關於咖啡的文章。

如果說義大利和德國是透過創新、工程、設計和經濟影響力引領歐洲產業與市場，那麼法國就是以時尚和鑑賞力引領歐洲。跟其他地方不同的是，在法國鑑賞好咖啡是階級問題。好幾個世紀以來，有兩個法國階級設定了咖啡的時尚和鑑賞的標準，並且流傳至今，他們就是：菁英階級和知識分子階級。

法國曾以語言、哲學、藝術和文學支配歐洲文化，在這數個世紀的期間裡，咖啡館成為其帝國主義的鮮明特徵。在法國處處可見的咖啡館中，飲用咖啡主要源自於殖民主義，大部分的**羅布斯塔**來自於帝國的各個咖啡生產地區。但是並非所有的法國咖啡館皆供應劣等的咖啡，來自於許多不同來源的上等咖啡是法國市場一隅受人矚目的面向。

除了咖啡館王國之外，在凡爾賽宮的庭園，咖啡首度變成「法國的」。法王路易十五不僅在宮廷的植物園中種植咖啡，甚至自己烘焙。法國國王及其庭園的時尚魅力擴及歐洲各地，這點對於瞭解法國消費趨勢持續的威望極具重要性，也解釋了為什麼法國是咖啡大國所覬覦的市場，而且關於咖啡的新觀念常常在這裡被積極推廣。

筆者在撰寫本文時，雀巢咖啡膠囊全球銷量有四分之一都銷往法國其實並不令人驚訝。第一個讓 Senseo 咖啡機銷售長紅的國家是法國也同樣不令人意外。

25 年前，法國仍舊緬懷其帝國時光，民眾大部分都喝羅布斯塔；**阿拉比卡**咖啡是給知識分子和菁英分子喝的。除了英國之外，過去 20 幾年間，歐洲沒有一個國家像法國一樣歷經巨大的咖啡變革。如今情況翻轉了。

全國的咖啡杯裡所含的**生豆**量現在有 80% 是阿拉比卡。家庭飲用的咖啡已經變成超大賣場中的獨賣商品。這是經過烘焙和研磨的咖啡；在這些商店裡幾乎找不到全豆，不過它們在咖啡精品店之類的地方銷售量倒是增加的。現在大賣場裡的品牌陣仗多得令人瞠目結舌；在法國一家「超大型」超市就有可能上架 60 種的咖啡商品。

在法國咖啡市場劇烈改變的過程中，法國失去了對自己本身曾有的偉大咖啡業的控制。大型的法國咖啡貿易公司幾乎不見蹤影。過去運送殖民地咖啡熙熙攘攘的法國港口已經轉為運送其他商品。最後運送到法國的咖

啡,大多數是由比利時的 Antwerp 港和德國 Hamburg 港處理。

法國咖啡烘焙向來受到世界各國的關注。偌大的市場被卡夫(Kraft)、莎莉(Sara Lee)和雀巢(Nestle)所瓜分,剩下的部分大多分給自營品牌以及義大利的公司 Lavazza、Segafredo 和 Illy。甚至連位於尼斯的知名烘豆坊 Malongo 都是由一家比利時公司 Rombouts 所經營,這家店素以堅定推廣更好的來源和所謂道德貿易的咖啡聞名。

餐飲業(horeca)依然是當地小型烘豆商的命脈,他們是將大多數的咖啡送至咖啡館的人。然而即使是這個充滿傳奇色彩的法國市場,也有巨大的變化。在過去幾年,咖啡館的數量減少了約 20%。衰退的原因有部分是因為家庭消費新觀念的競爭 —— **咖啡包和膠囊咖啡**。其他競爭來自於**濃縮咖啡專賣店和咖啡連鎖店**。這些包括了 McCafé、Columbus、星巴克以及其他公司 —— 每一家都在擴張中。

什麼樣的咖啡趨勢正在流行和受到歡迎?大多數當然是義式濃縮咖啡、單一莊園或是**單品咖啡**(**single-origin coffee**,與阿拉比卡綜合豆相反)。有機認證和「道德」咖啡也快速成長。

法國是一個富裕的國家,而且其咖啡市場價值好幾十億歐元。跟大多數其他喝咖啡的歐洲國家不一樣的是,其市場亦受益於人口成長。這個成長有部分解釋了雖擴展緩慢然而卻穩定的消費。法國每年所喝下的咖啡飲品是用超過 30 萬公噸的咖啡沖製而成。

將法國推向大眾咖啡市場的是它對時尚的熱愛,並且肯定是好品味。而且讓它與眾不同的是,在菁英分子和知識分子之間持續對咖啡保有的熱情。正是這些階級塑造出今日「法國咖啡最好」的形象,亦即卓越、輕烘焙、以瓷器盛裝的**單品咖啡**。著名的法國「鼻子」依然是最頂尖的引領時尚者。甚至連**美國精品咖啡協會**的聞香瓶都取名為「法國鼻子咖啡館」(Le Nez du Café)。

法國文化超群之處在於思想、藝術和文學,再加上法國人對於味道和芳香的細微差異天賦異稟,這些都是使得法國的咖啡市場一直到今日都與眾不同的原因。

圖 34.1　即使在咖啡生產國，即溶咖啡也很重要。這個路邊廣告招牌設於肯亞的農村（2004 年）（攝影：Robert Thurston）。

　　對於法國咖啡的任何評論應該都會尊崇 Philippe Jobin 的作品。他代表一小群最傑出的法國咖啡研究的專家／愛好者。他令人驚豔的著作《全世界生產的咖啡》（*The Coffees Produced throughout the World*）至今依然是一部經典而且具有影響力。

　　目前的法國市場總結如下：

1. 法國是歐洲第二大的咖啡市場。
2. 大約有 80% 烘焙和研磨咖啡的飲用量是阿拉比卡。法國人喝的咖啡特點為絕大部分都來自於巴西，然後是越南、哥倫比亞，以及其他高海拔的哥倫比亞咖啡。
3. 烘焙／研磨咖啡（R&G）為商店市場的主流。法國市場的商品主

要是由 KJS（Maison de Café）、莎莉（Douwe Egberts）以及雀巢所主導。

4. 以形式來說，商店銷售顯示 R&G 咖啡穩定維持在大約 70% 的水準。單人份量的銷售量達到近 30% 的市場，而且波動最大。

5. 超過 10% 的貨架銷售都是單品咖啡。有機認證「道德」咖啡增加了 5% 的銷售量。

6. 法國大約 20% 以上的飲用量是**速溶咖啡**。另外 5.5% 則是低因咖啡。

7. 在外喝咖啡占法國總飲用量的 25%，其中有 17% 是在飯店餐飲業享用的。

8. 在所有的咖啡中，現今有 26% 是以咖啡包、膠囊或是小包裝沖泡。這使得沖泡機的附件市場更形重要，而且附加價值愈來愈高。

9. 在家用咖啡市場中，濃縮咖啡包和膠囊有長足的成長，雀巢膠囊咖啡為市場之首，袋裝形式的咖啡如 Senseo 緊跟在後。

10. 整體而言，有 72% 的法國人每天都要喝咖啡，而且超過 90% 的法國家庭廚房都有一部咖啡機。

總的來說，無論是在家中——使用傳統烘焙及研磨咖啡，或者是現在愈來愈多的一次性服務產品——以及在家以外的市場上，態勢非常明顯：法國一直選擇在咖啡品質方面向上提升，而且願意花錢享受一杯與眾不同、上等的好咖啡。

35

義大利

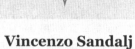

Vincenzo Sandalj

Sandalj 貿易公司總裁，這家公司是義大利主要的精品生豆進口商之一。Vincenzo 是《咖啡：提倡多樣性》（*Coffee: A Celebration of Diversity*）一書的合著者，並曾經擔任 SCAE 的主席。他已於 2013 年 7 月辭世。

　　義大利是全球第四大貿易進口國，也是**濃縮咖啡**的發源地和孕育全世界最受歡迎的咖啡文化的搖籃。該國擁有蓬勃的咖啡產業，因此成為烘焙咖啡和相關設備最大的出口國之一。

　　雖然與其他較富庶的西方國家相比，義大利的咖啡飲用發展較晚，但是在 20 世紀下半葉，它卻突飛猛進。每人消費從 1970 年代的平均 3.5 公斤增加到 2000 年代的 5.7 公斤。近年來，似乎穩定維持在這個高數字。

　　家用咖啡的飲用量占了總量的三分之二，消費額大約是一半，其餘的部分才是家用以外的飲用量（**餐飲業的市場**），由 150,000 家之多的咖啡館瓜分。如果我們再加上供應濃縮咖啡的餐廳，總數更是超過 200,000 家。低因咖啡占了市場的 7%，然而**速溶咖啡**僅在 1% 附近徘徊。認證、有機和道德咖啡慢慢地愈來愈受歡迎，但是飲用量仍遠低於北歐各國所達到的水準。

　　直到 1950 年代，義大利人都習慣在家用 "napoletana"，一種「**翻轉式**」（**flip over**）滴濾沖煮法（**drip brewing**）來沖煮咖啡。後來這種裝置被 moka 廣泛取代（利用蒸氣壓力放在爐面上沖煮），這種方式在義大利家庭中仍然是最受歡迎的煮咖啡器具。但更大的改革是發生在家以外的市場。在 20 世紀的前半葉，**濃縮咖啡機**（**espresso machines**）首度獲得專利並量產，不過濃縮咖啡和**卡布奇諾**（**cappuccino**）的大量飲用要到 1950 年代和 1960 年代才開始發展。

　　近幾年來，國內咖啡飲用量的比例仍然相當穩定。在飯店餐飲市場中可以看到比較大的改變，咖啡館的飲用量逐漸下滑，不過自動販賣機和**單杯式**（**single-serving**）咖啡機的營業額卻增加了；這些已經占了總咖啡進口量的 10% 以及更高比例的金額。這部分的市場特色是：成長率很高，每年接近 20%。在單人份咖啡的市場中，**紙咖啡包**（**pods**）占了銷售額的 25%，然而**塑膠膠囊咖啡**（**capsules**）占了大約 50%。鋁箔膠囊咖啡占了剩下的 25% 的市場，顯現出最高的成長率。這些膠囊主要都只能被用在專用機器的封閉式系統中。

　　在 2010 年，義大利進口了 7,684,913 袋 60 公斤裝的生豆，並再出口 2,460,015 袋，幾乎清一色都是烘焙咖啡。總進口量持續增加是因為有烘

焙咖啡出口量穩定增加作為支撐，後者在 2010 年成長了 9.6%。生豆的主要供應國為巴西、越南、印度、印尼和烏干達，然而各個品種的市占率如下：哥倫比亞咖啡豆 4.59%、其他高海拔哥倫比亞咖啡豆 19.25%，巴西式日曬法 37.33%，以及羅布斯塔 37.76%。

除了占領衣索比亞非常短暫的幾年外，義大利並沒有生產咖啡的殖民地，因此進口模式並未反映出任何的歷史關聯性。口味偏好的發展主要是因為經濟因素，但是在巴西強大的義大利移民社區或許在促進商業合作方面扮演了重要的角色。1959 年，位於 Trieste 港的 Instituto Brasileiro do Café 為了以特價販售舊咖啡的庫存而建造了一間重要的倉庫，而且超過 10 年的時間都非常活躍。在這幾年裡，巴西咖啡在義大利綜合豆中的比例大幅增加。

義大利主要的進口商港為 Trieste、Savona 和 Genoa。有超過 900 家烘豆商供應高度分化的市場。義大利人有相當強烈和悠久的區域性飲食傳統，咖啡也不例外。由於在義大利，咖啡綜合豆是真正的濃縮咖啡的起點，因此他們有非常獨特的義式方法來選擇適當的成分以及將它們混合成合適的產品。終端消費者有數千種綜合豆的選擇，但是大多數的商品在不同的市場區域依然遵循區域偏好。

在北義，人們偏愛以阿拉比卡為基底的綜合豆，也可能加入或不加入羅布斯塔，然而在南義，羅布斯塔咖啡卻是烘豆商選擇加入混合物中主要或唯一的成分。在義大利中部，通常是 50/50 的黃金比例。烘焙的程度也隨之改變，北方人喜歡清淡一點，而南方人則偏好重一點。此外，在北方**萃取**（**extraction**）咖啡時間會長一點，而在南方卻只接受真正的**芮斯崔朵**（**ristretto**，為短萃取咖啡），而且在厚厚的**咖啡脂**（**crema**）上還漂浮著砂糖。甚至連卡布奇諾都是北義人的偏好，在羅馬以南幾乎看不到。如此南轅北轍的差異性往往讓外國人感到困惑，他們通常會想知道什麼是「真正的」義式濃縮咖啡。答案是：有很多種。

在主要的咖啡業者當中，Lavazza 是目前最大的烘豆商，其產品占了將近一半的國內飲用量。在家以外的飲用量方面，Segafredo Zanetti 是龍頭，雖然整體市占率較小，但是如果把該集團的國際營運量也納入考慮，

圖 35.1　義大利的城鎮依然因為裝飾華麗的用餐環境而顯得優雅，人們可以在這裡喝咖啡、閱報（但不是上網看！），或者聽音樂。在帕度亞的 Caffe Pedrocchi 是一個藝術中心，特別是該城市的古典音樂中心。（攝影：Robert Thurston）

那麼顯然比 Lavazza 還要大。卡夫食品擁有 Caffé Splendid 品牌，其在家用咖啡市占率中排名第二。Nestlè 包括它的速溶咖啡在內，在自動販賣機市場非常活躍，尤其是其全球知名品牌 Nespresso 單人份膠囊市場更是所向披靡。Illycaffè 位居非家用、高品質市場之首，它在單杯式市占率和其他重要的事業經營均有成長。Café do Brasil 旗下的品牌 Kimbo 是南義市場的龍頭。還有其他 20 家中大型的區域性公司，以及許許多多中小型的烘豆商廣布於全義。這些烘豆商的銷售額加起來將近 30 億歐元（以 2012年 4 月中旬的匯率計算，大約 39.5 億美元），其中有 10 億是國外銷售額。

　　義大利雖然有大量的咖啡館，但是大部分都是個人和家族經營的事業，尚未發展出重量級的連鎖咖啡館。唯一值得注意的例外是 Autogrill 旗下的 Acafé，它就設置於高速公路旁、車站，以及機場，另外在加油站也

可發現它的新名牌 Enicafé。其餘的連鎖咖啡館規模都比較小,而且並沒有跡象顯示他們可能會改變現有的市場型態,因為這塊市場極度分化且獲利不高。一杯濃縮咖啡的價格大約 1 歐元,是歐洲最低的價格。零售商只能靠販售其他飲品、酒精飲料和食物,以及利用家族人力的機動性才能生存。低利潤,加上站在咖啡館中快速喝咖啡的文化(亦即不需餐桌服務),使得諸如星巴克之類的連鎖店很難在義大利營運,因為消費者不可能接受店家為了要支付開銷而索取的高價。

最大的義大利烘豆商直接從國際貿易商手中購買生豆,通常是透過中間商和代理商,然而較小型的公司主要是向設立於重要港口和城市的當地進口商購買。以 Trieste 港作為據點的咖啡物流業世界領導品牌 Pacorini 集團,營運事業遍及全世界許多國家。義大利咖啡產業另一個重要的部分就是機器產業,包含了濃縮咖啡機、烘焙和包裝設備、自動販賣機,以及相關服務的製造商。其中最著名的品牌是 Faema-Cimbali、Astoria-CMA、Brasilia 和 Rancilio。義大利在若干咖啡機領域中是世界領導者,近幾十年來他們二位數的成長大多依賴海外市場。

在義大利市場中,大量的咖啡業者組成了幾個貿易協會。Assocaf Genova 和 Associazione Caffè Trieste 於 1891 年成立,他們都是歷史悠久的貿易協會,特別關注各自的港口和相關貿易。最重要的烘豆商協會是 AIIPA 和 Italiana Torrefattori,生豆進口商則組成了 Federazione Caffé Verde。主要的咖啡協會都是義大利全國咖啡委員會(Comitato Italiano Caffé)的成員,但是還是有一些其他區域性的貿易協會,例如 Altoga 和 Gruppo Triveneto Torrefattori。Trieste Coffee Cluster 是世界上唯一官方認可的工業咖啡集團。

在義大利有兩大主要的咖啡活動盛事,每年輪流舉辦。最大的是 HOST/SIC,在米蘭商展中舉行,這或許是世界上最大的咖啡展,另一個特里雅斯特食品展(TRIESTESPRESSO EXPO)則是在亞得里亞市舉行。在專門探討咖啡世界的許多**商業雜誌**(**trade magazines**)當中,特別值得一提的有 *Bargiornale*、*Coffeecolours*、*Coffee Trend Magazine*、

L'Assaggio、*Mixer* 和 *Notiziario Torrefattori* 等等。以米蘭為據點的電子期刊 *Comunicaffè* 每天都會為 25,000 名訂閱者發布新聞稿。

義大利咖啡文化的傳播是幾所學校、訓練中心以及教育機構的主要任務，譬如咖啡大學（Universitã del Caffè）、義大利全國濃縮咖啡協會（Istituto Nazionale Espresso Italiano）和咖啡學院（Accademia del Caffè），在此僅略舉一二。許多烘豆商和個體戶有少量的古董機器和咖啡機的收藏品，但是最完整的濃縮咖啡機私人收藏主是 Enrico Maltoni，而且經常在全世界巡迴展覽。

義大利能夠為其極為活躍的咖啡文化與產業感到自豪，後來在各大洲開枝散葉。雖然由於人口老化而使得國內飲用量呈現停滯，但是當地的市場就是新咖啡類型與產品的真實世界實驗室。義大利咖啡和設備製造商出口量不斷在成長。在新興市場中，由於濃縮咖啡和卡布奇諾銳不可當的風尚推波助瀾，這個發展在可預見的未來可能會持續下去。

36

英國

Clare Benfield

斯特林大學商管碩士，在校期間曾修習出版課程，並擔任英國商
業雜誌《咖啡館文化》（*Café Culture*）和《披薩、義大利麵與義
大利美食》（*Pizza Pasta & Italian Food*）編輯將近 10 年之久，
在這之前從事行銷傳播之職務。信箱爲 clare@jandmgroup.co.uk.

英國人喜歡在家喝茶和喝即溶咖啡，但是在外面就完全不是那麼一回事了。英國（人口有 6,240 萬）正逐漸變成一個喝**精品咖啡**的國家，跟歐洲大陸國家的人不同的是，大多數人都喜歡較大杯、加奶的咖啡勝過純**濃縮咖啡**。

自從英國的咖啡館文化在 1990 年代開始大幅成長以來，它就如雨後春筍般擴散開來──咖啡館、餐廳、高速公路休息區、辦公室、休閒中心等等──事實上它現在是一個成功的產業。英國目前無論是咖啡飲用量和店家數皆領先歐洲各國，成功對抗了從 1930 年代以來對全世界許多國家而言最艱難的經濟衰退。

2011 年，在英國知名品牌的咖啡館總計有 4,871 家，與前一年相比，成長超過 8%。2011 年的營業額約為 21 億英鎊，是 2005 年的二倍以上。若將獨立業者和非專門供應咖啡的事業體也加進來，總數增加到超過 15,000 家。倫敦一家零售業分析公司 Allegra Strategies 匯編了這些數字，預測在 2015 年時英國將會有總計 18,000 家咖啡零售店以及高達 70 億英鎊的營業額[1]。

在英國知名品牌的咖啡專賣連鎖店中，咖世家的 1,342 家店幾乎是星巴克店家數的二倍，並遠遠超前 Caffè Nero、AMT Coffee、Caffè Ritazza、Café Thorntons 和 Esquires。其他在家以外的地方供應咖啡的主要品牌雖然也在全英國各地都有分店，但卻是以食物為主，包括 Prêt à Manger 和 EAT。較小型、區域性、專賣咖啡的迷你連鎖店，譬如位於西南部的 SOHO 咖啡公司和 Coffee #1 都在增加中。同樣的，獨立業者也有極大的機會擁有一群忠實的消費者，對他們專精於頂級、手工咖啡感到著迷，他們正在讓人們感受到他們的存在，並為更大型的業者提供最新的靈感。

在英國，吃、喝、社交比較傳統的場所是當地的酒吧，但是如今在很多地方，酒吧都逐漸消失中，或者為了生存而改造成對女性比較友善的環境。數年前，許多地方當局積極鼓勵咖啡館文化來到他們的地區，以制衡對於 2003 年英國放寬售酒法令後豪飲文化的擔憂。近年來，就像居民和消費者所見，主要街道看起來全都長得一樣，手工藝零售商愈來愈受青睞，但是高房租對他們卻是一大考驗。

　　無論是在農村和國際化的大城市中（尤其是倫敦，這個大城市特別提供了一個豐富的、行人川流不息的試驗場地來測試新食物和飲料），英國消費者欣然接受以濃縮咖啡為基底的飲品（**espresso-based drinks**）和相關產品，例如健康果昔和精緻蛋糕。

　　海外旅遊讓人們有更豐富的產品知識，加上教育——受到許多主要業者的鼓勵，他們大多對於大眾所關心的永續性和道德貨源有所回應——這意味著有愈來愈多的英國消費者認同高品質的精品咖啡飲品。譬如由 Whitbread 公司所經營的 Coffee Nation 品牌，後來變成 Costa Express，也將頂級咖啡帶進英國的販賣機中。

　　雖然帶有經濟上的不確定感，但許多英國消費者不願放棄已經成為他們生活方式一部分的事物。根據 Allegra 的統計，在英國有十分之一的成人現在每天都會上咖啡館，只不過在 2011 年消費者每次上門所花的錢比過去稍微少一些。

　　雖然一般人經常外帶咖啡，但是也有一些人喜歡在放鬆、沙發吧型態的場所品嚐咖啡，它可以是任何形式的時尚居家延伸，也可能是飯店、酒吧、社區活動中心、小酒館型態的農產品店或園藝中心，或者是一間提供 Wi Fi 的會議廳也是一個替代辦公室的舒服場所。

流行 vs. 退流行

　　多數作者主張，英國是從 1650 年代開始喝咖啡的。想瞭解更多有關咖啡在英國的歷史，請參見第 42 章「咖啡簡史」。18 世紀時，由於大英帝國的崛起，而且它擁有許多產茶的土地，因此較便宜的茶取而代之，於是咖啡退居次位。在家喝下午茶的儀式吸引了從貴族到各種階級的人。飯店業者充分利用他們富麗堂皇的裝潢，而茶館業者則是提醒人們，茶才是自己國家傳統的飲料，試圖與咖啡館的實力一較高下，因此喝茶的趨勢在今天經歷了一定程度的復甦。不過就目前而言，說到咖啡飲料主要的對手，我們只是對於能在家中以自己的方式所泡的茶感到開心而已。相反地，就咖啡而言，我們愈來愈欣賞和重視**咖啡師**的技藝和陶然自得的投

入，還有他們的**濃縮咖啡機**。

在19世紀末，如偶像般的里昂轉角餐廳（Lyons Corner Houses）誕生。事實上，這間咖啡連鎖店同時販售茶和咖啡，還有食物，譬如蛋糕和三明治。他們服務各階層的人，而且變成女人可以聚會的社交場所，既體面也無需伴侶陪伴。不過，二次大戰後的定量配給使得好景不常，因為原料變得稀少而且所費不貲。

在戰時可買到真空包裝、冷凍乾燥的即溶咖啡意味著消費者不再需要上咖啡館去喝一杯咖啡。但是在1950年代定量配給結束後真正開始改變的是品質的逐步提升，即使供應咖啡的店家本身也變成年輕人聚集的地方，之後又變成並非完全是年輕人的場所。

功效不大的咖啡機在許多情況下只能製作出煮沸、帶有泡沫、有咖啡味道的熱水，後來被義式咖啡機所取代，這種機器成為全英國各大城市許許多多咖啡館的要角（例如在倫敦 Frith 街尚有家咖啡館叫做 Bar Italia，它的標誌就是一部 Gaggia 咖啡機）。這些店家變成年輕人的社交場所，而酒吧是較年長一輩的人去的地方，但是到了1960年代晚期，咖啡館開始退流行，當時供應酒的酒吧吸引全國的年輕人到一個比較喧囂的場所。

直到1980年代，咖世家首創的鐵路咖啡零售亭推出之後，喜歡喝咖啡的風潮才又開始。這裡面有許多的因素在起作用，包括愈來愈多分秒必爭的消費者對於外帶食物的需求日增，以及對於歐式的所有東西感興趣——尤其是義大利的時尚與風格，及其濃縮咖啡的傳統——這是一個革新的舞台，至今仍在進行中。

市場

2009年，**國際咖啡組織**（ICO）將其本身的飲用量統計數據與歐洲商情市調公司（Euromonitor）的市場研究資料結合，計算出英國咖啡進口的統計分析數據如下：超過210萬袋60公斤裝的生豆（其中57,420袋再出口）、861,628袋60公斤裝與生豆等量（GBE）的烘焙咖啡（184,851袋再出口），以及超過110萬袋60公斤裝與生豆等量的即溶咖啡（649,991

袋再出口），總計 4,131,000 袋 60 公斤裝的咖啡。這相當於超過 320 萬袋 60 公斤重的消耗量，亦即在 2009 年每人每年飲用量為 3.14 公斤（2011 年，ICO 在其第 107 次的會期中提出 2.6 公斤 GBE 的數字）。

根據報導，2010 年英國總飲用量的數字些微下滑到剛好超過 310 萬袋 60 公斤裝的咖啡（筆者撰寫本文時，2010 年生豆、烘豆和即溶咖啡的出口量統計數據尚未出爐），然而總進口數上升到 4,292,000 袋[2]。ICO 認為，特別值得注意的是新鮮 vs. 即溶飲用量的市占率，在美國、德國、法國、日本、義大利和西班牙是新鮮超過即溶，然而在英國和俄羅斯聯邦卻是相反，不過上述每個國家都是在家喝咖啡比在外面多。

根據 ICO 的數據，從 1997 到 2010 年間，英國進口的咖啡大多數都是來自於越南（14%）、巴西（11.7%）、哥倫比亞（9.4%）和印尼（6.1%），總計 41.2%，而 32.1% 則是從德國（13.6%）、荷蘭（7.6%）、西班牙（4.1%）、愛爾蘭（2.4%）、法國（2.3%）和義大利（2.1%）再出口所組成的。因此再出口量占了英國咖啡將近三分之一的數量。

即溶咖啡在英國仍然是主流，占了英國全國咖啡飲用量的 79.8%（大多數都是在家喝），但是烘焙咖啡的飲用量已經從 1997 年的 15.8% 增加到 2010 年的 24.9%。根據英國市場研究顧問公司 Mintel 的統計，英國家用咖啡市場在數量銷售上共計 553 萬英鎊，在價格銷售上則達到 831 萬英鎊[3]。就目前而言，65 歲以上年齡層的即溶咖啡飲用量從平均一週 13.4 杯減至 11.9 杯，因此產業分析師建議可以在推廣咖啡飲料的活力與促進健康的性質方面多加著墨。

受到咖啡館和精品咖啡增加的影響，消費者逐漸購買較頂級的烘焙和研磨咖啡，甚至是咖啡豆，還有投資在相關的沖煮技術上。就算沒有**滴濾式**、爐面或**咖啡包**專用機，大多數的家庭至少都有**法式濾壓沖煮法**（**French press brewing**）設備。然而，有一些最新的咖啡包裝置比其他的高檔太多，因此一些消費者認為它們太昂貴。無論是今日或是昔日的濃縮咖啡機都很受歡迎，對某些人而言，它們是時尚廚房的配件，尤其是對於愈來愈多的「咖啡迷」而言，即使他們並不太通曉使用這些機器的必要技術！

咖啡業者

英國咖啡市場可以分成兩大部分：一個是由家用咖啡以及店家咖啡的大型消費零售品牌所組成（Nescafé、Kenco、Douwe Egberts 等），有許多的公司也服務外燴業者，例如 Nestlé 的 Milano。另一部分則是由非家用的咖啡館品牌和供應商網絡所組成。

由公司經營和加盟或連鎖經營的店家（往往依附在其他的零售體中，譬如百貨公司或是加油站）有：咖世家、星巴克、Caffè Nero、Café Thorntons、AMT Coffee Ltd、BB's Coffee & Muffins、Coffee Republic、Puccino's 和 Krispy Kreme——它們代表知名品牌咖啡館連鎖店在英國營運的方式，結果形成清一色的產品、店家風格，連供應商都相同。對於獨立業者而言，他們有較大的自由去尋找較稀有的咖啡，並使用訂做的機器以及沖煮咖啡的過程。雖然免費借用商用設備在歐陸和其他地方很常見，但是在英國卻不普遍。這有可能是因為英國人喝咖啡的數量不像其他國家這麼多、這麼頻繁。

咖啡被烘豆商、投資者以及價格投機者當作商品來買賣，而且咖啡烘豆商的數量持續在增加中。許多小型、有企圖心的烘豆商陸續出現，還有久負盛名的品牌，例如 Matthew Algie。在小店裡現場烘焙咖啡在英國仍不常見，但是有可能會漸漸流行。

英國大多數煮咖啡的設備和相關技術都來自於歐洲大陸，且多數咖啡機公司都有代理商或是他們自己的英國分公司（例如，Cimbali UK）。英國有一家本國的濃縮咖啡機製造商 Fracino，總部設在伯明罕，該公司也是一家成功的出口商。由於咖啡師的技術仍不純熟，因此將咖啡豆變成一杯咖啡的機器很流行，不過大部分都是大品牌連鎖店所使用的半自動濃縮咖啡機。

貿易組織、媒體與活動

貿易協會包括歐洲精品咖啡協會（**Speciality Coffee Association of**

Europe, SCAE）在內，它設立了一個英國分部，宗旨是推廣高標準的煮咖啡法，並協助評判和籌劃每年的咖啡師冠軍賽。

其他積極推廣高品質煮咖啡法的團體包括飲品標準協會（Beverage Standards Association）和咖啡館學社（Café Society）。咖啡貿易聯盟（Coffee Trade Federation）是其他組織的結合，成員有烘豆商、貿易商和中間商，在 2008 年時，更與英國咖啡協會（British Coffee Association）攜手合作。總部設在倫敦的 ICO，透過擬定增加飲用量以及協助咖啡生產國的計畫來推廣咖啡的飲用，還有總部同樣設在倫敦的公平貿易基金會（Fairtrade Foundation）也跟咖啡息息相關。

英國與咖啡相關的**商業雜誌**有：*Café Culture*、*Coffee Trend*、*Fresh Cup*、*Food and Drink Network UK*、*Café Business* 和 *Vending International*。

咖啡文化展（Caffè Culture）是每年舉辦一次的咖啡貿易展。「午餐！」（lunch!）展對咖啡市場也具有強大的吸引力。另外，輪流舉辦的兩個大型餐旅展 Hotelympia 和 IFE 也愈來愈重視咖啡。其他值得注意的活動還有英國咖啡週、倫敦咖啡嘉年華，以及巴斯咖啡嘉年華。

全世界第一個茶與咖啡主題博物館 —— 布拉瑪茶與咖啡博物館（Bramah Tea and Coffee Museum—— 創辦人為 Edward Bramah，於 2008 年辭世）也設在倫敦。這家博物館目前關閉中，預計在整修後重新開幕。

🫘 蔚為風尚

在英國食品業中有許多人，以及跟商業市場無關的人在這經濟不景氣的時代，都帶著羨慕的眼光看著不畏經濟衰退的咖啡市場。

英國的連鎖和獨立餐廳，以及速食餐廳，像是麥當勞，都在不斷提升他們所供應的咖啡之品質，因為他們要在證明為高獲利和持續不墜的咖啡館現象中尋找一個「分一杯羹」的立足點。在所謂艱苦的年代，沒有哪個有企圖心的英國食品業者敢忽略這塊領域。

Allegra 預測英國知名品牌咖啡連鎖市場將帶動整體市場。他們預期複合年成長率將達到 6%，並在 2015 年之前超過 6,000 家店，營業額每年成

長 10.7%，在 2015 年時達到 32 億英鎊。

同時，英國品牌在海外的擴點也可能增加。在英國人眼中，或許仍認為咖世家是侷限於英國國內的事業體，但其實它已經變成不斷擴大的國際公司，在歐洲的店家數（1,444 家）比美國的競爭對手還多（第二名的 McCafe 有 1,326 家，星巴克有 1,253 家位居第三）[4]。

有一群年紀較長，但見多識廣和更懂咖啡的鑑賞級消費者在品質和價格、健康與永續性考量方面尋求平衡，他們未來可能變成英國咖啡市場的一大特色。

咖啡師的訓練將有更大的需求。以更科學的方式製備咖啡，或者說採用單品、在店裡烘焙的咖啡將可確保這些咖啡工藝師繼續吸引顧客，尤其是在獨立咖啡館中。接下來，這將影響連鎖店的性質和產品品質。它們將會愈來愈去品牌化，並且努力促進一種在地社區感，亦即重視當地的人力資源與夥伴關係（商務與慈善），這將是他們要在英國國內與國際上成功的關鍵要素。

37

俄國

◆

Robert W. Thurston

　　從 17 世紀晚期開始，俄羅斯成為一個喝茶的國家。以今日的標準來看，要到 19 世紀末時，才能在俄羅斯帝國的大城市中喝到好咖啡。在 1917 年的俄國大革命之後，咖啡變得很稀有。當我在 1978 至 1979 年第一次居住在蘇聯時，「咖啡飲料」（俄文為 kofeinyi napitok，亦可譯做咖啡因飲料）是唯一平時可買到類似於咖啡的產品。它喝起來辛辣、淡薄且有燒灼感。接下來，在蘇維埃時期的最後幾十年間，有一些古巴咖啡，然後是越南咖啡，一罐罐的出現在食品店中。這些商品代表品質提升的一大步，它們就像美國賣場品牌那樣的東西。

　　最近一次的造訪，是我到俄國和烏克蘭主要城市裡的幾家咖啡館喝了咖啡。品質差異懸殊，但仍算得上相當不錯。有家店位於 Khar'kov──現在是獨立後的烏克蘭國內的一個大城市，早在 2002 年時即販售各式各樣家用的濃縮咖啡機。拿鐵咖啡也出現了。隨著「新俄羅斯人」（這是一個不當用詞，因為這個族群是由來自於不同民族的人們所組成）的崛起，他們有固定的中產或上層階級的收入，各種各樣的奢侈品已經變得很普及。

　　就像 Andrew Hetzel 最近所言：「俄羅斯現在就像是美國蠻荒西部資本主義分子的淘金熱，這意味著到處都是龐大的機會──尤其是在精品商品和服務業，包括咖啡在內。」Hetzel 表示有一家跟他合作的俄國公司 Soyuz 咖啡烘焙公司，開發出「三個精品咖啡品牌，其所設立之標準跟北美洲較好的微型烘豆商一致，只不過規模是他們的三至五倍。[1]」《咖啡師雜誌》（Barista Magazine）的撰稿人 Sarah Allen 曾經評論一場軍樂／馬術表演，這項表演每年夏天都會在紅場（Red Square）舉行，她說道：「這裡是俄羅斯，莫斯科。在這裡不僅是不做大就回家，而是要做大、更大、最大，不然你最好離開這個國家。」這個表演名稱為「Spasskaya Tower 軍樂嘉年華會」，去年夏天第一次設置了咖啡亭，並邀請了 7 名世界頂尖的咖啡師共襄盛舉，其中有幾名是世界冠軍，他們連續五個晚上不停的沖煮咖啡[2]。但是我必須補充，首都莫斯科和聖彼得堡比該國其他地方更加富裕和先進。

　　不過，俄國人在「咖啡」店裡飲用的咖啡實在微不足道，這些店一般

來說，從咖啡銷售中獲得的利潤不到 5%。真正的獲利是來自於一長串的食物菜單、酒和菸 [3]。不過，咖啡是年輕人的時髦飲料。

國際咖啡組織記錄俄國的資料只有數年時間，其報告顯示 2010 年俄國進口了 1,445,000 袋的生豆。但是這個數字被即溶咖啡的 2,302,000 袋遠遠超越了。每人飲用量是 1.57 公斤，遠低於美國的數字，更別說是北歐國家了。但是 Soyuz 咖啡公司，以及無疑的還有許多競爭者很快就會跟進，努力讓俄國人不再依賴即溶咖啡，而改喝好的、更好的，最後是盡善盡美的咖啡。在石油出口商品利潤的支撐下，俄國肯定會繼續提高他們喝咖啡的標準。

38

烏克蘭

Sergii Reminny

SCAE 第一屆烏克蘭國家協調員（2005-2010 年）。目前是烏克蘭 IONIA 咖啡館公司負責人，曾造訪全世界超過 50 個國家獲取相當的專業知識，同時也具有咖啡部落客與作家身分。

Jonathan Morris

請參見第 32 章。

烏克蘭的人口為 4,900 萬人，過去曾是蘇聯第二大的共和國。但是在 1991 年獲得獨立後，該國現在走自己的路線，不只是經濟、政治，連咖啡也是。資料顯示，烏克蘭是過去十年間在新興市場中咖啡消費成長最快的國家，從 2000 到 2010 年間，平均每年增加了 23.6%。相較之下，離它最近的競爭者——俄羅斯聯邦、土耳其和以色列——在同時期的年成長率大約只有 7%[1]。

從 2000 年開始，烏克蘭人每人咖啡飲用量已經增加了將近 10 倍，從 2000 年的 0.2 公斤到 2010 年的 1.96 公斤。是什麼原因造成如此大幅度的成長呢？答案很簡單：就是烏克蘭的地理位置，尤其它的西部延伸至中歐的心臟地帶。我們可以將該國分成四個主要地區，每個地區都有其獨特的喝咖啡形式。

1. **西部**：西部地區包括 Lviv 和 Uzhgorod 等主要城市。西部人是烏克蘭最大宗的咖啡飲用人口，他們喝的量是該國平均的 3 至 4 倍。這些所謂的「親歐派區域」仍然受到他們與奧地利或匈牙利咖啡文化的歷史連結所影響。

2. **中央**：中央地區的主要城市是烏克蘭的首都基輔，一直以來它都占了全國總營業額的 20 至 25%，其中心位置和行政重要性說明了為什麼烏克蘭的現代咖啡發展是從這裡發跡。自 1990 年代開始，第一家民營餐廳、速食連鎖店，以及超市連鎖店都是從首都往其他省份擴張。

3. **東部**：東部主要城市有 Donetsk 和 Kharkov——這個地區的人民習慣說俄文，傳統上這個地區受到俄國文化的影響甚深。在過去 10 年間，東部比較富裕的工業城市歷經了最迅速的經濟發展，而且快速接受飲用精品咖啡，從濃縮咖啡開始入門。

4. **南部**：南部的主要大城為 Odessa、Simferopol 和 Yalta——本區同樣以說俄文為主，它包括了位處亞熱帶的克里米亞半島，這裡是很吸引人的觀光地區。南部的氛圍比較悠閒，與本區的美麗和氣候相得益彰，因此在獨立後，咖啡很快地在此地流行起來。在南部，觀

光和喝咖啡的季節只在夏季；冬季則恢復安靜，沒有熙來攘往的人群。

　　就如同一位克羅埃西亞的作者 Slavenka Drakulic 在她 1996 年的著作《歐洲咖啡館》（*Café Europa*）[2] 中指出，在 1991 年當蘇聯解體之後，一般人稱「歐羅巴」（Europa）的西式咖啡館在易北河以東的歐洲各大主要城市快速崛起。這些店成為一種新生活和渴望加入「歐洲」的重要象徵。烏克蘭或是該國主要的地區已然接受這相同的期盼和目標。

　　在歷經超過一世紀快速的工業成長、戰爭以及經濟停滯，烏克蘭或許已做好準備將進行重要的經濟發展提升，不過這還是要看西歐和俄羅斯的購買力而定。烏克蘭是否能夠利用這個不確定的機會來提升生活標準並且喝更多咖啡仍有待觀察。

39

日本

Tatsushi Ueshima

1980 年被任命爲 UCC Ueshima 咖啡有限公司的代表社長，現爲
代表董事。代表日本數個咖啡業團體出任主席職務，包括：全日
本咖啡協會、全日本咖啡公平貿易評議會、家用一般咖啡業協
會，以及日本精品咖啡協會。因爲對日本咖啡界貢獻卓著，因
此獲得日本政府頒發的旭日章，也曾經榮獲咖啡生產國，譬如巴
西、哥倫比亞和牙買加所頒發的獎章。

1690 年代，荷蘭商人在長崎的出島商棧（Dejima Trading Post）將咖啡引進日本，時值江戶時代，當時日本施行鎖國政策。直到明治時代（1888年）咖啡商船才第一次出現在日本各地的城鎮中。在這段時期，咖啡仍然是從國外進口的奢侈品，就像酒一樣，一般民眾很少接觸得到。只有在第二次世界大戰後重開貿易之際，咖啡才開始在日本擴展開來。

1950 年，僅有 40 公噸的生豆進口到日本，在 1960 年 4 月全面開放進口，1964 年日本加入 ICO 之後，數量便開始增加。日本目前每年進口超過 41 萬公噸的咖啡，這是因為戰後生活型態西化以及經濟快速成長所造成的結果。今日，日本是全世界排名第三大的咖啡進口國。

1950 年之後，除了人口增加和生活標準提升之外，日本的咖啡消費增長的主要因素是咖啡業者努力創造出一個獨特的國內咖啡文化，在全國都認知公平原則的情況下鼓勵競爭，並建立消費者意識。

🫘 日本的獨特咖啡文化

1960 年代中期，咖啡館在全日本開始再度出現。這些咖啡館跟美國的咖啡館不同，每家店都有侍者服務顧客。咖啡館被認為是很吸引人的生意。「我可以經營一家像茶館那樣的店。」以及「我唯一的選擇就是開咖啡館。」是常見的心態。無需經驗、沒有年齡和性別的限制，要獨立開店所需要的資本額也相對較少。與酒吧相較之下，咖啡館的形象還不錯；既整齊又乾淨、有一種高尚的氛圍，而且給經營者一個可以發揮創意的地方。因此，咖啡館的數量在 12 年間增加了 3.2 倍，從 1970 年的 50,000 間增加至 1982 年的 160,000 間。沒有經驗的人們都是邊做邊學。

咖啡館沖煮咖啡的方法跟家庭使用者的方式不同，前者使用法蘭絨過濾布和咖啡虹吸管。他們也設計讓日本人感到新鮮的菜單內容，譬如冰咖啡，這有助於建立獨特的日本咖啡文化。此外，他們也研發在咖啡館以外的地方供應咖啡的方式以滿足新日本咖啡客，因為日本不像歐美國家擁有悠久的咖啡館歷史和在家喝咖啡的文化。將咖啡現貨販售給顧客的咖啡專賣店開始販賣單品咖啡，像是秤重的摩卡和吉力馬札羅。另外，各式各樣

的咖啡產品也被開發出來，例如**單杯式**的選項，以因應愈來愈多的單身家庭和單人份的餐點。

咖啡在日本生活的各個面向中都成為重要的飲品，買咖啡和喝咖啡的方式有很多種，譬如普通咖啡、即溶咖啡、即飲咖啡飲料，以及辦公室咖啡。在不同的選擇當中，最大的影響來自於罐裝咖啡的發展。世界上第一個罐裝咖啡是在 1969 年時由上島咖啡公司的創辦人 Tadao Ueshima 所發明。這個開創性的發明，將熱咖啡或冷咖啡裝在罐中，將咖啡的性質轉變成隨時可飲用的休閒飲料，創造了新的喝咖啡情境與需求。罐裝咖啡很快地遍及全日本。這個趨勢也為新的銷售管道——自動販賣機——鋪路，在犯罪和肆意破壞情況較少的日本社會中，自動販賣機的營運比較沒有特別的問題。自動販賣機大大擴大了銷售機會。

結果，工業用咖啡（其定義為即飲飲料，例如罐裝咖啡）的市場從罐裝咖啡問世以來 40 年間，在所有非即溶咖啡的市場中，成長率高達40%。該成長率顯示，罐裝咖啡的發明對於日本咖啡產業發展影響的程度。

在公平原則下競爭

隨著日本咖啡市場的成長與發展，新公司競相進入該市場，使得競爭非常激烈。但是日本的風格就是公平競爭，這方面被視為是一個產業健全成長的先決條件。因此在 1977 年，日本實施了「咖啡飲品公平競爭條款」，要求將即飲產品中的咖啡詳細含量列示於標籤上。為了規範普通咖啡和即溶咖啡的標示，全日本咖啡公平交易委員會於 1991 年成立。該委員會設定一個自我要求的條款，該條款規定產品必須顯示所包含的主要咖啡豆生產國的國名（依照重量的百分比來決定），並要求除了標明咖啡生產地區和品種外，這些咖啡豆至少要達到 30% 的含量，其被視為全球咖啡產業最嚴格的條款。這些規定有助於增強消費者對咖啡的信心，並提升咖啡在日本餐飲界中的地位。日本咖啡市場從「數量擴張」到「品質追求」的轉變過程中，此舉是主要的轉捩點。

消費者意識運動

有個全業界的意識營造運動對於日本咖啡市場的發展至為重要。當全日本咖啡協會於 1980 年成立時，提升有關於咖啡意識的全面工作開始在整個業界展開，目的是要推廣咖啡飲料的口味、愉悅感和對健康的益處。

這個運動與時俱進，而且咖啡對於人體影響的新科學資訊也在 1990 年代於日本公開發表。這樣的宣傳對於消除咖啡對健康有害如此根深蒂固的負面形象是有必要的。在 1995 年，咖啡科學與資訊協會（ASIC）在京都舉行了雙年會，討論「咖啡與健康」的主題，致力於改善咖啡的形象。

隨著在家喝咖啡變得愈來愈為大眾所接受，普通咖啡業家用協會於 1990 年成立，以推廣這個趨勢。在精品咖啡潮進軍日本之後，日本精品咖啡協會於 2003 年成立。該協會派遣日本頂尖的咖啡師參加世界級的競賽，以展現他們高水準的技術，而且日本也推廣永續咖啡，譬如有機和認證咖啡，以追求從種子到杯中物都是真正的精品咖啡。

從業人員在每個時代潮流中皆竭力將咖啡推廣到日本民眾日常生活中的各個層面，並提升咖啡的價值，而這番努力已經促進了咖啡飲用量增加以及咖啡業的成長。

咖啡館的沒落

隨著這些潮流持續進行，日本的咖啡業繼續探索符合新要求的方法，以因應變動中的社會結構和消費者口味，達到持續成長和發展的目標。1980 年之後的幾年是咖啡業界令人振奮的時期，其成功要歸功於熱忱的從業人員和消費者的殷切期盼。許多長期耕耘的業界人士很感謝所有對成功具有貢獻的人。然而，日本的經濟成長緩慢，再加上高齡化社會和低出生率，種種因素皆造成人口減少。於是咖啡市場進入一段穩定或者幾無成長的時期；與 1982 年的最高峰相較之下，咖啡館的數量減少了將近 50%。

衰退的另一個原因是規範咖啡產業的政府機關重疊。農林水產省掌管生豆交易；經濟產業省監督零售買賣；而厚生勞動省則負責零售食品業。

有時這些機構所遵循的政策可能相互牴觸,而且要讓這些部門合作核准一項影響整個咖啡業改變的政策恐怕並非易事。因此,整體市場的跨部門工作效率不彰,部門間的發展也不足。

然而導致日本咖啡館數量銳減的另一個因素是時髦的自助式咖啡館加入競爭行列。它就像美國的咖啡館或速食服務業一樣,顧客在櫃檯點餐並拿到他們點的咖啡。有些這類自助式咖啡館一杯咖啡只賣 150 元日幣,只有時下咖啡館賣的咖啡均價的一半。自助式咖啡館主要的目標市場是嬰兒潮世代。在 1945 年二次大戰結束後,於 1947 至 1949 年間總共誕生了 806 萬人。根據某些估計值顯示,自助式咖啡館能夠吸引一般咖啡館三至四倍之多(或者每天達 400 至 500 人次)的顧客上門。自助式咖啡館贏得嬰兒潮世代受薪階級強而有力的支持,因為他們的荷包背負著房貸和子女教育費的沉重壓力。

咖啡館再度流行

咖啡館的數量對於目前正在快速改變的人口結構而言,或許減量過度。嬰兒潮的人們已經退休,有可支配收入,而且有閒暇時間,但是休閒場所卻非常稀少。這些人發現在自助式咖啡館中的高腳椅並不舒服,而且菜單複雜難懂。自助式咖啡館主要依循西方文化,效率管理是當前的經營重點,而非舒適。由於上述理由,有桌子和侍者的咖啡館近來有復甦的趨勢。以 30 年為一個週期來說,生活型態會改變,世代也跟著改變。迅捷回應新生活型態的能力決定了一個產業的成長或衰退。

日本咖啡業吸取了西方的商業模式,然而同時也因應國內的口味和對高品質的要求,並設法發展和擴張市場,克服無數的挑戰。人們都說 21 世紀是屬於亞洲人的世紀,日本咖啡業藉由更新自身能力來處理、改善和徹底改革在 300 萬人的市場中任何重要的議題,致力增加消費者數量。

40

德國

Britta Zietemann

德國咖啡協會（位於漢堡市）副執行董事。在攻讀了媒體與英文，並進入公關界服務之後，Britta 從事咖啡相關工作至今將近 5 年。2007 年進入德國咖啡協會（Deutscher Kaffeeverband）負責傳播、資訊與活動。她跟 Holger Preibisch 等人合著了《咖啡魅力》（*Faszination Kaffee*）一書，這本書是德國近年來唯一關於咖啡的全方位參考書。

德國是全世界第二重要的咖啡進口國，僅次於美國。只有美國和巴西比德國人飲用更多的咖啡。此外，德國是低因咖啡和**即溶咖啡**的重要製造國，而且漢堡（Hamburg）和布萊曼（Bremen）兩個港口城市是進口和再出口生豆與加工咖啡的主要樞紐。

歷史

當咖啡剛被引進德國時，被視為奢侈品。1673 年，德國第一間**咖啡館（coffeehouse）**「Schütting」在布萊曼開張營業，至今仍在。17 世紀時，其他德國城市也陸續有咖啡館設立，例如漢堡、萊比錫和慕尼黑。隨著咖啡館的發展，咖啡市場開始蓬勃，不過這個時期只有有錢人才買得起咖啡。因為德國（或是當時的普魯士）並沒有種植咖啡的殖民地，因此該國必須從鄰國購買**生豆**。為了防止民眾因為購買生豆而把德國貨幣匯至國外，腓特烈大帝實行了烘焙稅，實際上是要禁止私自烘焙。在 1786 年腓特烈大帝辭世之前，咖啡市場一直被貴族所掌控。

在國家壟斷廢除之後，加上隨著工業化開始，咖啡逐漸變成一般民眾的飲品。比較窮的人們在工廠長時間工作會喝咖啡來提神，並且當作啤酒和食物的替代品。當咖啡平民化之後，「喝咖啡聊天」（Kaffeeklatsch）的現象，也就是一群女人在下午時間喝咖啡、吃蛋糕和聊天，擴展到各個階級。同時，咖啡業的重要發明也出自於德國人之手。一名德國化學家 Friedlieb Ferdinand Runge 受到詩人 Johann Wolfgang von Goethe 的鼓勵，開始研究咖啡，並在 1819 年時，將咖啡因分子離析出來。1905 年，德國人 Ludwig Roselius 成功去除咖啡因，而且一名來自德瑞斯登的家庭主婦 Melitta Bentz 發明了咖啡濾紙，之後該產品（melitta）即以她的名字命名。

在 20 世紀初期，漢堡取代勒阿弗爾（Le Havre）成為歐洲主要的貿易港，而咖啡是一個國際交易商品。接下來兩次世界大戰導致生產過剩、飲用量減少，以及國際貿易協定的實施。

在二次大戰之後，德國分裂成兩個國家，形成冷戰的前導線：一個是北大西洋公約組織的成員國德國聯邦共和國（FRG），一般稱為西德，

另一個則是走社會主義路線的蘇聯集團中的德國民主共和國（GDR 或東德）。在 1950 年代，咖啡被視為是一個經濟成功與復原，以及社會地位的象徵。在那 10 年間，幾乎所有的西德人都喝得起咖啡，然而在東德，咖啡並非平常人消費得起的商品。在東德，咖啡幾乎都混入較廉價的替代物，像是豌豆、菊苣（chicory）或是烤麥片，因此引發 1970 年代消費者的抗議。為了提升咖啡的品質，東德尋求一個意識型態相近的國家供應他們合理價格的咖啡，於是與越南簽約，並在當地推廣咖啡種植。這樣的安排有助於激勵越南產量的擴大，在柏林圍牆倒塌之後更是急速增加，使得越南成為全世界第二大生豆供應國，其品種大部分是羅布斯塔（參見本書第 29 章「越南」）。

在 1970 年代，許多小型和中型的烘豆商，以及成千上百的進口商和代理商，皆以漢堡為據點。在 20 世紀的最後幾年，這個數字往下滑，人們覺得咖啡有點過時。不過，近年來這些行業又開始成長。目前，大約有 300 家的烘豆商和大約 10 家的進口商和代理商服務德國市場。

過去 10 年裡，咖啡的形象已經轉變。咖啡現在被視為現代飲料，它象徵有活力的社會，大多數都是都市。它相當符合 21 世紀健康與現代化的生活方式，而且是德國最多人消費的飲料。

市場概況

進口與出口

德國是一個很重要的咖啡貿易與製造樞紐。在 2010 年，進口到德國的生豆達到 1,820 萬袋 60 公斤裝的咖啡（110 萬公噸）與 2010 年的數字相較之下，增加了 3.7%。2010 年時，大約有 580,092 公噸再出口，包括加工或未加工的咖啡豆。

2010 年，巴西依然是德國最大的供應國（超過 620 萬袋），而越南是第二大供應國（330 萬袋）。2008 年之前，哥倫比亞是第三大重要的供應商，之後由於產量減少，名次大幅後退，2010 年時排名第十一。2011 年時，

秘魯（140 萬袋）和宏都拉斯（120 萬袋）是德國第三和第四大進口來源。第五名為衣索比亞，進口量為 909,503 袋。

　　大部分再出口的未加工生豆銷往波蘭以及奧地利、丹麥、匈牙利和英國。低因咖啡主要出口到美國，然後是西班牙、義大利、荷蘭與比利時。咖啡萃取物，無論是即溶或是液態，則是出口到英國、法國、烏克蘭、波蘭和荷蘭。

國內飲用量

　　咖啡是德國最多人飲用的飲品，每人每年平均喝掉 149 公升的咖啡，相當於每人吃掉 6.4 公斤的生豆。相較之下，德國每人每年喝掉 137 公升的水和 107 公升的啤酒。

　　總的來說，德國在 2010 年的飲用量總計 406,500 公噸烘豆（377,500 公噸的非低因咖啡烘豆，29,000 公噸的低因咖啡），以及 16,600 公噸的即溶咖啡。在所有的烘焙咖啡中，有 59,000 公噸的咖啡用來製作**濃縮咖啡**，而 37,650 公噸則用來製作**單人份咖啡包和膠囊咖啡**。大約有 76% 的烘焙咖啡市場是以烘焙和研磨（濾泡式）咖啡為主。儘管如此，濃縮咖啡和咖啡脂的飲用量與之前相較之下，仍於 2010 年時增加了 10%。德國人在過去幾年對於濃縮咖啡的消費增加特別快速。單人份（咖啡包和膠囊）咖啡在德國的銷售量也在增加。與前一年相比，膠囊咖啡在 2011 年成長了 30.4%。咖啡包的飲用量在 2011 年增加了 1,000 公噸，總計為 31,000 公噸。單人份咖啡的飲用量從 2005 年以來，增加了 5 倍之多。即溶咖啡的飲用量許多年來維持平穩，與 2010 年相較，在 2011 年略微增加了 1.2%。

　　認證咖啡的需求也在增長。2011 年，認證咖啡的市占率為 3%。可以預期日後將會增加，因為許多工業咖啡烘豆業者和即溶咖啡的製造商已經簽署協議，將在數年之內要把他們的咖啡全部或是很大比例的轉換成永續生產的產品。

圖 40.1 德國海德堡 Moro 咖啡館。這家店販售大量的咖啡並擁有忠實的顧客，原因是它座落在歐洲最長的徒步街上，占了地利之便。它其實算是某種「第三空間」。（攝影：Robert Thurston）

✆ 家庭外的飲用量

非家用咖啡的市場總計占了總咖啡市場的 25%，並包括飲食場所的消費，譬如各式咖啡館、咖啡廳、咖啡屋、飯店和餐廳，以及辦公室和其他工作場所。大多數非家用的咖啡都是在麵包店（31.5%）和咖啡館（13.5%）消費的。大約有 9.9% 是從自動販賣機購買，10.2% 是在旅行中和在加油站購買，7.9% 在咖啡廳或咖啡屋飲用。在家以外喝咖啡的地點還包括酒吧（4.8%）、速食餐廳（5.3%）和餐廳（5.5%）。

2011 年時，德國總共有 2,147 家咖啡館。他們帶動了愈來愈多以**濃縮咖啡**為基底的飲品日益風行。在家庭外飲用的咖啡中，大約有 47.2% 是精品咖啡，其中卡布奇諾最受歡迎（16.6%），接下來是**拿鐵／瑪琪朵**（latte/macchiato，16.3%）和**咖啡拿鐵**（caffé latte，13.9%）。最大比例（52.8%）仍是傳統咖啡，而有 0.4% 是純濃縮咖啡。

產業結構與德國咖啡協會

德國的咖啡產業分成咖啡進口商、代理商、倉庫管理業者、烘豆商、低因咖啡業者、即溶咖啡製造商、烘豆設備製造商、飲食場所，以及**永續**組織。德國咖啡協會設立於漢堡，它代表整個產業的每個**價值鏈**，因為在所有行業中的從業人員都是會員。協會的職責主要是積極遊說、維持正面的法律與政治環境，為成員提供專業的資訊服務，並提升咖啡在德國的正面形象。

德國咖啡協會是該國咖啡業最重要的團體。其 130 個會員幾乎跨足了大市場和許多較小的產業。該協會與其他的機構和組織建立了廣大的聯絡網。在德國國內，德國咖啡協會與德國批發、外貿暨服務聯盟（BGA）和德國食品法與食品科學聯盟（BLL）有密切的合作夥伴關係。此外，德國咖啡協會也是德國標準化協會（DIN）以及德國食品業研究協會（FEI）的成員。在國際上，德國咖啡協會是歐洲咖啡聯盟（ECF）、咖啡科學與資訊協會（ASIC）以及**歐洲精品咖啡協會**（**SCAE**）的活躍成員。過去的西德是**國際咖啡組織**（**ICO**）的會員國。所有的會員資格和合作夥伴關係乃確保在處理國內外議題時能密切合作。該網絡也讓德國咖啡業者能夠齊聚一堂，傳播資訊和創造咖啡業的正面環境。

大多數的進口商、代理商、倉儲業者、低因咖啡製造商，以及較大型的烘豆商皆以漢堡和布萊曼為據點。其他還有一些大型的烘豆商和即溶咖啡製造商在慕尼黑、法蘭克福和柏林加工咖啡；較小規模的烘豆商則遍及全國。

在德國，有幾個貿易展包含了咖啡在內，但是他們主要是針對飯店和餐飲服務業者（Internorga）或是自動販賣機（EUvend）業者所舉辦。有一個特別專門為咖啡舉辦的貿易展叫做 COTECA（咖啡、茶與可可亞貿易展），每兩年在漢堡舉辦一次。該貿易展與整個咖啡產業相關，從一顆咖啡豆到一杯咖啡，全都包含在內。

目前趨勢與未來展望

德國咖啡市場在過去的幾年間已經產生大幅的改變。消費者的習慣轉向更關注品質、方便和生活型態,同時也強調新鮮、現做和立即飲用。濃縮咖啡和以濃縮咖啡為基底的飲品,以及愈來愈多人飲用的單人份咖啡更凸顯了這項發展。儘管如此,絕大多數的德國咖啡客仍然是喝烘焙、研磨的咖啡。

我們預期德國的總飲用量將維持在大約每人 149 公升的水準,但是在咖啡市場內所採用的飲品類型比例將上下變動,並且可能產生深層的改變。方便沖泡和飲用的咖啡、品質與永續生產,以及沖煮方法是未來須關注的議題。

41

美國

***

Robert W. Thurston

Steven Topik 和 Michelle McDonald 在本書第 44 章「為什麼美國人喝咖啡？」中探討在 19 世紀和 20 世紀初期美國人對咖啡的需求增加，而本章的目的是描述在過去數十年間的消費趨勢，並提出美國咖啡客在未來將採取的一些方向。

USDA 的數字顯示，美國每人咖啡飲用量最高點為 1946 年的 16.5 磅，和 1949 年的 19.1 磅。這個數字自此以後就產生了變化，不過是從 1940 年代晚期以後穩定下滑，在 1960 年每人飲用 15.9 磅，而到了 1970 年只有 13.6 磅。1995 年，美國每人飲用量甚至減少至 6 磅的史上最低點。之後開始略為上升，在 2009 年時，美國人每人每年喝掉 7 磅的咖啡，這是最後一年可取得的數據。這個數字顯示，美國人每人每年喝的咖啡比 1910 年（USDA 記錄數據的第一年）時還少，當時全國男女和孩童平均每人每年喝掉 7.7 磅的咖啡 [1]。

從 1946 到 1960 年左右的數字變化引起了一些問題，一般對於美國人咖啡飲用確實減少的論點有：不含酒精的飲料開始比咖啡受歡迎，在綜合豆中混合大量的羅布斯塔咖啡豆，使得沖煮出來的味道不佳，因此消費者摒棄了咖啡，或者因為社交性的崩解導致人們不聚在一起喝咖啡。雖然這些因素確實導致咖啡逐漸退流行，但是直到這種深色飲料的飲用量已經開始下滑，人們才意識到規模是如此之大。或許無酒精飲料在咖啡故事中比我們的數字所顯示的影響還要更大——USDA 只有從 1947 年才開始做無酒精飲料的統計——尤其是可口可樂從 20 世紀以後就變得愈來愈流行 [2]。但是即便如此，咖啡的飲用量還是增加的，1940 年的數字幾乎是 1910 年的二倍，每人每年 13 磅，而且一直上升到 1940 年代晚期。

整個 20 世紀到今日，美國每人飲用牛奶的曲線與喝咖啡運動幾乎並無二致：

- 1909 年：294.1 磅
- 1945 年：384.2 磅
- 1960 年：291.6 磅
- 2009 年：177.6 磅 [3]

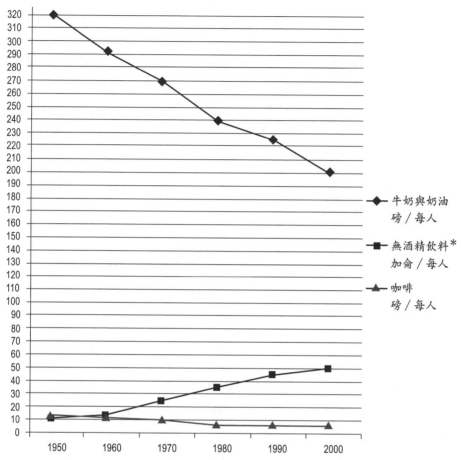

圖 41.1 1950-2000 年美國的飲料飲用量。（繪圖：Lara Thurston）

資料來源：United States Department of Agriculture. Economic Research Service. Food Availability: Spreadsheets. Updated July 13, 2011. http://www.ers.usda.gov/data/foodconsumption/FoodAvailSpreadsheets.htm#dyfluid.

＊注意：無酒精飲料的數據僅從 1947 年才開始記錄。

今日，美國的牛奶飲用量只有 1909 年的 60%，以及 1946 年的 46%。

戰時因為許多男男女女從軍，因此大部分時間對咖啡和牛奶有高度需求；許多人的飲食比他們過去長期以來吃得更好，因為美國自經濟大蕭條以來並未完全復原，而且又在 1942 年轟轟烈烈加入戰爭。待在家裡的人

們口袋裡有較多的錢,在軍旅中的人每天可獲得相當好的膳食。

　　但是在戰後,即使是 1950 和 1960 年代景氣好的年份,咖啡和牛奶的飲用量卻呈現穩定下滑的趨勢。酒是原因嗎?或許不是,根據美國國家健康學會的統計,美國人在 1860 年的飲酒量比 1970 年略高,為 2.53 加侖 vs. 2.52 加侖,但是酒類的飲用量並未隨著從 20 世紀早期到戰爭結束這段時間咖啡和牛奶的上升而急遽增加。1896 至 1900 年的酒類飲用量數據為平均 2.06 加侖。我們可以比較以下數據:

* 1946 年:2.3 加侖
* 1960 年:2.07 加侖
* 2007 年:2.31 加侖(這是可獲得資訊的最後一年)[4]

　　美國或許是愛喝酒的民族,但是過去 150 年來,他們每人的酒類飲用量並未有太多的增加。

　　綜上所述,二次大戰後,美國咖啡飲用量減少的主要原因似乎是年輕人開始喝其他的飲料;他們認為咖啡是父母親那一輩的飲料,不屬於他們。但是在戰後,無酒精飲料的吸引力大幅增加。汽車文化快速發展,鼓勵年輕人行駛在街頭尋找速食,他們比 1940 年代長大的那群人有更多可支配收入,更不用說與 1930 年代的人相比了。對於中產階級而言,隨著愈來愈多的家庭搬到市郊居住,「步行城市」逐漸式微。他們在市郊不像在城市裡跟鄰居這麼熟稔,或者一點都不熟,社區開始沒落。關於這部分更多的討論,請參閱「第五篇:咖啡的源流與社交生活」。

　　多年來,美國在咖啡的總進口量上領先全球。2010 年,有 24,378,000 袋輸入美國,每袋 60 公斤裝。第二名是德國,為 20,603,000 袋,德國多數的目的是要再出口[5]。美國雖然進口了大量的咖啡,但是每人每年的飲用量卻遠不及其他國家。2009 年時,美國人喝下 4.1 公斤(9.02 磅)的咖啡液(liquor);芬蘭人依然是全球冠軍——12.1 公斤,接下來是丹麥的 9.5 公斤和挪威的 9.2 公斤[6]。北歐人嗜飲含咖啡因飲料,任何人到北歐去參加各種會議都可以證明這點。喝咖啡時間偶爾會被演講和其他的報告議

程所打斷。芬蘭成年人一天可以喝 10 至 12 杯咖啡，然而美國重度的咖啡
使用者，也就是年齡介於 40 至 59 歲的人，平均一天大約 4 杯。年齡介於
18 至 24 歲的咖啡客是最輕度的飲用者，大約 2.5 杯 [7]。因此美國咖啡業仍
然面臨從二次世界大戰結束以來的挑戰：如何吸引更多的消費者喝更多的
咖啡，尤其是如何讓年輕人開始喝咖啡。

大致說來，就本書和精品咖啡業的標準來看，美國人並不喝特別好
的咖啡。2010 年，在美國喝掉的所有咖啡中，大約有 60% 是**商業咖啡**
（非極品咖啡或**精品咖啡**）[8]。「罐裝形式」成為購買咖啡的主流，占了
57%。換言之，大多數的美國咖啡客在賣場裡購買已經研磨好的咖啡。
2010 年，在飲用已沖煮咖啡的消費者中，有 18% 喝調味飲料。在喝即溶
咖啡的客人中，大約有 10% 喝調味形式。**以濃縮咖啡為基底的飲品**近來
顯示大幅的成長：在 2010 年，8% 的人在以前就已經開始喝，到了 2011
年，這個數字上升至 14%[9]。**膠囊咖啡**和咖啡包的銷售也在成長，現在大
約有 8% 的消費者選擇飲用 [10]。另一方面，**美國精品咖啡協會**表示，1995
年在家以外的地方喝精品咖啡的民眾比例為 2.7%，2009 年躍升至 14%。
與 2008 年 17% 的高點相較之下，最後的數字呈現出些微的下滑 [11]，推測
可能是因為經濟衰退之故。

就如同我們從購買咖啡的形式數據中所預期的一樣，大多數人都是
在家喝咖啡。大約有 85% 的受訪者在家喝咖啡，不過有 27% 在家以外的
地方喝咖啡——有些人會在家裡和外面喝咖啡，因此這兩個數字相加超過
100%[12]。

罐裝的研磨咖啡成為市場主流，因而形成美國咖啡消費的另一項基本
特色：大型公司在銷售中占有重要地位。但是經過 60 年的風潮，這個景
象正在逐漸改變。內戰之後崛起的獨立品牌慢慢地被更大型的公司併吞；
舉例來說，麥斯威爾咖啡成為莎莉集團（Sara Lee）的一份子。**福杰士**
（**Folgers**）在 1850 年代從一間加州小公司起家，後來成長為一家美國大
公司並維持獨立品牌，直到 1963 年寶僑集團（P&G）將其納入旗下為止。
2008 年時，福杰士又被轉移到之前以販售果醬和糖漿著稱的一家公司——
J. M. Smucker 公司。

　　1990 年代晚期和 2000 年代初期**全球四大咖啡商**（**Big Four**）──卡夫（Kraft，美國公司）、雀巢（Nestle，瑞士）、寶僑（P&G，美國），和莎莉（Sara Lee，美國），或是五大咖啡商，再加上奇堡（Tchibo，德國），於 1998 年占據了大約 69% 的全球市場[13]。但是這個集團版圖已經改變和萎縮了。最近，莎莉宣布打算賣掉「其北美大部分的食品服務、咖啡和茶的經營權」給 Smucker。這兩家公司「也簽訂一項授權協議，以合作發展液態咖啡技術來驅動長期的成長[14]。」至少，這項合作案意味著大眾市場咖啡又進一步地整合，不只是在美國，更是在全世界。莎莉現在正忙於變賣旗下不同的部門，這家公司有可能退出咖啡市場或者完全消失。

　　USDA 引用胡佛公司（Hoover Corporation）的一份報告，發現從 2000 至 2004 年，以數量來看，福杰士（後來併入寶僑）在美國銷售的研磨咖啡市占率中高達 38%，麥斯威爾（卡夫）也有 33% 的市占率，而莎莉旗下的品牌 Hills Brothers、Chock Full O'Nuts、MJB 和 Chase & Sanborn，他們以前全都是獨立品牌，加起來占了市場的 10%。以數量來說，自有品牌研磨咖啡的市占率約 8%，福杰士的市占率從 2000 年的 37% 上升到 2004 年的 42%；莎莉旗下的品牌則從 11% 下跌至 7%[15]。在此估計美國由四大或五大咖啡商所銷售的各種咖啡的總市占率只是好玩，但八九不離十約莫落在 60% 左右，但這並不表示這些公司能夠壟斷市場。由荷蘭政府委託所做的一份報告發現，在 2002 年「從供應鏈一直到來源國，並沒有證據顯示烘豆業者的聯合壟斷行為[16]。」

　　近年來美國咖啡界裡最引人注目的故事就是**星巴克**的崛起。1970 年代這家公司起初只是西雅圖的一家小咖啡館；Howard Schultz 本來是為原來的經營者工作，後來在 1987 年將這家公司買下。在他的領導下，這家公司到 2012 年時總共在 54 個國家開了 17,244 家店。目前星巴克正計劃將該品牌引進印度和越南，並在中國種植星巴克自己的咖啡。這家公司在 2011 年最後一季的總收益達 34 億 4,000 美元[17]，比前一季增加了 16%。Schultz 在他的第二本回憶錄中說道，星巴克每年在全世界賣出大約價值 100 億美元的咖啡和牛奶[18]。但是以該年最後一季的營收來看，該公司每年約可進帳 120 至 150 億美元。

　　星巴克並未排擠掉美國的獨立咖啡館。1991 年，估計有 1,650 家店在美國販售精品咖啡。到 2008 年時，有 27,715 家在營業中。其中，連鎖經營業者，包括星巴克在內，共計達 47%，或者約 13,000 家店 [19]。在當時，星巴克擁有大約 11,000 家店。在美國的非加盟連鎖咖啡店中，排名第二的公司是 Caribou，在美國東部和中西部 15 州擁有超過 400 家店。在與從事獨立品牌精品咖啡從業人員的談話中，我不斷聽到星巴克對於整個咖啡業而言可謂天賜的禮物。獨立業者對這隻美人魚的感覺往往夾雜了羨慕和批評。他們對於 Schultz 所建立的事業和他的富有感到讚嘆，但是也批評其咖啡的品質，因為星巴克仰賴深度烘焙，也有人認為「星巴克應歸類為牛奶飲料業」，甚至更糟。然而更有人覺得星巴克讓美國人知道，咖啡可以比人們所習慣豪飲的咖啡更好。在整個精品咖啡業界，獨立業者發現，顧客常常會從星巴克出走，尋找更好的咖啡，他們當然能解救這些小魚苗。就像美國精品咖啡協會在一份報告中所指出的：「整體而言，消費者在尋找一種不貴的方式來犒賞他們自己，而精品咖啡被具有價格意識的消費者視為可負擔得起的奢侈品，我們相信精品咖啡（譬如星巴克）因此受惠良多 [20]。」

　　但令人意外的是，在美國外出喝咖啡，最大的賣家不是星巴克而是 Dunkin' Donuts，這家公司每年賣出將近 15 億杯沖泡咖啡。雖然星巴克攫取大眾的想像，但是人們仍然更常去 Dunkin'。隨著 McCafé 在全美國迅速擴散，現在麥當勞也加入戰局，跟星巴克正面交鋒。麥當勞現在正在改裝全美各店的門面，花費超過 10 億美元 [21]。從 2010 年初到同年 4 月，該公司的咖啡銷售增加了 38%，接著在 2009 年成長了 25% [22]。美國人喝咖啡的地方數量是否無上限呢？

　　然而，就像美國整體消費數字所顯示的，所有販售咖啡的商家數字雖然呈現成長，再加上大型企業盡力銷售，仍未誘使一般民眾喝更多的咖啡。雖然有 27,000 家店，而且在許多城市裡星巴克就位於斜對角，但是整體的飲用量在近幾年卻相當持平。雖然美國人養成喝較好咖啡的習慣，但是他們卻愈喝愈少。他們會遠離辦公室的咖啡壺以及每天 3 至 4 次的喝咖

啡時間，換成一次一瓶 36 盎司或甚至 72 盎司的無酒精飲料，他們比較不常喝咖啡了。

對整個產業而言，好消息是 18 至 39 歲的美國人比過去一、兩年喝更多的咖啡，這點本身就是經濟復甦的徵兆。在美國全國咖啡協會的調查中，與 2010 年的 31% 相比，有 40% 年齡介於 18 至 24 歲的受訪者表示，他們每天都喝咖啡，並且回到 2009 年時的近年高點。大約有 54% 年齡介於 25 至 39 歲的受訪者說他們每天喝咖啡，與 2010 年的 44% 相比躍升許多，跟 2009 年的 53% 則相差無幾。整體而言，超過四分之三的美國人說他們在過去一年內喝過咖啡 [23]。

美國人喝的是哪種咖啡呢？最可靠的資訊包含了美國和加拿大在內；請參閱第 5 章「什麼是『有機』？」當然，標示**有機**的咖啡飲用量在北美日益增加；從 2004 到 2009 年，成長了 21%，比傳統咖啡業 1.5% 的年成長率高出許多 [24]。關於認證咖啡的種種，請參見第 20 章「咖啡認證計畫」。2009 年，所有進口到美國的咖啡中，有 16% 至少獲得一個組織認證 [25]。對於**認證**的關注已經遍及所有大型的公司；例如，Caribou 承諾在 2012 年底之前，店裡所有的咖啡都將經過雨林聯盟的認證。星巴克聲稱該公司「在 2010 會計年度，購買了 2 億 6,900 萬磅的咖啡。其中約有 84%——2 億 2,600 萬磅——來自於 C.A.F.E. 計畫所核可的供應商。2010 年，美國人購買頂級生豆（未烘焙）的平均價格為每磅 1.56 美元，與 2009 年每磅 1.47 美元相比，略有上升 [26]。」值得注意的是，2010 年時星巴克販售的咖啡平均價格遠低於紐約**咖啡 C 期價格**；請參閱第 15 章「咖啡的『價格』」。

麥當勞在歐洲以及澳洲和紐西蘭的每一家店，現在都只供應雨林聯盟認證的咖啡；美國的營運部正朝著「咖啡來源更加透明」的方向邁進。就美國而言，麥當勞「開始與咖啡產業組織對話，評估他們能否跟我們的供應商合作，以提供符合美國規定的認證永續咖啡 [27]。」

至於如何沖泡咖啡，在星巴克以及麥當勞，甚至是 Dunkin' Donuts，主要都是以濃縮咖啡為基底的飲品為主。走在時代尖端的咖啡館和家用咖啡供應商近幾年在提升**濃縮咖啡**品質方面有長足的進步，而且美國的咖啡

迷普遍採用手沖法（**pour-over**）的器具來製作**單人份**或是一玻璃壺的咖啡。家用**濃縮咖啡機**的種類和價格繁多，高級精美的目錄讓消費者更是看得眼花撩亂。

　　不需花費太多力氣，美國消費者就能在家以外的地方找到咖啡，或是自己用合適的設備沖煮咖啡，做出來的咖啡跟全世界任何的咖啡飲料一樣好喝。最好和最差的咖啡同時存在於此。假如美國消費者喝的咖啡比他們的祖父母少，那麼他們往往喝的是口味更好以及更具社會責任的飲料。

Part V
咖啡的源流與社交生活

42

咖啡簡史

✦

Jonathan Morris, Robert W. Thurston

研究咖啡史就如同咖啡師訓練一般，你學得愈多，愈明白自己不懂的事還很多。咖啡涉及許多的領域與次學科——農業、商業、消費、文化、外交、發展、經濟、環境、食物、性別、地理、政治、宗教、農村、社會、科技、貿易等，這些將是我們接下來要討論的內容。關於咖啡的主題，任何綜合的導引都必須經過嚴格挑選。接下來的幾章將選擇以多元的角度切入咖啡歷史。

　　咖啡一向是跨國、跨洲的產業，對於咖啡豆的生產及消費的關注在過去幾個世紀有了顯著的變化。在咖啡歷史中，有個令人驚訝的特性是——生產者與供應商之間的關係沒隔多久就會重新洗牌一次。在此，我們提供簡短的咖啡演進史：從在紅海地區初次被發現到今日的全球貿易。

咖啡是伊斯蘭的紅酒

　　衣索比亞是公認咖啡的起源地，現在該國高地森林裡仍有野生種的阿拉比卡咖啡。按照 Willem Boot 提供的筆記內容，許多的傳說都是在描述人類如何發現咖啡可被當作一種飲料的過程。比較值得相信的說法是居住在西達莫（Sidamo）、卡法（Kaffa）和吉馬（Jimmah）地區的回教部落歐洛莫（Oromo）人，最早從咖啡樹摘下脫水**咖啡櫻桃果實**的果殼放到滾燙的熱水中煮約 15 分鐘，熬出當地話稱之為「布諾」（buno）的飲料，阿拉伯人稱為「咖許」（qishr）的熱果茶。咖啡的果殼都是從野地撿拾而來，但種植咖啡並不是為了這個目的。在跨過紅海的阿拉伯半島，現今的葉門，擁有許多追隨者的回教神祕主義蘇菲教派，因為需要整夜保持清醒地做晚課（dhikers），因此飲用稱為「咖瓦」（qahwa）的調製品是其宗教活動的一部分。現在看起來他們最初選用的飲料就是使用「咖特」（kafta），咖特是以一種會導致產生幻覺的植物葉子所泡製的阿拉伯茶（khat, kat, gat）。有幾個報導記載，15 世紀的伊斯蘭領袖 Muhammad al-Dhabani（於 1470 年辭世）曾到衣索比亞旅行，並記錄了咖許可以幫助蘇菲參拜者克服在白天返回工作崗位的問題——疲倦。於是他建議當咖特短缺的時候，就可以用咖許替代咖特放入「咖瓦」裡 [1]。

　　蘇菲教派將新咖瓦的作法從阿拉伯半島散播到摩卡、約旦及麥迪那等聖城，最遠到了馬穆陸克王朝（Mameluk Sultanate）的首都開羅，文獻載明了 1500 年代艾茲哈爾伊斯蘭大學的葉門學生的飲用紀錄。

　　1511 年發生關鍵轉折事件，當時麥加市的首長以飲用咖瓦（可能是蘇菲教友的祈禱儀式）為由，驅散夜間在清真寺聚會的人們，隨後強制城裡的宗教領袖發布「飲用咖瓦使人中毒，違反伊斯蘭教義」的規定。但這個裁決被開羅當局駁回，而使得咖啡飲用合法化[2]。

　　麥加市長的真正用意很可能是為了間接打擊提供酒精給非回教卻宣稱其提供咖啡給虔誠教徒的小酒館。因此，**咖啡館**取而代之，合法地成為回教的非宗教聚會場所，在此男人可平等相待，聆賞說書人和音樂家的表演，其中也有蒙著面紗的女歌手。

　　1517 年，隨著馬穆陸克王朝被鄂圖曼帝國征服，咖瓦在地中海東部地區（Levant）大為流行，隨著第一家咖啡館在 1554 年於鄂圖曼帝國首都伊斯坦堡開幕，咖啡也就多了個土耳其名稱──「咖夫」（kahve）。

　　在這段旅程裡，咖啡的製備過程也有了轉變，原來的咖許使用整個咖啡果殼，當這種飲料傳到北阿拉伯及埃及時才開始使用咖啡豆的部分。以平底鍋稍微烘烤咖啡豆，然後在冷卻之前碾碎混入香料，尤其是荳蔻。接著放入加蓋的長嘴壺（jamana）裡以水煮一段時間，直到變成半透明的淡褐色液體為止。當咖夫出現在土耳其時，則是把咖啡豆放在火上烤成黑色，接著用磨臼研磨成極細的粉末，再放進土耳其咖啡壺（ibrik）──一種無蓋寬底細頸廣口壺，加水煮沸數次，調製出一種被土耳其詩人描述為「睡眠和愛情的黑敵人」的飲料。現在，仍可以在黎巴嫩看到阿拉伯咖啡和土耳其咖啡（或稱地中海咖啡），在黎巴嫩的回教徒仍然飲用阿拉伯咖啡，而基督教徒則喝土耳其咖啡[3]。

　　由於對咖啡的需求日增，因此開始有了進出口貿易。最初是由賽拉港（Zeila，今日的索馬利亞與吉布提的邊界）出貨。1497 年婆羅門的古吉特商人階級主導整個印度洋的船運與交易，將添加了印度香料的咖啡首運到西奈半島，在已經開始飲用這種飲料的紅海港口卸貨[4]。

婆羅門商人從而經營信貸事業，資助葉門農民在圍繞內山村落的梯田裡除了種植糧食作物外，也種植咖啡。從 1540 年代起，接下來的 150 年，這裡是栽種咖啡的唯一來源。採收後的咖啡豆貯存在葉門沿海平原拜特費吉特（Bayt-al-Faqih），等待發送到葉門的摩卡港（Mocha）和荷台達港（Hudaydah）運出口。荷台達港主要供應鄂圖曼帝國的內需，摩卡港則成為供應其他回教世界的主要咖啡港口，特別是波斯灣、阿拉伯海和印度洋周邊的聚居地。

　　位於香料貿易中心的摩卡港，因地利之便成為 18 世紀初期歐洲商人自東印度返國時直接收購咖啡的地方。然而，偏低的收成量，常需花費數月的時間才能採購足量的貨品填滿船艙。隨著歐洲大陸的咖啡消費增加，不可避免地需建立其他替代的供應來源，原摩卡港的供應量逐漸削減，而許多回教徒從偏好咖啡轉變為茶類。今日的葉門咖啡仍因地理位置和政治因素的出口限制而相當稀有。而衣索比亞在 19 世紀末時開始種植咖啡，現今仍是最受歡迎的非洲咖啡起源地之一。

大歐洲區的咖啡文化

　　1575 年土耳其商人在威尼斯遭到謀殺，有關當局在調查案件時，在他的家當裡發現了咖啡器具，這是在非鄂圖曼歐洲最早關於咖啡的記載。儘管鄂圖曼帝國的流亡者（希臘或亞美尼亞基督徒）將咖啡傳播到各地，而且藥劑師常常以咖啡作為某些疾病的藥，但在其他國家，直到 1650 年代咖啡仍未見普及。之後，最早的咖啡館出現在英國。

　　咖啡連同其他兩種熱飲——茶和巧克力在同一時期傳入歐洲。它們的共通特性是刺激、味道不單調。但每種飲料的風行顯然都受其文化內涵所影響[5]。巧克力就是在 1585 年因西班牙征服墨西哥南部的瑪雅人而傳到西班牙，後來成為很受西班牙貴族歡迎的早餐飲料，之後更傳入澳洲及法國。因為富含脂質，還被當作對婦女特別有效的藥用營養飲品[6]。茶也被視為女性化的飲品，特別是在某些社會裡，例如在英國，咖啡較常與男性居多的咖啡館被聯想在一起[7]。18 世紀下半葉，不列顛群島的工人階級紛

紛開始喝茶，使茶葉取得了全面勝利。如人類學家 Sidney Mintz 所言，加糖的茶推動了工業革命，因為不需中斷勞動生產過程，即可提供勞動者能量來源[8]。

隨著中產階級家庭開始將喝咖啡視為體面之事，咖啡逐漸征服了歐洲大陸。早餐從穀物粥搭配啤酒或葡萄酒變成以含糖熱飲配麵包為主。巴哈的《咖啡清唱劇》（*Coffee Cantata*, 1732-1734）便是刻意嘲弄這蔚為時尚的飲品，劇本以描述三個世代的女子沉迷於咖啡的故事為主軸，她們認為咖啡比上千個吻還要美好，遠比麝香葡萄酒還要香甜，這些台詞正反映了當時人們的普遍感受。同一時期的知名作家常大量地飲用咖啡來激發自己的創造力，據說伏爾泰一天要在巴黎咖啡館裡喝掉約 40 杯咖啡，比其他參加藝術沙龍裡的人還多上一倍。到了 18 世紀末期，歐洲人口成長了50%，而咖啡的飲用量卻從 200 萬磅上升到 1 億 2,000 萬磅之多，飲用速度比茶（從 100 萬磅上升到 4,000 萬磅）還快，相較之下巧克力的飲用速度就顯得黯然失色（從 200 萬磅增加到 1,300 萬磅）[9]。

1730 年代末期，荷蘭東印度公司（荷蘭文簡稱 VOC）茶葉與咖啡的銷售額比重從僅僅 4% 上升到將近 25%，產生了相當於 1,312 倍的收入，而且這還不是從阿姆斯特丹進口茶葉與咖啡的總數，在此期間價格還下跌了呢。跡象顯示，咖啡不再是專屬菁英階級的飲品。大量的遺囑認證紀錄研究證實飲用咖啡的習慣普及且深入荷蘭社會，許多貧困家庭仍都備有咖啡器具。1726 年，一位評論家表示，咖啡已在我們的土地上突破重圍，女傭或裁縫師在早晨若沒有飲上一杯咖啡，就沒辦法穿針引線了[10]。

荷蘭在爪哇開始栽種商業咖啡時，同時滿足與刺激了咖啡的需求量（請參閱第 26 章「印尼」）。咖啡最早可能種植在印度馬拉巴（Malabar），再由荷蘭人帶到爪哇種植。1711 年的豐收開始了定期船運至阿姆斯特丹，沒過多久，爪哇的產量超越了葉門，一躍成為全球市場上率先與摩卡一爭高下的**原產地**。1721 年，阿姆斯特丹有 90% 的咖啡來自摩卡，而在 1726年則由爪哇提供了 90% 的貨源[11]。

一般來說，爪哇咖啡的品質不若摩卡，但這也是荷蘭人願意以較低的

價格購買的原因。荷蘭東印度公司以事先約定好的價格強迫當地封建領主提供定量的咖啡，領主再要求其子民生產咖啡作為貢品的一部分，然後販售給荷蘭東印度公司。這樣的機制使得咖啡供應鏈裡的任何一個環節都缺乏種植更優質咖啡的動力，導致往往在不適合的土地上種植品質不良的咖啡。因為爪哇咖啡的品質較差，商人就混合了摩卡咖啡，以其酸度增添爪哇咖啡的風味，於是造就了全球第一支綜合豆摩爪（Mocha Java）。便宜的爪哇咖啡也有助於維持綜合豆低廉的價格。

爪哇咖啡在世界貿易市場的優勢並沒有持續太久。荷蘭東印度公司於1712 年也在拉丁美洲的殖民地荷屬圭亞那（現今的蘇利南）種植咖啡，並且在 1718 年海運回阿姆斯特丹。無獨有偶地，法國東印度公司在 1715 年將咖啡引進波旁島（現今的留尼旺島），並於 1723 年同意法國政府壟斷當地所有的咖啡產量以獲取利潤，並宣布收回所有未種植咖啡的租借地。無論是圭亞那或波旁島，都是由非洲奴工（slave labor）進行大規模的咖啡栽種 [12]。

1715 及 1726 年，法國將咖啡移植到所屬的加勒比海領土，特別是聖多明哥（現在的海地）與馬丁尼克，此時咖啡的生產量僅次於蔗糖。有色人種在聖多明哥的偏遠山坡地種植咖啡，再交由移民當地的貴族主導市場銷售 [13]。18 世紀後期，由於更加密集及出口導向的市場機制，咖啡栽種轉向以奴隸為主的種植體系。1767 年，聖多明哥的咖啡產量是蔗糖的四分之一，到了 1787 至 1789 年的產量則與蔗糖齊平，聖多明哥成為全球最大的咖啡出口產地，全世界超過三分之二的咖啡由聖多明哥及其他法屬殖民地提供。

這種出口量增長的現象與法國國內飲用量大增密切相關。咖啡混合熱牛奶的牛奶咖啡（café au lait）形式，創造了一個甜味與熱量相當接近巧克力的飲品，成為早餐的新寵 [14]。1730 年代之後，法式料理書籍當中經常可以看見使用咖啡的食譜。18 世紀晚期，即使是低社經階層也會採用次級品製成牛奶咖啡作為一天的開始。事實上，1789 至 1794 年間法國市區裡的激進分子「長褲黨」（sans culottes）在革命宣言初稿裡亦提及應使咖啡更易取得的訴求 [15]。

　　受到法國革命事件的激勵，聖多明哥的奴隸在 1791 至 1804 年間發動革命抗戰，成立了以黑人領導的海地共和國。在衝突期間，咖啡的產量大幅滑落，新政府未能奪回其失去的市場，咖啡園大多數遭到破壞，只有零星的山坡地還有種植咖啡，要不然就是從倖存的咖啡樹上摘採果實。

　　聖多明哥咖啡的衰亡給其他生產者創造了機會，荷蘭人在爪哇及錫蘭（今斯里蘭卡）引進咖啡樹作為園藝植栽，並交由僧伽羅人（Sinhalese）種植，亞洲咖啡產量於焉復甦。英國人在 1815 年獲得整個島嶼的控制權後，在西印度甘蔗田以系統化種植的方式強化咖啡生產。雖然在有些地方，企業家會收購咖啡園，但大多數咖啡園的經營權卻掌握在歐洲移民手上，尤其是殖民地官員。1860 年代，錫蘭已成為世界上最大的咖啡出口國[16]。

　　好景不常，1869 年咖啡**葉鏽病**的真菌 —— 駝孢鏽菌（Hemelia vastatrix）重擊了錫蘭咖啡園，並且在接下來的 40 年蔓延至遠在南太平洋的薩摩亞及西非的喀麥隆。非洲和亞洲的咖啡作物殖民經濟哀鴻遍野，在葉鏽病爆發的時間點，錫蘭原已占有 33% 的世界總產量，到了 1914 年下降至僅剩 5%。1870 年代，錫蘭棄守咖啡耕作，改以種植茶葉取而代之。而在西非及現今的印尼則改種較耐寒的咖啡品種——**羅布斯塔**。關於這個劇變的細節，請參閱第 45 章「風味生態學」。

　　歐洲位居世界咖啡經濟中心的時代也在同時間劃下句點。但整體歐洲的咖啡飲用量仍持續上升，尤其是較晚開始飲用咖啡的德國。造成德國較晚接觸咖啡的原因為 18 世紀晚期時的統治者普魯士大帝腓特烈為了保護國產品（在此指的是啤酒），以國營事業壟斷咖啡的進口與烘焙，並以稱為咖啡嗅探器的特工監管民眾使用咖啡（請參閱第 40 章「德國」）[17]。然而隨著拉丁美洲國家在世界咖啡市場中獨霸殖民地生產者的位置，北美亦取代歐洲成為主要的咖啡進口國。此外，由於北美發展出大眾消費的社會，追求生活品味的歐洲移民也樂見其成，因為他們有機會更常喝到咖啡。

咖啡的新世界

　　曾有一舊時的觀點說，美國之所以成為喝咖啡的國家，是因為 1773

年的波士頓茶葉事件所造成，但此一說法將在本書第 44 章「美國人喝咖啡的由來」中證明實屬過時之說。英國殖民地不僅是美國茶葉的主要來源，加勒比海的英屬領地也是美國進口咖啡的主要產地。學者 Topik 與 McDonald 為此提出解釋，1774 年北美十三個殖民地因英國頒布禁運令，僅限由加勒比海地區進口英國茶葉與咖啡。爾後的美國獨立戰爭打破了英國的供貨壟斷。獨立後的美國轉向聖多明哥、古巴進口咖啡，到了 19 世紀中葉，巴西則成為最主要的進口來源。

然而，光是進口咖啡並無法滿足美國人對於咖啡因的渴望。相反的，咖啡已成為美國對歐洲再輸出貿易的重要部分。1800 年代，全球超過一半以上的咖啡最終都輸入到美國。19 世紀晚期，於 1859 年在紐約創立的大西洋與太平洋茶葉公司，成為第一間國營連鎖雜貨店，同時也販售些許咖啡。即使是在 1880 年代初期，美國的咖啡飲用量也只跟茶不相上下。一直要到歐洲移民人數逐漸增加，美國的咖啡飲用量才真正大幅提升（請參閱第 41 章「美國」）。與其說歐洲移民帶來對咖啡的喜好，不如說他們帶來能負擔得起的文化訴求。

如同第 44 章「美國人喝咖啡的由來」一章所述，美國咖啡新的供應來源大部分來自於巴西，其他拉丁美洲國家也擴大輸出以填補非洲和亞洲地區咖啡葉鏽病肆虐所留下的缺口，但是輸出量無法與商品生產取向的巴西相抗衡。以強調品質作為市場區隔的莫過於哥倫比亞，高海拔的**哥倫比亞咖啡豆**（Colombian milds）混合巴西式日曬咖啡豆（naturals）增加風味而身價上漲。拉美國家藉由集體合作掌控全球流通的存貨量以穩定咖啡市價，提升合理投資的可能，確保農民的利潤。這個作法始於 1906 年巴西政府穩定物價的措施，最後於 1962 年成立**國際咖啡組織**（ICO）來為會員國分配出口額度。

此時期美國逐漸形成引領潮流的大眾咖啡市場。內戰期間，品牌推廣與包裝開始共同發展，美國家庭主婦不再僅能從一般商店裡購買放在香魚或鹹菜旁並且已開桶的咖啡**生豆**。美國最大的咖啡公司，阿巴寇咖啡（Arbuckles）、**福杰士咖啡**（Folgers）和希爾斯兄弟（Hills Brothers），皆是以小規模的形式發跡於西部各州。隨著鐵路擴展到境內的每一個城

鎮，以及彩色印刷技術的發展，包裝紙上開始使用彩色圖片，然後是照片，接著大眾行銷刊物應運而生，美國人開始購買愈來愈多的袋裝咖啡，無論是生豆或是烘焙豆。在流行雜誌上刊登廣告強化了美國家庭主婦沖煮咖啡係呈現其在家庭內外身分與價值的重要標記[18]。

所有的一切都有其黑暗或邪惡面。從 1930 年代早期開始，有 3、40 年的時間，咖啡廣告常以男性對婦女施暴的內容作為主軸。這樣的廣告看來滑稽可笑，但是將一杯熱咖啡潑在臉上一點都不有趣。

即使咖啡廣告沒有直接鼓勵男性對不稱職妻子的暴力行為，但家中的劣質咖啡卻被說成是對戰後婚姻的威脅，惟有備妥上好的咖啡才能確保家庭和諧，或甚至才算是把男人放在首位。Mrs. Olson 解救了廣告裡手忙腳亂的家庭主婦——通常是美麗動人的白人女子[19]，這則廣告從 1960 年代初期開始播放了 21 年。她告訴這些苦惱不已的年輕女性，只要使用福杰士咖啡（Folgers）就能輕輕鬆鬆煮杯好咖啡——「它是生長在高山的咖啡噢！」說的好像其他咖啡都生長在沼澤裡一般。

這些廣告除了告訴我們在 20 世紀的前 6、70 年中的性別角色，同時也指出該時期美國生活裡咖啡的重要性，美國咖啡銷售量經常超過全世界咖啡貿易量的一半以上。二次大戰期間，兩大陣營每人平均咖啡飲用量皆達到歷史新高，而咖啡銷售也逐漸集中到少數大型烘豆商手上，他們也才能在最受歡迎的銷售通路中搶攻大眾市場。到了 1950 年代，美國前 5 大烘豆商供應了超過全球三分之一的咖啡，並掌控 78% 的庫存，同時也將剩餘的生豆供應給連鎖超市用以烘焙自家店裡的綜合豆[20]。

全球性的飲料

自 1930 年代起，美國的食品雜貨業從只有店員才能拿取貨架上的商品再遞給顧客的服務方式轉變為開架自助式的超市型態。新的陳列方式影響了咖啡的配銷通路，並且反過來致使咖啡產業結構的轉型。大型食品集團開始供應咖啡領導品牌（及相關企業）的商品給這些新的平價量販店。當這波零售革命遍及到其他國家時，跨國大企業的菁英集團主導全球市

圖 42.1　Chase and Sanborn 咖啡公司於 1934 年 11 月推出的一篇連環漫畫廣告「好太太」，目的是表達 Goof 太太最後因為買了好咖啡，挽救了婚姻。這種說詞姑且聽聽就好。

場，買下每一個地區的各大知名品牌[21]。迄至 1998 年，**全球五大咖啡商**（**Big Five**）——菲利浦莫里斯（Phillip Morris，現在屬於卡夫食品旗下）、雀巢（Nestle）、莎莉集團（Sara Lee）、寶僑（Proctor and Gamble, P&G。後來由盛美家收購其咖啡事業部），以及奇堡（Tchibo）共掌握了全世界 69% 的咖啡銷售量[22]。

他們共同的商業模式是以量制價，目的是要吸引面對琳琅滿目的產品選擇的顧客。雖然有些品牌被定位為特級品，他們卻很少提及產地，為了要保持銷售量，必須不斷調整混合咖啡豆的配方。隨著愈來愈多的羅布斯塔豆價格下滑，它不可避免地被加進這些混合配方中，烘焙商利用消費者的無知與節儉來改變他們的產品。

在 20 世紀上半葉，一系列的創新戲劇性地拓展產品的範圍，1903 年德國漢堡的 Ludwig Roselius 率先成功完成去咖啡因（decaffeination）的加工程序，他在 1906 年創立低因咖啡品牌 Kaffee Hag，在美國和法國以桑卡（Sanka）為名販售，桑卡一詞來自法文的無咖啡因（sans caféine），這個商標在 1920 年代之後就被販售給通用食品（General Foods）以及其後的卡夫食品（Kraft）公司。德勒斯登的一位家庭主婦 Melitta Bentz 在 1908 年取得咖啡濾紙的專利，至今咖啡濾紙仍以她的名字為名。這種技術相較於使用亞麻布材質過濾，更可以避免將咖啡粉沖煮到咖啡杯裡，沖煮出來的咖啡不僅口感乾淨無雜質，也縮短了準備一杯咖啡的時間，成為兩個世紀以來主要的家用咖啡沖煮方式。

1938 年，隨著瑞士大廠雀巢（Nestle）推出第一個即溶咖啡（**soluble/instant**）產品——雀巢咖啡（Nescafé），泡咖啡所省下的時間達到新的境界。1950 年代，即溶咖啡的銷量大增，推動冷凍乾燥技術取代原來的噴霧乾燥技術，這種新技術被用在 1960 年代後期所推出的「金牌咖啡」（Gold Blend）中，在美國稱為「狀元咖啡」（Taster's Choice）。由於低因咖啡和即溶咖啡生產設備成本考量，因此只有大型的專門工廠能生產。與茶葉的沖煮時間相比，即溶咖啡更容易在當時新推出的商業電視網的廣告時間沖煮完成，因此在英國的銷售特別成功。即使在今日的英國，即溶咖啡估

計仍占有 80% 的家用咖啡市場，而即溶咖啡又占了全世界咖啡總飲用量的 40%[23]。

自 1950 年代起，美國人的平均咖啡飲用量下降，此事被歸咎為大眾市場行銷人員的錯。Trish Rothgeb 將這些人稱為「始作俑者」，他們讓劣質咖啡處處可見……他們做出低品質的即溶咖啡……他們將所有的細節差異都混不見了……他們迫使咖啡價格下跌至歷史新低！[24] 正如第 47 章中 Kenneth Davids 在《各時期的咖啡文宣》一文中所述，這是**精品咖啡運動**早期典型論述之一，這些論述企圖教育消費者咖啡相關知識以提升民眾對品質的認知，讓他們瞭解到咖啡是來自於一棵樹，而不是來自於一個罐頭!!

為了向消費者介紹精品咖啡，用心的咖啡業者轉而使用另一種革新技術——**濃縮咖啡機**，以加快咖啡沖煮的過程，即便在咖啡館裡也使用。Jonathan Morris 在本書第 46 章「濃縮咖啡菜單」裡提到，第一部量產的壓力沖煮咖啡機是 1905 年的 Ideale。但是濃縮咖啡的規則實際上卻是在 1948 年被 Achille Gaggia 改寫，他發明了一台彈簧式活塞咖啡機，經由高壓沖煮出上層有咖啡脂的濃縮咖啡。

在美國以濃縮咖啡為基底的飲品，譬如卡布奇諾（**cappuccino**）和**咖啡拿鐵**（**caffè latte**），雖然常採取有別於傳統義大利的作法，但卻被精品咖啡運動用來吸引更多的顧客上門，因此催生了星巴克形式的咖啡館，以及大量仿效的追隨者。（請參考第 43 章「跨世紀的咖啡館風貌」）。成立於 1982 年的**美國精品咖啡協會**，第一次會議的創始會員只有 40 名。據其估計，1998 年時美國已有超過上萬個「營業單位」供應精品咖啡。而在 2005 年，估計有 2 萬個，這個數字包含了星巴克以及其他販售「優於大賣場咖啡」的連鎖咖啡店[25]。

1994 年，星巴克開始將其經營模式推向海外市場，第一間海外店開在日本，現今已在全球超過 50 個國家有 15,000 家店。在歐洲，另一種形式的精品咖啡運動（要注意歐洲使用的是「speciality」，較美國多了一個字母「i」）出現在北歐，並催生了後來的**世界咖啡師錦標賽**（**World Barista Championship**）。這些趨勢的商業元素造就了該型態的咖啡館林

立，以英國為例，1997 年販售頂級咖啡（亦即以濃縮咖啡為基底）的品牌咖啡館有 371 家，到了 2011 年時已達到 4,907 家 26。

這種顯而易見的消費文化恰好正值咖啡生產國危機，在進入千禧年之際，世界咖啡市場上的價格達到了新低點。每磅的咖啡出口均價從 1999 至 2000 年的 74 美分下跌到 2001 至 2002 年的 43 美分。咖啡業廣泛將此一危機歸咎於 1989 年因美國呼籲市場自由化而施予政治壓力，導致**國際咖啡協議（ICA）**的廢止。ICA 與出口配額的終止也造成了非傳統產地的羅布斯塔咖啡過剩，譬如越南。供大於求的結果迫使所有咖啡的價格下跌，生產者聲稱咖啡販售價格根本不可能支付其生產成本（請參閱第 29 章「越南」）。尤其星巴克發現其在咖啡貿易的剝削和不公平的作法，使自己成了眾矢之的，不管是 1999 年在西雅圖的世界貿易組織會議時遇上示威抗議，或是 2007 年的電影紀錄片《咖啡正義》（*Black Gold*）裡，導演坦承該影片正是針對星巴克連鎖店而來，因為「一般人在街上不會看到雀巢或卡夫食品公司出現在他們面前 27。」這個危機也激勵各種道德認證機制的推動，如**美國公平交易組織（Fair Trade USA）、國際公平交易組織（Fairtrade International）**以及雨林聯盟等。

近年來，咖啡出口價格再次開始上漲，在 2009 至 2010 年間，每磅價格達到 125 美分，但是在 2011 年 4 月時卻高達每磅 300 美分，原因來自於一些已經有咖啡館的新興市場需求量不斷上升，像是俄羅斯和中國等傳統上飲茶的地方，富商名流已將咖啡視為一種象徵身分的飲品，或許在這個產業中遊戲規則改變了。然而這個趨勢對於原本不在意成品的咖啡生產國產生了極大的影響。例如，印度當地的咖啡連鎖公司 Café Coffee Day 在 1996 年開幕，到了 2012 年時已擴張到 1,270 家店。值得注意的是，這家公司也開始經營自己的咖啡莊園，成為垂直整合控股公司的一部分 28。同一時期，巴西已不再是全世界最大的咖啡生產國，但卻突然間成為全球僅次於美國的第二大咖啡消費國，預期未來幾年仍會維持平均 3% 至 5% 的成長率，明顯較歐洲或北美還要高 29。美國的咖啡飲用量已幾近停滯，但是在咖啡館數量仍持續增長的狀況下，是否預示著全球咖啡貿易的性質將再產生深刻的轉變呢？未來幾年答案將會揭曉。

43

跨世紀的咖啡館風貌
第三空間或是公共空間？

Jonathan Morris

什麼是咖啡館？這個問題比它乍看之下還要複雜，許多販售咖啡的地方從未被稱為咖啡館。有個比較微妙的定義是，咖啡館是以販售咖啡飲品為主要收入來源的生意，然而這個說法卻忽略了咖啡館是幾個世紀以來人們聚集在一起喝咖啡的空間。

咖啡館販售飲料和無形的商品。社會學家 Roy Oldenburg 提出現今著名的論點：咖啡館是家庭及工作範圍之外的**第三空間**（**third places**），可以經常、隨興且非正式地在此招待客人，並且讓人愉快地期待聚會的場所[1]。一般來說，咖啡館確實被當作第三空間，但更常作為家庭和工作場所的替代空間。

於是乎，咖啡館所販售的就不只是咖啡，更有時間與空間。訣竅就是找到有時間但需要空間的顧客，然後以販售咖啡的索價出租場地給他們，這就是數百年來以各式各樣的記錄詳加闡述的咖啡館風貌。

16 世紀在鄂圖曼帝國的管轄下，最早的咖啡館均散布於阿拉伯半島及黎凡特（Levant）附近[2]。由於回教禁止飲酒，因此他們呼籲設置清真寺以外的公共空間，使男性回教徒能夠進行社交活動。而邀請朋友到家中，需要依據對方的社會階級，先進行繁瑣的禮俗協商，但是在咖啡館裡見面，客人可按照抵達的先後順序入座長凳，以加深彼此平等互動的感覺。咖啡館是帝國內新思維的起源及受惠者，尤其受到中等階級官員的讚賞。若干回教統治者認為，咖啡館為煽動叛亂的場所並試圖壓制，但他們的命令似乎被許多地方官員刻意「忽略」。

1650 年代，歐洲第一批咖啡館在英國設立，大約過了 20 年後，在法國和當代德國才出現咖啡館，30 年後奧地利和義大利的咖啡館也才紛紛開幕。但是令人感到意外的是，後者相對接近鄂圖曼帝國的巴爾幹地區。可能比起其他歐陸國家，英國君主制度及公會相對弱勢，因此比較容易開始一門新的生意。

1652 年，Pasqua Rosee 在倫敦開了第一間咖啡館，此時英國剛結束長達 9 年的內戰，國王剛被處決，宣布英國聯邦成立[3]。在極度不確定的年代裡，咖啡館提供抱持不同政見的人士可以聚會籌劃和辯論政策的空間。無獨有偶地，英國倫敦是保皇國會議員的據點，它與保皇最力的牛津市各

自宣稱擁有全英國第一家咖啡館。牛津市的咖啡館肯定是在 1653 年開張，但是這家店的前身可能在 1650 年就已經開始營業[4]。1660 年查理二世復位後，二度打壓反對派聚集地的咖啡館，不過每次都被他的幕僚以其可作為自己的支持者所用而勸阻下來。直到 1663 年，倫敦市（也就是首都商業活動重心）已有 82 家咖啡館。根據 Henry Maitland 的記載，1739 年在市區內有 144 間咖啡館，而在整個首都裡則有 551 間咖啡館，幾乎是每1,000 人就有 1 間咖啡館[5]。他們成功的原因是什麼呢？

首先，咖啡館裡沒有酒類飲料，但是跟回教世界所持的理由很不同，在英國喝「純水」是非常危險的，所以當時許多飲料都是以發酵酒的形式呈現，通常是被稱為「小啤酒」的麥芽酒。在 1660 年代咖啡和茶、巧克力一同被加入咖啡館的菜單裡，作為新的茶點樣式。咖啡特別吸引人的是，它可以取代飲用後會損耗腦部功能的酒精，而且咖啡因的刺激明顯使人更有活力。再者。只要沒有販售酒精，咖啡館就不會侵犯到小旅館和小酒館的販酒許可證，因此它們的數量並不受到控管。

咖啡館提供了公共空間，讓商人可以約在這裡碰面並達成交易，不僅不會受到其他客人的干擾，而且在談生意時，也感覺自己能力提高了。Rosee 所經營的咖啡館位於 St Michael 巷，毗鄰皇家交易所；而 Edward Lloyd 在 1688 年設立的咖啡館則成了海事保險中心；Jonathan's 咖啡館和 Garraways 咖啡館都被當作股票交易的場所，直到 18 世紀末才有較正式的股票交易所。此刻咖啡館已經不是遠離工作的第三空間，它們本身就是工作場所。

同時，咖啡館持續提供不同階層的文人雅士大肆論辯交鋒的環境，這些討論很明顯都著重在政治議題上，有部分是受到《閒談者》（*The Tatler*, 1709-1711）與《觀察家》（*The Spectator*, 1711-1712 和 1714）期刊的孕育，而這兩本雜誌也是在咖啡館寫出來並供人閱讀的。Jurgen Habermas 因而將 18 世紀的咖啡館定義為第一個中產階級形塑和闡述「輿論」且獨立於政府之外的機構[6]。

同樣地，咖啡館成為新社交族群——所謂的**藝文名家（virtuosi）**——的集會所，他們愛追根究柢的思維模式藉由接觸奇珍異品來尋求刺激，

圖 43.1　H. O. Neal 的版畫（1763 年）。畫中諷刺咖啡館的常客為敗家子和騙子。撒旦在右上方高處虎視眈眈，而左側的英國仕女則無助地昏厥在一旁。（英國國會圖書館提供）

無論是藝術或人文的產物。科學研究也因此受益，包括牛頓（Issac Newton）早期的研究在內，他在倫敦咖啡館裡創辦了英國首屈一指的科學協會——英國皇家學會[7]。

　　有個新元素被加進咖啡館的規劃中，那就是以主張「正宗」作為一種行銷手法。上述的 Rosee 是在鄂圖曼帝國統治下的港口城市 Smyrna 的希臘東正教公民，他運用自己的肖像來做廣告，以著名的土耳其人頭像漫畫作為招牌招攬生意。後來還和他的合夥人 Christopher Bowman 四處發放傳單宣揚咖啡的好處，他們聲稱「土耳其人常常喝咖啡，因此沒有結石、痛風、水腫或壞血病等毛病，而且皮膚潔淨白皙[8]。」Bowman 似乎將這些廣告發送給其他咖啡館業主使用以推廣咖啡飲品，他們的「道地」形象使

得沒有什麼人質疑他們的主張。

　　儘管早期蓬勃發展，但是到了 1815 年整個倫敦卻只剩下 12 家咖啡館。
這是怎麼回事呢？首先，這類場所的社會包容性受到嚴格限制。對於女性
來說，咖啡館主要仍然是工作場所，無論是身為業主（其中有不少寡婦）、
服務人員，或者提供其他服務的人，例如在通霄達旦的咖啡館兼做妓院，
裡面有攬客的妓女。在這段時期，較少女性會為了社交目的光顧咖啡館，
她們比較喜歡利用露天茶園的環境，因為她們現身在這些地方比較不會招
來異樣的眼光。

　　第二，更專業的工作場所和工具的出現，商人和貿易商離開咖啡館，
到適合新營運方式的辦公室中。同時，17 世紀的政治動亂平息，結果又重
新強調社會區隔，許多咖啡館轉成私人會所，社交活動又回復到限制重重
的情況。

　　最後，也最重要的是，咖啡對一般民眾並不具有吸引力。1739 年，
倫敦的 551 間咖啡館與超過 8,000 家提供酒精飲料的營業場所相較之下可
謂慘淡經營，當時最盛行的飲品就是琴酒。到了 18 世紀中葉，「咖啡館」
主要供應酒精飲品是司空見慣的事，而咖啡僅僅是一個附帶提供的飲品[9]。

　　美國早期的咖啡館大致循著相同的軌跡。1670 年，Dorothy Jones 取
得執照在波士頓販售「咖啡和古巧雷多」（coffee and cuchaletto，也就是
巧克力）。就目前所知，美國第一間咖啡館是在 1680 年代晚期或 1690
年代早期於波士頓開設。早期美國咖啡館，尤其是在波士頓的綠龍咖啡
（Green Gragon），它被形容為政論中心，甚至是革命運動的發源地。但
是美國殖民地的居民也同樣偏好含酒精的飲料。殖民地及早期共和政體的
法律條文與法院判決充斥著處罰酒鬼及提供服務給他們的人。這樣的法律
頻繁地為殖民地及州政府所採用，從多到數不清的違法飲酒事件可看出早
期的美國並不時興飲用咖啡[10]。

　　為了試圖打擊酒癮者，19 世紀英美的禁酒運動採取在酒館或酒吧隔壁
開設咖啡小酒館，這顯示出要改變咖啡館的形式以順應工業時代是多麼困
難的一件事。雖然 1880 年代，在英國有超過 1,000 家的咖啡小酒館，但
是他們仍遠不及 10 萬家領有執照的酒吧[11]。從商業角度而言，咖啡小酒

館的經營都不太成功，特別是氣氛不夠輕鬆，因為業者都很熱心地鼓勵大家戒酒，而並未去營造傍晚閒暇的輕鬆氛圍。早年使得英國咖啡館迅速發展最重要的因素——無酒類飲品，最後卻也是咖啡館無法持續成功經營的最大限制。

在歐洲其他地方，咖啡館的服務則衍生出不同的形式。在法國，從鄂圖曼帝國來朝見法國太陽王的蘇丹特使，於旅居法國期間掀起了土爾庫狂潮（Turkomania）。太陽王命令這名特使在一間仿造的咖啡館裡招待法國貴族們以等待他的任命 12。然而，許多美國貿易商嘗試複製 Pasqua Rosee 在倫敦的經營手法卻未能成功，可能是因為各個公會為了誰可以販售這種新的飲料而明爭暗鬥，最後該權利在 1676 年時授予由蒸餾酒製造商、白蘭地零售商及銷售者組成的聯合公會，才使紛爭暫告落幕 13。一位義大利移民 Francesco Procopio 在每年一次的聖日爾曼商會中創立臨時性的咖啡室，提供各式各樣的咖啡與酒類飲品以吸引高階客戶。10 年後，在 1686 年，他開了一間 Cafè Procope 咖啡館，至今都還在同一地點營業，並且宣稱自己是「世界上最古老的餐廳」。

在長達三個世紀的時間裡，歐洲大陸的咖啡館都是結合了咖啡、餐點和酒類的販售。首先，跟隨 Procope 模式，這類咖啡館刻意瞄準菁英市場。這些富麗堂皇的場地遍及歐洲各地，它們的室內裝潢華麗，桌巾一塵不染，侍者衣著潔淨，提供參加壯遊的旅客們合適的茶點和消遣。在義大利則有 1720 年在威尼斯聖馬克廣場開幕的花神（Caffè Florian）咖啡館，以及 1760 年在羅馬開幕的古希臘（Caffè Greco）咖啡館，這些場所雖非完全的公開或平民化，卻同等尊重男女性顧客的光顧。

天平的另一端是工人的咖啡館，在 1789 年法國革命之後，工人咖啡館的數量急遽增加，當時融合 18 世紀的酒類零售商和上層階級咖啡館的形式，衍生出 19 世紀無產階級咖啡館的版本 14。在這類咖啡館裡，沒有侍者招呼客人、帶位和提供服務，有的只是客人與老闆及他的家人無拘無束地互動。1860 年代到 1880 年代之間，有將近四分之一的巴黎夫婦舉行公證結婚時選擇咖啡廳老闆當他們的證婚人，咖啡廳更像是家庭的延伸而不是與家庭有所區別的場所。如果被控告在咖啡館裡毆打配偶，則常被當

作家務事看待。當然，許多暴力行為是酒後所為。很矛盾的是，咖啡館是在家庭之外喝咖啡的主要場所，但是咖啡卻不是咖啡館的重要收入。

儘管有些在地差異，但多數歐洲國家都可以觀察到類似的模式。維也納兩度成為咖啡館文化的核心，第一次是在 1680 年代，Franz Georg Kolschitsky 開設了藍瓶子咖啡館（Blue Bottle），他的種族血統是一團謎，他努力地宣傳自己在維也納圍城解困事件中的角色同樣令人費解 [15]。Kolschitsky 利用人們對其角色的關注，混合事實與編造，以滿足顧客的渴望。一方面，他和他的工作人員穿著土耳其式的服裝，循著他的許多故事情節刻意傳達他們在咖啡領域中的專業權威。另一方面，將牛奶和奶油加入咖啡裡，改變咖啡的整體性質，使得喝起來更加適合奧地利人的口味。

維也納第二個關於咖啡館的重要時刻是在 19 世紀末，當時維也納短暫地被認定為繼承歐洲文化首都的衣缽。許多領頭的重要人物經常在維也納的咖啡館裡消磨時間閱讀報紙、玩遊戲，甚至寫作或是討論彼此的作品。作家 Peter Altenberg（1859-1919），成為該趨勢的縮影，郵件甚至會寄到他最愛出沒的咖啡館──中央咖啡館。中央咖啡館的客人還包括了俄國革命家 Leon Trotsky。

這些地方販賣咖啡、時間和空間，不過在大致上都是模仿歐洲的大型咖啡館。他們的老主顧或許一直都很貧困，例如 Altenberg，但是通常他們的同伴會補貼花費。咖啡館的功能不只是社交，通常也用來當作工作場所或是打聽工作的地方。像這樣的人被稱為「漫遊者」（flaneurs），他們在 19 世紀巴黎人行道的露天咖啡座埋頭創作文學作品。貧困的 J. K. Rowling 就是在英國愛丁堡一間溫馨的咖啡館裡創作出她的第一本《哈利波特》（Harry Potter）小說。

另一種值得一提的變化形式是在奧地利和德國盛行的德式蛋糕店（Konditorei）。這些點心鋪也提供現場消費的空間，通常也提供熱飲，為家庭主婦在外主要的聚會場所，而主婦們喝咖啡聊天的聚會（Kaffèeklatsch）通常在丈夫們仍在工作的午後舉辦。同樣地，不提供酒類飲品是很重要的，如此一來，這些店家便成為可被社會所接受的女性社交場所。即使在今日，德國主要的咖啡販售點都是烘焙連鎖店，全國有超

過 12,500 間的烘焙店鋪 [16]。

　　20 世紀上半葉的濃縮咖啡館盛行，掀起了服務形式及飲品本身的革命。在歐洲的美式酒吧裡，不需要服務員，飲料可以直接從櫃檯領取。在義大利則發展出可以按照需求製作單一杯咖啡的咖啡機 [17]，以及讓客人站著喝咖啡，尤其是交通運輸的終點站，或是服務城市中產階級的咖啡館，由於符合明顯加速的生活步調，因此特別受到歡迎。

　　這只是義大利戰後從農業社會變遷至工業社會的經濟轉型期間的普遍現象。小規模的咖啡館提供移民者一個可選擇的社交場所或觀看電視的地點。雖然同時販售酒精飲料，但咖啡卻是很重要的部分。咖啡是店裡最便宜的飲料，客人付出最低的價錢就能享受酒吧的環境。少了侍者服務使得消費變得便宜，但是高壓沖煮的機器提供的咖啡卻帶給客人與在家自製咖啡不同的感官經驗。

　　這些特色移植到海外不見得會成功。1950 年代在德國主要街道上出現 Eiscafés 的店家，它的特徵是結合咖啡與冰淇淋以吸引曾經與家人到義大利旅遊而體驗過濃縮咖啡文化的年輕人上門 [18]。同樣地，1950 年代，英國咖啡館也特別受到無法進入酒吧的青少年歡迎，他們放學後可以在有點唱機的咖啡館裡聽聽音樂。咖啡雖然是菜單裡的核心，但是在英國濃縮咖啡吧裡卻沒什麼吸引力，而且下個世代被裝潢色彩繽紛的速食連鎖餐廳誘惑，而紛紛轉移到酒吧裡改喝香甜風味的啤酒 [19]。

　　20 世紀時，美國的咖啡館開始復甦，起初是在義裔美國人的帶領下，在街坊開設濃縮咖啡吧，像是在舊金山北灘或紐約格林威治村。有些咖啡館因頹廢派作家在此舉辦詩歌朗讀會（如 Allen Ginsberg）或是音樂表演（如 Joan Baez 和 Bob Dylan）而聞名。後來由於電視的發明提供了家庭娛樂，咖啡餐館又再次受到打擊，而成了廉價、無限續杯咖啡的主要供應者。

　　1980 年代美國大學咖啡館計畫將時間多但還沒到飲酒法定年齡的學生鎖定為咖啡店可培養的客群 [20]。經過調整為適合上班日的節奏模式後，造就了精品咖啡業的成功。西雅圖開始出現咖啡車的形式，擺設在排隊等候渡輪的隊伍旁邊或是店舖外的街道上，例如 Nordstrom 百貨公司，以服務通勤者或是辦公室沒有免費咖啡而打算花錢買杯好咖啡的人們。因此提

供外帶服務是這種形式的重要部分。

接著，工作性質本身的轉變有利於咖啡店持續成長，與其說是作為另一個第三空間，更像是工作場所的延伸。製造業的衰退和行動科技的興起，意味著大部分辦公室的工作──在電腦螢幕前工作，使用電話或網路溝通，甚至舉行面對面的會議──都可以輕易地在咖啡店裡進行。當代咖啡館的價值在於提升勞動生產力。

說到咖啡館的社會角色，我們可以觀察到與前述形式的若干連貫性。不提供酒類飲料使咖啡館化身為令人感覺安全及歡迎各種社會族群的公共空間，無論在法律上或習俗上，與飲酒場所有所區別。在咖啡館裡進行社交活動可以避免當今社會裡令人焦慮的議題，像是居家整潔之類的。另外，對於旅客而言，咖啡店可以讓身處外地的人也能有家的感覺，特別是知名品牌的連鎖咖啡店。在那裡，你會知道如何點一杯拿鐵，而且知道喝起來的味道該是如何，店裡的設施令人感到放心，尤其是洗手間普遍都達到一個可以被接受的標準。就像一家連鎖汽車旅館常說的：這是「沒有驚喜」的美國商業模式。

所以當代咖啡館所實踐的是如同 Oldenburg 所鼓吹的第三空間，還是有如 Habermas 所說的形塑輿論的平台呢？多數當代觀察家認為以上皆非。Bryant Simon 針對星巴克連鎖店做了徹底的民族誌研究，他發現在咖啡店裡很少陌生人會主動閒聊[21]。有一份針對蘇格蘭咖啡館的顧客行為所做的分析發現，如同某小報不留情面地指出，人們之所以去咖啡館就只是為了要喝咖啡[22]。

然而，英國 Glasgow 的研究者發現如今咖啡館已非政治論述的溫床，他們也認為社會理論家輕忽了人們享受成為公共空間一員的重要性[23]。雖然陌生人之間很少刻意聊天，但是他們發現偶然間的接觸──共桌或是借報紙的詢問──若被親切地接受，則會開啟彼此的對話。有些則是幫助帶孩子的母親清理打翻的東西、挪出空間和逗小孩玩。能置身在陌生人之間親切行為的現場，本身即可能是到訪咖啡店的目的。

咖啡館的風貌隨著它們的服務對象不同而有明顯的變化，但若能成功都是因為留意到顧客的需求，對於提供的時間和空間所花的心思與咖啡相

同 [24]。這並非忽視在許多咖啡館中（雖然不是全部）咖啡的核心地位，只是在這些地方定價要與經驗相符，譬如義式濃縮咖啡館以最低程度的服務快速消費，因此索費較低；而有些咖啡館，顧客可能打算在店裡待上好幾個小時，因而索費較高。

　　希冀咖啡館作為第三空間恐怕是對於它們的社會整合能力賦予過高的期望，於此同時卻也未能使它們成為家庭及工作場所的延伸，甚至替代之。到頭來，光顧一間咖啡館是為了共同擁有人類的經歷，就像 Asaf Bar-Tura 最近指出，人們到咖啡館是為了「身處在人群之中，卻不需要實際上跟他們有什麼關聯 [25]。」這可能不符合 Oldenburg 的理想，但卻構成了強大的商機。

44

美國人喝咖啡的由來
波士頓茶葉事件或是巴西奴隸制度？

---◆◆---

Steven Topik

德州大學歷史學博士。加州大學爾灣分校歷史系教授。曾出版數本關於巴西歷史的書籍，是《拉丁美洲第二次征戰：1850-1930年出口熱潮期間的咖啡、龍舌蘭和石油》（*The Second Conquest of Latin America: Coffee, Henequen, and Oil during the Export Boom, 1850-1930*）一書的合著者。《貿易打造的世界》（*The World That Trade Created*）和《1500-1989年亞州、非洲和拉丁美洲的全球咖啡經濟》（*The Global Coffee Economy in Asia, Africa and Latin America, 1500-1989*）的共同編輯和撰稿人。目前正從事四大洲咖啡史的研究工作。

Michelle Craig McDonald

聖約翰大學文科碩士，密西根大學歷史系博士。理查·史達頓大學歷史系副教授。近期著作爲與 David Hancock 合著的《現代世界早期的公開飲酒：來自酒館的聲音，1500-1800》（*Public Drinking in the Early Modern World: Voices from the Tavern, 1500-1800*）。目前正從事美國投資於加勒比海域咖啡產業的歷史研究。

　　1773 年的 12 月 16 日晚間，一群碼頭工人、走私者及其他「自由之子」（Sons of Liberty）（譯註：美國革命期間反抗英國統治的民間秘密組織）拙劣地喬裝成納拉幹族印地安人（Narragansett Indians）混入波士頓港的葛里芬（Griffin）碼頭。他們砸爛達特茅斯號、海狸號及艾利諾號三艘貨船上的 342 個木桶，將 45 噸茶葉傾倒至海灣裡。這個被稱為「波士頓茶葉事件」的行動，成為美國獨立運動的催化劑，或可算是促使北美茶迷改喝咖啡的英勇事件。

　　咖啡在美國人民族認同的構成中扮演重要的角色，它象徵美國已獨立於英國權威和文化之外。但是跟許多關於民族認同的故事一樣，它也必然有神話建構的成分[1]。繼波士頓事件之後，故事尚未完結，當這個新國家拓荒時期，民主先鋒將喝咖啡的習慣向西傳播。19 世紀，咖啡已被視為美國的典型，就像茶葉之於英國或中國、啤酒之於德國，還有紅酒之於法國一樣。19 世紀中葉，美國成了全球最大的咖啡消費國，主導及重塑了咖啡產業[2]。這就是歌功頌德版的論點。

　　爭議的是真實故事並不那麼動人或激勵人心，咖啡在美國的成功較可能源自於奴隸制度以及加勒比海地區及巴西歐洲殖民時代的終結，而非愛國熱情或新建國的感覺。換言之，咖啡成功地成為美國民主文化、資產階級社交，以及資本主義動能的象徵，是因為一些遠方國家的事件——海地革命，以及更重要的是，規模空前的巴西奴隸制度所形成的農業擴張。

　　確實，咖啡從 17 世紀的奢華飲品轉型為 19 世紀中葉的大眾消費飲料，美國發揮了至關重要的作用。這樣的質變加強了 18 和 19 世紀的小冊子作者以及編年史家們例如 Thomas Paine、Domingo Faustino Sarmiento、Alexis de Tocqueville 等人，以及其他北美平等故事傳頌者賦予咖啡平等與民主的意義[3]。但宣傳政令的小冊子與旅人的記述卻是衡量咖啡在美國生活裡日益重要程度的唯一方式。雖然在 1760 年代美國獨立之前的咖啡交易量並不大，不過從零售商帳簿中仍可發現記載著將咖啡販賣給水手、釀酒商、勞工及寡婦等對象。後來的波士頓菁英及費城名媛像是 Abigail Adams、Elizabeth Drinker 皆描述了 1780 至 1790 年代咖啡在富人階級相當風行的現象，在維吉尼亞州的鐵工廠裡，甚至會以咖啡當作奴僕加班的

報酬[4]。獨立運動的那幾年間，美國人的餐桌上普遍可見咖啡壺及咖啡杯，歐洲旅客認為咖啡商品已是這個新國家認同裡不可或缺的一部分。1787 年一位來到維吉尼亞州的法國遊客 François Jean Chastellux 寫道：「我們的晚餐相當乏善可陳，但是第二天的早餐好多了……喝咖啡的美式習慣讓我們完全地適應[5]。」

19 世紀中葉，美國是全球咖啡進口之首，但商品上通常已清除了海外品種紀錄。南北戰爭之後，**品牌咖啡（branding）**開始發展，國內咖啡烘焙商選擇了美國景觀或熟悉的山姆大叔面孔取代以異國情調或國外意象作為商標的手法[6]。只有在極少數情況下，才會在廣告裡透露出處或**原產地**，像是提到咖啡是由擁有歷史背景吸引力並且在全球市場價位較高的爪哇或摩卡港所輸出。事實上，在西部邊陲地區，咖啡被稱做摩爪（jamoca），亦即結合了印尼「爪哇」及葉門「摩卡」，不過幾乎所有的摩爪咖啡其實都來自於拉丁美洲[7]。總之，19 世紀的美國在提倡咖啡取代茶葉與蘋果酒作為美國人飲品的運動中，將地理方面的資訊全都清除，咖啡與其產地來源毫不相干。

我們也宣揚讓咖啡融入美國人的日常生活中。內戰期間，聯軍認為咖啡是勝利的必需品。William Sherman 將軍將咖啡稱為「配糧的基本元素」，他下令咖啡與糖「須隨身攜帶，甚至不惜犧牲麵包，因為麵包有許多替代品[8]。」到了 20 世紀初期，人們將咖啡叫做「cup of Joe」，這樣命名的原因有些爭議，最可能的理由是要稱頌咖啡在第一、二次世界大戰期間，與「G.I. Joe」（美國大兵）的密切聯結，並且褒揚其在美國海外工作的貢獻。再者，在美國，「Joe」往往泛指普羅大眾[9]。咖啡變成一種美國風俗，無論是民眾或是軍人、菁英階層或是無產階級、男女皆同。今日，世界各地的人們有部分是將喝咖啡當作是美國精神或是現代主義的象徵。然而英屬北美殖民地並非天生注定要喝咖啡，為何數百年來會意外的變成主流飲品，說明了美國民族認同以及巴西在這個故事中的關鍵角色。

咖啡與波士頓茶葉事件

美國人對咖啡產生興趣是早在殖民地拓荒時期就開始了。John Smith 是維吉尼亞最早期的一位英國移民，在他的土耳其遊記中，他也是最早以英文描述「咖法」（coffa）或「咖瓦」（coava）的人。1607 年，他協助打造詹姆斯鎮，大約 20 年後，英國第一家**咖啡館**才設立[10]。然而史密斯是否攜帶咖啡橫跨大西洋仍值得商榷。咖啡抵達美國時，人們對咖啡的興趣增長緩慢，直到 17 世紀末期咖啡館還是集中在港口城市，農村的美國人比較沒有機會在公共場所消費咖啡，而且咖啡的高價位也讓一般家庭消費不起。1683 年，William Penn 抱怨英國稅制及貨運政策使得咖啡的價格上漲到每磅 18 先令又 9 便士，遠遠超出多數殖民地家庭的平均收入。雖然在接下來的數十年咖啡價格下跌，但是咖啡的飲用量仍然很低，1783 年時每人平均飲用量為八分之一磅，那是只夠沖煮幾杯咖啡的份量而已[11]。

無論是大眾史學或是學術史學皆視波士頓茶葉事件為永久改變美國與咖啡關係的分水嶺事件。據長年擔任《茶與咖啡期刊》（*The Tea and Coffee Journal*）的編輯 William Ukers 的觀察，「波士頓茶葉事件可說是人民為反抗沉重的茶葉稅而反動的最高點。」「經此事件後，無疑地使我們成為喝咖啡的國家，而非像英國是喝茶的國家。」他主張，1773 年波士頓茶葉事件讓人們覺得美國人「本來就不想喝茶。」而且將「咖啡冠為美式早餐之王，象徵美國人民主權的飲料[12]。」近期流行的咖啡研究亦同意此觀點[13]，其中的一個說法甚至認為，「歐洲殖民主義似乎決定了種咖啡和喝咖啡的地方，」但是「美國的情況是，殖民主義結束、新國家崛起在波士頓茶葉事件中表露無疑[14]。」最後，性別史學者為了突顯婦女在消費者文化及美國政治的參與，而將喝咖啡與基層民眾聯合抵制茶葉串聯在一起；這些女性在 1780 年代被稱為「共和國的母親們」（Republican Motherhood）——這是將婦女視為向新世代美國人民傳遞社會規範及民主思想的意識型態[15]。

其他的資料來源在一開始似乎也支持這樣的解釋。某些革命運動的領導者像是 Paul Revere、Samuel Adams、John Adams 及其他愛國團體，例

如「自由之子」等，在波士頓的綠龍咖啡館（也稱綠龍小酒館）和紐約的商人咖啡館（Merchants' Coffee House）抗議印花稅和湯生法案[16]。而咖啡與愛國活動並不僅限於城市，在 1774 年夏天，John Adams 記載的一段對話，他詢問小酒館老闆：「疲憊的旅人想要一碗茶來提振精神，即使它是走私或是未付稅，也可以嗎？」老闆娘回答說：「我們店裡拒絕提供茶飲，我不能泡茶給你喝……但是可以泡杯咖啡[17]。」John Adams 蒐集的資料證明了某些美國人，無論是鄉村的酒館老闆或是大陸會議（the Continental Congress）代表都將咖啡與自由國家的想法劃上等號，但是這個聯想不過是曇花一現。

1765 至 1769 年之間，大不列顛的商品全面實施禁運至美國，特別是針對英格蘭（美國主要的茶葉來源）以及愛爾蘭。但是就在 1774 年，當 John Adams 走訪麻薩諸塞州的幾個月後，興起了第三波殖民地聯合抵制行動，包括英屬加勒比——美國咖啡的主要供應來源。換句話說，咖啡步上茶葉的後塵，成了政治籌碼。某些殖民地代表為此請願，禁止西印度貿易「必然會造成全國性的破產」，但他們的主張僅短暫地被接受，之後有人提出加勒比海的商品，譬如咖啡，是「醉人的毒藥和不必要的奢侈品，應該在海上就沉入海底，而不是被運上岸」，因此導致民意轉向[18]。1777 年，連 John Adams 也改變了他對咖啡的想法，在給妻子 Abigail 的信件裡寫道：「我希望女性可以停止對咖啡的依戀，我向妳擔保，在這裡最棒的家庭都已經大量停止使用西印度的商品，我們必須使用國產品過日子[19]。」也就是說，咖啡仍然被當作是與蘋果汁等可以在國內栽種生產的商品競爭之國際飲品，因此要思考的是，如何讓咖啡重新在地化？

咖啡成為外交官的飲品

在 1774 年的聯合抵制行動之前，北美大部分的咖啡來自於英屬殖民地——牙買加、格瑞那達、聖文森及多明尼加。但是在 1783 年，就在咖啡最受北美青睞的時機點，國會禁止英國殖民地商船運至美國[20]。革命之前，咖啡進口量在 1774 年達到最高峰 100 萬美元，但是在 1802 至 1804

年間，單單是每年進口至美國的英國西印度咖啡價值就高達 148 萬美元，來自世界各地的進口額更是高達 800 萬美元 21。

　　這些進口量並不只是滿足北美對咖啡的渴求，事實上有超過半數的進口咖啡抵達北美之後很快就轉運到其他國家。在殖民期間，貿易往來主要是在英屬美洲大陸殖民地之間，但是在 1880 年代美國的再出口貿易已然成為國際性貿易。最初，多數商品再出口到阿姆斯特丹、巴黎及倫敦，但是 1790 年之後，美國貿易商開始進軍德國、義大利甚至到了俄羅斯，於是在歐洲消費者的心中逐漸將咖啡與美國聯想在一起。對美國人來說，熱帶商品，尤其是咖啡，是相當重要的收益，因此美國能否取得進入西印度群島的通路就變得相當重要。

　　商人與農民針對要與美國製品競爭的貨物關稅進行激烈的辯論，雙方各執贊成或反對的理由。不過大多數人同意針對美國未生產的商品給予貿易減讓。議會代表們認為「茶葉與咖啡已深入民間，成為各階層的民生必需品」22，因此茶葉與咖啡的關稅是最受關注的討論議題。1774 年，由 John Jay、John Adams 及 Benjamin Franklin 創立了三人歐洲執行委員會，負責監督與幾個歐洲國家及北非沿海地區的貿易談判及授權條約 23。對任何一個國家來說，這個「協定計畫」（plan of treaties）實在顯得野心勃勃。更何況只有一小支陸軍軍隊，而且沒有正式的海軍編制的美國並無法達到實質的軍事目標。結果，國會恣意為歐洲執行委員們配備了最強大的武器，即美國強大的購買力，並且宣布拒絕與美國簽署貿易協定的國家將會面臨歧視性的關稅和市場限制，在委員會成立的頭兩年，只有普魯士同意基於自由貿易模式而簽訂協定 24。

　　這個挫敗在 1785 年即告一段落。美國歐洲執行委員會覺察到自己跟奧地利等國家討價還價，並不會為熱帶商品帶來期望中的利益。在這種狀況下，Jefferson 及其同僚於 1786 年率先促成與法國合作的優惠條約，轉向與唯一能和英國抗衡的軍事強權結盟 25。「這將是強有力的商業連結，」傑佛遜寫道，「因為法國是世上唯一我們能夠充分仰賴其協助的國家，直到我們可以站穩自己的腳步為止 26。」此外，這也使美國進口商得以接觸法屬加勒比海殖民地，像是聖多明尼哥（後來的海地）——從 18 世紀初

期開始，它就是加勒比海地區糖與咖啡的主要生產國。

傑佛遜的計畫得到美國商人的大力支持。1786 年 10 月，美國與法國達成一系列的貿易減讓協定，包括使用美國船隻以及降低法國與法屬安列斯群島的稅率[27]。1791 年時，法國咖啡供應商顯然占了上風，北美有超過四分之三的咖啡是由法國提供[28]。由於英國官方持續阻擋美國船隻進入其加勒比海殖民地，更增強了美國貿易夥伴的重組。但是英國發現，光有此意圖並不足以阻擋美國：歐洲戰事削弱了皇家海軍巡邏海域的能力[29]，美國船隻因此獲得更多的通航自由。自從歐洲執行委員會第一次主動提議以來，美國的中立地位不只是為了外交目的，對於這個國家未來的商業榮景更是不可或缺[30]。海事上的新契機引來更多特殊商品的投資，富有遠見的 Silas Deane 於 1776 年 8 月在國會上表示：「咖啡、糖及其他西印度的產品在北歐消費快速成長[31]。」

如果沒有貿易協定，美國將無法與商機無限的加勒比海殖民地繼續或拓展剛萌芽的生意；沒有中立的船隻將無法運送熱帶貨品到消費者手上——而在此時，英法之間的戰爭提供了美國絕佳機會，使美國貨品以一飛沖天的價格進入歐洲市場[32]。另一方面，透過中立地位及貿易協定，最初的十三個殖民地開始有了美好前景。一位有見地的貿易商很有先見之明地為後來所稱的新殖民主義下了定義：美國將會獲得「所有殖民地的利益而不需要管理和成本[33]。」當這個新興國家向西擴展其大陸版圖的同時，也向南延伸其貿易影響力。以咖啡為旗艦商品的再出口貿易成為該國的經濟支柱。自由貿易的擁護者將再出口商描述成「愛國者」，他們的貿易行為對於「我們的社會和我們的世界地位而言都是必要的環節[34]。」將國外種植的咖啡再出口，就像在 1770 年代喝咖啡一般，成為引發全國及國際關注的愛國行動。

🫘 咖啡與奴隸制度

愛國的美國人往往將獨立和自由揉合在一起，他們也常將商業和公民自由混為一談。然而，**奴隸制度**卻為咖啡與美國自由的相關性帶來最大

的挑戰。整個 18 至 19 世紀，美國人喝的咖啡大部分都是由加勒比海及拉美奴隸所生產。即使東印度咖啡的勞工嚴格來說不算是奴隸，但也很難說是自由的 35。有時候，這層關係甚至更為直接——有些咖啡進口商也進行奴隸交易，一些咖啡館也兼作為奴隸市場。英美解放主義者抵制奴隸所生產的糖，承認其商品及生產商品的勞工之間存在強有力的文化連結，咖啡就像菸草與棉花，但相較之下阻力少很多 36。到了 1800 年，對美國來說咖啡禁運的成本實在過高，這個新興國家的咖啡再出口貿易量比起茶葉、糖、糖蜜加起來的再出口量還要多。咖啡相當於美國貿易收入的 10%，占了再出口貿易收入的 25%，這麼高的數字竟然是來自於北美自身並未生產的商品 37。

北美人是否在日常中能意識到他們的咖啡是如何出產的呢？遊記——一種流行於 18 及 19 世紀早期的文學體裁，涵括了若干關於以奴隸種植咖啡的記述。這些文獻指出，美國人知道他們的咖啡是從哪裡以及由誰所生產，但卻很少公開強烈反對 38。一些作家留意到廢奴主義者口是心非，他們聯合抵制奴隸所生產的糖，卻在其他產品上呈現飛快地消費成長。「他們說，喔！不要用那些被污染的東西，當心為使咖啡變甜而加了奴隸種植的糖。」一位在 Glasgow 的青年自由貿易協會的會員 Robert Burns 牧師寫道。但是怎麼「奴隸種植的菸草、棉花和咖啡」就可以被接受呢？因此他推斷，「莫非是奴隸種植的糖產生了道德病？39」然而，大多數作家仍保持沉默。事實上，在 1848 年之前，大眾對於咖啡的自由意涵和其來自奴隸種植所感到的不協調並未被大肆地辯論。反對聲浪並非來自有社會良知的美國消費者，而是惱火的英國農園主人，這些人在 1838 年英國廢除奴隸制之後被要求雇用非奴隸勞工，他們眼見自己必須與在巴西使用奴隸種植咖啡的美國人競爭咖啡市場而提出抗議 40。而美國人依然維持不慍不火的反應，1859 年一篇《紐約時代雜誌》的文章指出，不只是咖啡，還有其他熱帶商品都是「擁有人類最文明部分的北半球」的「生活必需品」，而其不自由的來源不過是商業中的必要之事 41。

事實上，在 1860 年代，美國大多數的咖啡需求已由法屬而非英屬的加勒比海殖民地所供應。直到 1803 年為止，美國一直是法屬聖多明哥的主

要咖啡出口國，有色的自由人在殖民地的咖啡業中一直扮演重要的角色，1789 年時他們擁有聖多明哥三分之一的咖啡種植園及四分之一的奴隸[42]。然而在 Toussaint l'Ouverture（他之前也是農奴，後來是一名失敗的咖啡果園業主）領導革命反抗法國殖民軍之後，聖多明哥在美國咖啡貿易的地位便戲劇性地急速衰退[43]。聖多明哥更名為海地，成為美洲第二個獲得獨立的歐洲殖民地，並率先廢除奴隸制度。而美國政府非但沒有讚賞海地獲得雙重的自由，還一直到 1862 年才承認海地的獨立或是派駐大使到這個新國家[44]。美國境內的南北衝突形塑了早期殖民的國際商業和外交政策，導致聯邦政府鼓勵商人向奴隸資源豐富的巴西進口咖啡而不是向已解放、自由的海地購買。

當時最能取代海地生產咖啡的國家其實是古巴，巴西贏得咖啡的首選地位並非是件輕易的事。數以百計的法國農場主人帶著他們自己的奴隸和咖啡種植的知識從海地逃至古巴，西班牙殖民主人也因應隨海地戰火而狂漲的咖啡價格，放寬對國外貿易及進口奴隸的控制。確切來說，在 19 世紀的第一個 10 年，咖啡遠比糖更吸引投資者的目光，古巴咖啡主要還是輸出到美國而不是遙遠的西班牙祖國[45]。美國人覬覦古巴豐富、肥沃的土壤，他們甚至開始在島上投資咖啡種植園。然而，古巴在 1842、1844 及 1846 年分別發生超級颶風；在 1868、1878 及 1880 年發生毀滅性的內戰，而且其蔗糖在迅速成長的美國市場成績傲人，這些都使得古巴咖啡成為次要角色。到該世紀末，古巴反而從波多黎各進口咖啡[46]。在古巴，以往用來種植咖啡的土地和奴隸都被改用來生產蔗糖[47]。但是在巴西則剛好相反，以往用來生產蔗糖的土地、資本和奴隸都轉向咖啡生產。由於大自然和戰爭的推波助瀾，巴西和古巴在日益膨脹的美國咖啡和蔗糖市場呈現相反的結果。

咖啡美國化

18 世紀的茶葉聯合抵制激發了北美人對咖啡的慾望，但並不能保證美國將成為咖啡飲用者的國家。雖然殖民地開拓者短暫地拋棄茶飲，但是他

們很快地轉而向中國進口茶葉。在 1859 年，美國進口了超過 2,900 萬磅的茶葉，到了 1870 年進口數到達 4,700 萬磅，而在 1881 年更超過了 8,100 萬磅，每人超過 1 磅。確實，美國在 1881 年進口了 4 億 5,500 萬磅咖啡，而茶葉進口量非但沒有縮水，反而有所成長。此外，據貿易商估計，若要製作同等份量的飲料，所需要的研磨咖啡粉是茶葉的 4 倍 [48]。自從咖啡進口量為茶葉的 5.5 倍的那時起，美國人在咖啡與茶的實際飲用量上不相上下，美國獨立後比殖民時期喝更多的茶。事實上，大多數的咖啡烘焙商，像是查斯與桑伯恩（Chase & Sanborn）、福杰士（Folgers）等，都盡可能同時為茶葉與咖啡作廣告宣傳。只是在 1890 年時，國家主義者主張美國應明確把茶擱到一邊並且開始宣揚咖啡為美國的「國家飲料」，使美國自此成為「咖啡愛好國 [49]」。

對於國際貿易商來說，這個議題在於美國的咖啡與茶葉進口量，而不在於美國人的飲用咖啡是否多過於茶。1880 年代，美國咖啡進口量占了全世界的三分之一，每人每年的飲用量從不到 1 磅到了 1882 年激增至 9 磅。再加上該世紀的美國人口從不到 400 萬暴增至 5,000 萬，相當於總體咖啡飲用量增加百倍以上。隨後在 20 世紀的進展則大大地開展了咖啡超越茶葉的霸主地位。

若說熱飲戰爭的真正分界點是在美國獨立之後，但在這場關鍵事件催生了美國人的咖啡癮時，波士頓茶黨早就消聲匿跡了，這要如何解釋咖啡在全世界最大的咖啡消費國的勝利呢？答案是，正如半世紀後的 Frank Siratra 唱道，他們在巴西有非常多的咖啡。但是大量的咖啡產量並不是理所當然或必然，巴西人以最大程度加速生產咖啡以滿足日益增長的美國消費。儘管美國需求爆量，19 世紀美國進口的平均價格僅為 1821 年巴西獨立時的二分之一。到了 1906 年，巴西的咖啡出口量占了全世界的 90%，其價格已經下降到 1821 年的三分之一 [50]。巴西人以近乎壟斷的姿態急速擴張國際消費，而未向從國外消費者強取壟斷地租。供應驅動的需求意味著美國人均消費持續成長，從 1870 至 1900 年上升超過 50%，在 1902 年已達到每人每年 13.3 磅的飲用量 [51]。巴西有能力增加產量而不調漲售價是咖啡成長的主要原因。當農村改種植咖啡樹時，廣大的「林利」、肥沃的

小耕地，非洲人、非裔巴西人及南歐移民的汗水，還有巴西企業家，他們全都對於具有歷史意義的咖啡作物有所貢獻。

到了 1900 年代，美國是全世界最大的咖啡市場，咖啡是排行第三的重要國際貿易商品。加勒比海的貿易拓展和深化喝咖啡的習慣創造了必要的先決條件，但是在 19 世紀美國人喝咖啡空前、極大的擴張則取決於兩個額外的發展：咖啡必須美國化，以及咖啡必須成為大眾飲料。

在 19 世紀末和 20 世紀初，咖啡美國化的操作愈來愈直截了當。阿巴寇咖啡（Arbuckles Coffee）在咖啡沖煮手冊的背面放了英屬北美十三州殖民地的歷史圖畫。許諾克勞格有限公司（Schnull-Krag & Co.）巧妙地藉由模糊的讚美詞來詆毀非美國咖啡來促銷美式咖啡，例如爪哇咖啡很「好」但是卻很「貴」。湯馬士伍德有限公司（Thomas Wood & Co.）更進一步地用圖像顯示賣家支持美國擴張主義，並將波多黎各、夏威夷和馬尼拉等地去異國化。根據伍德的廣告，這些地方現在都在山姆大叔的保護傘之下「為他所有 [52]」。

🫘 驚人的巴西咖啡產量

巴西出口咖啡的原因並不能被簡化為「上帝是巴西人」（Deus é Brasileiro）這種上天注定或神的旨意的歸因，而應該說是下列事件結合的幸運產物：19 世紀下半葉，前殖民地巴西和美國的政治獨立、海地為爭取自由而嚴重欠收、巴西咖啡產量提升，以及北美家用咖啡飲用量增加，這些因素促使北美成為全世界喝咖啡最多的地方。

不同於 19 世紀帝國時代的糖或橡膠，咖啡種植技術需求低，這使得獨立的前殖民地巴西能夠大量生產咖啡並達到前所未有的規模。在 1820 年之後，由於巴西便宜且肥沃的處女地、豐富且相對價廉的奴隸勞工以及鄰近非洲等因素，引起世界咖啡價格大幅下跌，直到 19 世紀末的最後 25 年行情仍很低靡，而這種趨勢反過來又創造了供給誘導需求。

巴西所生產的咖啡除了在很大程度上滿足全世界不斷增加的需求，更刺激和改變了咖啡在國外餐桌上的地位。相依觀點將農業生產者視為基

本勞動力的提供者，他們心甘情願地為飢渴的大都會買家、貿易商端菜上桌，扭曲了這層關係。巴西人——無論是本地出生或來自非洲、葡萄牙的移民——投入開發新生產技術、發現富生產效益的**培育品種**（cultivar），在地理上不被看好的位置建構綿密的運輸網絡，發展市場標準和有效的金融工具，因此巴西的咖啡產量得以超過所有歐洲殖民地的總和。1850 年，世界上超過一半的咖啡是由巴西所生產，並在隨之而來的咖啡全球性擴張占了 80%[53]。到了 1906 年，巴西生產的咖啡是全世界其他地區總和的 5 倍之多。

平心而論，相依觀點在 19 世紀能夠獲得成功其實也仰賴英國廉價可靠的航運、保險、貸款、基礎建設投資以及航線保護的主導地位 [54]。19 世紀中葉，嗜喝茶的英國並沒有從自己的殖民地進出口太多咖啡，反而是大量地從巴西出口及再出口，而其中多數就是運送至英國之前的北美殖民地。因此，美國人喝咖啡的習慣有部分是英國人造成的，不是因為茶葉印花稅，而是因為他們在巴西—美國貿易之中所扮演的商業、金融及運輸的角色。

19 世紀咖啡產量遽增並非是新的生產方法所致 [55]，直到 19 世紀末的最後 25 年，栽種、收成、加工處理都還是由奴工以人力完成，就像之前蔗糖的生產一樣，非洲留尼旺島的法國咖啡園主或是海地大規模栽種咖啡時所使用的形式。事實上，這些做法在當時稱為「西印度」種植系統。但是，一些龐大的巴西咖啡園與工業規模的採收同時降低了成本和咖啡的品質。

19 世紀晚期咖啡產業開始改革。譬如，知識和產業資本的需求逐漸成長，這在交通運輸方面比農作方面更為顯著。雖說鐵路無法大幅降低貨物成本，但卻有利於升高咖啡運送到碼頭的品質。更重要的是，如此可以較容易利用內地更便宜、更豐饒的土地，並且更大量的收成可以更快速地運送到市場，減少營運資本的利息支付。換句話說，開闢可觀的鐵路工程壯舉帶領巴西人翻越山岳，得以取用他們國家的浩瀚資源，他們因此避開並即早預防地理上的困境。較小的生產國，例如葉門和馬丁尼克島，從品質面改造國際市場，並獲取規模經濟優勢。極大量的低價巴西咖啡依賴鐵軌

前進到國際港口，拓展及重新配置了全球咖啡市場，這個成效在美國尤為明顯可見。

　　美國與巴西的關係愈來愈密切。1807 年，英國政府下令查禁英國參與奴隸貿易時，美國商人及船運公司一度掌控了大西洋奴隸貿易。1822 年巴西獨立之後，美國奴隸商人將非洲與巴西整合為以美國為主的三角貿易關係。新近「自由的」巴西及近期「解放的」美國兩者之間的商業關係掀起一波高潮，大部分是以活絡的奴隸貿易為主。Kenneth Maxwell 寫到了這中間明顯的矛盾：「那最強烈擁護自由放任主義的人，當移除其國家監督功能時（特別是自由貿易），常常是最致力於奴隸貿易及奴隸制度的人[56]。」這話說得一點也不奇怪。美國南方的農園主人就是採取這樣的姿態，直到南北戰爭才迫使他們放棄這個態度以及他們的奴隸。巴西長期以來一直都是非洲奴隸的主要進口國，剛開始是透過葡萄牙的奴隸販子，之後則也透過荷蘭、安哥拉、巴西及英國的奴隸販子。自從 1808 年嚴禁輸入奴隸到美國後，美國奴隸商反倒從阻礙了英國奴隸交易競爭力的反奴役運動中獲益。在友好的英美商業關係之中奴隸交易是個例外。巴西關稅法給予英國船運公司非人類貨物的優惠待遇，在某種程度上巴西被視為英國「非正式帝國」的核心部分或是「虛擬英國領地」[57]。儘管如此，北美貨船仍載運每年最大量的奴隸進口到巴西，直到 1850 年英國海軍終止大西洋奴隸交易為止[58]。在那之前，貨船會將貿易貨品運至非洲，然後將載滿奴隸的船隻駛向巴西，船隻到了里約再將非洲人換成咖啡運往美國市場，這個橫跨大西洋的障眼法把奴隸變成了咖啡。

　　美國商船在巴西貿易以及大西洋所扮演的角色，從大西洋奴隸貿易禁令實施時開始衰退。美國投資者轉向國內市場並開發西部，沿著鐵路往太平洋端發展。但是美國人從大西洋到西部邊陲的重新定位，並沒有阻止他們與咖啡萌芽的戀情。巴西人把握住這個新契機，1899 年巴西咖啡出口量躍升至 1822 年獨立時的 75 倍，而且英國船隻取代了美國船隻。在 1800 年代初期，英國道德主義者壓制了有利可圖的越洋人口買賣，但是他們無法說服自己的同胞別從奴隸種植的作物中獲利，這個產業在 1850 年之後的規模又更大了。在曖昧模糊的情勢下，由於英國轉而依賴印度茶葉的種

圖 44.1　《法蘭克雷斯理的畫報》（*Frank Leslie's Illustrated Newspaper*）中的插圖。1875 年 4 月 24 日。

植，在英國沒什麼人反對咖啡的奴隸勞動力也就不令人意外了。巴西咖啡有四分之三出口至美國，糖的出口量就顯得無足輕重。1830 年之後，咖啡占了巴西總出口額的 40% 以上，到了 1870 年代，甚至達到 50% 至 70%[59]。於是乎，日益成長的美國資本主義經濟促使巴西莊園大興奴隸制。

結語

　　長期以來透過消費而產生國家認同一直與國際貿易網絡密切相關，而咖啡顯然是美國經濟的重要貨品。但其歷史及社會的發展反倒揭露出更多需要重新考慮的文化內涵。在美國，咖啡被當作是象徵民主的飲料，只要是勞動者用餐時必喝上一杯咖啡，一旦考慮到咖啡的來源，其實與自由、平等的連結是相當脆弱的。隨處可見的愛國飲料，卻是加勒比海殖民地和

巴西的奴工在大太陽底下以其汗水灌溉而成。雖然巴西政權的獨立可歸功於咖啡，但也延續了巴西社會對奴隸制的依賴，直到 1888 年，巴西成為西半球最後一個解放奴隸的國家。美國供應商曾以文宣及標籤象徵性地提早結束奴隸制。他們將咖啡重新打造成全美國人可消費的商品，企圖抹去咖啡正反兩面的形象；美國進口商、消費者及政府政策皆忽略背後的勞動形式，或美帝主義政策為他們帶來的警示晨鐘。北美消費者履行他們的美國日常生活，但是卻幾乎看不見標籤背後或超越國界去欣賞咖啡的國際戲碼。在 19 世紀末期，一名社會專欄作家寫道：「城裡的文學家、異鄉人邊討論著每天在世界上最新的話題，邊喝著香醇的咖啡和品嚐一片法國麵包卷」。這些新聞和食物仍各有其國際意義，唯獨咖啡已經完全變成國產了 [60]。美國對咖啡的直接貢獻是將其大眾化，像是：咖啡休息時間、咖啡廳、即溶咖啡等。但是，美國咖啡卻是長期依賴於不自由的制度。

　　促使美國成為世界咖啡首都的巴西，其角色在這兩國之中都不明確。讓美國人養成喝咖啡的習慣，並且使其烘焙商取得世界優勢地位不能歸功或究責這個南美巨頭。雖然里約 7 號以及後來的聖多斯 4 號的咖啡價格，儼然是 19 世紀晚期咖啡市場的標準行情，但美國咖啡包裝上仍鮮少載有產地名巴西。1877 年，巴西總領事 Salvador de Mendonça 到訪美國時曾抱怨「目前市場上巴西咖啡分級制不利於巴西產品是一個普遍公認的事實，市售咖啡根據進口報關方式來販售，巴西咖啡因此常被改名為爪哇或摩卡咖啡 [61]。」巴西的角色從那一刻起獲得了較多的關注，例如，1906 至 1929 年之間的咖啡價格穩定措施（固定出口價格）。在 1908 年參議員 George Norris 抗議「其他的專賣事業還可以向其徵稅，但是這個怪物（巴西物價穩定措施咖啡）則是每天出現在這國家的每一個早餐桌上的不速之客 [62]。」在兩次世界大戰期間，咖啡被視為國家戰略的必需品，Frank Sinatra 高唱他的咖啡因森巴，巴西咖啡的地位再次獲得世界認同。然而巴西咖啡種植者未能將巴西咖啡打造成為一個品牌或是如同哥倫比亞的 Juan Valdez 的咖啡商標。

　　今天當你在超市陳列咖啡的走道上徘徊時，你會看到咖啡生產國的聯合國：哥倫比亞、哥斯大黎加、宏都拉斯、秘魯、爪哇、衣索比亞，甚至

是玻利維亞和新幾內亞，但是迄今為止仍是世界最大咖啡產地的巴西卻幾乎隱形了。

該是巴西和美國在塑造世界歷史的過程中尋找合適定位的時候了。透過咖啡的近距離鏡頭使我們瞭解這兩個國家如何與全球國際接軌，以及發現咖啡本身表裡不一的過往 —— 咖啡不僅是飲料或商品。這是一個關於起源的爭議故事，故事中咖啡的典故與消費者認同已經糾纏不清。

45

風味生態學
羅布斯塔咖啡與精品咖啡革命的限制

Stuart McCook

普林斯頓大學歷史學博士。加拿大基芙大學歷史系副教授。研究
興趣為熱帶作物的環境史,尤其是商品、社會以及熱帶地區地貌
之間的關係。他曾撰寫關於蔗糖和可可的環境史研究,目前正在
寫一部關於咖啡葉鏽病以及關於咖啡環境史其他面向的全球史。
信箱為 stuart.mccook@uoguelph.ca。

在上一個世代，說到咖啡，人們主要是談**精品咖啡革命**。在 1980 和 1990 年代，咖啡市場出現一個新的場域（至少在美國是如此），有時又被稱為「雅痞咖啡」（yuppie coffee）。精品咖啡有一個重要的分項就是「**道德咖啡**」——**公平交易**、經認證**有機**栽種、**鳥類親善**等等。這些道德咖啡將消費者想要喝好咖啡的慾望跟他們希望以道德方式消費的期待結合在一起[1]。此外，在一個歷史低價的時期，精品咖啡革命為**佃農**咖啡生產者開創了**永續**發展的新模式。

看起來，在近期盛行及學術性的咖啡產業研究中，有一個隱含的敘事、一個故事情節。舉例來說，在 Mark Pendergrast 所寫的《不平凡的土地》（*Uncommon Grounds*）和 Gregory Dicum 與 Nina Luttinger 合著的《咖啡之書》（*The Coffee Book*）中皆以他們對於全球咖啡產業的概述以及精品咖啡革命和道德咖啡的研究做結尾[2]。同樣的，許多近期探討咖啡與發展的學術文獻也偏重在全球咖啡產業的部分。在這些研究中，隱含的敘事指出，精品與道德咖啡或許有一天會成為全球咖啡產業的標準。所有的咖啡都將變得有道德、具有永續性和好味道。

這些全都是理想，但是整個 20 世紀較大範圍的咖啡史告訴我們這是不可能實現的。對於精品咖啡所獲得的所有關注，根據大多數的估計值，它們約占全球咖啡市場的 20%——道德咖啡在其中組成一個更小的子集。全世界所生產和交易的咖啡，大多都不是精品咖啡。縱然有一些大眾市場的咖啡受到精品咖啡革命強調品質和風味的影響，但是大部分都未受影響。而且，更重要的是，栽種咖啡的生態限制意味著全世界大部分的咖啡生產者無法效法當前的精品模式。只有一小部分的環境能夠生產高品質的阿拉比卡咖啡豆，且大多是在拉丁美洲北部和東非，為所有精品咖啡的重要起點。在巴西、中非和西非，以及亞洲的咖啡農場持續生產大量普通和低品質的大眾市場咖啡。無論如何，這些咖啡為數以百萬計的小農民提供生計，就像現在可能的情況一樣，因此值得受到關注。

全球咖啡市場將**阿拉比卡咖啡**分成三大類，依據品質的優劣大致上分為：(1) **哥倫比亞咖啡豆**；(2) 其他水洗式咖啡豆（other milds）；(3) **巴西式日曬咖啡豆**。就植物學而言，實際上所有的精品咖啡都是阿拉比卡咖

338

啡（Coffea arabica），不過並非所有的阿拉比卡都是精品咖啡。咖啡的品質相當倚賴特定**品種**的種植、種植咖啡的景觀生態學及其被加工的方式。精品阿拉比卡取自前二類。在收成年度 2009 至 2010 年，哥倫比亞咖啡豆和其他水洗式的咖啡豆加起來只占了不到全球產量的三分之一（32.35%）[3]。在同一時期，巴西式日曬咖啡豆約占全球咖啡產量的另外三分之一（32.16%）。這是在許多賣場以及大眾市場綜合豆中所能買到的中低品質阿拉比卡咖啡。

今日，全球咖啡交易量最大的單一商品屬於第四類（可以說是最低品質）——**羅布斯塔**。就植物學而言，羅布斯塔和阿拉比卡咖啡為同一屬，但不同種（學名為中果咖啡，羅布斯塔種）。羅布斯塔咖啡現今在全球咖啡產業的市占率比所有的精品和道德咖啡加起來還要高（最新的數字為 35%）。這點特別令人感到意外，因為羅布斯塔咖啡在 20 世紀早期之前並未在全球種植或交易，而且其成長也不過是在前半世紀所發生的事。羅布斯塔的散布要歸因於非洲和亞洲的製造商又重新在全球咖啡經濟中扮演重要的角色，他們在 19 世紀晚期和 20 世紀早期差一點就要完全瓦解[4]。羅布斯塔的擴張出現在面對幾個重大挑戰時。除了口味的問題之外，光從經濟學的角度來看，羅布斯塔咖啡是不具競爭力的。就 20 世紀大多數時間而言，全球咖啡市場一直都在處理阿拉比卡咖啡供應過剩的問題，照理說並沒有太多的空間留給品質更低的咖啡，而且從種植者的角度而言，羅布斯塔咖啡通常售出的價格會比阿拉比卡咖啡來得更低。

儘管如此，羅布斯塔確實證明了其在經濟上和生態學上的可行性。羅布斯塔咖啡的種植與消費在三大浪潮中擴散：第一波發生在 1910 至 1930年間的荷屬東印度與非洲，這是帝國促進殖民地發展的計畫中的一部分；第二波則是發生在第二次世界大戰後的數十年間，地點主要在西非；第三波經歷了非洲與亞洲生產者的（再度）崛起，以及美洲主要的羅布斯塔拓荒隊首次揭開序幕。在 20 世紀下半葉，烏干達、印尼、象牙海岸、巴西，特別是越南，憑藉著羅布斯塔咖啡的生產與出口，成為全球咖啡產業中的要角。越南現在已經取代哥倫比亞，成為全世界第二大的咖啡生產國。

儘管有上述趨勢的出現，但是羅布斯塔在咖啡的學術文獻和大眾文學

中幾乎不見蹤跡。既然羅布斯塔在全球咖啡產量中占有一席之地,那麼為什麼它不太受到關注呢?部分原因是羅布斯塔的**商品鏈**不易遵循。長期以來,羅布斯塔都是由大型**烘豆商**大批收購。由於眾人皆知羅布斯塔咖啡屬於中低階品質,因此烘豆商通常不會強調在他們的綜合豆中使用了羅布斯塔。大多數精品咖啡烘豆師會不自覺地對於羅布斯塔咖啡存有偏見,他們將它視為跟精品咖啡所代表的一切完全相反。這個看法又轉而充斥在許多的學術和大眾文學中。舉例來說,有個普遍的觀察是,越南在 1990 年代種植羅布斯塔咖啡的快速擴張引發了 2000 年代初期的全球咖啡危機[5]。簡而言之,羅布斯塔咖啡在咖啡的全球故事中扮演了反派的角色。

由於整個漫長的 20 世紀經歷了殖民、民族主義、多邊發展計畫,因而儘管有上述種種因素,羅布斯塔咖啡還是在市場上異軍突起。也因為羅布斯塔的歷史讓人們對於這段時期背後的發展史有了進一步的瞭解。羅布斯塔數次的榮景是由生物與政治變化過程交織而成,也是地形與制度交互作用下的產物。在**生產國**,種植者往往受到國家或國際機構的鼓勵而選種羅布斯塔,因為生態條件使得他們無法種植阿拉比卡。種植者和科學家常常在帝國、國家或多邊組織的支持下,小心翼翼地挑選和控制羅布斯塔咖啡樹及其生態。在**消費國**,羅布斯塔找到一個利基市場,這個市場主要是以價格取勝而非標榜風味。因此,在整個 20 世紀,羅布斯塔的生產與消費是共同演進的。羅布斯塔新陣線於是在非洲、亞洲,最後在美洲崛起。同時,新的羅布斯塔消費型態亦應運而生,先是以烘焙和研磨的綜合豆出現,之後則是即溶咖啡。在多數情況下,殖民國家和民族國家將羅布斯塔的種植擴大以促進某種形式的「發展」,通常是將目標指向農民生產者,而不是莊園[6]。簡單來說就是,羅布斯塔咖啡「不好的」部分在於其本身為好幾個世代開發計劃的產物。

第一波　1900-1940:
羅布斯塔、葉鏽病及舊世界咖啡產業的生態革命

在 1800 年代中期以前,阿拉比卡是全世界唯一人工種植的咖啡。在

19 世紀，歐洲和北美對於咖啡的需求激增。在熱帶地區各處的種植者紛紛轉向滿足這個日益增長的需求，在當時，對咖啡的需求遠遠超出供應。新的阿拉比卡陣線在拉丁美洲北部、爪哇、蘇門答臘、菲律賓、印度、錫蘭、馬達加斯加，以及其他許多地方揭開序幕。這些咖啡地景——尤其是拉丁美洲北部群山羅列的高地——很多都是仿照阿拉比卡咖啡的原產地，亦即衣索比亞西南方的山坡景觀。不過，其他就不是了。種植者將阿拉比卡推向該品種生態極限的區域：在印度洋盆地和太平洋潮溼的海岸低地，或是巴西比較乾燥或涼爽的亞熱帶區域，有些地方很容易遭遇致命的凍霜。生長在低海拔區的阿拉比卡咖啡往往杯測的品質會比在山上生長的阿拉比卡要來得差，但是北半球飢渴的市場仍然消耗掉這批農產品[7]。

接下來在 19 世紀晚期，有一種傳染病橫掃了印度洋盆地與太平洋的咖啡農場。1869 年，**咖啡葉鏽病**〔由駝孢鏽菌（Hemileia vastatrix）所引起〕在錫蘭的咖啡農場首度被發現。在 20 年內，該傳染病造成這座島上超過 100 萬英鎊的損失；到了 1880 年代中期，由於島上的種植者捨棄咖啡而改種茶葉，因而錫蘭島上的咖啡產業幾乎完全崩解。在 1870 和 1920 年間，咖啡葉鏽病差不多擴散至整個舊世界的咖啡種植區。於是在這個區域，「阿拉比卡墓園」散布在各處。在印度南部、爪哇、蘇門答臘、馬達加斯加和菲律賓等地富饒的咖啡區域幾乎完全化為烏有。這種傳染病在炎熱和潮溼的低地特別嚴重，這樣的氣候有利於孢菌的快速繁殖和散播。只有一些在南印度高地、爪哇和蘇門答臘高地，以及少數其他地方的小範圍阿拉比卡種植地倖存下來。在這些較高和較乾燥的地方，感染的程度很低，而足以讓阿拉比卡咖啡繼續生產。同時，美洲的咖啡農場因為有大海的保護、有警戒心高的檢查員，以及極度的幸運才免於受到該傳染病的侵襲[8]。

不過，並非所有的阿拉比卡種植者都放棄種植咖啡。隨著咖啡傳染病葉鏽病的散布，開發赤道非洲的歐洲人發現新的咖啡品種。種植者希望這些新品種裡有一些可以抵抗葉鏽病，而能取代阿拉比卡咖啡。只可惜大部分的發現都不行，但是在 1870 年代，錫蘭的咖啡種植者選了一種看來很有希望的品種。它就是在西非野生的利比里亞咖啡（C. liberica）。跟阿拉

比卡咖啡不一樣的是，利比里亞咖啡在潮溼的低地長得最好，而這正是受到咖啡傳染病葉鏽病侵害最嚴重的地形。這種咖啡樹的樹葉寬廣、厚實，似乎可抵禦葉鏽。只是從利比里亞豆所製作出來的咖啡嚐起來跟阿拉比卡豆所製作出來的咖啡就是不同，而且風味也略遜一籌，另外，在成功收成幾次之後，利比里亞咖啡也感染了葉鏽傳染病，種植者也放棄它了[9]。

雖然這個實驗失敗了，咖啡研究人員和種植者仍然繼續尋找其他可以取代阿拉比卡的咖啡種類。荷屬東印度的種植者和研究人員便進口新的野生與栽培的品種和物種，希望找出可行的辦法，但他們所進口的咖啡經證實大多都跟阿拉比卡和利比里亞咖啡一樣容易受到咖啡葉鏽病的感染。最後，荷蘭的咖啡種植者從中非經布魯塞爾進口了一種咖啡，似乎能夠抵禦葉鏽病的襲擊。這個品種就是有名的羅布斯塔商業咖啡。經過許多的辯論，這種咖啡樹在植物學上被歸類為中果咖啡（Coffea canephora），羅布斯塔種。就像利比里亞咖啡一樣，羅布斯塔生長在非洲潮溼的低地，其咖啡樹較高大，能產出許多咖啡因含量較高的豆子。但它跟利比里亞咖啡相同，羅布斯塔咖啡豆的品質乏善可陳[10]。

在 1900 年代早期，荷屬東印度的科學家們開始從事一項計畫，系統性地挑選和改良進口的羅布斯塔咖啡。他們主要的目的就是創造出一種中性風味的咖啡，以便能夠與阿拉比卡咖啡混合。1910 年，荷蘭殖民政府在荷屬東印度各地展開培植羅布斯塔咖啡的系統性計畫。羅布斯塔咖啡被當成單一作物來種植，同時也跟其他的經濟作物間種。例如它便被用來當作橡膠的間作作物，在橡膠種植者等待橡膠樹成熟的期間，提供他們一些短期的收入。咖啡專家 William Ukers 表示，在 1935 年之前，爪哇羅布斯塔咖啡的種植佔了其咖啡農地的 94%，鄰近的蘇門答臘則佔了咖啡種植土地的 93%[11]。羅布斯塔的種植前景看好，因此在印度洋盆地和太平洋群島的其他種植者很快地紛紛跟進。在馬來亞（現在的馬來西亞）、部分的南印以及馬達加斯加島上的農民大規模地選種羅布斯塔。然而，羅布斯塔並未在各地取代阿拉比卡。在錫蘭，大多數的咖啡種植者改種茶，而且是義無反顧。事實上，有一條種族的分界線似乎隨著羅布斯塔咖啡的成長而出現。阿拉比卡咖啡主要（不過並非完全）皆在由歐洲人所經營的農地種植，

而羅布斯塔咖啡則主要是在由當地人所經營的小農場中種植。

在荷屬東印度所生產的羅布斯塔咖啡大多都出口到廣大的美國市場。不過，美國政府和咖啡產業對於羅布斯塔咖啡則抱持著矛盾的態度。美國農業部（USDA）將「咖啡」定義為阿拉比卡咖啡或利比里亞咖啡的果實。在 1912 年，紐約咖啡交換所（New York Coffee Exchange）拒絕買賣羅布斯塔咖啡。整個產業充斥著摻雜和貼錯標籤的現象。雖然有法規管制，但是在 1920 年代，在美國阿拉比卡咖啡摻雜的情況依然相當普遍。植物學家 Ralph Holt Cheney 發現，「在生產國和消費國的批發商摻入非洲和印度產的小粒咖啡豆，並且在阿拉比卡咖啡中加入大量的利比里亞和羅布斯塔咖啡[12]。」顯然，在爪哇島上生產的某些羅布斯塔咖啡在美國被當作「爪哇」咖啡銷售，在購買者的印象中，這是較高品質的阿拉比卡咖啡，因為這個島很有名。1921 年，美國農業部化學局的 William Ukers 寫道：依規定「羅布斯塔咖啡不能被當作爪哇咖啡或在任何形式的標籤下進行販售，如此將容易直接或間接製造出它就是阿拉比卡咖啡的印象。」不過，同一年，化學局的科學家們也表示「羅布斯塔咖啡已經在經濟上具有很大的重要性，而且種植的數量日益增加。雖然它還不可能像阿拉比卡咖啡那樣在風味上令人滿意……但是它的價值已經確立[13]。」1925 年，紐約咖啡交換所又開始再度買賣羅布斯塔咖啡；1929 年，美國農業部擴展了「咖啡」的定義，將羅布斯塔也包含在內[14]。

雖然羅布斯塔在美國咖啡產業中的地位提升了，但是一般消費者卻未注意到它。除了上述偷偷摻雜的情況之外，咖啡烘豆商也開始在綜合咖啡豆中使用羅布斯塔。1920 年代，綜合咖啡豆在美國變得愈來愈普遍，並且精心包裝，在超市的貨架上販售。這些綜合咖啡豆一般都是以品牌名稱銷售，而不是以咖啡豆的來源命名。它們往往包含了來自幾種不同來源的咖啡，組合在一起構成一種特定的風味。成本也是一個問題；刻意節省開支的烘豆商會混入一些較高品質的阿拉比卡咖啡以增加風味，並以較低品質的咖啡來增加體積。「羅布斯塔咖啡在美國主要被用來當作『價格』調節物或是填充物，以降低其他種植咖啡的成本。」Uker 寫道。「它們沖泡後的味道比較中性，因此很適合用來摻混[15]。」咖啡烘豆商一開始使用較低

等級的巴西阿拉比卡咖啡豆當作填充物，漸漸地他們轉向採用羅布斯塔。很難確切的追查羅布斯塔咖啡如何被使用，因為烘豆商通常不會公開他們的咖啡混合配方。況且，這些綜合豆常常會隨著時間而改變。

　　第一次世界大戰後，在非洲的幾個歐洲殖民地開始大規模地生產羅布斯塔咖啡。跟亞洲和太平洋地區的情況不同的是，在非洲大多數地區的咖啡果園從一開始就是由羅布斯塔咖啡所組成。歐洲殖民強權從 1885 年「搶奪非洲」開始就已經瓜分了非洲大陸。這塊大陸的新殖民統治者急切地想從殖民地得到回收，於是他們提倡熱帶作物的種植。在 20 世紀早期，歐洲傳教士、政府和個人進口了阿拉比卡咖啡到他們的殖民地。阿拉比卡在某些地方獲得有限的成果但卻引人注目，尤其是肯亞和坦干伊克（Tanganyika）。在肯亞，殖民政府限定只能由歐洲移民種植阿拉比卡咖啡。在非洲其他地區，兩個主要的生態條件限制了阿拉比卡的種植。第一個條件是氣候：阿拉比卡種植的早期實驗很多都失敗，因為氣候太炎熱、太潮溼，或是太乾燥。第二個阻礙是病蟲害。非洲是咖啡屬植物的故鄉，同時也是其各種蟲害的起源地。在大湖（Great Lakes）區，咖啡葉鏽菌快速地從野生和半人工栽植的咖啡樹擴散到人工培育的阿拉比卡咖啡樹上。只有一些特選的高山環境，特別是在坦干伊克的吉力馬扎羅山（Kilimanjaro）以及肯亞的高地，才能夠生產阿拉比卡咖啡 [16]。

　　烏干達在羅布斯塔的生產方面逐漸成為全球主力國家之一。當地的種植者同時以阿拉比卡和羅布斯塔作實驗。阿拉比卡在某些地區獲得有限的成果，但是其他地方則禁不起葉鏽病和病蟲害的侵襲。1915 年在坎培拉，有一名政府農業部官員開始以羅布斯塔咖啡樹作實驗；在第一次世界大戰之後，他研發出一種可靠的羅布斯塔改良品種，相當適應烏干達的環境條件。在政府的鼓勵之下，非洲的農民開始大規模種植羅布斯塔咖啡，甚至一些歐洲種植者也開始栽種羅布斯塔。1914 年，烏干達種植羅布斯塔的只有 367 英畝；但是到了 1934 年，已經多達 6,946 英畝。到了 1930 年代晚期，烏干達有 60% 的咖啡農地均種植羅布斯塔。烏干達所出口的咖啡產量一直都比肯亞還多，即便烏干達的羅布斯塔從未獲得像肯亞備受推崇的阿拉比卡咖啡那般的好名聲。肯亞咖啡的出口值多出許多 [17]。同樣的，在 1925

年之後，法國和比利時開始在他們的非洲殖民地上難以種植阿拉比卡的地區推廣種植羅布斯塔咖啡樹。舉例來說，在 1920 年，前德國殖民地的喀麥隆並無出口咖啡；但是到了 1930 年代晚期，已經種植了 26,000 公頃的咖啡，其中四分之三是羅布斯塔咖啡樹。在法國殖民地象牙海岸，咖啡出口額從 1925 年的 51 公噸擴增至 1939 年的 15,605 公噸，幾乎全部都是羅布斯塔咖啡[18]。在比利時殖民地剛果所種植的咖啡農地從 1925 到 1940 年間增加了 8 倍，其中 94% 為羅布斯塔[19]。雖然無法確定羅布斯塔的消費數字，但是至少有個統計數字指出，1938 年，羅布斯塔咖啡（大部分來自法國的海外領地）占了法國咖啡消費總值的三分之一以上[20]。

🫘 第二波　1950-1970：羅布斯塔在非洲的快速增長

在第二次世界大戰後，羅布斯塔的種植擴展到非洲的森林和平原。這樣的增長遠遠超過 1920 和 1930 年代規模較小的羅布斯塔實驗性種植。因為生態條件的限制，阿拉比卡咖啡在非洲大多數地區從未扮演過重要的角色。同時，在戰後接下來的幾年，羅布斯塔的全球供應量下滑。位於荷屬東印度的羅布斯塔咖啡農場在二次大戰和造成印尼立國的獨立戰爭（1945-1949）中遭到摧毀。

在非洲本身，殖民強權和新的國家全都希望咖啡的生產會是經濟發展的發動器。1953 年，象牙海岸當時未來的總統 Felix Houphouet-Boigny 說道：「假如你不想住在小竹屋中，那麼你就該全心全力地種出好的可可亞和咖啡。它們可以賣得好價錢，然後你就會變得富有[21]。」在象牙海岸，咖啡產量（大多數是羅布斯塔）從 1945 年的 36,000 公噸激增至 1958 年的 112,500 公噸。當時仍是葡萄牙殖民地的安哥拉，咖啡產量從 1948 年的 44,000 公噸增加到 1956 年的 90,000 公噸。 安哥拉所出口的羅布斯塔幾乎 60% 都銷往美國。在比利時所管轄的剛果，羅布斯塔的產量幾乎增加了 3 倍，從 1948 到 1959 年，由 16,000 公噸增加至 47,000 公噸[22]。雖然咖啡的主要新拓荒陣線在西非，但是歷史較悠久的羅布斯塔咖啡製造商也受到 1950 年代高價格的鼓舞。例如，在 1951 至 1962 年間，烏干達的羅布斯

塔產量從每年 34,000 公噸擴增至每年平均 120,000 公噸[23]。主要是受到種植羅布斯塔的影響，非洲在 1950 和 1960 年代成為全球咖啡產量的大宗。在第一次世界大戰前夕，非洲在全球咖啡產量中占了不到 2%；到了 1965 年已經達到 23%。其中有四分之三為羅布斯塔咖啡，大約占了全球咖啡產量的 17%[24]。

伴隨羅布斯塔產量增加而來的是一場消費革命。在 1950 和 1960 年代，**即溶咖啡**的消費在歐洲和北美各地快速增加，而羅布斯塔是其中主要的成分。在第二次世界大戰期間，同盟國的軍隊，尤其是美國，在士兵的配給食物中包含即溶咖啡，而且部隊又把對於即溶咖啡的愛好帶回家鄉。1956 年，即溶咖啡在美國所飲用的咖啡中占了將近 18%；僅僅 3 年後，就攀升至 30%[25]。羅布斯塔也繼續被用在賣場貨架上能夠找到的烘焙與研磨標準綜合咖啡豆裡。在歐洲，尤其是法國和義大利，羅布斯塔被用在處處可見的**濃縮咖啡**中。有些濃縮咖啡迷認為，一杯好的濃縮咖啡需要一些羅布斯塔來製造出好的**咖啡脂**。

羅布斯塔的飲用量在各國的分布並不平均。舉例來說，在 1960 年，羅布斯塔占了法國咖啡飲用量的四分之三，是英國飲用量的一半，義大利飲用量的 40%，以及比利時和荷蘭飲用量的 30%。在美國，非洲羅布斯塔咖啡大約占了咖啡飲用量的 9%。雖然這個比例相對較少，但是從絕對的意義上來說卻是大量；美國所飲用的羅布斯塔是英國的 4.5 倍之多[26]。

巴西的咖啡製造商並不樂見非洲羅布斯塔咖啡的成功。一名法國的作者提到，羅布斯塔在全球市場的成功已經「被巴西人厭惡，他們對自己的『聖多斯』（Santos）和『里約』（Rio）咖啡太過自信，他們自己評斷不會被所謂的『非洲』（羅布斯塔）咖啡所取代，他們毫不留情地批評非洲咖啡的香氣與口味[27]。」這幾年咖啡的高價位，再加上種植羅布斯塔的氣候條件，給了非洲小農場主些許的動機去生產高品質的羅布斯塔。譬如，在烏干達，終年豐沛的降雨量產生利弊參半的結果。一方面，有助於刺激羅布斯塔咖啡樹的產量；另一方面，雨水使得收成的豆子難以適當地加工。「人工乾燥對於小農生產者而言是不可能的事，」J.W.F. Rowe 寫道：「根本沒有一段明顯的乾燥時期。」咖啡豆無法長時間放在露台上被陽光曬

乾，以傳統的**乾燥**處理所製作的咖啡豆有明顯的「霉味」或「草味」。再者，在 1950 和 1960 年代早期，氣候也導致烏干達所生產的阿拉比卡品質低落。近幾年來，羅布斯塔賣得比較高的價格也意味著非洲農民沒有什麼理由嘗試改良他們的種植工法[28]。許多低等級的羅布斯塔被運往世界各地的市場，因此在一些咖啡專家的心目中，羅布斯塔總是名聲欠佳。但是這也凸顯了一個重點，亦即品質是由許多因素所決定，其重要性會隨著時間和地點改變。舉例來說，在這個時期，烏干達生產的羅布斯塔品質不佳除了可歸因於氣候條件、勞工和經濟因素外，跟咖啡豆本身固有的性質也相關。

在某些案例中，非洲和莊園生產者確實生產了高品質的羅布斯塔咖啡。他們利用**濕式處理**（一般用在阿拉比卡咖啡豆上）來加工。濕式處理「比日曬處理法更適合陰雨連綿的烏干達，而且可避免任何可能的霉臭。」Rowe 於 1963 年指出，「在綜合豆的交易中，對於水洗的羅布斯塔有確切的需求，因為這些羅布斯塔在口味上比標準（日曬乾燥）的羅布斯塔來得更『清淡』[29]。」

與阿拉比卡相較之下，標準化對於羅布斯塔咖啡而言也是一個比較大的問題。阿拉比卡咖啡是自花授粉，而且人工種植的阿拉比卡遺傳基礎比較受限，因此咖啡樹（和咖啡豆）在代間可維持穩定。不過，羅布斯塔咖啡的變化就很大了。在非洲的農民以種植許多品種的羅布斯塔來調和自然的變異，無論是野生或人工培育種。因此，最後產出的**生豆**有各式各樣的口味[30]。政府嘗試鼓勵農民只種植限定範圍的精選品種。1950 年，法國政府成立法國咖啡與可可學會（IFCC），嘗試去推廣這個標準化。有些非洲的生產者發展出全國的機構和全國的標準去推廣和評等高品質的羅布斯塔咖啡，譬如剛果的「羅布斯塔咖啡辦事處」（OCR）。這個機構推廣水洗式羅布斯塔咖啡。OCR 本身的宣傳品中把水洗的剛果羅布斯塔（口味較清淡）和天然的剛果羅布斯塔（味道較苦）劃出一道清楚的界線。事實上，低品質的天然品種味道被形容成帶有「酸味」、「土味」，或是「木頭味」[31]。「只有一個非洲生產國——安哥拉，主要在莊園中生產羅布斯塔咖啡。根據一項調查顯示，就咖啡豆的大小和杯測品質而言，安哥拉所生產的咖

啡被認為是市面上最佳的羅布斯塔咖啡之一[32]。」

到了 1950 年代晚期，咖啡的全球供應量開始趕上需求量，各種等級的咖啡價格再度下跌。在 1960 年代初期，全世界的咖啡生產國與消費國簽訂一連串的貿易協定，目的在穩定全球的咖啡價格，在 1962 年所簽訂的**國際咖啡協議**（ICA）中達到最高點。這項協議緊接在古巴革命後而來，其主要的目標是在預防全球咖啡價格的崩盤，因為它會轉而導致農民的不滿和革命。就在此時，ICA 將全球咖啡產量分為前述的四個等級：哥倫比亞咖啡豆、其他水洗式咖啡豆、巴西式日曬咖啡豆，以及羅布斯塔咖啡豆。在新創羅布斯塔這個類別時，ICA 也承認該產業這個部分已經變成全球咖啡產業的主要部分[33]。1958 年，一場致力於羅布斯塔咖啡期貨的咖啡交易在倫敦展開[34]。在 ICA 協議簽訂之後，羅布斯塔產量在非洲大多數地區均趨向穩定，因為許多的生產國都在發掘農業多樣化經營的方法，並減少不符經濟效益的咖啡種植[35]。

在 1960 年代晚期，非洲羅布斯塔咖啡短暫地面臨巴西阿拉比卡咖啡再次的競爭。巴西的生產者研發出一種**速溶**的阿拉比卡，味道嚐起來比羅布斯塔更好，這點吸引了美國一些買家的注意。不過，這個舉動也使得巴西的速溶咖啡製造商必須與美國企業直接競爭。基本上，巴西的主動出擊栽了跟斗，非洲的羅布斯塔在全球咖啡市場上仍維持他們的商機。美國和其他國家對於速溶咖啡的需求在整個 1970 年代都有增加，因此到了 1981年，占了美國咖啡飲用量的 28%。這個需求有助於提高羅布斯塔在全球咖啡市場的市占率。1970 年代，羅布斯塔達到大約全球咖啡產量的四分之一，這個市占率到了 1990 年代依然穩定成長[36]。其他的生產國，受到高價格的激勵，也開始提升羅布斯塔的生產與出口。在 1980 年代早期，印度重獲其在戰前的地位，成為全世界最大的羅布斯塔生產和出口國，每年平均約 600 萬**袋**。但並非每個人都欣然接受這樣的復甦。美國有一位咖啡烘焙師評論道：「EK-1 和 20/25 級的印尼羅布斯塔幾乎變成 1960 和 1970年代美國咖啡全球壞名聲的同義詞[37]。」

第三波　1970 年迄今：
羅布斯塔在亞洲與拉丁美洲的推廣

　　1980 和 1990 年代，羅布斯塔的新拓荒陣線出現在亞洲，而且比較令人驚訝的是還有美洲。羅布斯塔的種植在拉丁美洲大多數區域依然是一個有利可圖的活動，一般是在較小的出口國。在 19 世紀末和 20 世紀初期，哥斯大黎加的咖啡種植者以種植利比里亞和羅布斯塔咖啡作實驗，不過因為這些咖啡被認為較劣等，最後這兩種咖啡都被捨棄了。1960 年代初期，美國咖啡專家 Frederick Wellman 發現，在多明尼加共和國中的羅布斯塔是「適當大小的商業植物」，也提及「在哥斯大黎加和尼加拉瓜有限的農田一隅」和「在瓜地馬拉較大的田地」裡也能夠被發現——這三個國家長期以來都出口高品質的水洗式阿拉比卡咖啡 [38]，而在美洲的咖啡生產國一直都不願意大規模地種植羅布斯塔。1950 年代中葉，厄瓜多的咖啡種植者已經開始種植一些羅布斯塔，跟阿拉比卡混合種植。厄瓜多的貿易協會提出異議，擔心阿拉比卡和羅布斯塔混合種植將「有損厄瓜多咖啡品質的名聲 [39]。」在巴西，經過一場重大的霜害和咖啡葉鏽病襲擊了咖啡的種植後，有些咖啡種植者開始遊說農民種植羅布斯塔。根據一項來源指出，在聖埃斯皮里托（Espirito Santo）、里約熱內盧（Rio de Janeiro）和米納斯吉拉斯（Minas Gerais）受到葉鏽病侵襲的地區，以及在「土壤貧瘠和暖溫帶氣候」的地區，種植者特別對它感興趣。1980 年代晚期，巴西開始大規模種植羅布斯塔咖啡，在 1985 和 1990 年之間有一波特別大的進展，當時的種植從 180 萬袋增加至大約 530 萬袋。巴西人實際上種植了各式各樣的中果咖啡，亦即知名的柯尼龍（conilon，在非洲稱 kouillou）。這種咖啡約有 150 萬袋流入巴西國內廣大的市場，其餘則外銷 [40]。

　　羅布斯塔咖啡也拓展至亞洲新的區域。這些拓荒陣線中，最大的是在越南。長期以來，越南生產的咖啡寥寥無幾。在 1980 年代，越南的咖啡產業從蘇聯集團中的夥伴國獲得發展支持。越南將大量咖啡出口到蘇聯集團國家，不過法國和新加坡也是其主要的消費國。最初的拓展主要是由越南政府所推動，該國設置了新經濟區，並擬定定耕與定居計畫之政策。這

些政策的焦點集中在大規模集體農場的咖啡生產上。不過，在 1980 年代中期之後，政府轉向在其新的經濟改革政策下推廣佃農咖啡種植，該政策強調市場導向的經濟改革。蘇聯集團的垮台並未中止越南羅布斯塔生產的擴張。經常有人宣稱世界銀行為這次擴張提供資金，然而雙邊發展計畫可能扮演了更重要的角色。有些觀察者質疑快速發展的普遍看法。一位法國的咖啡專家在 1992 年時思忖道：「我們可以問一個問題，假若一個新生產國位於不普遍消費該產品的地區，而且越南的新產量將增加全球咖啡市場供應量的話，那麼支持它的出現是不是一個好主意？[41]」再者，從 1980 年代中期到 1990 年代中期之間，羅布斯塔上升的價格吸引了蜂湧而至的移民到越南中部的高地，如 1975 至 1997 年，越南該地區所種植的咖啡就從 6,000 公頃增加到 130,000 公頃。越南種的羅布斯塔在全球市場大受歡迎，因為國內低廉的土地和勞工成本使得其價格相對便宜。不過，這種咖啡大多品質不佳。就像在其他生產羅布斯塔的地區一樣，買家並不會支付太多額外的費用購買品質好的咖啡豆，因此農民也缺乏動機去生產它們。另外，即便是品質低劣的越南咖啡豆也能在市場上找到一席之地，在 21 世紀初期，越南成為全世界第二大的咖啡生產國[42]。

🫘 羅布斯塔咖啡、精品咖啡 1989 年後的咖啡危機

美國咖啡品質的降低在 1980 和 1990 年代導致了強烈反彈。消費者和烘豆師對於優質咖啡是愈來愈有興趣了。Dicum 和 Luttinger 表示，「精品產業利用了富裕的咖啡客對於多元化和品質未能滿足的渴望。」星巴克驚人的成長是精品咖啡革命裡最明顯的[43]。在美國，這波革命是建立在 100% 的阿拉比卡咖啡上。為了鼓吹精品咖啡產業，羅布斯塔咖啡便象徵了與主流咖啡產業背道而馳的產物。

當時即使在美國精品咖啡協會的會議中提到羅布斯塔，也可能引起強烈的反彈。精品咖啡烘豆師兼《茶與咖啡貿易期刊》（*Tea and Coffee Trade Journal*）的編輯 Donald Schoenholt 便寫了這麼一長篇抨擊羅布斯塔的文章：

我拒絕接受中果咖啡，這個品種跟我們向全世界所表達的道德準則並不相符。David Weinstein 表示，這條準則需要不可妥協的咖啡。因為在我心目中，中果咖啡就是一種妥協。從端上桌的咖啡口味品質來說，沒有一個咖啡迷會把中果咖啡加到綜合豆中。從歷史原則來看，美國貿易不該為了消化上一代產量過剩的中果咖啡而使用這種咖啡。最好是謹慎避免使用它，除非是在萬不得已的情況和需要下才使用，而這事必須慎重小心。有時候過度謹慎並非不明智，甚至是為了謹慎而犯錯也在所不惜。不過，我們也應該瞭解到，包含了中果咖啡的「極品」綜合豆在歐洲上流的咖啡社會中是可以被接受的。事實上，許多美國人也比較偏愛包含這些咖啡的綜合豆[44]。

然而，Schoenholt 雖然鄙視羅布斯塔咖啡，卻仍著手為《茶與咖啡貿易期刊》寫了一篇包含四大章節的羅布斯塔咖啡史。

雖然在 1980 和 1990 年代，精品咖啡市場知名度提升，也廣受歡迎，但是傳統咖啡以及羅布斯塔生產國仍繼續保有它們在全球咖啡市場的市占率。精品革命的出現有助於改變美國消費者的口味。咖啡公司，甚至是大型的烘豆商，開始感覺到僅使用「100% 阿拉比卡咖啡」的商業壓力。在北美洲的包裝上，工業咖啡烘豆商偶爾也會使用有創意（但是真的）的敘述，像是「100% 咖啡」或是「100% 巴西咖啡豆」，這樣很可能就隱藏了綜合豆中包含羅布斯塔的事實。不過，即使有來自精品咖啡業的壓力，羅布斯塔仍在即溶咖啡和綜合豆咖啡中占有相當大的比例。

1989 年，國際咖啡協議的瓦解意味著全球咖啡經濟回歸到真正的自由市場，在整個 1990 年代，它開始一個興衰的新循環。整體說來，咖啡價格下跌，到了 1990 年代末期和 2000 年代初期，全球咖啡產業進入一段生產過剩和低價的漫長時期。許多觀察家將這個情況歸咎於越南羅布斯塔產業的快速擴張。對許多的咖啡生產國而言，阿拉比卡和羅布斯塔都一樣，咖啡價格跌得這麼低，他們甚至不夠支付其生產成本。儘管如此，全球咖啡價格的下跌對羅布斯塔生產者的衝擊比對於阿拉比卡生產者的衝擊更嚴重。「雖然產量增加了，」Pierre Leblanche 於 2005 年寫道：「但是羅布

斯塔的市占率在數量上減少了 10%，淨值減少了 40%[45]。」阿拉比卡和羅布斯塔之間的平均價差也增加了。1990 年代早期，在羅布斯塔出口國之間的競爭變得愈來愈激烈。印尼羅布斯塔的出口量在 1989 到 1992 年之間減少了 40%；象牙海岸的出口量減少了 10%。同時，越南和巴西則搶攻了市占率[46]。

全世界的羅布斯塔生產國一直對於咖啡危機發展出各種反應。其一是提升國內消費。有些羅布斯塔生產國，包括巴西、厄瓜多、印度、印尼和越南，在國內都擁有龐大的羅布斯塔市場。尤其是巴西和印尼，國內消費超過 100 萬袋。印度有半數的羅布斯塔產量被導向國內市場。近年來，墨西哥政府與雀巢公司聯手宣布要在 2012 年之前，將羅布斯塔咖啡每年的產量從 150,000 袋擴增為 500,000 袋，並提升雀巢速溶咖啡工廠的加工產能。這項擴張行動有可能目標是放在墨西哥的 NAFTA 夥伴的市場以及墨西哥的國內需求上[47]。

自 19 世紀以來，觀察家即表示在非洲和亞洲許多國家其實喜歡羅布斯塔和利比里亞咖啡的味道多過阿拉比卡。在一些羅布斯塔的生產國中也還帶有民族自尊的因素。舉例來說，在象牙海岸所生產的即溶咖啡即清楚標示該咖啡是以該國生產的羅布斯塔所製成。羅布斯塔在當地並未像在美國那樣帶著污名。即便如此，在近幾年內欲增加國內羅布斯塔消費的努力成效並不彰[48]。

有些羅布斯塔的生產者和貿易商正嘗試在精品咖啡市場中尋找其產品的一席之地。大力支持「極品羅布斯塔」的 Pierre Leblanche，就是 2002 年所成立的「極品羅布斯塔世界聯盟」（WAGRO）創立背後的一股推進力。Leblanche 和其他人主張羅布斯塔並非原本就是不好的咖啡；只是大部分都用**乾燥處理法**不當加工。Leblanche 和其他人認為，假若使用像高品質的阿拉比卡咖啡相同的濕式處理予以適當加工或是水洗，羅布斯塔在精品咖啡市場中也能夠找到商機。在羅布斯塔咖啡的支持者中，有個最普遍的說法是仔細水洗的羅布斯塔嚐起來的味道比處理不當的阿拉比卡要來得好。Leblanche 發現，在不同地方都有生產極品羅布斯塔的小規模行動計畫，例如印度、厄瓜多、馬達加斯加、巴西、烏干達、喀麥隆，以及瓜

地馬拉。有些觀察家將羅布斯塔品質的問題簡單描述為是技術知識所致。最近發行的《烘豆》（*Roast*）雜誌中便提到，「隨著羅布斯塔的生產者愈來愈瞭解種植和加工的程序，以及精品咖啡市場，他們有可能會開始生產符合精品咖啡產業品質標準的羅布斯塔。」Leblanche 認為，「假如羅布斯塔適當水洗和行銷的話，它將深具潛力……站在消費者的立場，我們必須讓人們知道羅布斯塔也可以是好咖啡[49]。」

然而，精品咖啡的生產對於讓整個羅布斯塔產業度過咖啡危機來說，不太可能有很大的幫助。即使是像 Leblanche 這般的樂觀主義者也理解到羅布斯塔面臨的是深層的結構問題。政治混亂使得一些最大的羅布斯塔生產國遭殃，例如象牙海岸。咖啡危機本身讓羅布斯塔的種植者難以投資在改善咖啡品質所需要的設備與勞工上。舉例來說，在越南，許多小農減少或完全捨棄肥料的使用，以及限制或捨棄灌溉來因應這場危機。若沒有大量的協助，很難看到他們願意或能夠投資在任何的基礎建設上，以提升他們的品質[50]。「站在消費這一方來看，」Leblanche 說道：「（羅布斯塔的市場）大致上還是受價格所影響，而非品質。大量的進口商急切地想利用由主要的新原產地（越南）所引領的超低價格，並將羅布斯塔的角色限制在速溶咖啡和填料上。他們並未感受到有需要改變這件事的誘因[51]。」

另外，有些法國的研究人員建議，藉由創造出羅布斯塔的風土（指土壤跟環境），強調原產地與品質，有可能會發展出一個差異化的羅布斯塔產業，儘管跟阿拉比卡分級的標準並不相同。「舉例來說，」他們寫道：「風土製造出方便萃取的咖啡，這點吸引了速溶咖啡製造商的注意……。在這種情況下，風土或是原產地未必是標示在包裝上的羅布斯塔的屬性，目的是要吸引……消費者。更確切地說，它能夠在烘豆商層次上打開一個市場區塊，但是不讓最終消費者看見這一層[52]。」近年來有些運動朝著這個方向進行。雨林聯盟（Rainforest Alliance）與咖啡出口商 Dakman Vietnsm 和 ECOM 團體合作，發出認證給越南生產的一些咖啡，繼而販售給大型的烘豆商，譬如卡夫（Kraft）食品公司[53]。雖然這個策略對於計畫中的越南咖啡種植者具有重要的生態優勢，但它是否將形成任何重大的市場區塊則尚無定論。此外，像這樣的方法似乎為羅布斯塔和大眾市場的咖啡提供了最

長期的保障。他們要做的不是嘗試仿效由精品咖啡和其他公平交易咖啡所擁護的解決方案，他們必須尋找能呈現出自身市場區隔的明顯特色。

結論：羅布斯塔與發展生態學

　　在數以百萬計的農民之中，至少有一部分人的生計是仰賴為大眾市場提供羅布斯塔咖啡的產量。他們跟高品質阿拉比卡的生產國同樣感受到咖啡危機的影響有多劇烈，即使他們的危機沒有阿拉比卡咖啡強烈。有些住在有利地形上的生產者或許能夠藉由種植阿拉比卡並採用較精緻的加工技術來改善他們的情況。但是對許多咖啡農民而言，就算不是大多數，生產精品咖啡是不可能的事。他們的地形環境無法種植阿拉比卡，或者他們缺乏適當加工其咖啡的方法。由來已久的強大因素，尤其是大型的工業咖啡烘豆商對於品質並沒有太大的興趣，而且他們也會抵制咖啡生產者欲提高價格的企圖。於是，大多數的羅布斯塔和巴西式日曬咖啡豆的種植者可能繼續為大眾市場生產咖啡，即使他們可能試圖改善他們在這個市場區塊中的地位。就像這篇羅布斯塔咖啡的研究中所指出的，大眾市場工業咖啡在全球咖啡產業中已占據優勢地位，而且可能維持下去。在咖啡產業的這個領域中提升環境與社會的永續性將與精品咖啡領域所需要的解決方式不同，因為無論是烘豆商或是消費者都不太可能為了永續生產而付出額外的費用。這些解決方法必須認清及處理生產這些咖啡的社會與生態環境。

46

濃縮咖啡菜單
國際史

Jonathan Morris

過去 30 年的**精品咖啡**革命一直都是由以**濃縮咖啡**為基底的飲品來主導。無論是純**濃縮咖啡**本身——濃縮咖啡迷永遠都在討論如何達到「完美萃取」（God shot）——或是受到全球咖啡館顧客青睞的**卡布奇諾**和**拿鐵**，濃縮咖啡對於現今這波對咖啡的愛好具有推波助瀾和吸金的作用。我所稱的「卡布奇諾征戰」相當成功，現在同樣的濃縮咖啡就連在巴基斯坦和巴拿馬都能找得到[1]。

本章的目的是在探索國際間咖啡館菜單上主要項目的歷史——一開始是「黑菜單」，之後是「白菜單」——以解釋傳統義大利飲品的專屬地位與重新組合的複雜性。本文將以圖表標示這些咖啡飲品特色的變化，讓讀者能夠深入瞭解咖啡與咖啡館生意、咖啡產業內的技術創新，以及咖啡飲品對於不同消費者族群的吸引力等等不斷改變的結構。它顯示了在全球飲用濃縮咖啡的文化之間許多不同形式的交互作用，不只是從義大利傳出，也傳入義大利，不過其他的咖啡飲品就一點都未受到義大利的影響了。

最基本的咖啡飲品轉移並未跨越國際疆界，倒是跨越了家用和店家咖啡飲品之間的分隔線。濃縮咖啡、卡布奇諾，以及拿鐵可以賣得好價錢，因為它們在一般人家中無法複製；不過，從咖啡飲品的整個歷史來看，雙邊都跨越了這層障礙。

第一部分：黑菜單

濃縮咖啡最出名的就是製作過程的產物，而不是一種咖啡或是咖啡飲品。濃縮咖啡是利用壓力，迫使（「壓出」）熱水通過咖啡製作而成。在義大利文中，利用四個「M」來描述這個過程的要點：義式濃縮咖啡機（macchina）、正確的研磨（macinazione）、綜合咖啡豆（miscela）、咖啡師的手藝（mano）。**咖啡師**選擇適合的綜合咖啡豆並將其研磨成細粉，因此它們會形成熱水的阻力，咖啡師以機器將熱水加壓通過**咖啡餅**（**coffee cake**），並在希望的時間、容量和溫度的參照標準內製作出飲品。

在 1998 年，一群**感官**分析師設立了義大利全國濃縮咖啡協會（INEI）。在評估了「義式濃縮咖啡」的感官屬性後，他們界定了製作濃

縮咖啡的參照標準,並獲得國家認可依據該標準訂定品質認證。其參照標準詳列於**表 46.1**。

表 46.1　INEI 訂定之義式濃縮咖啡製作參照標準

研磨咖啡份量	7 公克 ± 0.5
水壓	9 巴 ± 1
鍋爐中的溫度	88°C ± 2°C
送出時間	25 秒 ± 5
杯中容量（含咖啡脂）	25 毫升 ± 2,5
飲品溫度	67°C ± 3°C
咖啡因	＜ 100 毫克

感官描述強調:

> 義式濃縮咖啡的泡沫顏色介於榛果褐至深褐色之間 —— 特色就是黃褐色的反射光 —— 質地細緻……香氣中透著濃郁的花果香、土司麵包和巧克力的芬芳。它的口味圓潤、豐富,像絲絨般滑順。酸味和苦味達到完美平衡,沒有任何一種味道壓過另一種味道[2]。

雖然一般認為 INEI 的參照標準體現了「傳統」義式濃縮咖啡的品質,但是要到 1960 年代,被稱為濃縮咖啡的飲品才擁有了這些特點[3]。

「原味」濃縮咖啡

濃縮咖啡的發展是為因應 19 世紀末加快的生活步調而起。準備和沖煮一壺咖啡所需要的時間,以及泡一杯咖啡所產生的廢料,促使咖啡館的老闆採用單杯滴濾這種權宜之計來製作「快速咖啡」。歐洲各地的發明者開始實驗各種形式的壓力沖煮法,以減少水與咖啡之間所需要的接觸時間。義大利杜林(Turin)的旅館主人 Angelo Moriondo 在 1884 和 1885 年

發明了利用蒸氣壓力沖煮咖啡的機器，並於義大利和法國寄存專利，雖然他邀請遊客：「來到麗古爾旅館，我們將在一分鐘內為您沖泡一杯咖啡」，但是他從未生產銷售這些機器[4]。

米蘭的企業家 Desiderio Pavoni 在 1905 年開始製造 Ideale，這是第一部商用的**濃縮咖啡機**，其專利是向工程師 Luigi Bezzera 購買來的[5]。它是以立式鍋爐產生的蒸汽來迫使熱水從管中滴落，並通過研磨咖啡餅。咖啡液被裝在**濾器把手**（portafilter）中，它被鎖在機器所謂的沖煮頭部位上。有鑑於 Moriondo 的機器沖煮大量咖啡時送出時間較慢，因此 Ideale 藉由將水「加壓」通過咖啡，在「特快的」（express）時間內「快速地」（expressly）為每一位客人沖泡一杯新鮮的咖啡。

以這種方式沖泡出來的咖啡跟 INEI 所描述的傳統濃縮咖啡非常不同。產生的壓力大約只有 1.5 巴，這表示在咖啡液的表層不會形成**咖啡脂**。在沖煮頭內部的高溫以及幾乎無可避免地接觸到蒸汽，就將咖啡餅燙熟了，因此最後濃縮咖啡的顏色是黑色的，聞起來有燒焦味，嚐起來有苦味。大約 45 秒就會送出咖啡，而且在容量上比今天多出許多。它的味道喝起來有點像濃縮的滴漏咖啡。

20 世紀上半葉，濃縮咖啡機開始出現在西歐大多數地區裡漂亮時髦的咖啡館、高檔旅館、雞尾酒吧，以及大眾運輸終點站。除了 Pavoni 和 Arduino 之外，還包含非義大利的製造商，譬如法國的 Reneka[6]。雖然使用蒸汽所導致的品質問題眾所皆知，但是這種機器直到戰後時期仍然沒有太大變化[7]。

法式咖啡

1948 年，Achille Gaggia 開始製造咖啡機，宣布他們生產了一種新飲料——法式咖啡（crème café）。咖啡師操作一個以齒輪傳動的槓桿彈簧活塞直接從鍋爐中引出熱水，並讓熱水沖過咖啡圓餅。這種方法減少了蒸汽，並產生更高的壓力，在送出咖啡的過程中，壓力從 3 巴增加到 12 巴。結果，咖啡中的精油和膠體在飲品的最上層形成慕斯，這就是我們今天所

說的「咖啡脂」。

第一部半自動的機器在 1961 年問世——在維持控制沖煮的過程中，減少了操作者以人力沖泡出咖啡的需求。這就是 Faema E61，它包含了一個電動幫浦，持續提供 9 巴的壓力，以一個簡單的開關操作即可[8]。水是直接從咖啡館的主要水閥汲取，然後在到達沖煮頭之前，加壓並通過一個熱交換器。這樣就能「不斷地沖泡」，亦即不需等待鍋爐重新注滿水並將水再加熱，就能送出一杯又一杯的咖啡。只要在沖煮頭的地方維持比較穩定的溫度，就能夠快速送出一杯杯相同的咖啡——這是真正「快速的」服務。

E61 定義了現今濃縮咖啡的概念：這是第一部能夠做到 INEI 之後所明定之參照標準的機器。在 1970 年代中期之前，半自動機器已經成為義大利咖啡館中的標準設備，大眾又回復到簡單地點一杯咖啡（再也不是濃縮咖啡）。

咖啡脂依然是新式濃縮咖啡獨特性的重要視覺線索，以它來傳達出滑順和奢華的內涵[9]。由於鄰近歐洲市場的顧客偏好較大杯的咖啡，因此操作者使用跟濃縮咖啡相同的時間和壓力參照標準，採用較粗的研磨顆粒，讓較大量的水通過沖煮頭。在德語區，它被稱為 crème café，是一種較大杯、較不濃烈的飲料，但關鍵是最上層依然有咖啡脂的慕斯。在法國，它被稱為 café crème，通常是以熱牛奶調製而成。烘豆商開始生產口味較淡，專門訂做的烘烤綜合豆，用來製作 crème café。

短濃縮、單品、羅馬式、雙份、長濃縮

諷刺的是，需使用羅布斯塔才能製造出清晰可見、濃厚咖啡脂的上好咖啡。再者，因為濃縮咖啡的製作過程中增強了咖啡豆的感官特質，高品質的阿拉比卡可能產生不協調的口味，然而**商業咖啡**，尤其是巴西式日曬咖啡豆，因為酸度較低，味道較溫和，相當適合用來製作濃縮咖啡。在義大利，濃縮咖啡發展的原因之一是因為義大利相對的經濟劣勢，其製作過程正適合該國所進口的低品質咖啡組合。

　　義大利烘豆師最關鍵的技術之一就是混合各種咖啡豆，以製作出一杯口味圓潤的咖啡，兼具濃郁的醇度和酸苦平衡的味道。一般而言，愈往義大利南部走，綜合豆中羅布斯塔的比例就愈高，並帶有烘焙後必定會出現的深黑色，以減輕羅布斯塔咖啡豆中的苦味。這或許可以解釋標準作法中加糖的習慣，如今咖啡師常常會自動地加幾匙糖進去——並將濃縮咖啡作成**短濃縮**，份量約 15 毫升，因而減少咖啡因的含量 [10]。儘管如此，做出來的飲品仍然有明顯濃烈的味道！

　　INEI 堅稱真正的義式濃縮咖啡只有用**綜合豆**（**blends**）才能製成。該協會描述以**單品**咖啡製作而成的濃縮咖啡跟使用綜合豆製成的咖啡就好比聽一種樂器獨奏跟一團交響樂合奏的對比般。為了展現各地區義式作法的多元化，只要感官的結果符合 INEI 的要求，無論是阿拉比卡或是羅布斯塔，任何的綜合豆皆可使用 [11]。

　　當濃縮咖啡成為美國精品咖啡運動的旗艦飲品時，過去發展出使用低品質的綜合豆製作個人咖啡這種比較廉價的方式，現在卻成為咖啡本身極致表現的體現。這是受到義大利烘豆師的鼓舞，譬如 1992 年 SCAA 會議的主講人 Ernesto Illy 博士，即便他清楚知道自家公司高檔的全阿拉比卡綜合豆完全符合精品咖啡界對品質的強調 [12]。

　　近年來，來自精品咖啡界的**第三波**咖啡工藝師提出關於「傳統」義式濃縮咖啡參照標準背後的假設等令人不安的問題，要求以科學方法來製作根植於測量與計算的濃縮咖啡。精品咖啡運動開始將單品咖啡製作成濃縮咖啡，傾向於透過增強濃度來強調其特色，而不是透過混合強調平衡 [13]。配方劑量的參照標準也受到抨擊，人們逐漸意識到這些參照標準不僅源自於經濟因素，也源自於口味。改變用量、填實的壓力以及流程時間，將產生非常不同的感官結果，現今多以 19 至 21 公克填壓入濾籃中，以取代傳統用 14 公克來沖製雙倍濃縮。

　　嚴格謹守 9 巴的壓力也同樣受到挑戰，理由是這個數字只是半自動機器的標準。目前最頂尖的專業機器讓咖啡師可以在製作一杯濃縮咖啡時或者杯與杯之間改變預浸時間、溫度和壓力，以建立最適合端上桌的咖啡之數據，並使用數位科技來記錄和重製一杯濃縮咖啡。微晶片不只能夠維持

溫度的恆定，也能夠設定沖煮頭溫度微小的變化，這對於杯中咖啡的品質可產生極大的影響。或許最令人震驚的觀察是咖啡脂或許並非像人們常宣稱的：其為濃縮咖啡獨特風味的來源；事實上可能反而有損其風味[14]。

此外，這些批評呈現出對於濃縮咖啡傳統思維的嚴苛挑戰。澳洲評論家 Instaurator 曾評述義大利的咖啡界創造了一堆關於濃縮咖啡的過時準則，而且是「無數據的觀察」[15]。不過，別忘了，20 世紀大多數時間，義大利的咖啡師雖然接受市場受到價格制約的邏輯（不過精品咖啡除外），但除了根據他們自己的感覺來猜估答案，似乎沒有太多的科技可使用。

這些對於義大利濃縮咖啡作法的質疑並未反映在主流的咖啡館中，主要的問題是過度強調快速服務的概念，對於咖啡本身並不利[16]。咖啡師熱衷於快速地送上咖啡，只利用短促的時間沖煮濃縮咖啡——相當重要的原因是在英美市場必須花額外的時間發泡牛奶，然後鋪在絕大多數的濃縮咖啡上。結果通常是萃取不足的濃縮咖啡，在單獨喝的時候，會嚐到酸味和苦味[17]。

1950 年代，義式咖啡第一波式微的期間，美國人在咖啡裡加一卷檸檬皮是司空見慣的事——這無疑是仿效雞尾酒吧的作法——並將這種飲品稱為羅馬式濃縮咖啡（espresso romano）[18]。這在義大利是未曾聽聞的作法，這樣的結合一般只用來當做瀉藥，不過在南義的阿瑪菲（Amalfi）海岸用檸檬作為增味調劑是有可能的，因為二次大戰期間，美軍曾登陸此地[19]。在美國，咖啡中添加檸檬更可能的原因是為了試圖掩飾製作較大容量的咖啡而過度萃取的事實，通常到最後，飲品會變得索然無味。同樣的，雙倍濃縮似乎是為了國外市場所開發出來的重要比例，在義大利很少見，比較常見的變化類型是**長濃縮（lungo）**，亦即一份大約 40 毫升的淡式濃縮咖啡。

美式濃縮咖啡

為了符合國外口味，濃縮咖啡最著名的調整就是美式濃縮咖啡（Americano），這個詞原本是指加了汽水的雞尾酒飲料[20]。起初這個詞

用在咖啡中的意義並不明確：1931 年，一名新聞記者於米蘭觀察一位歌劇院的舞台總監，他說道：「每天下午三、四點的時候⋯⋯全世界重要的合約大多在⋯⋯某間咖啡廳裡，邊喝著『美式濃縮』或是義式濃縮咖啡邊達成協議 21。」這段背景說明了這種「美式濃縮」是早期給外國人喝的濃縮咖啡。

美式濃縮肯定是在第二次世界大戰期間為美國軍人以及後來的觀光客所準備，目的是讓他們喝到近似在家鄉習慣喝的咖啡。咖啡師從一杯濃縮咖啡上方加進熱水，沖散咖啡脂，並複製滴漏黑咖啡的香醇與外觀。

在 1990 年代，當代精品咖啡館的配方傳至英國，美式濃縮在其中扮演了一個重要的角色。沖煮一杯純粹以濃縮咖啡為主的飲品意味著咖啡館所提供的所有咖啡都可以用一部機器和單一種綜合豆製作而成──節省了資金、營運成本和員工訓練。不過，這產生了一個問題：當顧客要求一杯「普通」黑咖啡時，該怎麼作？答案是：在一個卡布奇諾杯中注滿熱水，然後倒一杯濃縮咖啡在上面，作成美式濃縮。這種作法保留了濃縮咖啡的一些新奇感，亦即上方依然有咖啡脂，而且可以改造成一種精品飲料，即便整體的醇度比較接近於滴漏咖啡。

在英國的市場中，美式濃縮是在店裡消費的頂級黑咖啡飲品。2011 年在英國曾經做過一個調查，詢問顧客最近一次在咖啡館中所消費的飲品，結果顯示有 15% 的客人點了美式濃縮，4% 點滴漏咖啡，只有 2% 為濃縮咖啡 22。

∾ 家用濃縮咖啡：摩卡、咖啡機、咖啡包和膠囊

濃縮咖啡的演進使得在咖啡館中消費的咖啡和在家中沖泡的咖啡之間產生截然不同的風格。這點足以解釋長期以來義大利和其他地中海國家境內的咖啡館擁有高市占率的原因，那裡的消費者一走出家門就能喝到咖啡。近年來，這條界線開始消融，使得外出喝咖啡的文化產生顯著的改變。

20 世紀前半葉，在義大利最普遍的家用咖啡機為那不勒斯顛倒式咖啡壺（napoletana），這是一款**翻轉式**咖啡機，通常是以馬口鐵製成。這部

機器以過濾器將機體分成兩個部分。一旦底部的水煮滾了，使用者便將機器翻轉過來，如此一來，熱水就能過濾並回流到現在的下壺中，壺身兼具把手和壺嘴[23]。1930年代，Alfonso Bialetti開始生產摩卡壺（moka），以鋁製成，同樣由兩個壺具所組成，中間以一個漏斗分隔開來，裡面嵌入了咖啡過濾器[24]。在密封的下壺中所形成的蒸汽壓力一旦被放在爐子上，便會迫使剩下的熱水往上經由漏斗進入上壺——在1.5標準大氣壓力下有效沖煮咖啡。

在1930年代，法西斯政權強制施行經濟緊縮政策，而且戰時的需求抑制了國內咖啡市場的發展，因此趁著1950年代晚期的經濟奇蹟，在義大利的家庭中，摩卡壺或馬新內塔（machinetta，小型機器）取代了拿坡里。Bialetti開始將他的機器註冊商標，放到市面上販售，此即為經典摩卡壺（Moka Express pot），一般認為家庭使用者也能夠「在家製作像咖啡館裡所沖煮的濃縮咖啡[25]」。

諷刺的是，雖然這在1930年代可能是如此，但是Gaggia的革新意味著情況有所改變。只要看過用摩卡機所製作的咖啡裡沒有任何的咖啡脂就一清二楚了。儘管如此，這個主張適用於像Bialetti和Alessi這樣的生產者，以及像Lavazza這樣的烘豆師，他們利用家用市場的成長將自己轉型為全國性的經營者。目前，在義大利家庭中所飲用的咖啡大約有四分之三都是以摩卡機製作，家庭普及率粗估將近100%[26]。不過，外出飲用咖啡持續的高比例意味著義大利人很清楚明瞭家中自製的飲料和咖啡館的飲料之間的差異性。

濃縮咖啡機被當作家用電器販售，主要的市場一直都是在義大利以外的國家。例如，1974年Pavoni的「Europiccola專家」以及1977年所發行的「寶寶」Gaggia咖啡機都是這兩家公司所販售的經典機種，它們被銷往奢侈品的市場，但是國外的製造商急起直追，譬如德國大廠Krups和葡萄牙公司Briel，兩者皆開始製造入門款的機器，並成為他們在1980年代早期家用電器產品的一部分[27]。

這種機器使用一個能夠產生高壓（一般是15巴）的震動幫浦，但是水流很小。如果設定正確的話，它們能夠在9巴的壓力下煮出一杯標準的

濃縮咖啡，但是要維持穩定的溫度和壓力沖煮出許許多多一模一樣的濃縮咖啡並不容易。這種機器要達到運轉溫度所需要的時間長度以及缺乏直接的供水來源意味著無法持續煮出咖啡，而且在杯與杯之間需要等候大量的時間。加熱牛奶需要更多的時間，讓鍋爐再次加熱，這通常使得在家中沖煮濃縮咖啡一點都不「快速」。

在家操作的另一項難題是控制通過咖啡餅的水流。雖然機器標榜是濃縮咖啡機，但因為在它們的設置中並未加入研磨機，因此家庭使用者幾乎沒有選擇，只能使用預先研磨的綜合豆，但綜合豆可能比較適合摩卡機。要添加適合家用機器的份量和填實咖啡也不容易。ESE（易理包）的出現是一個可能的解決之道，它是將預先研磨和填實的份量裝在一個紙濾袋裡，再直接將它放入濾器手把中。由幾位烘豆師和咖啡機製造商（最著名的就是 Illy）率先使用的 ESE 於 1980 年代晚期上市，這是一種任何製造商皆可採用的「開放原碼」的標準[28]。

ESE 系統雖然有其優點，但是它仍然是一個一體適用的方式，沖出來的咖啡可能會令人失望。ESE 亦未改善在家中泡咖啡漫長等待的時間。它最成功的地方向來是在家庭外的商業市場，例如在非專業的商店，像是餐廳這種用量多到使用新鮮咖啡或是聘請訓練有素的咖啡師不划算的地方，還有就是在咖啡館中提供一個沖煮低因濃縮咖啡的快速方法，而不需要多加一個研磨器專門磨製低因咖啡的豆子。

相反地，單人份量的膠囊咖啡機能夠為家庭或辦公室實現原本濃縮咖啡建議的要素：「快速」和「專門為你」，因為機器更快速地達到運轉模式，並且在製作單一杯咖啡時避免浪費咖啡。此外，跟傳統的家用濃縮咖啡機相較之下，膠囊咖啡機不需大費周章的清理與保養。

膠囊咖啡機大約已有數十年的歷史，但是只有在 1990 年代，消費者才開始習慣在精品咖啡館中飲用濃縮咖啡，這些機器的銷售也才開始呈現倍數成長。雀巢膠囊咖啡機（Nespresso）是 1986 年由雀巢公司所設置的獨立事業體。一開始是建立俱樂部，向一群目標群眾販售「特級」咖啡，2000 年時 Nespresso 估計有 60 萬名會員，並且開設了第一家精品店。2010 年，會員人數達到 1,000 萬，全球共有 215 家精品店。膠囊咖啡的總

銷售額達 32 億法郎（約 34 億 2,500 萬美金），而且該部門維持每年超過 20% 的成長率 [29]。

Nespresso 的成功再度引起「濃縮咖啡」和「義式濃縮咖啡」之間歧異加大的問題。Nespresso 本身的公關文宣急切地想要表現出由這種機器所製作的飲品類似於經典的義式配方。膠囊裡包含的咖啡粉大約 5 克，可沖泡出一杯 40 毫升的濃縮咖啡或是 110 毫升的長濃縮咖啡。膠囊咖啡機配備有一個在高壓下運轉的振動幫浦（最高可達 19 巴），並且會比標準的濃縮咖啡機更快速地沖煮出咖啡 [30]。最後的成品談不上是義式濃縮咖啡，反而比較類似於口味較淡薄的瑞法版濃縮咖啡和法式咖啡。（從義大利人的觀點來看）令人擔心的是，這將變成標準的歐式濃縮咖啡的概念。

義大利的公司現在為家庭和公司用途生產膠囊咖啡機，以及販售採用最新發明的系統。這些趨勢重新配置了店家的市場，從前習慣散步到咖啡館喝杯咖啡，現在走兩三步用辦公室的咖啡機就能解決。過去 20 年來，義大利的咖啡館被單人份的機器所取代，因而減少了將近三分之一的市場占有率 [31]。諷刺的是，義大利人偏好純濃縮咖啡也使得該問題更加嚴重——膠囊咖啡機或許可沖泡出差強人意的濃縮咖啡，但是它們卻很難複製在大多數國際市場上占優勢的「加奶」飲品。

第二部分：白菜單

國際濃縮咖啡飲品菜單演進的關鍵在於第五個 M——牛奶（milk）。咖啡界的人士宣稱，義大利人所消費的咖啡，有 80% 是純濃縮咖啡，然而在英美的咖啡館卻有 80% 的濃縮飲品加了「奶」。牛奶（不是咖啡脂）的作用是「可靠」與品質的視覺標記。在 1950 年代，對於習慣喝加奶咖啡的消費者而言，卡布奇諾比濃縮咖啡更容易買到。到了 1980 年代，發泡牛奶並倒入咖啡成為拿鐵拉花強化了美式精品咖啡運動，該運動主張這些都是工藝和手工的飲品。從 1990 年代開始，國際咖啡連鎖店即利用牛奶所製造的機會，調整成當地人偏好的口味，尤其是把咖啡變香甜。

❧ 瑪琪朵

　　義大利人把牛奶看成是會沈重地留在胃裡，並需要消化的物質：它是食物，不是飲料。但咖啡被認為是有助消化，可幫助清腸胃而不會塞滿腸胃的飲料。因此很自然的是在餐後才喝或者喝完之後才準備要吃東西。在1890 年代，知名的義大利美食作家 Pellegrino Artusi 建議在睡醒時限定自己喝一杯黑咖啡。人們應該只吃輕食，也許是一片土司和摻奶的咖啡，只有當他們確信胃是空的，準備要接收食物之後才喝，不過仍留有時間和空間在午餐時享用當天的主餐 32。如今，這個觀點變成一種喜好，即以摩卡機沖煮一杯黑咖啡作為一天的開始，最多配一片乾的比司吉，或許在一、兩個小時後在上班途中或是在上班第一次休息時間，再到咖啡館喝一杯卡布奇諾和吃一塊可頌麵包。吃過午餐或晚餐後再喝杯咖啡幫助消化，但是義大利人絕不在餐後喝摻奶飲品，因為會殘留在胃裡。正餐後的咖啡頂多可能是**瑪琪朵**，「標記」就是浮在上面的牛奶。

❧ 卡布吉諾、卡布奇諾、咖啡拿鐵、拿鐵瑪琪朵

　　「**卡布奇諾**」這個詞是在奧地利統治北義期間才被收錄到義大利文中，這個字源自於奧地利文 kapuziner。之所以如此命名是因為它的顏色跟聖方濟修道院的修士所穿的道袍「卡布吉諾」（kapuziner）顏色相似，但是「卡布吉諾」跟我們今天所知道的卡布奇諾相去甚遠。有個在越南民眾起義中受牽連的英國人記錄如下：

咖啡館是我唯一的資源：啜一杯「卡布吉諾」至少可以給我些許安慰。這個字在英文裡是指聖方濟修道院的修士，但是在奧地利語中意指一杯加奶的咖啡。奧地利人是用玻璃杯喝咖啡，就像俄國人一樣，但是他們並不像文明國家那樣習慣用蜂蜜增加甜味 33。

　　在 1900 年代早期，奧地利的旅遊指南證實 capsuziner 或是 kapuziner 是一種「咖啡多於牛奶」的飲品，剛好跟米朗琪（melange）相反，後者是牛奶多於咖啡 34。

此時，「卡布奇諾」這個詞已經在義大利廣泛使用。德國人 Baedeker 於 1904 年出版的旅遊指南對於咖啡菜單和咖啡館文化提供了簡介：

> 顧客大多在傍晚和晚上光顧咖啡館。咖啡館中煙霧彌漫經常惹人不快。客人通常點黑咖啡，或是不加奶的咖啡。拿鐵咖啡（只在早上提供）是混加了牛奶的咖啡；卡布奇諾較小杯、較便宜；而「牛奶加咖啡」，亦即另外送上牛奶由顧客自行添加，或許較受青睞[35]。

卡布奇諾和咖啡**拿鐵**兩者都是咖啡和牛奶的結合，在家也能夠跟在咖啡館一樣輕鬆沖煮，兩者的差異僅在於杯中咖啡與牛奶的相對比例不同。1905 年，Alfredo Panzini 在他第一版的義大利文新字字典中，他確認在卡布奇諾中較少量的牛奶量讓它因此得名。他將卡布奇諾定義為「以牛奶『調整』過的黑咖啡。這是一個口語用詞，或許源自於近似聖方濟修道院修士服的顏色」[36]。

Panzini 認為，卡布奇諾這個字有個區域性的起源，它跟奧地利統治期間的北義有關，奧國直接統治該區直至 1860 年代，而哈布斯堡王朝統治亞得里亞海主要的港口崔斯特港（Trieste）則直到 1918 年為止。在義大利那些南部區域對卡布奇諾的需求不大，這些地方從未受到奧地利的統治，不過在崔斯特港的卡布奇諾比其他地方濃得多，通常是倒入一個濃縮咖啡杯中，或許反映出它原本使用小型咖啡杯端給客人的習慣。

分析 Panzini 字典後續的版本，顯然以「卡布奇諾」來指稱咖啡比「濃縮咖啡」這個字更早。舉例來說，在 1918 年的版本中，卡布奇諾的定義如上，但是「espresso」只有意指快速火車和郵件快遞的涵義。或許是因為第一部濃縮咖啡機宣稱可製作「即時」咖啡。即使在 1931 年，當時 Panzini 表示，以「espresso」來形容「用一部壓力機器或是一台過濾器」所製作的咖啡是很普遍的事，他所提到的這兩種製作方式強調的是快速服務而不是咖啡本身。他對於卡布奇諾的定義本質上並未改變，其為：「混合了些許牛奶的黑咖啡[37]。」

這表示義大利人後來才知道卡布奇諾只能用壓力機器所沖煮出的濃縮

咖啡來製作，或者在端上桌之前，加在上面的牛奶應該要先發泡，或甚至加熱。每位咖啡館的侍者可能實驗性地以附加在早期直立式機器上的蒸汽管來溫熱牛奶，但是這些蒸汽管主要是用來溫熱在高檔的雞尾酒吧中所提供的「香甜熱酒」的原料，因此大多數的機器都安裝在雞尾酒吧裡[38]。

在1930年代，這個情況似乎改變了。在1933年，Harper's Bazaar寫到羅馬「令人大開眼界的事物就是以牛奶稀釋的濃縮黑咖啡，並稱它為卡布奇諾」，書中建議在早餐時刻坐在咖啡館的露台上邊喝咖啡邊看著法西斯黨員穿著黑襯衫經過[39]。到1938年時，通俗用語「卡布丘」（cappuccio）已經被「半開玩笑地用來取代卡布奇諾，幾乎就好像提醒咖啡師別給得太少」（-ino 在義大利文字尾中有比較小的意思）[40]。咖啡師（**barista**）這個詞本身是一個新字，其起源可能是因為法西斯政權堅持以義大利味濃厚的詞替換掉外來字（在本例中是酒吧服務生 barman）。這個詞被收錄在字義中，表示卡布奇諾在當時已經在咖啡館中成為主力飲料，並用濃縮咖啡製作。

咖啡拿鐵（Caffèlatte，一個字）這個詞是在1935年版的 Panzini 字典中首度亮相，簡單地被定義為「咖啡加牛奶」[41]。據說，墨索里尼就像許多一般的農民和工人一樣，習慣喝一杯咖啡拿鐵作為一天的開始，對他們而言，咖啡拿鐵本身就被視為是早餐，而且往往跟一些麵包一起端上，然後加在幾乎像肉湯般的混合物中。咖啡拿鐵可能是用有品牌的咖啡替代品製作而成，例如 Caffeol，它是以菊苣和鷹嘴豆做成，在1930年代變得很流行。在1953年所做的一份調查發現，有42%的人口把喝咖啡拿鐵當作早晨第一件事[42]。然而，當相同的調查試圖要計算每日平均咖啡攝取量時，卻刻意地排除掉咖啡拿鐵，因為它缺少咖啡的含量。之後咖啡拿鐵被認為是一種家製飲品，而且未必含有咖啡，更別說是濃縮咖啡。事實上，我們知道即便是墨索里尼的咖啡拿鐵也不過是加熱過的牛奶[43]。

在戰後時期，製作濃縮咖啡的革新改變了卡布奇諾的性質，因為這種飲品的基調出現了新口味配方。然而，進入1980年代後，喝卡布奇諾有點女性化的觀念持續存在，直到今天，拿鐵瑪琪朵（將一杯濃縮咖啡倒入一杯加熱牛奶中製成）在義大利的咖啡館中依然罕見，只有小孩、療養病

人，以及那些胃弱的人（通常是某個年齡的女子）才會點 [44]。咖啡拿鐵依然完全是居家飲品，假如在旅館中要求咖啡拿鐵，他們會送上一壺的咖啡和一罐加熱的牛奶，讓客人自行調製出符合個人口味的飲品。

INEI 設計了義大利卡布奇諾的認證參照標準，在 2007 年時獲得國會的認可。其準則是將 100 毫升的冷牛奶增加為 125 毫升的容量，並在大約 55℃ 的溫度發泡，然後在一個 150 至 160 毫升的杯中倒入一份 25 毫升的義式濃縮咖啡上 [45]。在此要注意的是該飲品的整體比例，以及牛奶溫度比較低，這表示卡布奇諾可以立即飲用。為了在義大利以外的地方加速推廣卡布奇諾，這兩者都必須加以調整。

卡布奇諾征戰

Domenico Parisi 過去是一名理髮師，1927 年他在紐約的格林威治村開了一家叫做 Cafe Reggio 的咖啡館，他投入積蓄，將第一部濃縮咖啡機進口到美國。1935 年有一篇介紹咖啡館的文章寫道，這家店提供「卡布奇諾（神奇地混合了濃烈咖啡、加熱牛奶和肉桂的飲品）」。根據《紐約客》（*New Yorker*）採訪 Parisi 的內容，1955 年，也就是將近快 20 年的時間，他依然在使用這部機器，「他鬆開氣閥讓蒸氣把牛奶打成泡沫，並發出一種可怕、刺耳的聲音，就好像俯衝式轟炸機發射出一連串的火箭般 [46]。」

咖啡菜單上的主力商品是卡布奇諾，而不是濃縮咖啡。Parisi 似乎是以發泡牛奶，而不只是加熱牛奶來製作卡布奇諾，如果我們假定他的技術在 20 年的時間裡本質上並未發生改變，而且他似乎是以肉桂作為表層裝飾的第一人——全美國廣泛地模仿這個創新，但這種作法在義大利並沒有明顯的先例。Parisi 是最早瞭解到肉桂好處的人，肉桂使得加奶飲品更加香甜，更適合當地人的口味。

1950 年代，Gaggia 的革新激發了義大利以外的地區重新對濃縮咖啡機感興趣。這些大都是透過代理商配銷出去，因此傳播和調整濃縮咖啡的文化就由當地進口商和企業來實行——當然他們並非全是義大利的移民。在英國，1952 年時，第一部 Gaggia 機器安裝在倫敦蘇活區的摩卡咖啡館（Moka Bar）中；到了 1960 年，據稱在英國約有 2,000 家的咖啡館，其

中位於倫敦市的就超過 500 家[47]。

這個快速成長是受到卡布奇諾的激勵，而非濃縮咖啡。卡布奇諾為餐飲業者和顧客提供了許多好處。在咖啡上層奶泡的出現以及製作過程中的戲劇效果，最明顯的就是蒸氣聲，目的是要向戰後時期努力擺脫艱苦生活的大眾強調這種飲品的創新性。不過，英國客人也比較容易喝到卡布奇諾咖啡，因為他們向來就習慣添加牛奶在熱飲中，而且也已經熟悉美式的奶昔。成品撒上可可粉，除了在視覺上看起來更可口誘人，同時也使得這杯飲料更加香甜。

卡布奇諾最大的優點就是它非常符合社會文化的期待，它就是英國人希望出門喝到的咖啡飲料。卡布奇諾要花比濃縮咖啡更長的時間才能喝完，因為外觀上看起來比較值錢。而較長的飲用時間也創造出一種可以讓談話開展的社交情境，這對於占了咖啡館很大比例的顧客——外出約會的青少年——是一項重要的考量。送上熱呼呼的卡布奇諾更加延長了時間，而且也符合顧客對於熱飲的期待。一名義大利的客人在蘇活區的咖啡館做了以下的一段評語：在等他的卡布奇諾放涼到可飲用溫度的時間，他都可以刮個鬍子了，而且後來他還真的被邀請再回到店裡做這件事並拍照存證[48]！之後，這些特性便形成這段時期的經典印象。

許多英國的咖啡館開發出更多山寨版的卡布奇諾，亦即只是用蒸汽管加熱牛奶，然後把它鋪在以傳統方式沖煮的咖啡或甚至是即溶咖啡上而已。這種飲品經常被形容成是「泡沫」咖啡。義裔英國業者主宰了「工人咖啡館」的市場，因此他們在這個發展中也產生了作用[49]。隨著卡布奇諾而來的價格下跌在 1980 年代英國的電視喜劇節目《非九點新聞》（*Not the Nine O'clock News*）中的一段幽默短劇中表現得淋漓盡致，劇中一名義大利的咖啡館業者畏畏縮縮地躲在一部 Gaggia 後方，當倒入熱水到即溶咖啡上時還發出蒸汽的噪音，再加入像是菸灰和洗碗精之類的成分，最後用一根吸管吹泡泡到他的創作中[50]。

這個笑話跟約莫 10 年後美國熱門電視喜劇《歡樂一家親》（*Frasier*）中，克雷兄弟經常造訪的一家虛構西雅圖咖啡館 Café Nervosa 對卡布奇諾

的迷戀恰成對比。在這個關鍵時刻，義式咖啡飲品被用來為美國精品咖啡運動效力，以說服大眾相信咖啡也可以是一種頂級的手工藝食品，上面的奶泡即增強了這些是手工飲料的主張。1994 年，一群美食零售業者表示，以濃縮咖啡為基調的飲品在店內的銷售額超越那些傳統的滴漏咖啡[51]。

拿鐵咖啡

但是，新世紀最成功的飲品是拿鐵咖啡。它之所以風行是因為到了 1991 年時，咖啡車將濃縮咖啡帶到西雅圖的街頭販賣，並且占了總銷售額的 75%[52]。它被當成是義大利版法式沖煮咖啡加溫牛奶的咖啡歐蕾（café au lait）在銷售，但是因為使用濃縮咖啡，所以咖啡的味道比較能被分辨出來。即便如此，它最主要的魅力在於用在拿鐵中的加熱牛奶讓它喝起來比卡布奇諾更加地香甜。

於是，這時拿鐵咖啡（caffè latte，兩個字）被編纂為咖啡車、咖啡館或商店所供應之以濃縮咖啡為基底的飲品，跟用摩卡機在家中沖煮的義大利咖啡拿鐵（caffèlatte，一個字）恰好相反。事實上，它一開始就是作成拿鐵瑪琪朵，作法是將濃縮咖啡倒入一個已經裝了加熱牛奶的透明玻璃杯中，但是現在上面再多加了一小撮的泡沫。於是當濃縮咖啡與加熱牛奶混合在一起時便產生了精彩的戲劇效果，漸漸地改變了飲品的顏色，同時卻留下一頂白色小帽子在上頭。這在德國市場仍然相當受歡迎。不過，英美業者有個快速的製作方法就是把過程倒轉過來，一開始先把濃縮咖啡倒入一個廣口杯中，它可以直接被放在濾器把手的下方，然後加入上面浮了一層泡沫的加熱牛奶。也可以訓練咖啡師倒入「拿鐵拉花」在咖啡飲品上製造出些許戲劇化的「附加價值」和手工藝的感覺。

此時卡布奇諾和拿鐵咖啡的差異性主要在於製作過程和使用牛奶的比例上。加熱牛奶很簡單：將蒸汽管深置於壺中，再將蒸汽打開即可。牛奶經過溫熱，但體積不會膨脹。發泡牛奶需要同時引入空氣和蒸汽，方法是將蒸汽管的頂端放在靠近牛奶表面處，這樣空氣就會被吸入，使牛奶充滿泡泡。當倒出時，壺身裡的加熱牛奶會先出現，接下來泡沫就出現在最上

層。標準的餐飲服務定義是卡布奇諾由等比例的濃縮咖啡、加熱牛奶以及發泡牛奶所組成，因此它與拿鐵咖啡的差異只是在於倒入杯中的這兩種牛奶的比例不同。就如同 1991 年，Nick Jurich 在他具有高度影響力的著作《濃縮咖啡：從咖啡豆到咖啡》（*Espresso from Bean to Cup*）中寫道：這表示「在拿鐵和卡布奇諾之間的那條界線變得相當模糊[53]」。

有些業者試圖藉由增加卡布奇諾的奶泡比例重新區分這兩種飲品，用以衡量咖啡師手藝高超的程度，而不是用泡沫的品質來衡量[54]。於是出現了「濕」版卡布奇諾（包含等比例的加熱牛奶和發泡牛奶）變成「乾」版卡布奇諾（包含了大量密集發泡所形成的「大泡沫」）的轉變。

不過，高檔的精品咖啡業界日益尋求「紋理」牛奶，亦即在牛奶表面做出一個漩渦，可有助於「打旋和延展」牛奶，並使得整體變成光滑細緻的微泡沫。以「烹調藝術製作濃縮咖啡」的專家 David Schomer 在 1988 年創立了西雅圖的 Espresso Vivace，他認為「超細緻的紋理是製作濃縮咖啡唯一令人滿意的泡沫濃稠度」，兩種飲品之間主要的區別在於卡布奇諾是在一個 6 至 7 盎司的杯子裡以 5:1 的牛奶搭配濃縮咖啡，而拿鐵需要一個 12 盎司的杯子，其中牛奶和濃縮咖啡的比例為 6:1[55]。

✺ 中杯、大杯、特大杯、脫脂、豆奶、糖漿、布雷衛

Schomer 在他於 1996 年出版的著作《濃縮咖啡：專業技術》（*Espresso Coffee: Professional Technique*）中曾預測：「我們（美國人）是有健康意識的民族，很快地我們就會拒絕每天因為喝一杯中杯拿鐵而吞下 12 至 16 盎司的牛奶……我相信這種文化之後的發展是顧客會點較少的牛奶[56]。」

結果完全相反。16 盎司的杯子成為標準，而且 20 盎司的「特大杯」如今在流行文化中根深蒂固。漸漸地，這種飲品的容量不只創造更大的價值感（對於外帶的生意特別有幫助），同時也增加了摻和在咖啡中的牛奶的比例，使得該飲品更加香甜。今天，星巴克三種標準尺寸的咖啡為中杯 260 毫升、大杯 340 毫升，以及特大杯 450 毫升（與 INEI 所建議的 160 毫升相比）[57]。在美國，中杯仍然是以一份的濃縮咖啡來製作，跟 Schomer

配方中需要用到 2 份不同。雖然有機會向客人多收一份濃縮咖啡的錢，但是味道卻改變了。

在咖啡館中的拿鐵咖啡，其商品化可說是有過之而無不及。據說用在咖啡中的牛奶，其特性可以呈現出一種較健康的主張：星巴克的顧客可以選擇全脂、減脂（2%）、脫脂和豆奶。當然這種選擇產生了一些影響，根據 2004 年星巴克所提供的數據，以全脂牛奶所調製的大杯拿鐵若改以豆奶調製，熱量可從 260 大卡降至 210 大卡，如果以脫脂牛奶調製，更是降至只剩 160 大卡。對照其他帶有義大利風格名稱的調和飲品，有助於掩蓋他們的特性——舉例來說，「布雷衛」（breve，譯註：義大利文為「雙全音」之意）就是由「一半加一半」所組成，亦即一半牛奶、一半奶油，一杯大杯的布雷衛拿鐵可產生 550 大卡，特大杯則高達 770 大卡（約為成人每日建議卡路里攝取量的三分之一）[58]。

有趣的是，2012 年星巴克網站上所列出的數字卻低了許多，現在一杯大杯全脂拿鐵所含的卡路里為 220 大卡，然而一杯用 2% 減脂牛奶沖製而成的拿鐵——從 2007 年開始在美國就是預設的選項——大約為 190 大卡。卡布奇諾的泡沫含量高了許多，星巴克對此的解釋是，這種做法使得大杯全脂卡布奇諾只包含 140 大卡，而使用脫脂牛奶則降至 80 大卡[59]。

拿鐵也能夠混合其他的調味料，通常是以糖漿的形式添加進去。一般認為第一個發現這種可能性的人是 "Brandy" Brandenburger，他是舊金山咖啡界中的元老級人物。Brandenburger 在有名的北灘義式美國咖啡館 Caffè Trieste 做了各種實驗之後，他建議一家糖漿製造業者 Torani 設置一條咖啡館專屬的生產線[60]。最受歡迎的口味是經典、杏仁、焦糖和香草；糖漿的一大優點是它們可以輕易地被用來製作「新的」或是「季節性」的飲料，例如星巴克的薑餅拿鐵。

糖漿，加上牛奶型態、杯子大小、特濃，以及泡沫樣式（乾式或濕式）等等，給了顧客一系列的選擇去客製化他們的飲品。卡布奇諾和拿鐵咖啡可加以調整變化的能力是它們在各國咖啡館的菜單上成為核心項目的另一個原因。

✍ 摩卡、瑪洛琪諾、寶寶琪諾、澳式白咖啡

雖然卡布奇諾和咖啡拿鐵很顯然跟義大利有關連，但是其他快速成為咖啡館菜單上標準項目的飲品的起源就比較模糊不清了。最有名的就是摩卡（mocha），現在已經標準化為拿鐵加巧克力，並且在大多數國家的咖啡館中均有供應。

在 1960 年代美國的咖啡館菜單中，我們發現最接近摩卡的飲品為 caffè chocolaccino（它真的是泡沫卡布奇諾，但是它是用中杯裝，而且表面覆蓋一層發泡鮮奶油和一堆的刨花法式巧克力）和 caffè Borgia（它是用柳橙碎皮屑取代巧克力刨花）[61]。這些咖啡有部分設計的目的是要滿足消費者想要點一杯飲料來代替點心的渴望。

在這個精品咖啡的時代，摩卡仍維持同樣的地位。Jurich 曾嚴詞抨擊所有無法理解「櫻桃、巧克力粉，以及發泡鮮奶油根本不應出現在卡布奇諾裡」的人，但是後來卻為摩卡咖啡擬定了一份配方，作法是將一份濃縮咖啡加入到巧克力糖漿、加熱牛奶中，最上層再鋪上發泡鮮奶油，然後撒上碎巧克力、可可粉、巧克力片，再酌量添加糖或是香草糖精，並可選擇加入丁香一起沖煮[62]。1993 年，Kenneth Davids 表示，「美國咖啡館只是把巧克力噴泉糖漿加到咖啡拿鐵中，然後把它叫做摩卡。」不過他注意到星巴克將這種飲品取名為摩卡奇諾咖啡（moccaccino），這個詞現在已經廢棄不用，但符合該連鎖店給予非義式調和飲料一個類義式名稱的策略[63]。

摩卡的成功也反過來影響了義大利本身。在 1980 年代晚期，咖啡館開始供應瑪洛琪諾（marocchino），作法是在濃縮咖啡上撒上甜巧克力粉，然後鋪上奶泡，再撒上一層巧克力粉，因此它的外觀顏色看起來比一般的卡布奇諾更深，或者它其實就是瑪琪朵濃縮咖啡[64]。事實上，這就是義大利版的摩卡，它使得巧克力與咖啡的結合重新出現在義大利濃縮咖啡菜單上。它有時被認為是比切林（bicerin）的現代版，這是一種混合了巧克力和咖啡的飲品，出現在濃縮咖啡之前，1763 年時，以同樣的名稱出現在杜林的一家咖啡館中。有個比較不令人信服的說法是說這個名稱是指摩洛哥皮面精裝書的顏色；或許是吧！但是瑪洛琪諾（意思是「摩洛哥風味」）

這個字在這種飲品出現在咖啡館之前就已經在美國移民之間成為流行的俗語。

另一個從即興創作變成標準化產品的飲品是寶寶琪諾（Babyccino）。它似乎是在 1990 年代晚期起源於澳大拉西亞，目的是為了當母親們在享用拿鐵時，她們的孩子也有無咖啡因的相仿飲品可以喝[65]。它是由發泡牛奶作成，通常是裝在濃縮咖啡杯中，有時候會額外加上巧克力粉。寶寶琪諾遠渡重洋傳入英國，並且登上咖啡連鎖店的菜單中，包括咖世家和星巴克，之後也進入義大利和美國（雖然不在星巴克的菜單上）[66]。

澳大拉西亞對於國際菜單影響最大的飲品是澳式白咖啡（flat white）。它最初是以大杯美式咖啡的形式出現（澳洲版的美式咖啡），裡面加入冷牛奶或是溫牛奶，它是專為那些不欣賞從 1950 年代中期以後出現在澳洲的泡沫卡布奇諾的客人所製作的咖啡[67]。澳式白咖啡剛開始是變化成迷你拿鐵，但是在 2000 年之後就發展成一種比較精緻的飲品，以大約 21 克的咖啡粉放在濾器手把中沖煮成濃烈的雙份濃縮咖啡，然後裝在一個 8 盎司的杯子裡，頂端再加上細緻的奶泡，形成像絲綢般光滑細膩的濃度。表面上沒有隆起的牛奶（不像卡布奇諾），因此可以倒上一些拿鐵拉花，一般是拉成羊齒植物般的圖案，它也是紐西蘭的國徽[68]。

這個版本的飲品在 2005 年底傳至倫敦，當時來自紐西蘭和澳洲的咖啡師業者在蘇活區開了 Flat White 咖啡館。這家咖啡館的成功吸引了其他澳紐咖啡師的類連鎖店遷移至英國首都，並且在建立高檔的獨立咖啡館文化中扮演非常重要的角色。飲品本身展現出咖啡師的超凡手藝：比傳統義大利版的濃縮咖啡更加濃厚、沖煮出滑順口感必須要有的奶泡技術，以及拿鐵拉花。

咖啡連鎖店的因應措施是採用和調整澳式白咖啡，英國的星巴克在 2009 年 12 月以及咖世家在 2010 年 1 月推出該項產品，後者將它描述成「比拿鐵更香濃、比卡布奇諾更細滑……是真正的咖啡愛好者的咖啡」，不過它是以一個標準 12 盎司的杯子盛裝[69]。另一個義大利品牌連鎖店的常務董事宣稱，他們所推出的實際上是「道地義大利風味的澳式白咖啡」[70]。大

約有 14% 的英國咖啡館的顧客現在都會固定點一杯澳式白咖啡，雖然比卡布奇諾和拿鐵要貴一點 [71]。

論牛奶與機器

雖然義大利咖啡產業在全球風靡飲用義式咖啡飲品中受惠良多，但是它必須加以調整才能符合受到牛奶飲品所主導的趨勢。早期為美國精品咖啡業者提供服務的機器供應商，譬如位於西雅圖的濃縮咖啡專家公司（Espresso Specialists, Inc.）的總裁 Kent Bakke，必須找出最適合製作卡布奇諾和拿鐵的機器。Bakke 選擇與 La Marzocco 合作，這是一家來自法國的小型手工藝機器製造商，基本上是因為它是雙鍋爐系統，其中一個鍋爐單純用來加熱，使得它比使用較大型、較有名的義大利公司所製造的機器更加容易製作牛奶飲品 [72]。1994 年時，Bakke 主導一家美國財團，買下了這家公司 90% 的股份，並開設了一家駐美國的子公司，主要是為了滿足它的主要客戶──星巴克的需求。

但是，在 2000 年時，星巴克轉而使用瑞士製造商 Thermoplan 所生產的按鈕式 Verisimo 機器。這個「超級自動」的裝置會自動地研磨咖啡豆和沖煮濃縮咖啡，讓咖啡師的職責只剩下打泡牛奶和組合成飲品 [73]。星巴克改變供應商的舉動象徵著一個更廣泛的趨勢，就是濃縮咖啡從精品飲料變成大眾市場的商品，在大多數的零售商店裡成為標準菜單中的一部分。非精品咖啡的業者需要能夠讓他們製作出符合固定配方的設備，而不需要投入資金在咖啡師的訓練上。非義大利的製造商，最著名的就是瑞士公司，譬如 Egro、Franke、Jura 和 Schearer，他們向來就對於整個流程的自動化感興趣，於是生產了超級自動化的機器，可以將咖啡豆變成杯中物，甚至按一個按鈕就能將咖啡組合完成。這些都是相當精密的儀器，但是它們最大的功能就是對咖啡師的技術要求大大降低。

同時，傳統的義大利半自動和自動化機器必須被重新設計，即使僅只為了國外所使用的超大杯子，而在沖煮頭下方設計夠寬的離水高度，他們將大部分的資金都投注在蒸汽管的改良，製造噴射系統，可同時將蒸氣和

空氣注入到飲品中，並自動加熱牛奶到預設的溫度，因而又減少了在時間上與技術上對咖啡師的要求。

　　家用機器的製造商也開發出「發泡套管」，由 Krups 首開先例，它可以套在機器上的一般蒸汽管外，據說有助於吸入更多的空氣到牛奶中，以利發泡。然而這類機器因為鍋爐的容量較小，而使得泡沫較難以形成，尤其是家用市場較低價的那一端更是如此。隨著膠囊咖啡機沖煮濃縮咖啡的時代來臨，咖啡館的白菜單將繼續保障咖啡館的存續，讓他們沖煮出無法輕易在家中複製的飲品。

結論

　　自從 Pavoni 開始製造第一部商業用壓力煮咖啡機至今已超過一百個年頭，這項發明將濃縮咖啡的概念推廣到全世界，並引起一連串的事件，使得家製飲品像是卡布奇諾和拿鐵咖啡被重新定義而成為濃縮咖啡菜單中的一部分。我們現今所飲用的版本就是國際間不斷實驗和交流後最近期的呈現。義大利和美國在這些轉移中皆具有領導作用，但是他們除了推動外，也積極回應不斷演進的全球濃縮咖啡文化。

47

各時期的咖啡文宣
美國精品咖啡的招牌、故事與象徵

Kenneth Davids

已出版三本有關咖啡的書籍，包括《咖啡：購買、沖煮與品嚐》（*Coffee: A Guide to Buying, Brewing & Enjoying*），這本書已發行至第六版。曾參與《熱情收割》（*The Passionate Harvest*）這部影片的共同製作、主持，並撰寫腳本。本片是關於咖啡生產的紀錄片，曾榮獲多項大獎。他的咖啡評論文章會定期在《咖啡評論》（*Coffee Review*）（http://www.coffeereview.com）和《烘豆雜誌》（*Roast Magazine*）上發表。他曾跑遍六大洲出席咖啡會議的專題討論會和研討會，目前於舊金山加州藝術學院教授批判研究。

一般認為，美國精品咖啡運動的創始行動是 1966 年時，**Alfred Peet** 在柏克萊的籐街（Vine Street）上所開設的咖啡店 Peet's Coffee & Tea。20 世紀早期，在咖啡店後面設烘豆商的小型咖啡公司無疑有助於 Peet 發想創店模式。籐街店裡染成深色的松木櫃檯、前方有玻璃門的咖啡櫃、牆上的咖啡袋、少數的古董咖啡設備和原始部落小擺飾，全都會讓人聯想到一種歐洲和異國風的混合，這些布置確實對於新一代的創業者有所啟發，並成為美國精品咖啡業基本的形象。

從此以後，**精品咖啡**的自我表現就受到一種預設的道德或美學優越感所驅使。平心而論，這個產業發展出各式各樣的後設敘事以及符號表述來表達時而重疊、時而衝突的抱負和訴求。

接下來我們將快速地瀏覽這些歷史與影像（原諒我在文中解讀有關咖啡的訊息時出言不遜），大致上是依照時間順序排列，但是也會將焦點放在他們持續不斷的相互依存和隱性對話上。

後設歷史 1：精品咖啡業的創立傳說、道地才是王道（「咖啡是長在樹上，不是在罐子裡」）

> 精品咖啡業的到臨把消費者從一個愈來愈霸權的商品系統操控中拯救出來，因為這個商品系統逐漸將咖啡這個活生生的天然產物在多元歷史與文化中簡化為淡而無味、棕色、大量加工的物質，然後裝在標上品牌的罐子裡出售。拯救方式就是手工新鮮烘焙、散裝出售的咖啡，並告訴我們它來自哪個熱帶異域，以說明產品真正的來源。

「拯救方式就是手工新鮮烘焙、散裝出售……」這個對於工藝師真功夫的訴求以及對產品新鮮度的訴求起初是透過感官的體驗生動地傳達，而不是在招牌和標籤上的第二手呈現。在 Alfred Peet 的籐街店中，舊時的烘豆設備，以及一根直達高聳的天花板且微微彎曲的水管就直接裝設於收銀櫃檯後方，全都一覽無遺。即使當單一家店擴展到一定規模的連鎖店，有中央化的烘焙設備，但是剛烘焙出爐的咖啡豆仍然在玻璃櫃中閃閃發亮，

而且烘焙咖啡的香氣彌漫了整家店。

隨著精品咖啡業的擴張和鞏固，為了讓人們感覺道地而強調「新鮮」的場面愈來愈被忽視。今日，星巴克和其他大型的精品咖啡公司烘焙和包裝咖啡的地點離商品最終販售的地方相隔了數百、甚至數千英哩，主要的差異在於這些咖啡往往是全豆，而不是預先研磨好的顆粒，包裝技術也稍微比較精緻，而不是一般人所熟悉的金屬罐。星巴克頂多能做的就是「追本溯源」，譬如它在 2008 年所發售的派克街市場綜合豆外袋上就印了「舀出日期」（亦即從一個 5 磅的大袋中舀出咖啡豆的日期，跟比較傳統的精品咖啡公司在咖啡袋上標示「烘焙」日期相較之下，這是比較奇怪的參考依據，而後者有意義多了。）儘管如此，原本強調「新鮮」的場面依然繼續存在，只是被一群新的、小規模的地區性烘豆公司有效利用，它們是由一群熱心地要重新體現 Alfred Peet 初始模式之變化版的創業家所開創的。

「告訴我們它來自哪個熱帶異域，以說明產品真正的來源。」在 Alfred Peet 的籐街店裡，棕色調的菜單列出了販售的咖啡，每一種都以神秘又具有異國風的名稱來區別：瓜地馬拉安提瓜、肯亞 AA、蘇門答臘曼特寧。精品咖啡的創始後設敘述中的「外來」元素後來在不斷修正的表意方面作用特別大，因為它並不需要實際強化感官的體驗。它可以用招牌、標籤、手冊和商標上的第二手呈現來傳達。它促成了精品咖啡中兩個最隨處可見和相衝突的符號組合，我們會在稍後「咖啡杯中的狩獵旅行」以及「拯救世界，一次一杯咖啡」的段落中予以分析討論。

後設歷史 2：咖啡，民主的醇酒

從精品咖啡問世開始，它就納入了第二次的商業與神話潮流：咖啡館。精品咖啡業的要素需要一個正當的歐洲起源神話，這個神話在 William Ukers 所著的百科全書《咖啡知多少》（*All About Coffee*, 1935）中說明得最透徹，並且由許多的推廣者發揚光大：

在咖啡出現之前，歐洲被許多鬱鬱寡歡的貴族所領導，他們身上穿的是不切實際的服裝，無所事事地坐在通風良好的城堡中浪費他們的腦力，吃的早餐是溫啤酒、麵包和其他沉甸甸又會抑制思想的食物。之後咖啡和咖啡館出現了，由於咖啡因的刺激和輕食早餐，歐洲充滿了活力。民主、個人主義、現代文化和精品咖啡產業的誕生來得正是時候，城堡也變成附設了咖啡廳的博物館。

在 1950 和 1960 年代，義大利移民在美國各城市開設了街坊咖啡館，剛開始的目的是為了服務其他義大利移民的顧客群。在這些地方，很快的就有藝術家和其他來自不同民族國家隨性的中產階級加入這群義大利人。Howard Schultz 在星巴克的偉大創舉就是融合了義式咖啡館和仿效 Alfred Peet 的精品咖啡店，成為唯一一家美國化包裝，平易近人的咖啡館。穿著當時的潮服，懶洋洋地坐在店裡大理石餐桌前的客人基本上並不會感到有任何的壓力。關於這間咖啡館，符號的參照並非其熱帶地區的源頭，而比較是歐洲的前身。重點在於烘焙的機器和濃縮咖啡機如何處理咖啡，而不是未經烘焙的生豆來自何方。他們選擇的咖啡豆不是肯亞 AA 或瓜地馬拉安提瓜，而是：(1) 無名的濃縮咖啡**綜合豆**；或者 (2) 各式各樣的綜合豆，以烘焙的程度和顏色深淺來命名，而不是生豆的**原產地**，譬如法式烘焙、義式烘焙、維也納式烘焙。民主醇酒後設神話的圖像最初躍上大理石桌面，不是搭配 18 世紀咖啡館的木頭雕刻，就是早期義大利濃縮咖啡的藝術裝飾海報，但是變化版包括許多大學的咖啡館裡簡約的桌椅配上各種由星巴克所啟發的後現代模仿作品。

📖 後設歷史 3：咖啡是熱帶地區窮人的壓迫者以及沉迷於資本主義的媒介

無論是正宗的迷思，還是民主醇酒的歷史很快地就受到第三波故事的挑戰，並在 1990 年代晚期成形：

咖啡只是另一種會讓人上癮的藥物，在全球資本主義的發展過程中，早期重商的資本主義者撲向它，以彌補蔗糖和菸草的不足。路易十五或伏爾泰、艾森豪或金斯柏格，不管是哪一位，他們全都沉迷於支持剝削奴工和破壞大自然。咖啡師只不過是寄生蟲，他們身上有很酷的刺青，在無意間跟一個體系合作，在這個體系中，奴隸換成了自由工作者，他們的自由主要是在留在農村裡挨餓和遷移到一個貧民窟去賣芝蘭口香糖之間做抉擇。唯一的解決之道就是公平交易認證，其額外的好處就是清楚區分喝咖啡的族群，一種是有道德良知的咖啡迷，另一種則是惹人討厭，無能的假內行，為了合理化他們的癮症，他們會大談特談濃縮咖啡中的花香和咖啡脂。

這種後設敘事有部分是被 Gregory Dicum 和 Nina Luttinger 所著的《咖啡書》（*The Coffee Book*, 1999）所激發，而代表公平交易認證的美國公平交易組織所發起的媒體宣傳亦格外受到矚目，這個宣傳活動恰好發生在讓生產者元氣大傷的生豆價格極低的時期（從 2000 到 2003 年左右）。在該產業的集會中，譬如美國精品咖啡協會（SCAA）的年度大會，在舊版本的神話擁護者和忙著鼓吹這個最新的咖啡敘事的年輕一代（通常）之間公開和私下的辯論愈演愈烈，後者是為了促進（而且往往是商業剝削）各種第三方認證，以證明獲認證的生豆可帶來正面的社會經濟與環境，包括：有機的（原始咖啡認證）、公平交易（最受青睞）、鳥類親善，還有其他永續性的綜合認證，像是雨林聯盟，以及依然主要以歐洲為中心的 Utz Kapeh，現在更名為好咖啡認證（Utz Certified Good Inside）。

後設歷史 4：生活品質與咖啡品質一體兩面，精品咖啡是雙贏的解決之道

這個後設敘事逐漸演變成一個綜合體——精品咖啡創始時著重於手工藝，同時也是一個非制度化、專門用來改良社會與環境的途徑。不只是最新一代的手工藝精品咖啡賣家，還有支持這個願景的發展機構及其盟友不

斷地鼓吹，因為它有可能藉由精緻農業產品，譬如咖啡，來驅動、刺激以市場為導向的方案，以解決農村貧窮的問題。

咖啡行家要求更好、更與眾不同的咖啡，而且願意花錢購買，然而主導口味的消費者將被迫付出更多的錢買咖啡，因為他們也想要趕流行。種咖啡的農民拜空中交通和網際網路之賜，再加上與貪婪掠奪的咖啡行家和盲從消費者的烘豆商建立合作關係，他們理解這場遊戲，並且跟他們合作的烘豆商聯手，在發展機構的推波助瀾下，他們將利用咖啡行家和他們的追隨者，提高他們的咖啡價格，賺取更多的錢，而且在某些情況下，他們變得跟製酒商一樣名利雙收。雖然在最佳的地區種植咖啡的最佳企業和農場愈來愈興盛，但是商業咖啡的生產將被巴西進步的工業化農場完全替代，他們適當僱用童工，並確保森林保育。其他位於較低海拔地區的生產者將轉換跑道，不再種植咖啡，而是改種可可豆，為精品巧克力產業賺進大把鈔票。

　　當然，上一段最後二句並不是支持者所提出來的部分敘事。這個方法作為改善咖啡種植區貧窮問題的廣泛工具實際上的缺點是：許多貧窮的咖啡農民並不在有利於種植頂級咖啡的地區。儘管如此，在撰寫本文時，那些以命名為「**直接關係咖啡**」和「**直接貿易**」的方案不斷更新 Alfred Peet 的工藝視覺印象的人有毅力、有技巧地利用這個敘事，而且愈來愈成功，這些方案將咖啡生產者個人化，而不是像一般商家以描述來源和等級來行銷他們的咖啡。換言之，一些咖啡可能會以「哥倫比亞微型交易 Wilmer Delgado」（農夫的名字），而不是「哥倫比亞特級」（咖啡的來源和等級）的名稱來販售。雙贏敘事的支持者一般會付給農民可觀的溢價來購買買家們認為品質卓越且有特色的咖啡。擴大支付給產品本身的溢價是烘豆商所支持的計畫，用以資助一定程度的社區基礎建設計畫，例如改善學校。發展機構通常會利用認證策略和雙贏敘事的買家網絡，努力地將被雜亂無章和士氣低落的小規模生產者所掌控的咖啡種植區轉型成由紀律良好的生產

者出產優質的咖啡，值得最高的市場價格。盧安達就是目前這番努力下成功的案例。

包裝上的圖像及敘事訴求：販售精品概念50年

現在要談的是以各種方式引用主流後設敘事來呈現的符號部分。我省略掉濃縮咖啡及其歐美傾向的符號與影射組合。我所描述的符號組合往往重疊，而且並不相互排斥。譬如星巴克就幾乎全用上了。另外，這些陳述的部分在此處大致上是按時間順序排列，但是它們目前在美國精品咖啡界全都具有影響力。

好咖啡 1.0（原味，傳統版）

在精品咖啡運動展開之前，主流的美國神話將咖啡型塑成負擔得起而且是平民化的大眾享受。傳統的咖啡意象反而將重點放在卓越非凡的「完美咖啡」上，而非間接體驗由精品咖啡創始的「道地」迷思說要帶你去一個具有異國情調的咖啡原產地進行咖啡狩獵之旅。精品咖啡運動的發起人主張完美咖啡，是每個人每天都能輕易取得的享受，在二次大戰後的數年間由於成本縮減加劇而導致品質降低，因此必須回到其根本，並從事多元化經營。儘管如此，一般人將咖啡聯想成不算貴的生活慰藉飲品，而且方便易得，這個概念依然深植於美國文化中，而且顯然受到若干因素的影響，似乎有捲土重來的態勢，包括 2008 年開始的金融衰退在內。

好咖啡 2.0（深色烘焙咖啡館版）

在可以被視為傳統好咖啡延伸為精品咖啡的圖像中，有一連串跟深色烘焙「濃醇」咖啡、大學咖啡館，以及左傾的平民主義有關的符號聯想，在 1970 年代開始的精品咖啡新世界取代了原來的好咖啡 1.0。今天，利用這個符號象徵的一般烘豆商以不拘小節的牛皮紙袋風格，融合了一個通常以農村為取向的平民主義和嘲諷學院派的傾向。

圖 47.1　一個狂野不羈的平民化圖像，在 1990 年代許多較小型的獨立烘豆商普遍都是這樣命名的。當時，這些公司傾向在印有這類標籤的袋子裡裝滿飽滿、深色烘焙的咖啡，它的辛辣口味對外行人而言意味著男子氣概或「真實感」。（感謝 Rusty Car 咖啡公司提供圖片。）

　　取名為像是 Rusty Car、Muddy Dog、Industrial Joe's 和 Island Joe's 的公司強調這種風格的通俗性和叛逆性。到了好咖啡 2.0 時，一般會把咖啡烘焙成深色，以強調其苦澀辛辣和濃度，也就是它的「醇度」或「真實感」。在美國公平交易和其他第三方認證中的用語跟好咖啡 2.0 的平民主義傾向不謀而合，而且從 1990 年代開始，特別是公平交易的敘事更是被用於其一般的宣傳組合中。

✐ 在一杯咖啡中狩獵旅行 1.0（咖啡冒險家版）

　　此為近期精品咖啡最普遍的呈現組合之一，這個意象結合了種植咖啡的異域浪漫的影像，而且它將喝咖啡的人跟熱帶冒險家做結合。在美國早期推銷葡萄酒時，常利用莊園房子和葡萄園等意象，對應於咖啡，就某種程度而言，最常出現的就是火山、長頸鹿、森巴舞者等等影像。

　　然而，以咖啡為中心的「在一杯咖啡中狩獵旅行」的意象隱含了膚色較白的文明世界入侵膚色較深的未知世界，而不是回到像歐洲葡萄酒釀造地區相關的意象所影射的具有高度認知與聲望的地方。

∽ 在一杯咖啡中狩獵旅行 2.0（一次喝一杯咖啡救地球版）

這個符號組合隱含了透過購買支持社會經濟與環境理想的咖啡來幫助生活貧困的咖啡農民。雖然它看似與「在一杯咖啡中狩獵旅行」的符號使用完全相反，但是它也可以被看成只是同一枚予人恩惠的硬幣的另一面：北方繼續具體表現知識與權力，熱帶的南方則被動順從。原本浪漫的「在一杯咖啡中狩獵旅行」的符號使用，甚至被認為不像「一次喝一杯咖啡救地球」所傳達的訊息那麼高高在上，因為「在一杯咖啡中狩獵旅行」賦予南方朝氣蓬勃（假如不裝腔作勢的話）的活力，它很神秘但是卻有極大的價值，因為它跟大自然和傳統有更密切的連結。

不過，到了 2010 年代，以咖啡為導向的發展方案開始謹慎看待這類唱高調的符號傾向，因此逐漸使用試圖突顯個體戶農民的貢獻及其文化的意象，將他們呈現為一個複雜產品的共同創造者。

∽ 酒的類比 1.0（莊園版）

1980 年代早期，莊園咖啡運動以及相伴的表現手法，在精品咖啡持續的猛力推動下茁壯，目的是透過產品的區隔創造價值。這是一個藉由個人化咖啡的生產，擺脫舊時「在一杯咖啡中狩獵旅行」中強調國家和等級之專屬用語的方法，同時它也讓人聯想到葡萄酒日益升高的聲望。人們不去買哥斯大黎加最上等咖啡豆，或甚至是哥斯大黎加塔拉珠咖啡，而是買拉米妮塔莊園塔拉珠咖啡（Hacienda La Minita Tarrazu）這類特選的咖啡，它們跟某一特定的農場、風土、製程，甚至是跟某位咖啡大師（譬如種植咖啡的 William McAlpin）相關聯。

今天真正的咖啡莊園（estates），由熱情和內行的咖啡生產者所經營的家族農場，繼續生產卓越的咖啡，同時往往也令人欽佩地實踐了社會與環境責任。然而，這些農場直接銷售自家品牌的生豆給烘豆商；一般而言，他們並不自行零售咖啡或是打造形象系統來銷售。他們的生豆咖啡莊園品牌和他們的故事隸屬於烘豆商的品牌，這使得宣傳變得複雜，而且不再能夠創造過於簡化的神話。

圖 47.2　精品咖啡的早期呈現，運用生產咖啡的國家名稱來顯示新運動的正宗和感官多元化。這些來源國家「品牌」傾向以一般、旅遊景點海報的影像來呈現，而不是針對袋中實際的咖啡顯示影像或資訊。在本圖中，就像常見的情況一樣，肯亞咖啡是以一隻大象來表現。另一個常見的圖像是吉力馬札羅山或是一隻長頸鹿。這樣的影像表示精品咖啡提供一個具有異國情調的熱帶地區間接的冒險經歷，一種感官上的狩獵旅行。（感謝綠山咖啡公司提供圖片。）

　　「莊園」的意象仍繼續存在於零售角力場上，但是往往成為咖啡中盤商的**品牌**行銷策略。因此，企業家常常是以一個虛構的莊園名稱來販售一般的精品咖啡。在這些情況下，若說包裝袋上的莊園名稱跟袋子裝裡的咖

圖 47.3　2000 年代中期，在咖啡生產者和咖啡烘豆商之間緊密的關係促進了咖啡
描述的發展，愈來愈細緻地去瞭解技術問題和過程，製造了咖啡的感官特
性，這層瞭解也促成更客觀的細節文字被使用在咖啡的標示上，而且更明
確的咖啡資訊也取代被當做新用途的旅遊景點圖像。跟文字相較之下，
使用的圖像通常是次要的，而且比過去用大象、火山等等的舊時圖像更明
確，而不是通用的影像。（感謝 Counter Culture 咖啡公司提供圖片。）

啡有相當直接的關係，就如同 Marie Callender 跟她的同名派餅商品一樣，
那就言過其實了。

◈ 酒的類比 2.0（微型交易與直接交易版）

從 2000 年代早期開始，精品咖啡的最前線開始以宣傳強調微型交易的特定咖啡來取代咖啡莊園的意象，所謂的微型交易是以農事年、咖啡樹的植物學品種，以及風土來定義。再加上特別提到咖啡來源及其風土、植物學和製作等細節，更是強調了烘豆商買家和製造商之間直接的關係。許多小型的烘豆公司靠著這種跟種植者直接的關係建立起他們的事業，在像是「直接交易」、「直接關係咖啡」，以及「微型交易咖啡」的名義下為他們宣傳。

微型交易以及類似的宣傳組合接受、甚至讚揚咖啡受限的技術以及具有時效性，而不是回收再利用葡萄酒界長篇大論的用語。烘焙過的咖啡，不像葡萄酒，是無法裝瓶並藏入地窖中，甚至連生豆都熟成得比較快。藉由強調產品的季節特性（現在就享用，不然好味道就消失了）以及種植者與咖啡烘豆商複雜的協同關係，這樣的方案促進了一個比較真實的咖啡模式，它是在讚揚其熱帶原產地及其生產技術特性的同時，在一個類似於葡萄酒的聲望卓著的文化軌跡上建立起來。

圖 47.4　這個綠山咖啡烘豆廠（Green Mountain Coffee Roasters）的標籤顯示了在 2010 年代跟咖啡相關的宣傳發展的複雜性。這張圖是一個完全把袋子包覆住的四面封套中的三面。（感謝綠山咖啡公司提供圖片。）

　　不過，與酒的類比 2.0 相關的意象和宣傳組合很複雜，使得消費者難以吸收消化。在當代的意識中，一個注入神話的、名人語錄的版本正在緩慢進行中；此外，在精品咖啡的最高端，酒的類比愈來愈成功，對於那些座落在比較不利於精緻咖啡生產的地區（由於較低的種植緯度、某些害蟲或疾病流行，以及諸如此類的難題）的生產者而言，恐怕沒有太大的幫助。儘管如此，發展機構還是選擇支持在經確認有可能生產精緻咖啡的地區直接交易和微型交易運動，而且產量是由小農場主所主導。他們也認為這類交易極有可能改善這些地區的貧窮狀況，因為水漲船高的效應，與咖啡相關的文化改變或能將它重新定位為值得鑑賞和高價購買的飲品，並連帶提升小咖啡園生產者的社區，使之具有更高的聲望和（但願）更加富裕。

Part VI
咖啡品質學

48

咖啡的品質

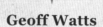

Geoff Watts

在咖啡供應鏈中有許多變動的部分，因為咖啡是如此地嬌貴易損，每一個生產環節都需不時地留意，對於好咖啡的追尋更是沒有終點，你永遠不可能說出「我們知道去哪裡買咖啡，知道如何烘焙咖啡，我們就照公式辦吧」這樣的話。農產品是動態的、不斷變化的，咖啡烘焙牽涉了相當複雜的化學變化，你得設法保留咖啡的特質，並且確定某個人喝下它的時候是一杯很棒的咖啡。如果有人在最後一刻搞砸了，一切努力就化為泡影。整件事可以說是需要不斷用心專注的過程。

推廣好咖啡

有許多的方法可以讓人們對咖啡產生興趣並引發興致，最簡單的方式是用人們已經熟悉的味道來加以討論，像是甜味。這樣一來，會非常容易引領人們開始探索咖啡。對大眾來說，咖啡通常是苦的，對於面前的咖啡，直覺地就是伸手取一匙糖，加入其中，從來沒有想過甜味會存在於咖啡裡，「咖啡不加糖就有甜味，而且應該具有甜味」是很新奇的觀點，對於推廣者來說，也是一個很好切入的點，可以試著這樣開始說明：咖啡並不一定是苦的，咖啡裡有許多天然的糖分，不需要額外加糖就可以喝到一杯甜美的咖啡，甚至有些咖啡的甜味會特別明顯。

一旦嚐到一杯甜甜的咖啡之後，就可以繼續學習比較哥倫比亞的咖啡風味特性與肯亞有何不同？我喜歡用水果來打比方，可以問：「你喜歡的柳橙是屬於較刺激的果酸、有強烈香氣，咬下時有令人愉悅的檸檬酸味？或者是多汁、清甜，沒有任何一點銳利感的那一種？你比較喜歡檸檬還是蜜柑？你喜歡喝瓶裝檸檬水、柑橘果泥還是新鮮的桃子？」藉由這些比較，可以引導人們區辨不同類型的咖啡，並且瞭解它們之間的關係。例如，肯亞咖啡有紅醋栗或藍莓的味道，而有趣的是其他咖啡則有花香，相較於具有鮮明果酸特性的咖啡，你可能會比較喜歡另一種有焦糖味、核果味、柔和酸味以及蔗糖甜味的咖啡，而這些區辨與歸類正是鑑別不同產地咖啡的開端。

再來，還要向人們介紹有數十個變項影響著咖啡生產的品質，有些國

家整體經濟的興衰皆仰賴咖啡產量。喝咖啡的人一般都不清楚每個咖啡園不同的生產方式也會影響咖啡的味道。就這點而言，我們不僅可以先從肯亞與哥倫比亞咖啡之間的差異談起，更可比較哥倫比亞三間不同農場所生產的三種特定咖啡之間的差異，透過品嚐咖啡去瞭解每間農場都會有不同的耕作方式，像是土壤以及特殊的生長環境條件等等，一杯咖啡突然就變成了浩瀚無比的世界，帶著好奇心從美食的觀點出發，你會發現咖啡不只是又熱又黑含有咖啡因的液體，其滋味原來是那麼地多采多姿。那麼，你也就瞭解到何謂農業經濟學和**風土**，以及導致咖啡特殊風味的生物性過程的影響。

一旦人們揭開咖啡神秘的面紗，許許多多隱藏在咖啡背後的複雜問題便會一個個冒出來，而這正是人們從只是習慣喝咖啡變成能夠品味咖啡的內涵與尋求高品質咖啡的轉捩點。我們可以用一段葡萄酒世界的話來描述咖啡。這是一個很好的起點，因為人們開始接受這瓶酒跟那瓶酒是不一樣的，不管是品質還是售價。他們接受這樣的事實，並感謝世界上有一群人的心思永遠被酒的味道所占據。如果你跟大眾解釋，喝咖啡就像酒，一樣是水果，生長在熱帶地區，需要發酵，加工的方式影響了其味道，人們便很容易接受。他們對於咖啡的看法和信念會完全不同。接下來便是進一步挖掘，並開始瞭解細節。我們作為一名咖啡產業的工作者，看到葡萄酒產業在過去幾十年的努力和成果。因為在酒與咖啡之間有許多類似的環節，我們借用了許多來自他們的經驗與想法。時至今日，人們對於酒的看法與20年前已經大大不同，我們在咖啡方面也可以做得到。

濃縮咖啡

我們都知道咖啡的味道是動態的，不會只有一種一成不變的風味。因此，我們要做的不是單純地達成永遠一致的固定風味，而是試圖在有一定水準品質的條件前提下專注於甜味的追求。沒了甜味，咖啡的其他風味也將流失，所以這是第一道關卡。除此之外，我們希望杯中的咖啡有一定程度的特色。我們不想要平淡無味的感覺。我們希望在你的舌尖上展現出有

層次的風味、殷實的口感和令人愉悅的質感。我們想要甜味,有深度的風味,既不乾也不澀的尾韻,而且我們有一個最低的門檻與要求,那便是毫無任何形式的苦味。這是我們的首要目標,如果能夠做到這一點,那麼只要咖啡本身合乎上述的核心標準,我們便可接受色調與風味的些許差異。

我個人認為,咖啡脂(crema)對於濃縮咖啡品質的重要性是有點言過其實了。應該有很多更好的指標。不是說咖啡脂不好,因為它確實是一個質感的元素,我也不會追求無咖啡脂的濃縮咖啡。但很多人以咖啡脂作為咖啡追求的主要指標及判斷是否合乎預期的結果,這個觀念是非常錯誤的。我們應該轉而專注於風味、甜度、均衡、餘韻和口感。這些才是一杯優質濃縮咖啡的要素,而且它們能夠帶給人正面、愉悅的味覺體驗。即便有像山一樣高的咖啡脂,但是咖啡的味道卻極為單調平凡,甚至留在你嘴裡的滿是酸味或苦味,你還會覺得你喝得很開心嗎?

在比較滴濾式咖啡與濃縮咖啡後,也許可以這樣形容,滴濾式咖啡就像狗的行為一樣,具有一致性和可預測性,而濃縮咖啡比較像是一隻貓,可能有點反覆無常和陰晴不定。後者的準備過程中非常依賴許多微小的變量,但卻可以大幅改變咖啡的樣貌,它總是會有些比滴濾式咖啡更不穩定的環節。而這也是它如此迷人的原因。也因為每天都必須忙東忙西讓濃縮咖啡呈現出我們想要的結果,我們特別建立了一個團隊(黑貓團隊),來負責每日的品質管控。

我們正與這群巴西的特殊農民合作,多年來我們都是跟他們購買咖啡。我們的採購員每年前往產地數次,與他們共同設定我們想要的咖啡類型,並且建立品質控制和批次處理(非隨機統包)的步驟。在咖啡採收的時間,我們就可以透過樣品,選擇個別的咖啡,再重新組合,然後將咖啡混合後形成專屬的批次。包裝好後,農民便把黑貓的標誌貼上後寄送。每個批次都將成為我們未來數個月所使用的濃縮咖啡綜合豆。我們收到咖啡後,會進行另一階段的評估和混合,我們結合不同的批次,依照已制定的配方做成特殊的口味。

農民們透過這樣的咖啡生產模式可以得到相當好的利潤,並且對於貼

有咖啡園標籤的咖啡能夠行銷世界並得到認可感到興奮。不僅在網站上，甚至在邁阿密的咖啡館裡，都可以看到咖啡園的名字，他們不再是沒沒無聞的背後英雄。

注水

注水的技術就是人們藉由把水壺拿得高一點或低一點所製造出的渦流來控制萃取。你會看到有些人只是將小水珠滴在咖啡的不同位置上，然後用特定的手勢或流速進行萃取。所謂的萃取競賽就是看誰能夠利用水流，從小小的濾杯中沖煮出最棒的咖啡。

咖啡的運送

我們的生豆是真空包裝在厚厚的鋁箔袋中，在到達芝加哥的時候，跟離開肯亞的狀態基本上沒兩樣。打開袋子後便能聞到新鮮的咖啡氣味，就像有許多的活力和生命力一般，味道就跟我在肯亞買回來時一模一樣。但若是用傳統的麻布袋運送咖啡，因為從**原產地**到我們的所在地是趟艱難的旅程，咖啡難免經過相當大的撞擊，因此你收到的咖啡就是會跟剛出貨時有那麼一些不同。

另一種運送包裝的選擇是 GrainPro® 袋。這種麻布袋裡面有內襯，長期以來被用於包裝其他穀物（例如稻米和小麥）。該袋具有雙層的合成材料，在這兩層中間有一個小小的阻氣層。因此，這些塑料袋雖然不是真空密封，但綁緊後依然製造了封閉的環境來保護咖啡。它們的滲透性極低，大分子不能夠進出，可以避免濕氣破壞咖啡，也保護咖啡不受運輸過程中的種種狀況所影響。GrainPro 包裝的優點是不像真空包裝袋會對環境造成衝擊。真空包裝袋使用許多額外的材料，GrainPro 袋則好多了，因為實際上 GrainPro 是可以重複使用的。我們甚至會將生豆倒出後，將袋子寄回產地等到下一個產季時使用。如此一來既可保鮮又可付出較少的環境代價。

　　可分解的包裝材料將是下一步。我們重複使用 GrainPro 袋已經有所成績，但我認為大約使用 3 至 4 次後就會失去效果。因此，我們正在尋找可分解的材料包裝袋，甚至是用更大包裝的出貨方式來減少整體材料的使用。

49

咖啡的味道
田野筆記

Shawn Steiman

當人們深入鑽研咖啡的世界，且發現了咖啡味覺體驗的廣泛與多樣性的時候，不可避免地就會去問：「為什麼咖啡的味道嚐起來是這樣？」他們想知道咖啡在過去的歷史中發生了什麼事而使得它的味道嚐起來是這個味道。人人都想要得到答案，但事實是沒有人知道為什麼咖啡的味道嚐起來是那樣。本章將探討為什麼味道是如此複雜的問題，以至於我們真的沒有太多答案。而涉及到咖啡生產的部分將在後半段討論。

　　咖啡的味道來源理當是科學家的研究範疇，他們用客觀且可複製的方法論來嘗試回答這個問題。因此，不管是量測的儀器或程序，都要盡可能以精確且客觀的方式來設計。但即便在這些努力下所產出的資訊也並非能夠提供無懈可擊的保證。事實上，科學家們從來不給確定的答案，只提供所謂的可能性或機率；他們永遠都有可能犯錯（這也是科學之所以似乎永遠存在缺陷，而任何研究皆能夠隨著時間的變遷從不同的角度來檢視的原因）。

　　無論是化學組成或是已經在杯子裡端上桌前所需經過的各項步驟，咖啡都堪稱是一個複雜的東西。在沖煮的過程中，估計會產生超過 1,000 種特有的揮發性氣體（在咖啡**香氣**中的化學成分）[1] 與數百種的可溶性化學物質 [2]。**生豆**本身雖然並不算是太複雜的東西，但據推測至少也有幾百種特殊的化合物。這些大量的化學成分組成意味著咖啡會受到許多不同的內在或外在因素影響。其中許多變因發生在咖啡的生長、**採收**與**加工**過程中，這些步驟通常可以細分為幾個不同的階段。只要想到各種加工步驟與化學組成，就可明白咖啡的旅程有多種途徑和不同的終點，有很多不同的事物有待以科學方法來挖掘。

　　所有咖啡中的化學物質都值得一提，因為它們是味覺中不可或缺的部分。雖然人的因素（包含心理、歷史、文化、情感）對味覺經驗的重要性不能被低估，但最終會產生物理性刺激的還是這些化學物質的組合。因此想要瞭解影響咖啡味道的真相，就必須瞭解有關咖啡和味覺的化學知識。

　　科學家們同時使用化學知識和味覺等工具來處理這個問題。他們通常利用化學記號「x」來表示咖啡發生了什麼事，而化學記號「y」就會跟著改變。然而，僅僅因為「y」的改變，也不能保證味道改變了（並不是咖

啡的任何改變都會影響我們的味覺）。雖然使用味覺來評斷對人們來說才是最有意義的方式，可惜從科學角度來看，這方法太難處理。原因有很多，且涉及到人本身造成的味覺變因，即使工業界都相當渴望弄清楚到底什麼樣的化學物質會產生什麼樣的味覺，但這件事已經被證明不可能清楚地一一條列出來。到今天為止，我們依然沒有足夠的知識來瞭解到底是什麼樣的化學物質使咖啡的味道像咖啡。

不僅僅咖啡本身是相當複雜的研究對象，連研究咖啡最好的方法（人）也不盡然可靠。還有更多原因是因為人們對於咖啡品質的瞭解不足。首先，目前對於**精品咖啡**的想法與熱情是比較新發展的領域，科學家也尚未對其進行長期研究。在過去，科學家們專注於研究各種不同的領域，但因為需求的問題，大部分的研究都與咖啡的品質無關。當這些研究領域涉及咖啡品質時，他們也很少討論是什麼樣的原因會創造出這樣的味覺。即使在今天，也極少有科學家跟咖啡迷一樣關心咖啡的品質，這造成大多數的當代科學研究與精品咖啡愛好者所關心的問題並無足夠的交集。

即使當科學家們在研究中提出「正確」的問題，他們也很少能夠使用正確的工具來回答這些問題。許多農學家和化學家參與此一研究，但他們本身都不是感官分析的科學家。這雖然看起來不是個重要的問題，但造成真正的麻煩在於這些農學家和化學家由於沒有幾個人受過這方面的訓練，因此無法具備足夠的知識來設計、執行和適當理解分析感官方面的研究也是理所當然的。只有極少數的研究，使用適當的感官實驗設計和統計方法來正確地解決問題。研究數量不多有時代表其研究結果具高度不確定性。更複雜的是，適當的感官實驗需要高度的時間和勞動力，其研究小組成員必須經過感官知覺的訓練，而且所有的品質評估都必須能夠再現。如此一來，他們可以很快找到加強數據品質的方法。

更加複雜的問題是，即使是訓練有素的感官科學家，在面對單一杯測時所產出的評鑑數據仍然有其局限性。通常這些資料並不能解釋人們亟欲瞭解的咖啡味道差異。在進行杯測的時候，一次只能針對 5 至 8 個杯測項目來產生準確的數據。舉例來說，咖啡研究人員常傾向於使用「**稠度**」和「**酸度**」這兩個特徵用詞，然而在描述這些特性改變的同時卻沒考慮到咖

啡其他面向的重要變化，例如「花香」。此外，人們最想從這些研究得到的是咖啡在經過特定處理後，其品質是否變得更好或更差的結論。由於這會強烈受杯測人員的個人偏好影響，所以這樣的期待根本不切實際，且大多數的杯測實驗並不是設計來測量與產出這樣的結果。

儘管有上述種種挑戰，科學家們仍投入探討咖啡味道之謎，而且也有一些數據產生。大多數實驗的結果是有趣且有用的，但因為一些前述的問題，他們必須小心，不過度解釋任何結果。另一方面，我們很難在農產環境中精準地分離並調控每一個變因。例如，如果你想探討咖啡種植的海拔高度對咖啡品質的影響，你會發現，要同時將土壤、雨量、光照、溫度、濕度，以及文化習俗等所有差異設定為相同而只改變咖啡的種植高度是相當困難的。並不是說做不到，但如此一來將花費大量的時間、金錢和心思。

另一個延伸問題是變因之間的交互作用。要瞭解並清楚地分析每一項是非常困難的。「鐵比卡」品種的咖啡在溫度或加工方法改變時的反應跟「卡杜拉」品種一樣嗎？如果宏都拉斯跟烏干達的採收季節同時開始，數據會是類似的嗎？這一次實驗中取得的結果並不能保證下次類似的實驗會不會因為某些原因產生出不同的結果。

評判實驗時另一個關鍵是統計學差異與實際差異的重要性。一名研究人員利用相關統計數據的數學，可以做出關於在不同海拔高度種植的咖啡所含酸度的變化表。而這種差異可能存在於數字中，但實際上這個差異卻可能不足以大到讓消費者甚至專家注意到此差異。總之，一個控制變因的研究法通常不那麼符合現實。這些複雜性並非否定科學方法或目前可獲得數據的可信度。然而，這也意味著我們對結果的詮釋必須相當謹慎。

接下來我們將回顧現有的研究資料來探討種種生產變因（如生豆儲存）與感官品質之間的關聯性。這不是一個完整且全面的回顧，尤其是缺乏非英文或埋藏在眾多不起眼的雜誌期刊中的研究資料。此外，幾乎所有內容都是引用自經過嚴格同行審查的期刊研究；這往往會忽略了研討會的會議紀錄與書籍中所包含的珍貴數據。最後，以下只收錄了可直接測量的感官品質研究。除另有說明外，科學家皆使用阿拉比卡種的咖啡做實驗。

遺傳學

目前在咖啡樹屬之下一共有 124 個品種（其實還有 6 種新的尚未公布，估計很快就會加入[3]），雖然並沒有公開的數據，但人們普遍認為這 124 個不同品種的味道也都不同。對於大多數人來說，**阿拉比卡**與**羅布斯塔**這兩個最重要的經濟樹種存在顯著的差異。在口味上的差異凸顯了基因組成對杯測品質的重要性。這個議題在育種計畫中經常被討論[4]，但在同一物種的不同品種中，即使沒有種間的遺傳特色，也會有截然不同的杯測品質[5]。這類研究最大的挑戰在於除非這兩個物種種植在完全相同的環境，否則環境造成的影響是很難與遺傳造成的影響做區分。

環境

不管是什麼樣的基因組合構成的植物，都不可能孤立地生存。它們就像人類一樣，都受到「先天」與「後天」的交互影響。植物是如此與他們的「環境」緊密相連，很難分清楚各組成部分的影響，在杯測咖啡時尤其如此。然而，實驗中有時有數據反映了環境發揮的影響，即使實驗本身並非設計用來產生特定的杯測品質反應[6]。

海拔

雖然精品咖啡的原則是海拔較高的地方能夠生產出口味更好的咖啡，但現有的數據並不完全支持這樣的說法。事實上 Guyot 等人發現，「卡杜艾」（Catuai）與「波旁」兩個品種的杯測結果與海拔無關[7]。即便使用對應品質等級的綜合分數，Cerqueira 等人發現，杯測的品質與海拔高度毫無關聯性[8]。Bertrand 等人的研究則顯示，「卡杜拉」品種的咖啡如果生產在海拔較高的地方，苦味較低，酸度較高，並且帶有更強烈的**香氣**。然而，這樣關係不是呈線性的，中海拔的咖啡豆比高海拔的咖啡豆得到的評分更高[9]。Avelino 等人則發現，酸度和稠度皆會隨海拔的增加而增加。雖然酸

度也與坡向有關[10]。可惜的是，當研究人員提到使用「卡杜拉」和「卡杜艾」時，他們並沒有清楚指出哪些杯測數據對應哪些品種，因此在此無法為讀者做出任何結論。

溫度

正如同 Bittenbender 所說，海拔其實是溫度的另一個面向，然而氣壓可能不會對咖啡造成任何影響，而目前也尚未看到有研究特別只針對氣壓或溫度來檢驗杯測品質。

光線

強烈反對以日照栽種法種植咖啡所引發的研究解釋了為什麼把咖啡的種植當作混農林系統的一環是個好主意。這些文獻中包含一小撮的研究是在探索光線與遮蔭是否會對杯測結果產生任何影響。不幸的是，研究的結果相互矛盾，難以得出關於光線與咖啡品質的結論。

Muschler 是第一個設計實驗來探索光線與咖啡品質的人。他發現雖然在「卡杜拉」品種上沒有影響，但在「卡帝莫 5175」（Catimor 5175）品種上卻增加了稠度和香氣[11]。在 Avelino 等人的研究中，觀察者發現，咖啡在面東的斜坡上成長帶有較高的酸度，因而假設咖啡是因為接收了更多的晨光所致[12]。Vaast 等人觀察到遮陽罩在各種「哥斯大黎加 95」（Costa Rica 95）造成酸度增加、口感變薄、苦味降低，並在一年後，減低了類單寧的澀感[13]。比起其他數據，Bosselmann 等人發現，遮陽罩在「卡杜拉 KMC」（Caturra KMC）的種植上會減少香味、酸度、稠度和甜味[14]。Steiman 以「鐵比卡」品種搭配人工遮蔭（非遮蔭樹園），發現味道幾乎沒有差異，不過在經過一年後的研究顯示出咖啡的稠度降低了[15]。Bote 和 Struik 發現，遮光對咖啡品質沒有影響（未提供實驗咖啡品種[16]）。而 Cerqueira 等人做了天然太陽輻射量對咖啡的影響研究，結果發現入射光和咖啡品質間並沒有相關性[17]。

🫘 種植

一旦一個農場開始進行咖啡的種植，不僅地理位置不能改變，咖啡樹的基因也不能變。種植咖啡需要各式各樣的照料：包括養分、水和光線（透過遮蔭樹調節）。而針對農作變因對咖啡品質影響則是一個仍需等待完整研究的題目。也就是說，我們推測健康的咖啡作物遠比不健康的咖啡作物更可能達到我們的品質要求。因此，農業研究往往只著重於促進作物的健康（和產量），而不是杯測的品質。

Muschler 推測，遮蔭並不會影響杯測品質。相反的，透過綠樹掩映，減少入射光，調節溫度和風力，能夠改善不理想的生長條件，使咖啡樹也能具有高品質的潛力。因此，遮蔭或者像其他許多的種植方法，只能間接地在杯測品質裡發揮一定的作用。如果這個假設是正確的，那麼水分、營養和光照在供應量不足的狀況下將對杯測品質產生某種負面的影響。測試這個假設是非常困難的。例如，如果一個研究者可以設法控制水的輸入（但如果一直下雨就束手無策了），但是仍然難以判斷結果是由於缺水還是因為缺乏營養；因為水是植物從土壤中獲取養分的必要物質。

🫘 營養來源和土壤類型

有關營養需求的一個問題是營養的來源是否會影響杯測品質。在最基本的層面上，這是一個關於使用有機或化學合成肥料的問題。植物的根限制了它們能吸收什麼，以氮肥為例，他們也只能吸收銨離子（NH_4^+）或硝酸根離子（NO_3^-）形式的分子。無論這些分子是從落葉層、糞便，或是化學製造而來，植物並無法區分出其中的差異。

現在的問題在於植物是否會透過根部吸收其他分子而影響種子，不過這要看增添物是有機物或是化學合成物。如果答案是肯定的，那麼肥料的來源就可能會影響杯測品質。如果答案是否定的，那麼它們可能就不會產生任何影響。這同樣的推理可應用於考慮土壤的類型對杯測結果的影響。如果根部會受到由不同的土壤類型所創造的環境所影響，使得種子產生變

化，那麼杯測的品質可能會受到影響。目前尚未發現有任何相關數據探討根部對杯測品質的影響，這依然是個未知數。

Malta 等人試驗了多種有機肥料，並與普通化學肥料進行為期 2 年的比較[18]。他們發現第一年的杯測品質並沒有特別的不同，第二年一些施以有機肥的咖啡在某些特性上具有較高的強度。然而，增加的態勢並不明顯，而且為什麼一些有機肥會影響杯測品質，而另外一些卻不會也未形成結論。

綜觀土壤的物理特性（土／泥／沙組合物），土壤養分濃度（磷、鉀、鋅、銅、硼），以及其他土壤有機質含量的濃度，並未發現跟咖啡品質有任何相關[19]。

🫘 病蟲害

在科學文獻中關於害蟲和疾病對咖啡品質影響的量化研究並不多。據推測，研究者大都假定只有在少數情況下，害蟲或疾病會造成風味的瑕疵。一般來說，病蟲害削弱或抑制咖啡樹正常生長的能力，進而間接影響咖啡品質。大多數人會將注意力放在咖啡園裡所造成的咖啡**瑕疵**，如色斑、部分咖啡豆被害蟲吃掉，來證實這些對品質的負面影響。Franca 等人支持這種說法，因為他們得到了巴西咖啡的等級與缺陷數之間的關聯性。但很可惜的是，他們並未嘗試將特定的缺陷與特定的感官特質做聯結[20]。

Kenny 等人在比較炭疽病的感染程度與咖啡品質時，也並未得到應有的關聯性[21]。一個更直接的咖啡品質影響似乎是來自於昆蟲身上的微生物。在精品咖啡中，最知名的案例就是關於馬鈴薯味缺陷、雜斑咖啡果甲蟲和一種細菌。這種昆蟲會鑽孔進入種子，除了造成物理傷害外，更會留下有害的細菌。而細菌便被假定為是引起缺陷味道的主因。雖然並沒有直接證據能夠證明細菌和味道缺陷之間的關聯性，昆蟲的防治與控制通常可減少瑕疵的出現[22]。

採收

未成熟或過熟的**咖啡櫻桃果實**的味道跟成熟的櫻桃果實是完全不同的，這個觀念人人皆知。或許這就是為什麼很少科學研究針對這部分進行量化研究。雖然 Montavon 等人在羅布斯塔種的咖啡研究中宣稱，用成熟的櫻桃果實製作出的咖啡品質最佳，但他們並未嘗試將特定的口味與成熟度做聯結 [23]。

植株的年齡

由於測試植株年齡對咖啡品質的影響太過困難，目前尚未有相關研究。本研究特別難以進行的原因是無法控制其他所有會影響杯測品質的變因。不僅在種植過程中的變因，後續加工法和品質評估的變數都需要好幾年以上的監控。

農用化學品（農藥）

利用農藥控制害蟲與抑制雜草生長的影響往往涉及人類和環境健康的討論。只有很少的討論涉及對咖啡杯測品質會產生何種影響。

加工

咖啡採收後，在烘培之前，種子周圍的漿果層必須去除並進行乾燥。雖然咖啡業的從業人員（包括科學家在內）全都普遍接受加工方法和儲存條件對咖啡杯測品質影響很大，但幾乎沒有以英文出版的相關資訊。

櫻桃果實加工

果肉的去除與咖啡豆的乾燥有多種不同的方式。這些方法的變化往往會對咖啡品質造成影響。最常用的變化法如下：

農民如果有足夠的常用水，即可用來去除咖啡櫻桃果實外層的果肉，然後將剩餘的種子和外層浸泡在水中，直到**黏液層**通通被移除，這就是「**水洗法／濕發酵**」。另一變化法則是將經過第一步處理的咖啡種子靜置在無水環境中（**乾發酵**），或者是利用機器在去除果肉之後立即去除黏液（**去黏液**）。而另一方法是將整顆咖啡櫻桃果實進行乾燥，包括種子與所有的果肉及黏液層在內（**乾燥處理法／日曬處理法**）。這種方式其中一種變化法是將咖啡櫻桃果實留在樹上完全自然乾燥再行採收（全自然的過程，但這時果實被稱為果乾）。最後，先去除果肉，但在乾燥過程中（**蜜處理**），黏液則被保留在種子上。

Quinteri 在利用濕發酵與去黏液後，他發現咖啡品質幾乎沒有區別，頂多只是去黏液法處理的豆子苦味稍微重一點[24]。Gonzales-Rios 等人則測量香氣的差異，發現濕發酵與乾發酵不同，而濕發酵法與去黏液的咖啡也不同。研究人員並沒有以統計方法去解釋咖啡品質與加工法之間的直接關係，因為這似乎牽涉到烘焙造成的變因[25]。Coradi 等人研究了加工方法中的乾燥溫度，他們發現濕發酵法和日曬法的咖啡味道不同，而日曬法或在烘乾機中以 40 ℃到 60℃的溫度乾燥的咖啡味道也不同[26]。

～ 儲存

咖啡通常必須乾燥至剩下 9 至 12 % 的含水量以利長期保存，且能夠減少病蟲害的影響。如果含水量過高、環境溫度太熱，生豆可能產生較高濃度的揮發性化合物，而發出煙燻味、辛辣味、發酵味和水果味，但低濃度的化合物則會被當作草味和豌豆味（無統計分析報告數據[27]）。舉例來說，水洗法或日曬法處理的生豆貯存於 23℃，60% 的相對濕度中，再儲存了 180 天後嚐起來味道跟新鮮時並無不同[28]。在良好的儲存條件下，Ribeiro 等人也發現以 CO_2 充填的大型密封袋儲存的咖啡品質也不會有變化[29]。

有鑑於全球每天消耗的咖啡量，但是在科學文獻中卻很難找到關於咖啡味道的資料。值得一提的是，杯測的咖啡品質報告是可以相信的，即使

咖啡的味道：田野筆記

沒有使用科學的方法進行測試，或是發表在期刊上面。例如，採收成熟的櫻桃果實與未成熟的櫻桃果實製成的咖啡嚐起來就會不同。這樣的實驗已經做了非常多次。沒有任何人會否認這一點。考慮到在實驗室進行這樣的實驗所需的成本和心力，目前缺乏確切的數據其實並不令人意外。

此外，即使大量的非正式數據尚未被從事咖啡相關的同行審查或發布亦不影響訊息的可信度。許多研究小組進行實驗並不想要與其他人共享這些資料，這樣的數據有可能會存在，只是未被公開或廣為人知。

前方的路還很長，研究人員有興趣將咖啡的感官品質細節解密。幸運的是，已經有少量的資料建立，而且有愈來愈多的咖啡飲用者有興趣知道更多。新成立的「世界咖啡研究」（World Coffee Research）組織的宗旨即資助與發掘咖啡品質的相關研究以及其他議題，在這類的組織機構的努力和創新下，有關於咖啡杯測品質的知識將日益豐富。

50

咖啡的品質與品評

Shawn Steiman

「咖啡品質」這件事對於不同的人來說有著不同的意義。對一個咖啡農民來說，咖啡的品質可能意味著咖啡櫻桃果實或加工後的咖啡生豆大小。對零售商來說，它可能與客戶滿意度有關。而對消費者而言，意義在於價格以及是否方便購得。對於很多人來說，咖啡的品質卻僅僅與「味道相關」。「味道」這個名詞有更正式且精準的名稱，那就是「感官品質」。「感官」指的是五感的經驗，在此特別針對味覺和嗅覺（其實有許多的東西，我們以為是嚐到味道，事實上是嗅到氣味）。

咖啡行業裡有個常用的專有名詞叫「杯測品質」。理解這個名詞不是一個簡單的事，它包括要瞭解誰可能會喜歡咖啡，對他們而言，什麼是重要的，以及他們如何去衡量哪些事才是重要的。本章將透過這些不同的要素來討論，並提供用來思考杯測品質的一個架構。最後我們再來討論品質是如何去評定的。可以用來瞭解咖啡杯測品質的方法有許多，而且每一種方法都對於洞悉咖啡的感官評鑑貢獻良多。

品質

要討論咖啡的品質必須從認識「品質」開始。最合適的咖啡「品質」定義是指咖啡「完美的程度」。而「品質」本身便是一個物件如何達到完美標準之間的關係。而該標準是基於預先定義的準則，譬如稀有性、尺寸大小、顏色或味道等。透過這些準則的測量結果，用以評估在特殊項目上與標準之間的異同來決定咖啡的品質優劣。

該測量可以用客觀及主觀的指標來完成。客觀指標適用於每一個人。例如，1 公尺的長度都是一樣的；它是獨立於個人的感知之外。如果建築物的品質取決於它的高度接近 4 公尺，那麼任何人都可以通過觀察它的高度有多接近 4 公尺的標準來評估其品質。另一方面，主觀指標則取決於個人，它是個人的感覺或是想法。而主觀的量測可能代表建築物的高度讓評估者感覺有多合意。

品質依賴於預先定義的準則，而且不同的情況或需求可能遵照不同的準則。在界定襯衫的標準時，長袖對於部分地區來說可能是最重要的，但

在炎熱、潮濕的地區卻非如此。人們重視不同的準則取決於對他們來說什麼樣的屬性是最重要的。因此同一個物體可能有幾種不同的品質定義，這完全得看由誰來下的定義。

咖啡品質的標準

在這本書中，已經討論了許多與咖啡相關的人或團體。其中包括來自許許多多不同國家和文化的生產者、製造商、烘豆師、咖啡師、消費者和貿易組織。每個團體都有各自與咖啡的獨特關係，每個人對咖啡也都有自己的需求、渴望和期待。而也是這群人最有資格使用所謂品質標準的概念和定義來品評咖啡。

隨著時間的推移，咖啡產業已經接受了一些共通標準來定義咖啡品質。以下將介紹一些全球用來討論咖啡的現行標準。

特性

下列各點是用於描述或評量任何一杯咖啡的感官標準，可說是品質評鑑的骨架：

1. **乾香氣（fragrance）和濕香氣（aroma）**：咖啡在沖煮前的香味稱為乾香氣，沖煮後稱為濕香氣。
2. **酸味**：由酸產生的鮮明、活潑、刺激感等味道，通常嚐起來帶有柑橘類水果味或醋味。
3. **稠度**：這並不是味道而是種可觸知的經驗。這名詞描述了咖啡在口中所產生的黏滯感及濃稠的感覺。以牛奶為例，脫脂牛奶感覺上就是比全脂牛奶來得薄。稠度也常常被稱為「口感」。
4. **風味**：一杯咖啡中的精華，也就是咖啡味。通常就是指當人們想起咖啡時，腦中所連結的味覺經驗。
5. **甜度**：一個會讓人聯想到糖或蜂蜜的微妙味道。

6. 餘韻：當咖啡已經離口時，嘴裡所留下的味道。也稱為回甘。

7. 均衡（**balance**）：不同味道的交互作用有可能和諧，也可能不調和。例如，假如某種咖啡酸性強，那麼可能很難嚐出甜味。

🫘 描述因子

描述因子是不一定在每杯咖啡中都會產生的味覺或香氣。他們往往是微妙或細緻的，為每杯咖啡增添複雜性和獨特性。它們可以是正面或負面的味覺經驗。有些咖啡完全沒有，而有些咖啡則有好幾種。描述咖啡味道的詞語沒有標準限制。以下舉幾個例子：花香、檸檬、漿果、焦糖、巧克力、煙燻、堅果、辛辣、霉味、發酸和苦味。

🫘 咖啡品質的量測

特徵和描述因子只能簡單地表明咖啡大致上所呈現出的面向，並方便談論。然而，就一組特定的評估值而言，表單上的特性並未說明它們與卓越標準之間的關聯性，只說明了這些準則是標準的一部分。知道哪些儀器可以測量這些標準以及它們是如何被測量的，將有利於定義所謂的卓越。

但是沒有任何一部機器可以像人類一樣體驗一杯咖啡並對咖啡的品質做出極為細緻的描述。因此，人類是唯一可用來評估飲料品質的儀器。相較於機器只能產出客觀的計量，人類則可使用主觀的描述。舉例來說，機器可以測量一個房間的光量，但不能確定這樣的光線是否足夠用來閱讀（因為對閱讀者來說，光線的需求量是主觀的）。

科學家都清楚，人類會因為過去的喜好與經驗，使得那些想法和感覺干擾了他們的評斷客觀性[1]，咖啡當然也不例外。當人們測量咖啡的品質時，往往也包含主觀上對咖啡的喜惡。

因此，咖啡品質的評估往往是用一個從「喜歡」到「不喜歡」這樣的梯度來測量。每一個準則項目都用這個梯度來測量。像是「平衡」這個特性就只能通過這種方式測量，因為它需要杯測者根據自己的感受來決定咖

啡有多平衡。兩個人會因為對同一杯咖啡某些特別味道（像是水果味）喜好的程度不同而在平衡項目上給出不一樣的評分。

雖然人們可能永遠無法完全客觀地測量咖啡品質，但可以在評分上納入客觀性。要做到這一點，需要一個與人無關的制度單位：強度。上述每個特性和描述因子，除了平衡項目外，皆可以建立起從「完全沒有」一直到「這種咖啡所含的量最多」的梯度。強度的上限是任意訂的，因為沒有人可以針對某一特定特性的強度上限值而去體驗世界上所有的咖啡。然而，上限可以透過找到一個現有的味道或感覺來做校正。例如，咖啡可以一對一比較，看看哪些有更強烈的口味特點。如果在特定咖啡中有柑橘酸味，就將它訂為酸強度的上限，然後其他咖啡的酸強度再依照與這杯特定咖啡的差距來進行評估。利用這種系統，進行大量的培訓和練習，將使得測量時的主觀性減少，可是不可能完全消除。

定義咖啡品質

使用任何一套準則，並知道每一個項目是如何被測量，就可以建立一個卓越的具體標準來定義咖啡品質。例如，有很多的酸度和一些稠度，加上具有經久不散的餘韻，這種咖啡就可以被定義為卓越的標準。然後，任何咖啡皆可以與此一標準進行比較，來歸類其為高品質或低品質。

好咖啡的絕對性？

在精品咖啡業的一些專家相信，好咖啡在本質上是客觀的。這個假設是指不管任何人品嚐這些咖啡時都會認同其高品質。這些咖啡具有明顯的特性，複合的口感，並沒有令人不快的描述因子。但通常來說，非專業人士根本不喜歡這些咖啡！這個差異意味著沒有絕對的「好」咖啡。

隨著人們開始探索一個具有五花八門感官體驗的產品，他們通常喜歡廣泛而簡單的體驗，舒服但不特別的口味。他們往往想要尋求他們期待的味道。這些口味可能會被認為是尋常的，咖啡喝起來的味道就應該像咖

啡，而不是像藍莓。

但當人們獲得更多的經驗和更深入瞭解各種咖啡後，他們開始喜歡不同於一般的味道。到最後他們最喜歡的是那些具有高度感官複雜性與刺激感的咖啡。結果，這群人開始發展出「好咖啡」的狹隘定義。這種認知上的改變可能會使他們相信某些味道或香氣本來就比其他的好，而且在這種產品的多樣性中，有些特性就是「好」，有些特性在本質上就是「差」。

如果說咖啡的卓越標準是建立在品質的定義上，那麼沒有任何特別的咖啡天生比另一種更好。相反的，任何一杯咖啡，可能同時被歸類為高品質和低品質。但是我們還是應該感謝專家們用豐富的經驗和知識，對於如何定義一杯卓越的咖啡提供寶貴的見解。然而，歸根究底，是喝咖啡的人決定了他們所偏好的品質，無論他們是不是專家。

咖啡品質的評估

評估咖啡品質比起單純的飲用和享受這杯飲品等等還要多很多工作。必須要審慎地分析飲品本身並試著描述咖啡的滋味，讓飲用者知道各種咖啡在感官上的差異，這個工作通常會讓飲用者更深入瞭解且更享受咖啡。此外，因為使用共同的分析工具和描述詞彙，適當的評估會使得人們更能夠熱烈地討論咖啡。

消費者因為咖啡品質的評估而受益，因為他們增加了一個額外的咖啡經驗。然而，品質評估主要是對咖啡從業人員有益，他們獲得咖啡的具體品質細節。好處有幾種形式。首先，評估被用於品質控管。農民、咖啡貿易商、烘豆師和咖啡師必須知道喝的是什麼味道，以確保符合他們的品質標準，而且跟他們的品牌標準一致。其次，由品質評估獲得的信息，買家和賣家可以針對咖啡商定一個公平的價格。

咖啡品質的評估有兩種通用的方法：**品嚐會**（tasting）和杯測。

品嚐會

咖啡品嚐會是最簡單的評估形式，單純只有啜飲沖煮咖啡並評估其特性和描述因子。咖啡可用任何方式沖煮，不過像使用高壓沖煮的濃縮咖啡比較少在品嚐會中出現。由於需同時沖泡許多不同的咖啡造成時間和設備的限制，因此一次通常只會沖煮小量的咖啡樣品。烘豆商、餐廳和咖啡館利用品嚐會來評估客戶的經驗，通常一次只會評估數款咖啡。

咖啡品嚐會往往是非正式的，品質的描述也較主觀（雖然可以使用客觀指標）。由於大多數人喝咖啡是為了享受，所以他們的客觀性會受到與此經驗相關的情緒反應所影響。曾經與咖啡相關聯的記憶更是具有影響力，像是在夏威夷度假時所喝到的咖啡。

杯測

杯測是一種正式的咖啡品質評估方法，方法嚴格且一致性高。除少數有興趣體驗的消費者，只有咖啡專業人士才會做。杯測是一種由來已久的做法，但何時何地出現並不清楚。1900 年以前，幾乎所有在美國買賣的咖啡都以外觀為選擇標準[2]，此舉無異於支持美國咖啡豆進口商 Clarence Bickford 在 1880 年代所發想的點子（或者至少是他引進美國的）[3]。咖啡歷史學家 William Ukers 指出 Bickford 在舊金山咖啡貿易中的角色，但沒有提到咖啡杯測，而是透過種子的顏色和大小來挑選，但這跟味道一點關係也沒有[4]。

杯測是一種有利於客觀評等咖啡的方法。這是一項重要的成就，因為杯測遠在 1940 年代發展的現代感官科學之前就存在[5]。杯測法被發展成必須在很短的時間內評估很多種的咖啡，雖然利用簡單的設備就能進行，但是標準化的沖煮方法或許也能看成是過程中的福利。經過統計分析，杯測比起品嚐會，最大優點就是它消除了喝咖啡過程中的情感經驗，並進入單純的評估情境中。

沒有一個精確的方案可以裁定杯測。不過，有基本的方法，而且個人

與團體練習杯測是隨著特定需求做調整。在杯測過程中最重要的因素是杯測時段內與不同杯測時段之間方法的一致性。尤其是在單一杯測時段中。即便是方法上小小的變化，都可能會對杯測結果產生顯著影響。藉由限制各種變化的可能來源便能達到最高的精準度。這就是為什麼**美國精品咖啡協會**定義了一個標準的杯測方法；該組織希望它會成為咖啡業界的標準，盡可能減少杯測時與杯測間的變化。下面是一般的杯測法說明，其中包括如何品嚐咖啡、記錄資料與分析測量出的品質。

杯測設備

1. 一個深、圓的湯匙。用於撈取咖啡，材質最好是不鏽鋼或銀，以幫助散熱並防止與咖啡液起化學反應的可能性。

2. 3 至 5 個寬鑲邊杯或可裝水 150 至 180 毫升（5 至 6 盎司）的碗。每種咖啡同時準備好幾杯，以免漏掉任何可能的味道或氣味變化，因為單一杯咖啡或許不能代表整體。

3. 每杯／碗內含 8.25 克（0.29 盎司）的全豆。秤重使用全豆而非咖啡粉可增進每杯咖啡的一致性。如果因為單一顆豆子造成有瑕疵的風味，那麼它將只會在其中一杯咖啡裡出現。如果事先將豆子磨好，再分裝到所有杯中，就無法分辨是否為單一瑕疵豆造成的現象。為了盡可能增加新鮮度，應該在杯測開始前才研磨咖啡豆（中～粗）。

4. 每杯／碗中注入 150 毫升（5 盎司）90 至 96°C（195 至 205°F）的水。水和咖啡的量也不是絕對的。只要規定好每次相同即可。這些數字是根據 SCAA 推薦的沖煮濃度：55 克咖啡／1 公升水（7.3 盎司的咖啡／1 加侖的水）。

5. 準備一杯清水用來沖洗湯匙。當要品嚐下一杯／碗前須沖洗湯匙，以防止咖啡間的相互影響。杯子裡裝的熱水最好是跟沖煮咖啡的水相同溫度，以免任何溫度變化影響評估。

6. 一個痰盂。品嚐咖啡後，通常會將咖啡液吐出。

7. 評分表用來記錄數據。若沒有記錄數據，很少杯測師能夠在幾分鐘後記住所有細節，更不用說經過幾個月或幾年。

8. 對於以上的特性與描述因子有一定程度的瞭解。這些都是必須加以測量的特定經驗。

9. 使用計時器來讀秒。不同的時間點有不同的杯測步驟。碼表將有助於確保時間控管。

10. 一杯清水或中性食品（原味麵包或餅乾）用來清除不同樣品殘留在口腔上顎的味覺。（可做可不做）

🫘 杯測過程

當一切準備好，咖啡粉也磨好，杯測就可以開始了。第一步是嗅聞每個杯子裡的乾咖啡粉且評估其香味。許多杯測師會攪動咖啡粉作為輔助。第二步是加水並啟動計時器。讓咖啡沖泡 2 至 5 分鐘，確切的時間是可調整的。當時間一到，用湯匙將浮在上層的咖啡粉層弄破並且評估香氣。有些杯測師並不弄破而只是嗅聞粉層釋放的香氣來評估，還有一些杯測師則是習慣性地攪動 3 次，或者直接用湯匙背面來嗅聞咖啡粉。但這裡需要注意攪動的動作會影響咖啡的萃取，因此，如果一旦有做這個動作，則每一杯咖啡都必須要做。

上層漂浮的咖啡粉必須要去除，因為它們會造成啜飲咖啡的不適感。刮一次或兩次，儘量不要刮到咖啡液。為方便起見，可以將它們直接倒進痰盂。當在杯與杯之間進行時，湯匙應該用熱水沖洗，以避免污染。盡力做到精準無誤的杯測師會在清洗後將湯匙邊緣的水滴弄乾。

一旦咖啡有點冷卻，即可進行啜飲。將咖啡集中在湯匙裡，並用力啜吸入口中。啜吸會讓咖啡混合空氣，有助於一次讓咖啡布滿整個口腔，跟酒類品評比起來，咖啡因為不會讓人醉，所以可以採用這種方式。這是評估品質的重要分析過程，可提升客觀性。咖啡進到嘴裡後，有些杯測師會漱一漱，而有些則立刻吐進痰盂中。由於咖啡在口中停留的時間和在口腔中的攪動會改變咖啡帶來的感覺，所以保持一致的做法是很重要的。

當品評很多種咖啡時，吐出咖啡液將有助於限制咖啡因的攝入量，也有助於提高評估的精準度，不過這是品評專用的非典型作法。此外，當咖啡（或任何食物）被吞下時，口腔和喉嚨都可能有殘餘物，直到他們被另一次啜飲的咖啡或唾液沖掉。如果這殘餘物無法被清除，剩餘的味道和氣味可能影響下一個樣本的品評，特別是這些味道通過鼻後管影響在頭腔中的腦嗅球。

重複地品嚐同一支咖啡通常是必要的，這樣才能體會其複雜性。由於咖啡冷卻後，味道會發生變化；有些味蕾會與溫度交互作用，因此在不同溫度下會改變人們對許多食物味道的感受。

在品嚐完每種咖啡並對於每個特性與描述因子做出評估後，該杯測師應使用上述客觀或主觀指標，於評分表上做記錄。

主觀和客觀指標的涵義

人類有限的能力也可以被當做一項客觀的量測工具，這套系統主要是描述性的。由此產生的咖啡資訊可以在人們之間有效地傳遞，因為其中並沒有主觀的信息。使用者的觀點不需要相互修正，或者因為特定的品質定義而改變；不需要在其他咖啡的脈絡下進行量測，例如咖啡櫻桃果實的加工技術、烘焙度或種植區域。任何咖啡都可以被客觀評估和描述，讓其他喝咖啡的人更瞭解咖啡的味道，而不受任何歷史、文化、情感或個人偏見所影響。客觀系統避免了任何咖啡被認為本來就是「好」或「不好」；這些都是由飲用者所給的意見。

主觀式測量系統在使用者之間進行的傳遞顯得比較困難，因為沒有人能完全瞭解另一個人的感受和經歷。主觀的系統如果要有效，杯測者必須相當瞭解彼此，而不只是理解外在的使用標準。主觀的測量法最大的優點是一些量尺可被用於描述品質：以 100 分代表卓越的標準來為各個特性打分數。這個量尺提供咖啡品評人員針對一個快速又簡單的溝通方式來比較咖啡的品質，不過需要徹底瞭解品質的定義，才能夠跟有不同喜好的人有效地討論[6]。

大多數的咖啡業者都會使用客觀和主觀測量的組合。舉例來說，產地（產地是咖啡品質的代名詞）酸度的特性通常是以相對強度來量測，以及由杯測師的感覺酸度來決定。

記錄資料

記錄評量數據的方法有很多，但在評分表的設計上有很大程度是取決於那些風味特性的量測方法，還有使用者覺得哪些是重要或是需要記住的。雖然有許多不同種類的評分表存在，但在整個精品咖啡界仍普遍使用由 SCAA 設計的評分表。

大多數的評分表是用編號系統來量化杯測者的經驗。較低的評分數字對應於低強度或不喜歡，而較高的數字則對應於高強度或偏好。偶爾在評分表中會使用錨狀符號來標記經驗強度，錨狀符號在梯度表中表示最高點。幾乎所有的評分表都有特定的特性列表。但是就描述因子而言，則因為它們並非規律出現，而且通常強度不高，所以常常就只是被列出而已。

咖啡的烘焙日期也應該要記錄。咖啡可以在烘焙後幾天內發生大幅的變化。知道距離烘焙日有多久，對感官品質來說是相當重要的訊息。

結語

咖啡是一種複雜但任何人都可以簡單擁有的感官經驗。然而，以標準化的方式評估咖啡品質可以增加飲用時的感性與理性經驗的深度。決定如何評估品質來定義所謂卓越的標準需要咖啡業界各方利益相關者共同的努力，這樣他們的工作才有方向可循。隨著精品咖啡業的發展，其成員將繼續協商討論關於高品質咖啡的定義，採用結合客觀和主觀評鑑指標的動態方法。使用杯測法這類標準化的評估方法可確保測量出來的品質都是可以再複製的，而比較簡單的品嚐會則可以讓消費者和零售商比較飲用不同咖啡的整體經驗。從長遠來看，由於全球精品咖啡市場在全球的能見度增加以及必須處理多元化的咖啡飲用需求，因此有必要考量咖啡品質中個別或重疊的卓越標準。

51

獨特飲品
美國的精品咖啡與階級

Jonathan D. Baker

夏威夷大學馬諾分校醫學人類學博士。現爲夏威夷大學馬諾分校人類學系講師及兼任教授。他的研究重點爲營養、飲食與健康，以及探討食物與醫學重疊的領域。他目前正在研究試吃員和品嚐會的生物與社會面向。信箱爲 pmethyst@gmail.com。

本章我們將介紹美國的**精品咖啡**與社會階級之間的關係，為了方便瞭解咖啡消費者的社經地位，可以把精品咖啡當成是美食的一種。然而，咖啡跟許多其他的食物一樣同時具有美食和主流食物的型態。此外，高檔精緻的咖啡與大眾化的咖啡之間，無論是沖煮法或飲用方法都存在衝突與分歧。咖啡與精緻美食的搭配歷史相當悠久[1]，目前這一波精品咖啡所體現的許多特點即吸引了高檔美食老饕。

　　消費是一種部分公開且表達立場的行為，人們透過消費品與消費行為來公開表述自我及其價值觀，而其他人或多或少也能察覺這樣的表現。由於人們都意識到消費的公開性，這使得他們會因為別人的目光來修正消費[2]。然而飲食並不是中立的，即便所有的味覺與喜好都具有相同的社會價值，但某些喜好的確代表較高的社會地位。廣泛來說，人們基本的味覺美感在其早年就受社經地位、教育與養育的影響而固定下來。某種程度上來說，人們都會去追求高社經地位人們的喜好，低階層人們的這種行為反映了菁英階級對於人們認為好的以及重要的事物所發揮的社會影響力。就食物和精品咖啡來說，就是大眾透過有意識地挑選食物精心構思對這些食物的態度來模仿高水準的生活。廣告可以透過其產品結合某些理想來反映消費者的慾望、情感和價值觀，特別是將消費與認同連結在一起時。就咖啡而言，請詳閱以下的討論以及本書中 David 和 William Roseberry 對於用來販售咖啡的意象之討論[3]。Martha Kaplan 以斐濟瓶裝水為例，它利用太平洋小島自然的意象來販售產品，主要就是結合健康與自然的價值觀[4]。Raymond Williams 更提到廣告的魔法能將所有的商品都包裝得活力十足[5]。這樣的聯想是如何在美國咖啡的消費圈運作的呢？

　　以下是 Pierre Bourdieu 透過檢視數十年前法國社經地位與味覺的關係，針對消費與社會地位所做的社會學分析[6]。就精品咖啡的討論而言，Bourdieu 提出了有些所謂的味覺與喜好跟「好味道」有關，這其實反映了社會主流階級的權力與影響凌駕於社會問題之上。不是社會主流階級的人受到文化與經濟的限制，多半難以像菁英分子一樣培養出對好味道的喜愛。透過消費行為，一些可被看見和公開的品味表現，使人們區分彼此或者劃分為不同的社會階級、團體。從家庭內外所習得的文化與經濟的資本

皆能夠化為品味表現出來。好的品味需要高水準的文化資本支持，因此便能有效地將不具條件的人排除在主流社會階級和他們的喜好之外。

因為階級主導的品味和喜好是從小學習的，所以很難被改變。其意義不僅僅是哪一種藝術、音樂或食物受到喜愛，品味也與人們消費的方式息息相關。說到食物，這裡面就包含了用餐禮儀、食物應該如何分配、應食用的種類與份量、如何烹煮、何時何地、與誰一起共同進餐等等。這些建立在階級之上的繁文縟節也造就了人們喝咖啡的方式。

其他社會學家則分析了美國的食物與美食家相關的論述 ── 飲食界專用的特殊用語及符號[7]，如果將精品咖啡放在這樣的背景範疇下將比較容易瞭解其趨勢。Josée Johnston 和 Shyon Baumann 認為，食物是否道地或帶有異國風情是饕客們評估與認識食物的兩個關鍵條件。他們兩人認為這些關鍵條件背後藏著民主論述與特質，因為民主的包容性是相當重要的美國精神之一，使得飲食從過去明顯勢利的風氣轉成更開放的多元化風格消費模式[8]。Johnston 與 Baumann 表示，這種消費模式是去欣賞任一類別（例如音樂、文學、食物）中的各種形式，以民主的包容性出發，用更寬廣的角度去思考什麼是好的東西。然而它的功能依然是展現出有教養和好品味的一種方法；雖然看似民主，但並不是每個人都有機會發展多元化的飲食消費模式，也不是每種食物（或音樂、文學等等）都會被任何特定的社會團體認為是好的。

除了食物以外，社會學家也使用廣泛消費來描述其他領域，像是音樂和閱讀[9]。好品味的表現雖然折衷，但仍具有鑑賞力，在不同類別中，消費型態橫跨了從高到低的社會地位。構成社會區隔基礎的識別力不是基於偏好，譬如「深奧難懂」的古典音樂和歌劇、法式料理、牙買加藍山咖啡等這類所謂「正確」的高地位商品，而是在於如何評估和選擇這些商品的態度[10]。這種消費方式可透過不同的喜好選擇來表現，例如，偏好一間當地的咖啡烘豆廠、一間手工自製新鮮麵條的小拉麵店、欣賞 1970 年代復古叛道的鄉村音樂（如 Johnny Cash、Merle Haggard）。就咖啡而言，認識原產地、烘焙和沖煮技巧的多元化也反映了廣泛消費的特性。許多好咖啡原本就存在，不同的烘焙與沖煮法各有優點，就看咖啡本身的特質以及

最終被期盼展現出的味道來決定。Bourdieu 分析在法國此種對於消費態度的發展跟較明顯以階級來區隔的高／低文化恰好形成強烈對比 [11]。

Johnston 和 Baumann 發現美食家們總是在尋找「道地」的食物。所謂「道地」的食物就是「具有地域特殊性的食物」、「簡單」、有個人的情感連結，甚至可以連結到某個歷史傳統或「種族」的情感連結 [12]。道地被當成是評估食物的一種標準。與過去根據高／低階級或文化來做區別比較起來，有時標示「道地」的特點顯得較為客觀，所以不直接與民主包容性有牴觸。但道地本身是社會建構在食物上的屬性，而非食物本身的特性。例如，「義大利」料理在 19 世紀後期才開始發展，目的是為了回應社會菁英欲建立起新的國家文化之呼籲，這就是食物在一個決定其道地程度的社會脈絡下如何被看待的方式 [13]。同樣的，賦予食物這種道地的價值其實是社會建構出來的正面屬性。

Johnston 和 Baumann 提出的另一個重要論點是異國風，它也是關於咖啡論述的一個特徵，而且早已被認同；讀者可以參考像是 Roseberry 對於咖啡與在美國階級重新想像的討論。這些想要消費帶有異國風情的「他物」的渴望，意味著某一特定群體被看成與觀者的族群截然不同，利用異國風的影像和主題，不禁讓消費者覺得殖民探險與農作物種植賦予食物浪漫的色彩，以及對於社會與文化差異表現出文化敏感度與政治意識之間有一種不自在的平衡 [14]。最終，這條分析線可以回溯到專門檢視西方文化與異國風連結的 Edward Said 的作品 [15]。在西方生活裡，文化差異的刻板印象在行銷、媒體、娛樂等等方面被廣泛地利用。在咖啡廣告裡，那些具有異國風的地方和文化代表了西方人認為對那些地方和文化的認知。

Johnston 和 Baumann 從兩個面向來辨別異國風：社會距離和打破常規。就這兩方面而言，被拿來做比較的標準預設為經濟寬裕且見多識廣的美國白種人。社會距離可以從地理或文化的距離來制定，大體上會因為可近性和稀有程度而改變。愈不容易獲得的商品就顯得愈具有異國風情。同樣地，打破常規的食物，例如在主流美式料理中因為動物內臟很少拿來入菜，而容易被認為是異國風的。雖然這兩種面向在咖啡裡都可以看得到（**麝香貓咖啡**就是打破常規的例子），但以依照地理距離和稀有性來判定

的社會距離因素仍然最為普遍。

使精品咖啡特別能吸引美食家關注的一些特色相當明顯，像是地域上的特殊性，這有助於同時展現道地和異國風；或者是個人與特定的產區、農場和農民的情感連結；相對上，小規模的產量能夠反映出「簡單」（如手工摘採而非機械化採收），同時也呈現出稀有性；歷史和民族傳統雖然有時會連接到殖民時代的歷史，但是現在也有更多人關注農民的福祉。這些形形色色的主題，一直是美國精品咖啡市場的主要部分。

咖啡的道地性透過直接和可能有益於特定農民與合作社的連結，將咖啡與異國人民和在地人相連結，包括**公平交易認證**、**微批量生產**、**單品咖啡**、**直接關係咖啡**等等 [16]。這些因素都可用來標記精品咖啡的道地和異國風，使它們可以被用做文化資本及好味道的指標，以吸引饕客。

目前正流行的精品咖啡評估方法也允許社會區隔的排他性存在。這些技術強化了社會界線和狀態，但卻未直接挑戰美國所支持的民主包容特性。評估咖啡的方法之一——**杯測法**，不論是在專業或業餘的咖啡領域都很受歡迎。咖啡館愈來愈常為顧客舉辦杯測之夜，讓他們接觸各式各樣的咖啡，同時也幫助他們培養區分咖啡所需要的技術。這樣的杯測活動有點類似於品酒會。

對於杯測技術的掌握，需要的社會和經濟資本的程度比較高。要精通品嚐精品咖啡裡的細微差異需要廣泛地體驗各種咖啡。這可能還需要訓練及社會化的過程，我們通常是從專家身上學習杯測。為了能夠正確地杯測，使用精品咖啡業的詞彙和專業技術需要做到下列各點：飲用者需要透過教育和經驗完成社會化，把咖啡想像成和其他高檔食物一樣（尤其是紅酒）是值得品味賞析的；必須有實際管道與經濟條件收集夠多的咖啡來品嚐；飲用者必須學會辨別咖啡間的差異，且必須學會用來描述它們的語言。要能夠精通區分咖啡口味的細微差異也需要練習一段時間。想成為杯測師便必須接觸這些資源一段時間，只接觸一次是不行的。

儘管任何味覺和嗅覺正常的人都能夠學習做到這一點，但有時間和金錢這麼做的人卻相對少數。杯測技術客觀上看似任何人都可以做得到！掩

蓋了哪些人具有專業知識或高超的味覺，哪些人則否。社會和經濟的障礙使得人們接觸精品咖啡的管道受限，因此它們繼續扮演了社會階層區分的作用。最明顯的障礙是成本，雖然許多美國人喝咖啡，但僅相對少數的人能買得起高價精品咖啡，會認為該價格合理的人更是少數，而那些喝高檔精品咖啡的人，通常缺乏足夠的美食品嚐經驗（或以 Bourdieu 的術語來說就是階級化的味覺與能力），來分辨精品咖啡口味裡相當細微的差異。

然而，大部分精品咖啡的支持者卻不這樣認為。事實上，比較像是 Johnston 和 Baumann 所訪談的美食家們，我所遇到的主題，不管是精品咖啡的流行文章或是我採訪的人，談論的都是平民主義的包容概念。因為咖啡的味道好到讓人興奮，所以重點是咖啡的品質和介紹人們喝咖啡。品質當然是宣傳方面的主軸，精品咖啡的支持者也經常參與銷售工作。與其將精品咖啡定位為菁英的產品，咖啡零售業更集中在發展技術、專業知識、更好的品質與更精密的技術，但更客觀的標準則不一定跟階級相關聯。

咖啡是一種橫跨多重階級認同的飲料。在某些情況下，它是日常的附餐飲料，像是在晚餐後的咖啡或者用咖啡壺（Mr. Coffee）沖煮出來的咖啡。這些咖啡一點都沒有菁英色彩，他們比較是屬於勞工階級和普羅大眾的。在社會經濟結構下層的人們所飲用的咖啡，有助於維持生產力和長時間工作（人類學家 Sydney Mintz 將咖啡、茶和糖稱為「無產階級的飢餓殺手」[17]，在此背景下，很少有人會去關心咖啡的原產地或風味的細微差異。咖啡就應該喝起來像咖啡，它應該具有「濃烈」的味道。在美國，相較於更新、更專業化細分的咖啡市場來說，這種咖啡的消費方式仍占主導地位。平民主義的意象，重點在於咖啡的合理價格、容易取得，和撫慰人心的特質持續被當成咖啡廣告重要的一部分。咖啡是一種平民化、非菁英的、勞工階級的飲料，這個持久不變的觀點也常被精明的廣告商用作產品差異化和進一步細分市場的一種手段。

表面上很民主的美國，在標榜高文化資本和社會地位的咖啡族群與一般普通的大眾咖啡消費市場之間已經出現了衝突。在我自己的研究中發現了不同的咖啡意象在市場行銷時相互競爭的現象（菁英、異國風、道地、

Figure 50.1. An ad by John Lagatta in *The American Magazine*, May 1933.

圖 51.1　1933 年 5 月在美國雜誌（*The American Magazine*）中 John Lagatta 所繪製的咖啡廣告。

專業化 vs. 大眾化、撫慰、工人能量補給飲料）。我們現在很難確定美國的咖啡消費者理解這些差異到何種程度，這還需要更多民族誌學研究來解密。無論如何，咖啡商人已經大肆渲染這些不同的態度，而將咖啡市場做進一步的區隔。一方面，咖啡業者（例如星巴克）利用咖啡道地性和異國風的手法將高階精品咖啡帶進主流市場。另一方面，區隔最高階的咖啡及其消費的新方法不斷在改進。有個模式正在發展中：用來定義大多數菁英的消費模式的元素正變得通俗化，同時又有新的排他性元素維持菁英與大眾咖啡的界限。

在廣告宣傳中出現反排他性和反咖啡菁英化的元素，主要就是在挪揄這些面向。抵制勢利的行為變成一種行銷手段，例如 Dunkin' Donuts 在 2006 年的廣告中用「法義式」（Fritalian）這個詞來諷刺類似像星巴克這類的咖啡館中用來描述飲品大小和名稱的用語：究竟是法式？義式？還是法義式？[18]」麥當勞和 Dunkin' Donuts 現在都在販售高檔的咖啡（例如卡布其諾），這表示這些高檔飲料已經進一步變成大眾消費的商品。在 2008 年的電視廣告中，在得知麥當勞現在正在賣卡布其諾，一名演員說：「這真是太好了！我可以把我臉上的山羊鬍刮掉了。」另一名演員則表示，他們現在不再需要把電影叫「影片」，也可以坐下來好好的看美式足球和高談闊論了[19]。這些反精英的諷刺行銷活動為美國咖啡市場精心策劃，而且販售的咖啡產品其實比黑咖啡更貴。他們將專業化偽裝成非專業，這種趨勢在賣場的咖啡銷售中也能見到。Dunkin' Donuts 的袋裝咖啡（通常不是賣給菁英分子）售價跟星巴克相同（他們的消費族群往往有較高的身分地位，不過實際上也是比較大眾化的）。雖然，這些咖啡產品或許在部分上反映了反菁英現象，但事實上美國市場正努力地行銷高價的咖啡產品，利用平民主義、民主，以及反菁英的主題來促成此一趨勢。

以上就是咖啡及其消費與美國的階級和社會地位相連結的方式。咖啡跨越了階級界線，並且跟平民主義和排他性有一段複雜的歷史。在某些情況下，瞭解精品咖啡的菁英面向可以被當作是一種社會區隔的方法，它象徵有教養和好品味。然而，似乎有股力量在反抗精品咖啡的排他性和勢利，而這層阻力似乎能夠進一步界定與分割美國的咖啡市場。咖啡在不同的意象之間的拉扯會繼續以各種偽裝出現在美國各地的咖啡市場，而且將繼續被納入我們談論地位與階級的敘事中。

52

沖煮法
咖啡解謎

Andrew Hetzel

精品咖啡顧問公司 CafeMakers 的創辦人。Hetzel 在北美洲以及俄國、印度、亞洲和中東等快速崛起的消費者市場提供了各種關於咖啡農業和烘豆客戶的諮詢與教育訓練服務。信箱為 ahetzel@cafemakers.com。

在磨好的咖啡粉裡加入熱水，過濾掉濕粉，將留下的咖啡液喝掉。沖煮咖啡就是這麼簡單，不是嗎？好吧……也許是的，在技術上沖煮咖啡的任務很容易，但是假若每次都要得到好風味，需要具有一些基本的科學知識。有決心要掌控咖啡風味的人會關心當水遇到咖啡時會發生什麼事情，而其他人只是完成動作，期盼會有好結果。

🫘 什麼是咖啡沖煮？

沖煮咖啡就是製作出一杯我們享用的飲料。知道自己喜歡什麼和不喜歡什麼非常容易，但我們並不知道是哪些飲料中的化學物質創造了我們對味道的看法。我們所知道的是，巧妙操控咖啡沖煮的過程將改變我們對這杯飲料的看法。

儘管我們可以品嚐每杯煮好的咖啡看看我們是否做得正確，但是這麼做太麻煩，而且只使用味覺作為衡量成功與否的工具似乎緩不濟急。為了幫助我們瞭解沖煮咖啡以及如何使它更為一致，我們已經發現了一些指標（客觀可測量的反應），可以幫助引導我們瞭解是否可能沖煮出我們喜歡的咖啡：萃取的產物和沖煮的濃度。這些指標雖然不能完全代表味道，卻是探索咖啡沖煮快速、有用的工具。

沖煮咖啡是以水來萃取出烘焙咖啡中的化合物。當水與咖啡粉接觸時，它溶解了裡面一些化學物質，其中大多數最終會流入杯中。一旦這些化學物質溶入水中並離開咖啡粉，它們便被稱為溶質。**美國精品咖啡協會**建議的 18 至 22% 的萃取率，表示原來的這一堆咖啡為獲得最佳風味應該溶解的比例。這個範圍比濃縮咖啡稍寬，因為其液體體積較小。有趣的是，每一批烘焙咖啡絕大多數都不是拿來飲用，而是本來就要成為咖啡渣，真是讓人想到就難過，但為了獲得好風味，浪費是不可避免的。

萃取率僅僅描述了有多少咖啡應該被萃取。它並沒有描述「什麼東西」應該被萃取出來。通常有幾種方法來獲得所想要的萃取量，任何一種都可製作出一杯可被接受但不同的咖啡。

一杯咖啡可以萃取出超過 1,500 種不同的化合物，其中一些會產生複

合的**風味**和**香氣**，我們知道那就是咖啡的味道。那些咖啡溶質包括質量輕、可快速溶解的化合物，如檸檬酸，那就是使得肯亞咖啡帶有檸檬味的元素；溶解速度中等的化合物，譬如糖分，使得好咖啡帶有自然地甘甜；有一些質量較重、溶解較慢的苦味化合物則是增加味道的複雜性和均衡不可或缺的物質。

沖煮咖啡時也會出現脂質（油）。咖啡豆的脂質在正常的萃取溫度下液化，雖然它們不可能在水中完全溶解，但是它們確實混合在溶液中，連同可溶性的咖啡豆纖維造就了咖啡的質地／黏稠度、濃度或口感。咖啡最著名的溶質，也就是我們嚐起來覺得微苦的咖啡因，很容易溶解在咖啡中，它在水和油中皆可溶解，這就是它可迅速滲透到胃壁黏膜的原因，並且有可能直接進入血流，類似酒精的吸收。

在萃取時取出太少可溶性元素（< 18%），結果將造成萃取不足，味道既酸又淡；若取出太多（> 22%），那麼這杯咖啡便萃取過度，會產生焦味和苦味。理論上，所有適當的化合物都應該被萃取，並且在一杯調和均衡的飲料中結合——這是沖煮出好咖啡的關鍵。

🫘 沖煮參數

許多不同的沖煮方法都可以製作出一杯風味調和的飲料。由於每種方法都有一組影響萃取結果的參數，因此判斷有多少溶質溶解後成為咖啡液，又有多少會留下來變成咖啡豆渣。透過這些參數的協同運作才能製作出理想的咖啡。若個別調整，通常會使得一杯調和的飲料失衡，而錯失了理想的萃取量。因此，不同的沖煮法（**brewing methods**）往往會調整多個參數以達到均衡。

🫘 研磨顆粒的大小和形狀

研磨咖啡的目的是增加和控制咖啡與水接觸的表面積。將咖啡壓碎成較小的粉粒，可使得表面積成倍數增加，並加快溶解速度。較大的咖啡粉

粒會使得總表面積減少，萃取過程也會趨緩。熱水流過咖啡粉粒的速率會因顆粒大小而有相異的效果，大顆粒流速快，小顆粒流速慢，因為顆粒愈小間隙也愈小，通過的水流可行進的速度因此變慢。

研磨的目標是為了獲得均勻的顆粒，因為不同大小顆粒的組合會因不同的萃取速率，導致不可預測的結果。重點應放在減少極小的顆粒，也就是「細粉」上，細粉是在研磨過程中從咖啡豆上脫落的，它幾乎可以完全溶解在咖啡中，而造成苦味。

🫘 水溫

因為熱度會增加分子的活性，因此水溫高低對於物質溶解的量與溶解的速率影響甚鉅。基本上，提高溫度可以加速分子運動，因而增加水分子與咖啡粉接觸的機會。就好比把糖倒入一壺愈來愈熱的水中一樣；糖在持續加溫的水中溶解得較快。較低的溫度則會有相反的效果。

在接觸時間很短的情況下，冷水僅能溶解咖啡中可溶解的成分（通常是帶酸味的成分），其他的就還未溶解。有些化合物則不太受溫度增加或減少的影響。像是食鹽，其溶解時間就沒有太大的變化。

🫘 水壓

高壓系統可以增加氣體分子在溶液中的溶解度，讓更多的氣體被擠壓至液體中。在**濃縮咖啡裡**，由烘焙產生的揮發性化合物便能夠經過加壓的水流來收集。當壓力被釋放，氣體就會離開溶液（就像打開一罐汽水）。當咖啡中的這些氣體被脂質抓住時，便形成了**咖啡脂**的一部分。

高壓更重要的作用是增加萃取的效率。這就像提高溫度一樣，可以讓水接觸到咖啡的機率更高。然而，更大的效果可能是來自水流運動的剪切力。想像一下，一個人站在狹窄的走廊。如果其他人三三兩兩走過，那人可能不會被推倒。但如果這些人成群往走廊衝，那人就可能被推著走。濃縮咖啡亦同，走廊上的那個人是咖啡溶質，而其他人群則是高壓水流。

震盪

為達到萃取的目的，水分子必須要與咖啡粉接觸。愈頻繁的接觸與碰撞，萃取速率也愈快。所以跟增加溫度一樣，在沖煮過程中的震盪可提高萃取速率。**滴濾式沖煮法（filter brewing methods）**因為重力造成的水流擾動自然產生震盪的效果。在其他沖煮法中，有時會搭配過濾器以人工攪拌的方式來加速萃取。

水粉比例

「濃烈」這個字眼常被行銷人員過度使用來描述咖啡的風味，一般是用來形容咖啡烘焙的程度、苦味、咖啡因含量，或者比較糟糕的是，這個字代表的是瑕疵、非常不均衡和不愉快的味道，但幾乎都是錯誤的。真正標示咖啡溶液濃度的指標是溶質的濃度，也就是溶解在水中的固體物百分比，也稱為總溶解固體量（TDS）。

美國精品咖啡協會建議的 TDS 範圍落在 1.0 至 1.5% 之間，咖啡與水的重量比約為 1:18。在咖啡歷史發展上，這個數值被設定在 1.15 至 1.35% 之間，但在最近幾年，已經調整到接近 1.5%，在某些情況下，為了迎合消費者的喜好，而逐漸朝向沖煮出更高濃度的淺焙咖啡發展。

我認為這樣的轉變，是因為深焙咖啡所展現的乾餾風味（辛辣、煙燻、樹脂味），其強度比在淺焙咖啡中常發現的細膩發酵風味（花香、柑橘、漿果）來得更強烈；因此，為了達到相同的溶液濃度，淺焙咖啡通常在沖煮時濃度比深焙咖啡高出許多。這個現象也造成淺焙咖啡含有較多咖啡因的觀念，事實上咖啡因含量與烘焙程度並無太大關聯。

接觸時間

為達到適當萃取，理想的水粉接觸時間取決於咖啡粉粒大小、水溫，以及上述的壓力等變項。另外還有一個條件：水質。一般而言，咖啡和水

接觸的時間愈長，就會有愈多的物質從咖啡中被萃取出來。精品咖啡界的準則是「咖啡是 98.5% 的水」，這句話值得再三重申（我們上面討論的是其他 1.5%）。礦物質含量、鹼度和化學添加劑（氯）等小小的變化就會大大的改變咖啡的萃取。雖然氯和其他化合物會對咖啡品質產生負面影響，但是礦物質的含量決定了水與咖啡溶質的結合能力，而且勝過所有其他萃取的變因。咖啡沖煮的用水必須含有一些溶解的礦物質（如鎂和鈣），才能達成良好的萃取平衡。

美國精品咖啡協會對於水質的建議是使用接近中性的 pH 值，含有 75 至 250 ppm 的總溶解固態物和 20 至 85 毫克／升之鈣硬度，但最好不要有其他元素和化合物，如氯、硫、或矽酸鹽等。

濾器類型

濾器類型在兩個方面會影響咖啡沖煮：沖煮速率以及最後流進杯中的物質。過濾器會因孔隙與材質而有所不同。最常見的濾器類型是以紙、布和金屬做成。

重磅數的紙材、布料和金屬材質過濾器皆具有非常小的孔隙可以減緩沖煮萃取的速率，這可以轉化為增加的萃取量。紙和布的濾材同時會將一些從咖啡豆中萃取的化學物質留下，尤其是油脂類。因此，使用紙或布的濾器和使用金屬材質的濾器將使得一杯咖啡的實際組成不同。

實際應用

每一種沖煮技術都應用了上述的變因來獲取一杯消費者喜歡的咖啡。每種沖煮技術皆試圖以一定溫度和品質的水與特定比例的咖啡粉接觸，這些咖啡粉被研磨成一定的顆粒大小，在特定的壓力下沖煮一定的時間。

在美國一般狀況下，滴濾式沖煮法會使用約 1 公升乾淨的水（約 34 盎司），加熱至 92 至 95℃ 或 198 至 203°F，搭配 55 克或 1.94 盎司的咖啡粉，研磨成 750 至 1000 微米的顆粒大小，利用重力（1 個大氣壓）讓

咖啡粉在濾器中慢慢萃取約 3 分鐘的時間。在濃縮咖啡方面，咖啡被研磨得較細以增加表面積，咖啡的體積對水的比例顯著增加，壓力增大到 8 至 10 個大氣壓，接觸時間則減少至 20 至 30 秒，溶解的固體總量接近 5%。最重要的是這杯咖啡的味道，而不是一體適用的沖煮濃度。

在冷泡咖啡方面，使用的咖啡粉粒徑大幅增加，水溫則降至室溫，但萃取時間則增加至 24 小時，以達到均衡萃取。相較之下，**土耳其式沖煮法**（Turkish brewing）或阿拉伯式沖煮法則是使用極細的研磨咖啡粉、滾水且無過濾器材的方式讓萃取量遠超過一般精品咖啡的標準範圍。在這種情況下，原本的指標亦不再適用，這全看消費者的喜好而定。

不管是冷泡、滴濾，或是高壓沖煮，萃取的核心流程皆不變。這個過程就是透過操縱若干基本參數從咖啡粉中萃取化學物質。這些參數的創新方法將繼續拓增咖啡飲品的類型，以及將現有的飲品再加以變化。最近，**濃縮咖啡機**已經被設計成可依照操作者對水壓及溫度的需求予以調整，或設定成預錄的檔案。實驗肯定會繼續找出新的催化劑，並操控在今日被視為常數的因素，以提升萃取的品質。

哪一種沖煮法可製作出最好的咖啡呢？所有的沖煮方法都可以做出一杯好咖啡，所謂的「最好」可能對不同烘焙程度的咖啡與不同的飲用者而言，定義也會不一樣，但沖煮者必須要應用沖煮流程的知識，讓每杯咖啡達到最佳的品質。

53

烘焙
展現咖啡豆的風味

Colin Smith

是英國 Smith 咖啡公司的常務董事，以及 SCAE 的創始成員及前
任主席。信箱爲 colin@smiths-coffee.demon.co.uk。

咖啡經過加工後雖然已從**咖啡櫻桃果實**變成了綠綠的**生豆**，但依然是沒有任何**香氣**和味道的堅硬綠色石頭。一名訓練有素的烘豆師便能讓咖啡展現出迷人的風味。每個**原產地**均有不同的風味特色，精心烘焙可呈現出這些味道，接著咖啡的香味便散布在烘焙廠的每個角落。許多人表示，比起杯裡的咖啡他們更喜歡烘焙咖啡時散發出的香味！這般說法通常是出自沒有喝過以正確烘焙方式呈現出產地與綜合豆特色的人們。

傳統的烘焙方式是將咖啡豆以 190 至 250℃（374 至 482 ℉）的溫度加熱 10 至 15 分鐘，顏色便會從綠色變成棕色（烘焙的溫度透過實際操作與烘焙的文化發展來決定）。烘焙過程中發生的化學反應相當歧異，且會交互影響。例如，當醣類和氨基酸透過**梅納反應**（**Maillard reactions**）而發生結合，產生的複雜分子便是咖啡棕色的主因。因受熱產生分解的熱裂解反應，會產生原本在咖啡生豆裡所沒有的化學物質。這許許多多的化學反應成了油脂、酸、多醣類，及揮發性化合物與其他許多的化學物質。

烘焙過程的第一步是將咖啡中大部分的水蒸發去除（烘焙前含水量通常在 9 至 13%），這部分將占咖啡烘焙總失重的 15 至 20%。由於水蒸汽壓力的劇烈增加，咖啡壁產生破裂，因而會產生「爆裂聲」和造成咖啡豆的膨脹。此時，咖啡變成淺棕色。繼續烘焙會造成第二次的爆裂，這次是因為二氧化碳從細胞裡沖出來。隨著烘焙的進行，咖啡豆的顏色會變成暗褐色（烘焙通常在咖啡豆變黑之前即停止），並且有油脂從咖啡豆的兩端滲出，最後布滿整個表面。

在烘焙的過程中，咖啡豆在脫水的同時，其體積將會膨脹 60%，此時**銀膜**也會脫落。較大的烘焙機有負責將銀皮吸出的套件，銀皮可以用作堆肥，或使用烘焙機的**後燃機**（**afterburner**）燒燬。

烘焙師（操作烘豆機的人）的最大挑戰便是如何完成咖啡豆風味萃取的最佳化與最大化。由於不同咖啡具有不同的化學物質組成，適合的烘焙度皆不一樣，例如，肯亞咖啡如果烘焙過度，高含量的酸便會使得咖啡變苦，而蘇門答臘咖啡，因為酸度低又厚實，需要更長的烘焙時間才能有好味道。一般來說，烘焙程度愈重，苦味愈明顯。就文化品味而言，這可能是個優點，在某些國家或地區，人們喜歡苦味重的咖啡，或許還使用濃縮

咖啡機來沖煮，因此烘焙與沖煮就應該加強這些特色。淺焙的咖啡比起深焙通常能夠帶出較多的酸味。某些中美洲的產地就會利用這些酸味來平衡咖啡豆裡的其他香氣與風味。

咖啡的烘焙程度是以咖啡的相對顏色來定義，所以在英國，我們有淺焙、中焙和深焙的咖啡豆，然後它們之間，又可分成深中焙、大陸和淺大陸，在美國則被稱為是全都會烘焙（full city roast）。目前在英國咖啡連鎖店的趨勢是深焙。在本書最後的專有名詞解釋中，關於烘焙的條目列出了舊式美國版烘焙程度的用詞。

精品咖啡則是以淺焙為主。烘焙師的責任就是要展現咖啡豆的特色，雖然淺焙是精品咖啡的趨勢，但若太淺，亦即烘焙不足，則會使得咖啡味道淡薄且帶有草味。咖啡在進行評估或杯測時通常是使用超過這個階段，但仍然相當淺的烘焙度。這時豆子已經烤熟，而且咖啡所有潛在的細節都清晰可辨。

傳統的烘焙法是透過與樣品的顏色比對來判斷烘焙終點（樣品有時是前一批相同的豆子，這時就得注意咖啡豆會因為時間熟成而改變顏色，所以樣品豆需定期更換）。顏色也可以使用光譜儀（又名分光光度計）來檢測，這對於批次烘焙的品管是相當重要的。然而，光譜儀法必須在烘焙完成後而非烘焙過程中使用。

當咖啡烘焙到預定的顏色後，咖啡豆就會被倒入冷卻盤中透過冷空氣來冷卻。大批量的烘焙可使用霧化的水汽來進行冷卻（稱為水冷）。這將避免咖啡在離開烘焙室的那一瞬間因為劇烈溫度變化而將水分通通蒸發。

烘豆機

咖啡豆一開始是用煎鍋來烘烤，這就是所謂的阿拉伯式烘焙。咖啡豆在開放式的明火下藉由滾動來均勻加熱，不過效果不佳，這種方法在傳統的衣索比亞咖啡加工過程中仍被使用。直至 20 世紀初，西方家庭主婦和一些自家烘焙愛好者，依然會用家中的爐子烘焙咖啡豆（這也包括喜愛煙燻廚房的人！）。後來，人們在平底鍋上加蓋並且插入葉片用來攪拌以防

止燒焦。鼓式烘豆機是在 19 世紀被開發出來，最早是以木材或煤炭燃燒來提供外部熱源，後來改成天然氣。使用外部加熱熱源原本是常態，但後來煤氣灶被裝進烘焙筒中，這樣可以直接把熱傳遞到咖啡豆。一個新的發展是從外部加熱空氣，再透過旋轉鼓傳遞熱風。這樣的烘焙有更均勻的效果，而且避免了咖啡豆與熱源的直接接觸。

下一代的發展是流體床咖啡烘焙，這種方法的原理是將空氣加熱後在高溫下輸送到咖啡床，在這個小空間裡，於咖啡豆之間產生旋風的效果。這種方法的烘焙速度相當驚人，60 公斤的咖啡豆可以在 5 分鐘內烘焙完成。然後將咖啡移動到另一個小空間讓冷空氣冷卻咖啡豆。至於大批量的烘焙則是以電腦控制管理，這是連續烘焙最有效率的方式。

在小型烘焙廠裡，未烘焙的咖啡生豆袋通常就堆靠在牆邊或架子上。在大型的烘焙廠，咖啡則依產地分開儲存在大倉庫中，再根據要求，採用電腦控制，以不同比例入料。該系統還可以控制生豆的混合比例。一種綜合豆被當成一個單元來烘焙，之後再透過自動化設備將烘焙好的咖啡從烘焙機送到包裝部門。一些小型的精品烘豆商會將不同的咖啡豆分開進行烘焙，之後再混合，這使得具有兩種或更多色度的咖啡豆混合後產生特殊的風味。

許多烘豆商，尤其是針對精品咖啡，盡可能地做到以單一產區或單一咖啡園的咖啡豆進行烘焙。幾乎所有的烘豆商都會供應綜合豆。這些綜合豆可能來自不同原產地、農場，以不同的方式加工，烘焙程度亦不相同。它們被混合後能產生特殊的風味，以配合特定的沖煮方法，或是特定的價格。

所有的烘焙方法皆適用於曲線烘焙。所謂的曲線烘焙就是在整個烘焙過程中使用的加熱量數字都是控制好的。不同的環節（如豆子爆裂）在不同的烘焙終點前，會在不同的時間點發生。在小型的烘豆商中，熱度的變化可能以人工操控。在大型的烘豆商中，烘豆機內的感應器可以在收到訊號後，在電腦程式的輔助下，調節熱度的輸入以達到預期的烘焙度。

在許多國家，商業咖啡烘焙產生的煙霧和氣味是有法律規定與限制的。大型的機器會有後燃機系統讓產生的氣體與微粒在烘焙結束後進入大

氣前以燃燒的方式徹底消除。為了防止火災和確保品質，這些設備必須定期清潔。通常烘豆商會在烘焙前先清除生豆中的異物。但有些工廠是在烘焙完成後才進行清潔。磁鐵和去石機可以用來去除所有不需要的異物。

為了因應不同的產量，烘豆機有許多不同尺寸，一般來說是從 2.5 公斤起跳。當然也有非常小的機器，一次只能處理約 125 公克的生豆，用來烘焙咖啡樣本，測試風味，並決定最佳風味所需的烘焙顏色。

咖啡的保鮮

烘焙的咖啡暴露在空氣中會因為氧化而失去一些風味。咖啡豆在烘焙後會釋放二氧化碳以及許多其他揮發性化合物。某些揮發物是形成咖啡風味的要素。咖啡風味的劣化通常是在咖啡研磨之後，因為其表面積大幅增加而提供更多的空間讓氧氣有機會「進攻」，同時也有更多揮發物質逸散。咖啡專用包裝的研發目的便是幫助氣體與風味能夠保留在咖啡豆裡。

真空包裝的密封袋因為有效防止氧氣入侵而能夠維持一個相當穩定的環境。但一旦打開包裝後，新鮮咖啡味道會因流進的空氣導致剩餘的部分快速劣化。使用惰性氣體填充的包裝（例如氮氣）可使得咖啡保持在無氧的環境中。氧氣會在包裝過程中排出，由惰性氣體取代之。大多數的咖啡零售袋都包含一個單向閥。這只允許由烘焙咖啡生成的氣體排出，同時能夠防止氧氣進入。

這些包裝的目標是保持咖啡的風味長達一年。但仍然建議咖啡在烘焙後應盡快飲用，以享受最佳風味。這個原則即使在打開包裝，使氧氣與咖啡接觸後依然適用。當地烘焙的咖啡比起進口咖啡更能擁有較佳的新鮮度與風味。

該買何種咖啡？

要回答這個問題前必須先考慮一件事，你是怎麼沖煮咖啡的？用錐刀**磨豆機**（**grinder**）現磨咖啡豆後沖煮能夠擁有最好的新鮮度。

研磨的粗細視沖煮方法而定。本書其他章節會討論濃縮咖啡的沖煮方法，包括第 52 章「沖煮法：咖啡解謎」和第 64 章「如何沖煮一杯上好的咖啡」，但每種技術只要正確操作就能夠製作出一杯好咖啡。商業用的咖啡通常使用大型滾筒式研磨機。滾輪一般有兩或三對，設定逐漸縮小的間距，以確保研磨的均勻性。這些機器通常用水冷卻，以防止多餘的熱度破壞咖啡風味。而錐刀磨豆機在小規模的店家或較講究的家用市場上都有使用。雖然錐刀比較好用，但平刀款的電動磨豆機在市面上仍然相當普遍。

一旦打開，包裝咖啡的風味就會迅速劣化。買回家後應該要盡量讓咖啡與空氣隔離。舉例來說，如果是咖啡袋，可以將袋口捲起並束緊。或是把咖啡放在一個密封的容器中。一次只從當地的自家烘豆商手中購買小量的咖啡豆，或是向值得信賴的網路賣家購買都能夠讓你有一個保證新鮮的咖啡體驗。

結語

咖啡從樹上開花一直到成為杯中的飲料，整個過程通常需要一年多的時間。大部分的味道取決於烘焙與沖煮。如果烘焙出了差錯，一年的工作有時在幾秒鐘內，前面的努力就白費了。

一個好的烘豆商能夠提供合適的咖啡給客戶。遺憾的是，現金價格至上與**商業咖啡**（大廠烘焙的咖啡）總是無法提供這樣的產品。綜合豆是根據價格而不是根據味道來搭配。要喝到一杯好咖啡其實不必花很多錢，但就像任何東西一樣，它也反映出「一分錢一分貨」。

和你的烘豆師多聊聊，瞭解咖啡和風味，並嘗試不同的產地與綜合豆，就能找出你喜歡的咖啡。很多人問我：「什麼是最好的咖啡？」這個答案範圍很廣，但卻早已存在於每個提問人的心中。

54

烘豆文化

Connie Blumhardt

《烘豆雜誌》（*Roast Magazine*）的創辦人及發行人，投入 20 年的時間在雜誌出版中，而且從 1997 年開始就在咖啡業界工作，透過這本雜誌將知識技能傳授給成千上萬烘豆師，每天都爲烘豆界服務。在閒暇時，你會發現她喝很多咖啡，而且總是追著她的雙胞胎女兒跑。信箱爲 connie@roastmagazine.com。

Jim Fadden

是一名機械工程師，經常在《烘豆雜誌》發表文章。

　　每一年都有成千上百位的**烘豆師**將他們每日的產量、生豆的訂單，以及設備保養的時間表排開，利用一個長週末跟志同道合的專業人士聚會，相互傳授對他們追求商業利益有利的資訊。也有較小型的區域性團體跨越國界，犧牲週末，主動分享知識，只為了追求烘焙出更好的咖啡。

　　這些集會體現了隨著烘焙**精品咖啡**的專業而演進的獨特文化。這是一個分享、競爭和培育的文化，目的不是贏得專業的榮譽或是提高利潤，而是更加瞭解咖啡烘焙的科學如何造就完美飲品的技藝。換言之，在贏得烘焙競賽的大獎之後，大夥兒圍著營火誇耀自己的豐功偉績遠遠不及當得獎的咖啡豆被同業品嚐時，看見他們臉上滿意的表情。所謂咖啡的完美組合就是根據每種咖啡的**原產地、品種、加工**過程及其他的變因，以適當的烘焙程度呈現出它固有的特性。

　　並沒有任何的腳本描述一名成功的咖啡烘豆師該有的背景。有些人是把烘豆當做副業，有些是從在家烘焙起家，有些則是在咖啡業界擔任**咖啡師**多年。雖然要成為一名烘豆師沒有典型的職涯路徑，然而那些把烘豆變成職業的人卻有共同的人格特質。或許「熱情的怪咖」這個詞最適合用來描述這群人集體的性格。他們不僅對於其產品最終的品質懷抱熱情，而且對於其產品的適當貨源、產品如何被製作、產品如何標示和販售，甚至如何評估他們自己的工作十分關心。投入咖啡烘豆的興奮心情和奉獻精神跟釀酒大師或是葡萄酒釀造師相似，而且跟藝術家和音樂家有許多共通之處。就像指揮家在一個交響樂團中統整各種樂音般，烘豆師的目標是將咖啡的故事、咖啡風味，以及咖啡外觀結合在一起的美學，它要創造的不只是一種風味，更是一種經驗。事實上，許多烘豆師都具有藝術的背景。

　　最棒的咖啡烘豆師展現出的是最佳的典型怪咖工程師和設計師的特質。就像一名設計師一般，一名咖啡烘豆師也有責任為某一特定目的創造一個產品，例如以比較不酸的哥斯大黎加咖啡混合帶有甜味的蘇門答臘咖啡，做出特殊的風味，來突顯某家餐廳裡某一種特別的甜點。他們也像一名工程師，要負責有效地尋找貨源，並重複製作一致的產品。事實上，許多咖啡烘豆師也具有技術的背景。

　　執著地專注於改善烘焙咖啡豆的方法是咖啡烘豆師的固有文化。烘焙

圖 54.1　2010 年在芝加哥的知識分子咖啡館（Intelligentsia Coffee）烘焙咖啡豆的
情景。這部機器是經過大幅翻修過的 Gothot 機種，最初是在 1930 年代建
造的。（攝影：Robert Thurston）

咖啡涉及了瞭解和操控變數的物理學和化學知識，將堅硬、密實、綠色、
相對淡而無味的咖啡豆，變成輕盈、棕色、可消費的產品。烘豆需要親手
操作調整機械裝置，並全神貫注地記錄和分析數據。這些都是烘豆師之間
對談的主要話題，無論是專業的集會，在公開留言板上，或者是私下的閒
聊，這些話題都獲得熱烈討論。理論與實務的相對價值常被公開討論，這
無關乎商業競爭，而是著重在讓所有人更上一層樓，以推動品質的提升。

今日精品咖啡獨特文化的演進大致上是隨著該產業在 20 世紀的歷史、
該工作的性質，以及在這個領域裡要達到技術純熟所需的過程等等的變
遷而改變。

20 世紀中葉，我們看到便利性的增加在美國生活的各個領域成為主
流。就以省時裝置的發明和行銷為例，譬如洗碗機、微波爐，以及電動開
罐器或是省時消費品與服務的發明與行銷，例如便利商店、冷凍快餐，以

及得來速餐廳等等，消費者被教導「便利勝於品質」。咖啡也不免受到這些趨勢的影響，全國各地烘焙和研磨的商業化超市咖啡導致大多數手工、地方性的精品咖啡公司式微。在此重申是大多數，但不是全部。有一些公司和他們所聘請的烘豆師致力維持小眾的精品咖啡，這些年仍未受影響。Peet's Coffee 的 Alfred Peet，Lingle Bros. Coffee 的 Ted Lingle，位於西岸 Thanksgiving Coffee 的 Paul Katzeff，以及東岸 Gillies Coffee 的 Don Shoenholt 都是一些能夠利用精品咖啡的少量生產而維持生意興隆的人。為了要成功，這些人必須靠著他們自己的熱情和奉獻精神投注於他們的手藝上，而且有賴彼此之間的幫助和意見交流。合作的精神源自於必須共同對抗超市巨人以獲得生存發展空間。技術、工序，以及生豆的來源必須交流，否則將消失在歷史洪流中。這些具有影響力的領導人物，因為他們的坦誠與熱情，建立了合作精神的基礎，並持續成為今日烘豆文化的特色。他們也具有遠見，瞭解這門知識必須繼續發展與傳播，於是他們成立了**美國精品咖啡協會（SCAA）**。

由於咖啡烘豆師工作性質的緣故，他們一隻腳踩在現代消費者的世界中，另一隻腳則站在開發中國家咖啡農民的世界裡。一名咖啡烘豆師的工作準則就是要充分瞭解和平衡這兩個世界的需求。總的來說，精品咖啡業者必須尋找他們的原料（**咖啡生豆**），在某種程度上要確保未來優質的作物供應無虞。這已經超越了以消費者願意支付成品的價格平衡支付生咖啡豆價格的純經濟學。烘豆師將他們的培育文化和對品質的熱情又帶回給栽種咖啡豆的農民。許多四處遊歷的烘豆師聯合起來成立杯測實驗室或是提供加工的建議（利用他們環遊世界所匯集的資料），以教導農民辨識可製作高品質（和高價）咖啡以及導致咖啡無法在精品市場銷售的**瑕疵豆**。例如，盧安達再次流行種植咖啡大半要歸功於烘豆師和農民之間合作的關係。在 1990 年代可怕的大屠殺之後，盧安達的咖啡農場和市場也變得亂無章法。由於死亡人數慘重，因此農業的傳統與知識也失傳了。一個擁有各種種植上好咖啡之重要天然屬性的國家——適宜的土壤、海拔，以及理想的氣候——卻不知道構成精品咖啡的品質，以及如何種植和加工咖啡豆以符合這些嚴格的品質標準。因為咖啡在盧安達的經濟模式中是一個主要

的組成部分，透過跟政府和學術輔導機構的密切合作，烘豆師與盧安達的農民和加工工人建立合作關係，以提升品質，並因此提高銷售量和價格。因為拜某種受到消費者歡迎的特殊新風味之賜，使得烘豆師也贏得更高的市場價值。假如不是這種合作的文化，以及烘豆師同業之間想要增進對於咖啡的瞭解，這些都不可能發生。

　　烘豆師業界執著於提升對咖啡的瞭解，以及希望與其他人交流這層知識，有絕大部分要歸功於一名咖啡烘豆師的養成過程。烘焙咖啡是一個仰賴經驗的技術，它並不是透過研讀書本就能夠掌握，所有的感官都必須經過訓練和投入。除了要有明顯高人一等的味覺之外，咖啡的製作是透過視覺的應用來分辨適當的烘焙程度、透過聽覺的應用去詮釋咖啡豆在接近烘焙完成時爆裂聲所述說的故事，而且理所當然要藉由嗅覺的應用去分辨烘焙過程的不同階段和品嚐成品。烘焙咖啡是透過學徒制，由一名經驗豐富的烘豆師教導，藉由親手操作的經驗（試誤），以及透過一般的烘豆師同業交流來學習。正如同之前所述，在今日商業咖啡盛行的年代，咖啡烘豆商是站在那些保有熱情的烘豆師的肩膀上。那些烘豆師的特質，主要是他們的坦誠、合作、對手藝的鑑賞，以及對品質的追求，吸引了有相同特質的人們成為咖啡烘豆師。以 SCAA 的模式為基礎，發展出了各式各樣的同業公會、地區性團體、集會，以及教育資源，以增強傳統的師徒模式。

　　咖啡烘豆師業界的身分認同是不斷變化的。在咖啡事業中有許許多多的變化將挑戰今日的烘豆師文化。在烘豆過程中日益增加的自動化將如何影響這個行業？精品咖啡市場日益競爭將導致一個較封閉的文化嗎？亦即同行之間會不會比較不願意合作？傳統上人數偏少的咖啡烘豆師的次文化，例如女烘豆師，會讓接班的下一世代更上層樓嗎？這些問題如何發展無疑將影響下一代的咖啡烘豆師。但是如果下一世代同樣受到品質、熱情和好奇心等相同的核心特質所吸引，那麼精品咖啡烘豆師的文化與認同將依然穩固。

55

咖啡師文化

Sarah Allen

奧勒崗大學新聞學碩士。《咖啡師雜誌》（*Barista Magazine*）編輯，為咖啡館業者和咖啡師閱讀的專業國際期刊，於 2005 年創刊。為了提供相關教育訓練和商業文章給具備實務知識的讀者，Sarah 向全世界的咖啡館業者請益，以判斷在咖啡館環境中最有利的成功策略。她專為咖啡業撰寫文章長達 10 年的時間，並在全球各地演講。信箱為 sarah@baristamagazine.com。

2003 年，當丹麥咖啡師 Fritz Storm 漫步走入**美國精品咖啡協會**於波士頓召開的年度大會開幕雞尾酒會時，他周圍有一股特別的氛圍。有幾個年輕人抬頭往上看，臉上流露出認識他的神情，他們緊跟著他，當他啜飲一杯紅酒時，他們走上前去問道：「你是 Fritz 對吧？你是世界咖啡師冠軍？」

附近的群眾開始騷動──世界什麼？他們覺得很好奇。在 2003 年，對聚集在波士頓的這群人而言，有 95% 的人對於得到冠軍什麼的**咖啡師**幾乎完全沒有概念，而這裡是全世界最大的精品咖啡專業人士的集會。

不過，渡海來到北歐，專業的咖啡師雖然不至於比比皆是，但卻是一個眾所皆知的行業。挪威、瑞典、芬蘭，以及 Storm 的家鄉丹麥，在 21 世紀初期就是眾所皆知孕育最佳及最有前途的咖啡匠師的所在地。雖然咖啡師這個字源於義大利文，但北歐卻是精品咖啡匠師成為國際產業的發祥地。在不到 10 年的時間裡，這個概念便傳遍全世界。

直到今天，最早和最受推崇的競賽就是**世界咖啡師錦標賽**（WBC），Fritz 是第二屆的冠軍得主。WBC 是挪威人 Alf Kramer 和 Tone Liavaag 所成立的，該獎項的目的是提供精品咖啡一個重要的階段，可以讓大眾知道咖啡的卓越。雖然大部分的咖啡愛好者都熟悉咖啡師屬於服務人員的觀念，他們每天都向咖啡師買拿鐵，但是只有少數人瞭解這個工作的複雜性，包括許多咖啡師本身也不甚瞭解，尤其在 2003 年的時候。

WBC 的成長不可否認是受到其他兩個團體的支持，這兩個團體分別為：2002 年底成立的美國咖啡師公會（Barista Guild of America, BGA），以及 2005 年所發行的商業刊物《咖啡師雜誌》（*Barista Magazine*）他們的目的是要聯繫大批培訓不足的咖啡專業人員，因為直到今天，他們仍然沒有太多專業發展的機會。

縱然美國精品咖啡協會跟位於歐洲、日本和世界上其他地方的姐妹協會由於性質的緣故，必須承擔起這個特定產業的教育責任，然而直到最近，這些機構才將大部分的努力專注在這個產業的領導人物和未來的主角身上。在 21 世紀的前幾年，咖啡師仍然被認為是精品咖啡雷達上短暫的閃光──大學生到咖啡館工作，但是他們不會長久留在這個產業中發展成

圖 55.1　檀香山咖啡公司（Honolulu Coffee Company）的 Pete Licata 在 2011 年贏得美國咖啡師冠軍。（攝影：Ralph Gaston）

正職。所以何必提供他們昂貴的訓練研討會和教材呢？

　　不過，WBC 那些早期的發起人——WBC 負責舉辦全國性咖啡師競賽，以產生表現出國際水準的冠軍——連同 BGA 和《咖啡師雜誌》在咖啡師這個剛起步的行業中體認到某件深沉的事物：潛力。說實話，工會的存在、一個結構性的競爭，以及一個有目標讀者群的期刊為這群年輕的咖啡迷更增添信心，他們自己心想：假如這些人和組織全都在提供給我們專業的資源，或許我們可以真的成為專業人士。

　　在接下來的 5 年，這種信心有增無減：在北歐以外的咖啡師已經開始將自己歸類為匠師，投注時間與金錢來培植他們的熱情，並力求以成為專業的咖啡師為職涯目標。在美國尤其如此，而且這種思維模式成長迅速。到了 2008 年時，可以觀察到在大西洋兩岸的傑出咖啡師之間的相互尊重。當被問到他們的職業時，有數不清的人開始會回答說：「我是一名咖啡

師，」接著又補上一句：「喔，而且我有自己的咖啡館。」美國的一些城市被視為是追求咖啡師傑出成就的主要地區，譬如芝加哥、舊金山、密爾瓦基、奧斯汀，以及最重要的波特蘭、奧勒岡。許多讀者此刻可能心想：那西雅圖呢？它不是這一切的發源地嗎？沒錯，當綠色美人魚（星巴克的商標）在 1990 年代初期首次在它的家鄉西雅圖露面時，精品咖啡的歷史就永遠改變了。事實上，每一家獨立的手工藝咖啡館都應該感謝星巴克將「濃縮咖啡」這個詞彙介紹給美國大眾；在星巴克成立之前，只有少數人知道什麼叫拿鐵，事實上沒有人以名稱來點咖啡。但在星巴克是如此，就像他們在咖啡產業中所說的，這是第二波咖啡文化。人們知道有比他們的父母親所喝的冷凍乾燥的東西更好的咖啡，而它非常方便，隨手可得。但是他們對於咖啡背後的故事一無所知，也沒有興趣知道。

定義現今第三波咖啡文化的咖啡館業者從星巴克得到啟發，他們設計咖啡館專用的菜單，並安排咖啡師就在顧客面前沖煮咖啡，使他們成為購買咖啡交易的重要關鍵人物。但是第三波推動者的一小步，卻是精品咖啡業者的一大步。普利茲獎得主，同時任職於《洛杉磯周刊》（*LA Weekly*）的美食評論家 Jonathan Gold 做了以下的評述：「第一波的美國咖啡文化可能是 19 世紀時把福杰士（Folgers）即溶咖啡送上餐桌的浪潮，第二波是迅速擴散，於 1960 年代從 Peets 咖啡館開始，然後巧妙地經由星巴克大杯的無咖啡因拿鐵、濃縮咖啡類飲品以及地區性品牌的咖啡向前推進。我們現在正處於第三波，亦即咖啡鑑賞力的階段，咖啡豆的來源是看咖啡園而不是看國家，烘豆是要呈現出每一種咖啡豆的獨特性而不是毀滅它，而且風味是濃烈而純粹的[1]。」

此外，第三波將咖啡師界定為有學問的教育者。他們已經不是在第二波時按按鈕的服務人員，人們期待在高級咖啡館中的咖啡師在一般咖啡和濃縮咖啡的製作上不僅要完成嚴格、有時候是為期數月的訓練，還要通曉咖啡的歷史，深度討論特定的農場和地區、大量的杯測以及味覺的發展。

第三波的咖啡浪潮有個很棒的例子就是位於波特蘭的 Stumptown Annex。Stumptown 長久以來就被認為是全世界要求最嚴格、以品質為導

向的咖啡烘焙及咖啡館公司。除了給予旗下咖啡師優渥的薪資外,他們也在一開始和之後持續加以培訓,而且還提供超高品質的健康照護和口腔保健。Stumptown 投注其資源在員工身上不只是因為就像他們的老闆 Duane Sorenson 所說的:「只是做對的事。」而且也因為這些福利和護理可建立員工忠誠度;Stumptown 裡有超過 50% 的咖啡師在該公司工作超過 5 年。

Sorenson 在 2005 年時開了 Stumptown Annex,就在它最受歡迎的咖啡館相隔兩間店面的地方。不過,Annex,就如同這個字意是附屬機構,所以它不是一家咖啡館,而比較像是我們可以在高檔酒莊裡所看到的同樣風格的試酒間。這個小空間裡有 10 到 20 個玻璃罐,隨時都裝著完整的咖啡豆,展示 Stumptown 目前所提供的頂級咖啡。受過訓練的咖啡師熱心談論咖啡的風味和細微差異,討論關於特定咖啡農場的地理資訊,以及透過杯測活動來引導顧客。另外,每天還提供兩次免費的大眾杯測活動。

受過超級培訓的咖啡師背後的想法很單純:讓顧客參與體驗咖啡,強化他們的能力;因此顧客本身即成為精品咖啡手藝的使者。這個理論與慢食運動齊頭並進:假如人們參與他們的消費品,並且產生共鳴,那麼他們就會產生忠誠度。

當然,一般的咖啡館很少會有資源提供這種程度的教育訓練給他們的咖啡師員工。但是一名上進的咖啡師即便透過許許多多其他的管道發展出對咖啡的熱情,仍然可以建立自身的履歷。

美國精品咖啡協會提供教育與訓練課程給來自世界各地報名該機構任一課程的咖啡師。該機構在各個不同的地點召開專題討論會,主要是在美國本土境內,有時則與貿易展或與咖啡相關的活動相結合。美國精品咖啡協會的課程和專題討論會唯一的缺點就是往往所費不貲,不過還是有一些折扣啦!

對於懷抱熱情的咖啡師而言,還有其他許多的選擇去提升他們的教育訓練——而且不需要花大把的鈔票。獨立的貿易展,例如咖啡嘉年華(Coffee Fest),在不同地區一年舉辦三次,提供很棒的課程和專題討論會,整個貿易展場地擠滿了想要成為獨立咖啡館業主的人們以及有趣的活動,像是拿鐵拉花競賽,一個週末花費不到 50 美元就能全部享有。

　　由 SCAA 所經營的美國咖啡師公會在 2011 年時首先推出一個很棒的靜修概念，叫做「萃取一杯濃縮咖啡營」（Camp Pull-A-Shot），大約有 150 名咖啡師聚集在南加州一個森林露營區，參加為期 3 天的咖啡師教學與活動。這個簡單樸實的營隊對於咖啡師而言是全然的輕鬆自在，他們對於低廉的費用感到很滿意（住宿、餐費和所有的教育課程大約 500 美元），BGA 可以提供如此質樸的住處。由於該活動相當成功，於是一年後舉辦了第二場的西岸營，BGA 後來又籌劃一場東岸營，於 2012 年的夏天舉行。

　　其實咖啡師還有其他的資源，很多都是他們在自己舒服的家中就能學習到的，譬如線上社群網絡「咖啡師交流」（Barista Exchange），它基本上是咖啡從業人員在臉書上的交流園地。任何人都能免費地設立一個帳號，瀏覽關於咖啡趨勢的論壇，並向超過 1 萬名的註冊會員徵詢意見。

　　當一群咖啡從業人員聚集在一起時，很容易培養出同志情誼有一個原因：咖啡師常常有共同的人格特質，像是對機械感到好奇、愛交際的本性、熱情洋溢的性格等等。咖啡師業界可以跟音樂家相比擬：他們立刻就能發現彼此的共同點、他們通常具有藝術天分和聰明才智，而且他們喜歡交際和盡情玩樂。

　　另一個共同點是他們往往收入微薄。雖然美國在過去幾年，咖啡師身為專業人士的概念已然成熟，然而大多數的咖啡專業人士仍然領取相當低的薪資（美國一些地區除外，例如波特蘭、舊金山和紐約）。雖然僱主瞭解必須付給他們的咖啡師足夠的薪水來照顧他們的生活，因為他們認真看待這份工作，並花了好幾年投入值得花費的訓練時間，但獨立的咖啡館業者本身經營不易，他們自己的收入也並不豐厚。這就是咖啡的本質，就像服務業的其他面向一樣。

　　咖啡師競賽和愈來愈多受過良好教育訓練的咖啡師，能夠跟顧客分享美妙的咖啡故事，他們正開創一條路，帶給專業的咖啡師應得的尊重。但是即使咖啡師業界的成長以及在過去 10 年咖啡師成為匠師的人數大為增加，但說真的，這都只是剛起步。

56

咖啡沖煮文化

Alf Kramer

從 1980 年開始就已經進入咖啡產業，剛開始擔任挪威咖啡資訊中心（Norwegian Coffee Information Centre）的負責人，後來成為國際咖啡組織（ICO）所經營的北歐咖啡中心負責人。他在 1990 年成立挪威精品咖啡協會，並為歐洲規劃類似的協會。曾出任 SCAE 第一屆的臨時代理主席，後來成為正式主席，是一名多產的作家，並在世界各地巡迴演講，2011 年，榮獲歐洲咖啡界終身成就獎。

假如你承諾不告訴咖啡迷，那麼我可以跟你說，不管是用什麼方法，煮咖啡既簡單又平凡。拿點水來，從咖啡豆萃取出一些可溶解的物質，在最後的溶液中約為 1.5%，這就是**咖啡液**。然後你就有一杯咖啡可以喝了。就這麼簡單。現在，假如你想要喝一杯精緻的咖啡，過程就會變得比較困難。如果你想要喝頂級咖啡，那麼就要在沖煮時加入一些科學知識。有些人會聲稱在這個階段，這項任務比火箭科技還要更進步，但是這話可能說得太誇張了。無數的神話、童話故事和信念堆滿了畫面。但是幸運的是，對那些相信科學的人而言，高品質的沖煮是可測量的。這已經經過一段時間了，但現在又更容易了。儘管如此，有件事卻是不可測量的，那就是人類對咖啡口味的偏好。這些肯定是隨著時間、地點、潮流，或是我們所稱的文化而改變。這就是本章的主旨。

起源

從咖啡樹萃取的古老文化可追溯到 2000 年前。這些老祖先的技術到今天依然還存在嗎？沒有，他們是從咖啡樹的樹葉萃取，而不是從果實或種子。在西伊索比亞與蘇丹交界處，那邊的部落仍然從野生的咖啡樹上採集樹葉。人們將樹葉發酵、曬乾，然後泡開，就像我們使用茶樹的葉子般。他們加入蜂蜜讓釀製的飲品更香甜，並加一些香料再飲用。我們可以自行決定要稱它為咖啡或茶。可以這麼說，它嚐起來跟今天的咖啡飲料並不相同。最近幾年，咖啡葉飲料在薩爾瓦多被重新炒作，並且被當作是「最新消息」。時間過得可真快。

沖煮咖啡的概念

沖煮咖啡就是萃取已烘焙過的咖啡豆。雖然以現在的形式煮茶約有5000 年的歷史，但是以現有的形式煮咖啡卻大約只有 500 年的時間，不過這要看是誰寫的歷史。衣索比亞最早的咖啡沖煮流程基本上跟煮茶一樣，不過用的是磨細的豆子。然而，真正打開局面的是鄂圖曼土耳其帝國。當

我們快速回顧歷史就會知道，不僅在鄂圖曼的首都伊斯坦堡有先進的咖啡館，在鄂圖曼帝國的其他地方，包括北非、巴爾幹半島和希臘在內，也都有咖啡館的蹤跡，土耳其人占領這些地方約莫 400 年的時間。他們所到之處皆留下不少痕跡，包括沖煮咖啡的文化，而且至今仍欣欣向榮。

在地的咖啡文化

土耳其的咖啡沖煮法是以土耳其式咖啡壺（cezve）為主，或者在希臘文中被稱為土耳其銅壺（ibrik 或 brikki）。這是古鄂圖曼帝國領土中最普遍的沖煮文化。就算在家庭中，它也是最普遍的，在鄉村咖啡館中，它還是同樣重要，但是在比較都市的地區，濃縮咖啡的文化逐漸占有一席之地。雖然沒有統計數字，但是我們完全有理由相信，直到最近全世界用土耳其咖啡壺所沖煮的咖啡比用濃縮咖啡機沖煮的咖啡還要多。畢竟光是在土耳其和埃及就有超過 1 億 5,000 萬的顧客，在歐洲各國也有 500 萬喝咖啡的土耳其人。

早期的沖煮咖啡

以土耳其式咖啡壺沖煮咖啡確實是煮咖啡文化的濫觴。為了加快萃取的流程，咖啡的表面積經由研磨而加大。顆粒磨得非常細，不過在烘焙的顏色上有相當大的文化差異；然後再加水並加熱到沸騰。可能會重複加糖或不加糖，視文化而定。這個原則與衣索比亞的咖啡沖煮流程幾乎雷同。

沖煮咖啡的概念變得流行起來。愈來愈多人喜歡這種飲品，早期沖煮文化的優點是顯而易見的，這個設備簡約又廉價，加熱也簡單。土耳其式咖啡——或是「希臘式」、「地中海式」等等，依地區而定——成為既新潮且價格合理的奢華享受。不過也有幾項缺點：土耳其式咖啡壺的容量有限；即使大多數的粉末會沉澱到壺底，但超微細的咖啡粉末可能會與飲品混合而令人感到不快；而且過程非常耗時。數百年來，沖煮的原則維持不變，沒有什麼新玩意兒出現。接下來就是三個主要的發展與發明。

🫘 以咖啡壺沖煮

大型土耳其式咖啡壺，或甚至是水壺（就像我們在營火上方或是全世界成千上百萬戶家庭的火爐上所看到）的出現使得容量增加了。現在被稱為浸泡法，在二次大戰之前，這種技術在全世界大部分地區都很常見。在沖煮咖啡的標題下，我們必須納入**過濾式咖啡壺沖煮法**（percolator brewing），這種方法一次又一次重複萃取咖啡，對於精緻的咖啡文化而言這簡直是幫倒忙，就像番茄醬對於精緻美食而言也是幫了倒忙一樣。這種咖啡仍然存在，但主要是在野外登山時才會用的方法。

🫘 濾煮咖啡

第二項發明就更成功了。在 20 世紀早期，Madame Mellita Benz 想到將研磨的粉末放入**濾網**中，因此將它們與萃取好的咖啡隔離。她的想法在某種程度上防止了過度萃取，而且一杯沒有顆粒的咖啡當然更加順口。這個方式提供了一個絕佳的點子；今天全世界大約有 70 至 80% 的咖啡是透過濾網過濾，但不是使用最初的布料，而是使用濾紙或金屬。

🫘 義式沖煮文化

以咖啡壺沖煮非常耗時，在早期並不是什麼大問題，因為有的是時間，就像日本茶道，過程往往與最終的結果一樣重要。但是工業革命隨之而來，它要求效率和機器發展，藉由加壓可以加速沖煮時間到高速的地步（參見「濃縮咖啡菜單」一文）。到了 1950 年代，亦即藉由萃取來沖煮咖啡豆的最早概念出現後的 500 年，一個新的沖煮文化問世。讓我們姑且稱之為在地的義式咖啡文化，之後它便逐漸征服全世界。

除了**即溶咖啡**之外，在沖煮文化中並沒有其他重大的發明。近期的發展其實是上述的變化，或是重新利用或重新改造被半遺忘的沖煮概念，譬如手沖咖啡濾壺（Chemex）。

大致說來（沒有確切的證據），我們可以憑經驗猜測，濾煮咖啡的數量約占飲用咖啡總數的 70 至 80%、濃縮咖啡 5 至 10%、即溶咖啡約 10%、土耳其式咖啡壺 5% 以上；其他方法，像是用濃縮汁、糖漿、**咖啡包**等等，大約占了 5%。當然，各國之間有很大的差異性。整體說來，在義大利，無論在家裡或在外面的咖啡館，大約 90% 喝的是濃縮咖啡，挪威 1%；英國人有 70% 喝的是即溶咖啡，其他國家則不超過 5 至 10%。

可測量的品質

雖然沖煮方法進展緩慢，然而測量品質的概念從 1950 年代以來卻有相當大的進步。當時位於紐約的全美咖啡局做了研究，以沖煮濃度為指標，提出可測量的萃取結果，科學化地提升沖煮品質。

該機構瞭解到沖煮濃度只能夠藉由萃取溶液中咖啡與水之間的關係來測量。萃取的即溶咖啡顆粒數量是另一個變數。結合這兩項參照標準便能完成在指定的濃度範圍內，測量出理想萃取的沖煮溶液。這是根據理想萃取乃介於 18% 至 22% 之間的理論，無論咖啡的品質為何，結合了研磨的顆粒大小、沖煮時間，以及水溫等要素便能達成這樣的萃取。

藉由測量萃取前後研磨咖啡的重量，便能推斷出準確的萃取比例。也可以使用液體比重計，就像測量酒類的酒精濃度一樣。也可以使用相同的時間與溫度的參照標準來評估濾煮器的品質。這全都相當費時，但是由於近年來電子**折射器**（refractometer）的發展，不僅令我們大開眼界，連測量也變容易了。

很遺憾地，全美咖啡局在 1970 年代初期關閉，不過技術、文獻以及設備皆轉移給挪威的咖啡沖煮公司，並在當地進行調整。這些公司全心全力投入修正。當時，美國每人的咖啡消費量跟挪威一樣，每年大約 6 公斤。但是當挪威的沖煮公司修正全美系統後，每人的消費量幾乎成長了 2 倍。

但也有一些例外，這種科學化的沖煮文化在其他地方被忽略或被遺忘了。它被意識型態所取代，亦即如果你購買**商業咖啡**的話，你可以從每一顆咖啡豆中獲得更多，而且又省錢。結果整個市場並未因為財富和人口的

成長而擴大。許多變數影響了整個咖啡市場，但是由於 80% 的飲用量為濾煮咖啡，咖啡飲料的濃度必然會產生重要的影響。欲從咖啡豆中「獲得更多」的醜陋意識型態以及在家中喝咖啡比較省錢的商業概念是因為許多消費者品嚐不出有苦味、過度萃取以及香濃咖啡之間的差異；他們無法感覺水與咖啡之間的比例。因此很容易就烘焙得過黑、磨得太細，以及在沖煮過程中過度萃取。煮出來的咖啡明顯較苦，但是顧客可以加糖和牛奶掩蓋掉苦味。我們可以這麼說，無論是否理所當然，但事實是糖跟牛奶在精品咖啡的市場名聲不佳，而且愈來愈多的消費者嘗試避免添加糖跟牛奶。

因此市場主要被區分為工業和精品咖啡兩大領域。假如沖煮的咖啡被過度萃取的話，那麼所有的咖啡基本上嚐起來都一樣，所以何必要做出高品質的咖啡呢？或者反過來說：假如你買了高品質的咖啡，你需要適當的沖煮，否則就是浪費多餘的錢。

對於精品咖啡界而言，適當沖煮咖啡是極為重要的。高品質咖啡的市場區塊很小，它只能透過高品質的沖煮來拓展。高品質沖煮的參照標準在 1950 年代就已為人所知。在挪威已實行 40 年並獲得極大的成功，這對於穩定各種咖啡市場而言貢獻良多。

接下來呢？

自 1950 年代以來，咖啡出現了許多的差異性。咖啡豆和它們的加工方法、烘焙、沖煮技術，最重要的是，顧客的習慣和偏好改變了，市場上的品質也呈現兩極化。歐洲精品咖啡協會（SCAE）因此推出一個長期的科學課程，去深入探索咖啡的品質，就像顧客所看到的一樣。SCAE 所考慮的不是一般顧客，而是喝上等精品咖啡的那些人。他們確切的口味偏好依時間、地點、習慣和對品質的看法而定。簡而言之，偏好取決於咖啡文化，而這些研究的首批發現不久即將公諸於世；其他更多的發現亦將陸續發表。全球的沖煮文化和偏好是一門複雜的科學，是否放諸四海皆準尚有待觀察。

Part VII
咖啡與健康

57

關於咖啡與健康的長期辯論

Robert W. Thurston

Lawrence Jones 在本書第 59 章討論了近期在咖啡與健康方面的科學發現。這部分簡短處理了每隔一段時間就會出現的公開辯論，討論咖啡對大腦和身體的影響。自從咖啡第一次出現在英國，它就一直是辯論的主題，有人強烈主張它對健康的好處，緊接著就會有人猛力反擊，宣稱它會造成具體的傷害。這些交流構成另一章，專門探討咖啡的社會史。

就像到國外旅遊一樣，人們對於食物和飲品的期待往往足以限制品嚐的經驗。舉例來說，我們都聽過有人說自己喝啤酒喝到爛醉，結果發現他其實喝的是無酒精的啤酒。香甜的物質會立刻吸引以前從來沒有品嚐過它們的人。但是對於大多數其他食物或飲料而言，一定都要有一個正式或是非正式教育的過程，才會使它們產生吸引力。特別是不甜的飲料，像是啤酒，或是天然甜味不明顯的飲料，而中下品質的咖啡更是如此。就像人類學家 Sidney Mintz 所說的，「構成『好食物』的因素就像構成好天氣、好配偶或充實人生的因素般，是一種社會物質而不是生物物質，就好比（法國人類學家）Claude Levi-Strauss 在很久以前所指出的，好的食物在它變好吃以前一定要被認為好吃[1]。」對於咖啡會好喝的期待，或者至少對身體好，很早就出現在西方世界的咖啡故事中。

☕ 咖啡與健康的辯論

在西方，已知最早的咖啡廣告可追溯到 1652 年，一張貼在倫敦街頭牆上和電線桿上的印刷傳單，強調一般人相信喝咖啡會為健康帶來好處，而不是強調其口味或樂趣。1652 年的傳單上宣稱，咖啡能「將胃的孔封起來，並增加胃裡的熱氣」，咖啡「非常有助於消化……它既能恢復精神，又能讓你心情輕鬆愉快。咖啡可以改善眼睛酸痛的毛病……它十分能夠抑制怒氣，因此對抗頭痛的效果良好……。它可防止嗜睡，讓你有精神工作。」在最後的宣傳文案中，該廣告宣稱，「根據觀察，在土耳其，一般人普遍都喝咖啡，因此他們比較不易罹患結石、痛風、水腫和敗血症，而且他們的皮膚十分乾淨和白皙[2]。」雖然在當時，信仰基督教的歐洲與土耳其水火不容，但他們認為土耳其是一個厲害又可敬的對手，不是後來使

得歐洲大陸陷入混亂的「病夫」。因此他們最喜愛的飲品在 1652 年是受到景仰的東西。

已知最早的報紙廣告是在 1657 年的倫敦，同樣也是談關於咖啡與健康，但是並沒有提到土耳其人。除了上述印刷傳單上所陳述的觀點外，這份宣傳又加進了咖啡對於防治通風以及淋巴結結核病（一種毀容性的皮膚病）有所助益的觀念[3]。

但是很快就出現了一則反擊，主張咖啡會毀掉飲用它的男性。這篇在 1674 年出現的文章標題為「女性反咖啡請願書」，它不僅惡名昭彰且經常被引述，這個自命為「好心人」（Well-Willer）的作者強烈抨擊咖啡是：

那種會把人搾乾、使人衰弱的飲料……（咖啡導致）舊時英國真正的活力衰敗，我們的青年才俊在各方面都如此法國化，他們變成了區區一隻公麻雀，走起路來輕飄飄的，憤世嫉俗，但是卻無法採取行動，一經指責，立刻就躺平在我們面前。男人從來沒有過這麼大的臀圍，或是身上只有少得可憐的男子氣慨……過度飲用被稱為咖啡那種標新立異、讓人討厭、異教徒的飲料，它奪走男性本色，徹底搾乾水分，害得我們的丈夫變得陰陽怪氣，嚴重損害我們更多善良的青年才俊，讓他們變得跟老年人一樣性無能，就像那些不毛之地的沙漠一樣無法孕育新生命。在喝了這種有危害的外來飲料後，（咖啡會引誘男人）嫖妓、虛擲光陰、燙傷嘴巴及揮霍，這全都是因為這一點點劣質、漆黑、濃烈、討厭、味苦、惡臭、噁心的水坑水所造成的……

（男人）冒著因為不舉而綠雲罩頂的風險……我們虔敬地懇求 60 歲以下的人全都禁止喝咖啡，否則將受到嚴重的處罰，我們建議一般人改喝讓人精力充沛的啤酒、雞尾酒、烈性甜酒加納利白酒、恢復精神的馬拉戈酒（Malago's），並回復吃巧克力[4]。

這份請願書讀起來像優良讀物。但如果太認真看待，或認為是女性對咖啡的普遍看法的話，那就不太明智了。首先，我們並不知道它真正的作

者是誰，或甚至女性在文章鋪陳中所扮演的角色。其次，它並未寄給任何特定的當局，而是「給愛神的自由守護者閣下；給協助女性的崇高法院」。第三，假如是女性寫的，她們可能會抗議早期英國的咖啡館排拒女性，而不是流露出她們對咖啡的厭惡。第四，這份文宣品跟民族主義的傳單沒兩樣；文中輕蔑地提到法國便證明了這一點。第五，這份請願書只是同一時期鄙視或看似鄙視喝咖啡、其他飲料和抽煙的眾多文宣品之一[5]。最後，這份請願書反對英國日益流行喝咖啡，但無濟於事。在英國，咖啡館以及咖啡消費額的數字持續增加到 18 世紀。後來，茶在英國取代了咖啡，而這又可以寫成另一篇故事了。

在關於咖啡與健康的爭辯中，比較嚴重的是來自於法國的旁道攻擊。這個問題可能大致上也是關於國家的品味和認同：1679 年時，一名來自馬賽的醫生寫道：「我們滿懷恐懼指出，這種飲料……很容易就幾乎完全打破人們享用美酒的習慣。」另一名醫生宣稱幾年後咖啡就會「搾乾腦脊髓液和皮質皺褶……結果就是整個人筋疲力盡、癱瘓和性無能[6]。」

相反地，有一位馬賽的知名人物，藥劑師 Philippe Sylvester Dufour，於 1671 年出版了一本滿腔熱情討論咖啡的著作，書名為《談咖啡、茶與巧克力的用途》（*De l'usage du caphé, du thé, et du chocolate*）[7]。這本書「一般認為是為咖啡做宣傳；事實上，經證實它是一個絕佳的廣告，並於 1685 年時被翻譯成英文[8]。」英譯本的書名為《歐洲、亞洲、非洲和美洲多數地區泡咖啡、茶和巧克力的方法》[9]。在同一年，Dufour 出版了另一本《咖啡、茶和巧克力的新奇療法：醫生和所有熱愛身體健康的人必備的一本書》（*Traitez nouveaux & curieux du café, du thé et du chocolate: ouvrage également nécessaire aux médecins, & à tous ceux qui aiment leur santé*）[10]。這本書很快地就出現德文、荷蘭文和拉丁文的版本；英文版則在法文原文出版後的數月內問世[11]。Defour 在這本書中針對咖啡以及茶和巧克力提出延伸的主張──在當時這三者被認為是同一種飲料──亦即「三種讓人們宛如置身天堂的藥物。這些東西非常需要流傳與讚賞，很特別的是，藉由信號效應，全歐洲都對它產生敬意，無數的人每天都在泡製這些飲料，他

們使用得很成功，我認為在這個議題上將一些論述與專著傳遞給社會大眾是非常重要的一件事[12]。」

　　一般大眾廣泛接受這本專書，等於推翻了對咖啡的反彈。尤其是 18 世紀時的法國，Dufour 的同胞們發現從殖民地聖多明尼克（現在的大溪地）進口咖啡豆獲利豐厚，於是批評咖啡的聲浪便逐漸消退。

　　咖啡與健康的疑慮仍持續存在。直到 1819 年才由德國人 Friedlieb Runge 解析出咖啡中最活躍的成分。由於想不出更好的名稱，他將之稱為「咖啡因」。咖啡裡面有某個成分會使脈搏加速是顯而易見的——當時還未發現血壓這種東西——就像 1652 年第一則廣告所指出的，它有一定的「除濕」效果。換言之，喝咖啡會增加排尿量。除了這些觀點外，在後來的一段時間裡，關於咖啡對身體的影響並未有太多確切的論點。

　　缺乏精確的知識亦未能阻止新的批評出現。19 世紀末，關於咖啡的辯論新戰場開啟，這次轉移陣地到美國。在廣告、媒體大肆宣傳以及擔憂情緒疾病的全盛時期，對咖啡的攻擊，以及販售對健康更有益的替代飲料恐怕在所難免。據說這時針對咖啡的批評是對「神經」有影響。當時最流行的疾病就是新造的名詞「神經衰弱」，這種症狀使得中產和上流階級的美國人除了躺在床上擔心之外，無計可施。

　　有一個促進美國人身心健康的運動雖然廣泛但缺乏科學性，在這場運動中，新的競爭對手是穀類飲料。第一個受到好評的穀類飲品發明者是 John Harvey Kellogg 博士，他也是早餐麥片之王和神經系統疾病偏方飲食與治療的創始者。在 1890 年代，他將這些問題和其他許多的問題歸咎於咖啡，並主張「茶和咖啡都是有毒的藥物，應該立法禁止販售和使用[13]。」而他研發了一種稱為「焦糖咖啡」的穀類產品取而代之。

　　當時位居第二的麥片大亨 C. W. Post 雖然曾經住過 Kellogg 於密西根所開設的療養院，但是卻未安定他的神經。Post 後來自創品牌，他有一項比較成功的產品「波斯敦」（**Postum**）或多或少抄襲了 Kellogg 的飲料。1907 年有一則廣告教育消費者說：「要如何才能躺在床上睡不著？答案就是喝咖啡。過不久，你就會感覺神經衰弱。有個簡單又古老的常識建議我們戒掉刺激性、會讓人產生錯覺的藥物，所以改喝波斯敦吧！[14]」隔年，

另一則波斯敦的廣告請來一名「被咖啡搞得身心耗弱」的年輕人現身說法咖啡的危害[15]。

另外，1883 年，醫學博士 Harvey M. Wiley 擔任美國農業部的首席化學家。他很快就開始發起一個純淨食品與藥物法案的活動，仿造 1875 年的英國法律模式制定。1906 年，國會最後通過「純淨食品與藥物法案」（Pure Food and Drug Act），絕大部分是由 Wiley 執筆[16]。遺憾的是，他也成為一名反咖啡的擁護者。1910 年時，他在一場演講中主張，「酗咖啡是比喝威士忌成癮更普遍的惡習……這個國家到處充斥著喝茶和咖啡的上癮者。在我們國家最常見的藥物就是咖啡因[17]。」

不用說，咖啡產業猛烈反擊，雖然一開始的方式令人費解。有些烘豆師主張他們消除了咖啡中的有害物質，譬如「帶有單寧酸的豆殼[18]」。1901 年創刊的《茶與咖啡貿易雜誌》（Tea and Coffee Trade Journal）是美國為這兩種飲料產業發聲的管道，竭力推廣支持咖啡的廣告與資訊。全美咖啡協會（前身為全美咖啡烘豆商協會）於 1911 年成立之後，推行了兩次「全國咖啡週，一次在 1914 年，另一次是在 1915 年，它們為接下來的大型聯合咖啡貿易宣傳活動奠定絕佳的基礎[19]。」1920 年，該協會出版了一系列給醫生閱讀的小冊子，清楚解釋適量的咖啡對人體無害[20]。愛喝咖啡的人出於習慣，加上第一次世界大戰促進了驚人的咖啡飲用量，至少海外的美國士兵是如此，因此水坑水贏了。

另一波對咖啡的攻擊出現在 1920 和 1930 年代，就如同 Chase 和 Sanborn 所主張的，據說「走味」的咖啡會造成夫妻間的怒火或甚至是暴力行為。在 1930 年代，波斯敦連環漫畫式的廣告以一個名為「咖啡神經質先生」（Mr. Coffee Nerves）的邪惡魔鬼為主角，它試圖要神經性失眠患者一直喝咖啡，但是卻被穀物飲料給趕跑了[21]。Sanka（取自法文「無咖啡因的咖啡」）繼續攻擊一般咖啡乃焦慮和失眠的原因，直到 1970 年代為止。後來 Kraft Foods 收購波斯敦，在 2007 年時不再生產這種飲料，2012 年 6 月計劃重新生產。其他的穀物飲料還是繼續生產。一些譴責咖啡的最後一搏仍繼續進行[22]，但看起來對大眾幾乎沒有什麼影響。

在最負盛名的《新英格蘭醫學雜誌》（New England Journal of

Medicine）所發表的一份報告，追蹤了從 1995 到 2008 年咖啡對於超過 40 萬名美國人的影響，可惜 Lawrence Jones 來不及在他的文章（第 59 章）中討論它。研究人員另加進了吸煙的變因，這項變因使得之前許多的調查錯綜複雜。結果證明喝咖啡跟「男女主要的死因呈現負相關，包括心臟病、呼吸道疾病、中風、受傷和意外、糖尿病及感染等 23。」換言之，喝咖啡的人顯然比較不可能發生這些問題。這些發現符合其他近期研究的結論。據推測，喝咖啡的人較少發生意外和傷害，因為一般來說他們的警覺性比較高。

即使喝咖啡的人比不喝咖啡的人吃較多的紅肉、做較少的運動，並且喝較多的酒精飲料，喝咖啡的那群人壽命卻比較長。2008 年，每天喝 4 至 5 杯咖啡的男性是不喝咖啡者死亡率的 88%；就女性而言，每天喝 4 至 5 杯咖啡的人死亡率降至不喝咖啡者的 84%。那些喝低因飲料和喝一般咖啡的人之間似乎沒有差別。有喝咖啡但從未抽菸的人或在這份調查開始時戒煙的人，是所有數據中死亡率最低的 24。因為一杯咖啡裡包含了超過 1,000 種化學成分，除了咖啡因外，還有其他物質也發揮作用。科學家並不知道哪些成分有幫助，但顯然咖啡對大多數人都有助益。

近年來亦出現咖啡的新用途，譬如作為肥皂中一個主要的成分。還有更多好消息，不過只針對深褐色頭髮的女性：與其在上美容院的間隔期間，要花多餘的錢買染髮劑，不如「在沖澡時用兩杯冷的黑咖啡倒在濕頭髮上；停留在頭上 10 分鐘，然後用洗髮精洗頭。」在你下次請專業人員服務之前，這種方法可防止挑染的頭髮褪色 25。

Harvey Wiley 說咖啡因是美國人最喜愛的藥物是正確的，直到今天還是對的，在全世界也一樣。但是現在似乎很清楚，對大多數喝適量咖啡的人而言，這種飲料利多於弊。無論是大口暢飲或是細細品味，咖啡都對你有益。

58

咖啡因
一杯咖啡裡含有多少咖啡因？
多少才對健康有害？

Robert W. Thurston

　　研究人員對於「普通」一杯或是一份濃縮咖啡裡的咖啡因含量並無共識。有部分原因是很難說什麼叫做普通份量，有部分則是因為不同品種的咖啡豆所包含的咖啡因含量並不相同，還有部分是因為製作咖啡的方法會影響其所包含的咖啡因含量。

　　咖啡豆中的咖啡因含量可能會隨著每一次的收成以及每棵樹而有所不同，或者甚至一棵樹底部的果實跟頂部的果實也有不同的咖啡因含量。沖煮時間和方法也可能使得相同的豆子產生不同程度的咖啡因。同時，美國聯邦法律規定，任何標示去咖啡因的咖啡，必須去除掉 97% 的咖啡因。但是這條法律並未說明有多少咖啡因實際留在飲品中！簡言之，若未經測試，沒有方法可以知道你的咖啡裡含有多少咖啡因。表 58.1 列出了咖啡、茶、紅牛飲料，以及一顆提神藥的咖啡因估計量。

　　佛羅里達大學醫學院的一份研究測試了來自不同店家的 10 種低因咖啡樣本；這些飲品中每份 16 盎司所包含的咖啡因從 0 到 13.9 毫克不等。研究人員也從某家星巴克測試**濃縮咖啡**和調製咖啡；這些樣本的咖啡因含量範圍為 3.0 至 15.8 毫克／一份濃縮咖啡以及 12.0 至 13.4 毫克／一份 16 盎司的調製咖啡[1]。梅約醫學中心的報告發現，「一般調製好的低因咖啡8 盎司」可能包含 2 至 12 毫克的咖啡因，不過 1 盎司的「餐廳式低因濃縮咖啡」包含的咖啡因可能為 0 至 15 毫克[2]。在較高數字那端，咖啡因攝取對於有高血壓的人或是有其他不同症狀的人可能會是個問題，而且理所當然，對於完全無法忍受咖啡因的人而言肯定會是個問題。自從巧克力、許多的成藥，以及一些食物也被發現含有相同的化學物質後，所有對於咖啡因有反應的人喝「去咖啡因飲料」都應該要留意。梅約醫學中心建議就「大多數健康的成人」而言，每天以不超過 200 至 300 毫克為宜[3]。

　　乾燥、粉末狀的咖啡因是效力強大的有毒物質，具有醫藥用途。吃進身體裡的咖啡因或任何其他藥物究竟是有益或有害一般都是看劑量而定。吃進大量的阿斯匹靈也會要了你的命。《哈佛健康通訊》（*Harvard Health Letter*）直言道：「致命劑量的咖啡因大約是 10 公克，這相當於100 杯咖啡的咖啡因量[4]。」但是致命的數量是依體重和其他因素而定，

表 58.1 飲品中的咖啡因估計量

《國家地理雜誌》	
調製咖啡，1 杯 12 盎司	200 毫克
濃縮咖啡，1 份 1 盎司	40 毫克
調製茶，1 杯 8 盎司	50 毫克
紅牛飲料，1 罐 8.3 盎司	80 毫克
Dicum 與 Luttinger	
滴漏阿拉比卡咖啡（8 盎司）	95 毫克
滴漏羅布斯塔咖啡（8 盎司）	130 毫克
濃縮咖啡，以阿拉比卡泡製	95 毫克
NoDoz 提神藥	100 毫克
2012 年 1 月號《哈佛健康通訊》	
星巴克小杯香濃咖啡 8 盎司	180 毫克
立頓綠茶，1 杯 8 盎司	35 毫克
紅牛飲料，1 罐 8.4 盎司	80 毫克
梅約醫學中心，2011 年 10 月，「營養與健康飲食」	
「一般調製咖啡」8 盎司	95-200 毫克

資料來源： T. R. Reid, "Caffeine," *National Geographic* 207, no. 1 (January 2005); Gregory Dicum and Nina Luttinger, *The Coffee Book: Anatomy of an Industry from Crop to the Last Drop* (1999), 117.

咖啡因：一杯咖啡裡含有多少咖啡因？多少才對健康有害？

包括性別在內，而且這段話並未說明在特定尺寸杯子裡的咖啡因分別是多少的問題。「總之，」醫學博士 Bernadine Healy 寫道：「這全都看你的身體如何處理這些東西[5]。」

　　不過，讓我們假設在短短數小時內喝下 100 杯的咖啡將害你一命嗚呼。但是，《哈佛健康通訊》也表示，一旦你不再喝下咖啡，「大約 8 至 10 小時後，只有少量的咖啡因」會殘存在你的身體中。很有可能你的身體會反抗為了攝取 10 公克的咖啡因而必須喝下的大量咖啡；你會嘔吐或是感到噁心，而且無法再喝下更多咖啡。但各位在家中請勿輕易嘗試。

假如你無法用氣相層析儀來檢驗飲品中的咖啡因數量，你能怎麼做呢？現在可以用試紙（我們在此不推薦任何特定品牌，我們也無法擔保現場測試的準確度），據說只要滴入一匙的咖啡，在幾秒鐘內就能得知這杯飲料中含有多少的咖啡因。或許最佳的建議已經擺在眼前：假如你不適應咖啡因，請謹慎飲用。

59

咖啡與健康的近期研究

Lawrence W. Jones

醫學博士，加州 Pasadena 市杭丁頓醫學研究中心前列腺研究計畫主持人。Larry 是一名執業內科醫師，也是烘豆零售商。他曾經擔任外科醫師和科學家 40 年之久，並與家人從事烘豆零售事業長達 20 年。他曾出席討論咖啡和醫學主題的會議。

　　身為一名烘豆師、零售商以及一名執業的內科醫師，愈來愈多的民眾就咖啡與健康的議題來詢問我的意見。精品咖啡市場的世界充斥著與咖啡相關的健康議題，我確信其他同樣身兼烘豆師、零售商及執業醫師的人也常常會聽到類似的詢問。除了擔心咖啡對腦部和身體的直接影響外，人們也關心去咖啡因和減少胃刺激性的議題。本文將概述與回顧目前咖啡與健康的相關研究和觀點。

　　健康已經成為消費者愈來愈重視的問題。有個暢銷作家建議：「多吃未加工的食物……飲食勿過量……以蔬食為主[1]。」將這些原則記在心裡，那麼還有比咖啡這種天然飲料更好的嗎？隨著人們日漸意識到喝適量的咖啡是健康生活型態的一部分，因此對健康的認識正在影響全球咖啡市場。

　　從已知最早的咖啡廣告開始，咖啡對健康的影響一直受到諸多揣測。光是在過去數十年，關於咖啡的科學知識已有長足的進展。在 20 世紀下半葉所進行的咖啡因生化與行為科學相關研究有助於定義咖啡對於健康的影響。Earl W. Sutherland 研究了三磷酸腺苷（ATP）和環狀單磷酸腺嘌呤（cAMP）。他解釋像腎上腺素這類的激素會激活細胞壁上特定的受體，並藉由 cAMP 的分泌增加來發送信號給細胞內部。他進一步證實咖啡因抑制了這種 cAMP 刺激物的分解[2]。因為這份研究，Sutherland 於 1971 年獲得諾貝爾生理及醫學獎。

　　之後有三個發展改變了我們對於咖啡與健康的看法。雖然受到飲食頻率問卷的限制，但是這裡的討論大部分都是出自於龐大的西歐資料庫[3]。其優點是人口數穩定、資料蒐集完整，分析也很周密。

　　細胞生物學的當代進展提供了經實驗室確認、以數據為基礎的流行病學研究。高效液相層析儀被用來確認複雜溶液的分子成分，譬如咖啡[4]。質譜分析儀被用來定義每個被研究的分子的化學結構。

　　近期的生物醫學發現來自於我們能夠「摧毀」特定分子的基因編碼，一次一個基因。因此，每一種人類疾病，包括神經退化性疾病和代謝失調，都有一個相對應的小鼠模型。與咖啡相關的健康議題當然也不例外。

　　咖啡中有四種媒介物可能影響健康：咖啡因、雙帖烯（咖啡醇和咖啡白醇）、綠原酸及菸鹼酸。以下就是這些化合物如何產生作用的方法：

1. 腦中的咖啡因會因為各種化學與電子機轉而產生作用。它是一種中樞神經系統的刺激物。透過環單磷酸鳥苷（cGMP）的累積以及透過肝醣分解製造糖分，這是能量傳遞介質氧化氮的有效來源[5]。在大腦之外，咖啡因也是一種選擇性的平滑肌鬆弛劑，尤其是在末梢和海綿體血管以及在支氣管分支處[6]。

    在運動中和運動後，咖啡因可提升體能與認知表現[7]。在肝臟中，突然攝取過多的咖啡因將減弱葡萄糖耐量，但是會增加胰島素的敏感度和增加能量的代謝。若是長期緩慢的攝取，咖啡可提高葡萄糖耐量。

    一般而言，低因咖啡仍留有 3% 的咖啡因。市售咖啡只有不到 10% 是去咖啡因的產品。儘管如此，大多數的調查還是會區分這兩者，而且無法指出顯著的健康差異。

    由於咖啡因會主動抑制鈉的再吸收，因此會增加排尿量。當水跟著鈉排出時，腎臟中的尿液濃度便會降低[8]。

2. 雙帖烯會改變脂質酵素，導致膽固醇增加以及低密度的脂蛋白[9]。在以濾紙技術沖煮的咖啡中就沒有這些問題。以其他方式沖煮的咖啡，其膽固醇的副作用雖然微小，然而卻足以導致濾紙沖煮比煮沸或是蒸氣萃取技術更受歡迎，因而需求增加。

3. 綠原酸和肉桂酸為多酚抗氧化劑。膳食多酚是在植物中發現的一組化學物質，特徵是不只一個苯酚單位存在或是每個分子不只一個組成成分。它們一般被分為水解單寧和苯丙烷類，譬如咖啡酸。植物多酚是一組天然的抗氧化劑，它們被認為可對抗心血管疾病和癌症。雖然一般大眾對於這個類別有強烈的興趣，但是只有少量的報告證實其臨床相關性[10]。

4. 在傳統的咖啡用途中，有個微量元素「菸鹼酸」可能修改脂質，因此達到控制動脈硬化的效果。其他的微量元素，如鎂、鉀和維生素E 都只占了每日建議需求量的 0.1 至 5%。因此，咖啡的潛在促成作用是微不足道的。

　　拜現代研究技術之賜，我們如何看待咖啡與特定健康議題的病理學和流行病學之間的關係發生了巨大的改變。喝咖啡的人罹患神經退化疾病的風險較低，譬如癡呆症和帕金森氏症。這可能是因為咖啡因具有保護神經的功能，可防止有毒的血清蛋白滲漏到神經組織中。在針對阿茲海默症與帕金森氏症的動物實驗中發現，咖啡有助於防止血腦障壁的瓦解[11]。事實上，有充分的證據顯示，咖啡因和咖啡可減少有毒的乙型澱粉多胜肽（蛋白質）沉澱，因此可能對於治療阿茲海默症具有療效[12]。也有人提出，其他的神經退化疾病，例如創傷後腦部損傷、HIV-1 癡呆症、中風以及多發性硬化症等，或許可同樣以血腦障壁的藥理學穩定作用來治療[13]。

　　喝咖啡的人比不喝咖啡的人罹患帕金森氏症的機率低了 3 至 5 倍。臨床上是以類似多巴胺的藥物來治療帕金森氏症。藉由跟多巴胺的敵手「腺苷酸 A2」（看似像咖啡因的分子）相競爭，咖啡因可提升多巴胺在腦幹的活動[14]。腺苷酸 A2 的對手，譬如咖啡因，可以減緩帕金森氏症[15]。

　　咖啡可減輕中度至重度的頭痛，包括偏頭痛在內。咖啡因治療急性偏頭痛發作非常有效[16]。其作用機轉或許是抵消與遺傳相關的多巴胺過敏反應。藉由預先抑制較嚴重的血管收縮之後的血管舒張，即可防止頭痛。近期的研究指出，偏頭痛或許跟穿越細胞膜的鈉幫浦調整有關[17]。這個作用機制可以藉由咖啡因來調節。然而，咖啡因在偏頭痛治療上的可能性尚未經證實。

　　在美國，適度飲用咖啡的人比不喝咖啡的人因憂鬱症和與憂鬱症相關的因素而自殺的機率少了 50%[18]。

　　有一份關於中風的研究證實，喝咖啡者比較不易罹患腦動脈阻塞。而且，在咖啡、高血壓和腦部大出血之間並無關聯性[19]。

　　腺苷酸控制了醒睡週期。由咖啡因所造成的失眠是因為咖啡因對於腺苷酸 A1 和 A2 受體產生的影響所致[20]。咖啡因分解的速度也可能造成失眠。咖啡的酵素分解變異性也可以解釋咖啡因對於睡眠誘發和喚醒的各種影響[21]。

　　在荷蘭，一份調查了 17,000 名荷蘭男女性的研究發現，嗜喝咖啡者

跟只喝微量和不喝咖啡者相較之下，罹患第二型糖尿病的機率少了 50%。在芬蘭、瑞典和美國也都有類似的研究報告出爐 [22]。

咖啡也能緩和肝臟損傷、肝硬化和肝癌的症狀。在患有肝臟疾病的患者中，喝咖啡者的某些肝酵素指數較低。同樣的，肝硬化和與肝硬化相關的死亡率也較低。最後，在一份研究中顯示，每天至少喝 1 杯咖啡的 B 型和 C 型肝炎患者可降低罹患肝癌的機率達 48%[23]。

心悸是可覺察的心律不整，而且可能因過量的咖啡因所引起。心悸與器質性心臟疾病較無關聯 [24]。不過，嚴重的心律不整，譬如心房纖維顫動和震顫尚未被發現與咖啡因有關 [25]。

一天喝多達 3 杯咖啡的人發生心臟驟停的機會比那些不喝咖啡的人明顯低了許多。喝咖啡與原本就有冠心病的患者心臟驟停，兩者之間並未發現有關聯性。雖然有零星的陣發性心房心搏過速的報告出現，但是在喝咖啡與心室纖維顫動或心因性猝死之間並無關聯 [26]。

容易罹患骨質疏鬆症的患者，藉由補充鈣質和維生素 D，以及每天喝不超過 3 杯咖啡，可將風險降到最低 [27]。

說到痛風，喝咖啡的人，包括喝低因咖啡的人在內，體內的血清尿酸（痛風的指標）也較低。喝茶的人尿酸並未降低。或許是茶裡並未包含綠原酸的緣故，綠原酸可透過其抗氧化的特性來控制痛風 [28]。

咖啡可能增加罹患癌症風險的說法尚未獲得證實 [29]。相反地，最近有一篇頗具威信的期刊提到，有一份研究發現，在喝咖啡的男性中，高風險前列腺癌的發生率明顯較低 [30]。

對於人們抱怨頻尿的問題，非專業的文獻往往傾向限制喝咖啡。咖啡之所以造成頻尿的現象可能是因為它的利尿作用。咖啡的利尿作用發生在腎元附近的腎小管部位。咖啡也可能導致膀胱粘膜發炎。不過，在咖啡與慢性間質性膀胱炎之間尚未發現有任何關聯性 [31]。

關於腎結石的問題，咖啡因的確會增加尿液中的鈣和草酸。雖然有這些影響，但是在對照型研究中並無法證實結石發生率隨著咖啡攝取的變化而有任何的差異 [32]。之所以缺乏顯著差異可能是因為咖啡因的利尿作用，由於溶質被稀釋，因此減少了結石的形成。

　　咖啡也可能改變性行為。在性交前被餵食咖啡因的公鼠經證實反應時間明顯降低，而且性交頻率增加 33。被餵食咖啡因的母鼠在性動機和活動力方面都有提升 34。女性生殖力的機率可能會因為酒精、菸草和藥物使用而無法斷定。儘管如此，對於想要懷孕的女性而言，建議每天限制喝 3 杯以下咖啡的研究寥寥可數。自發性流產同樣跟每天喝 3 杯以下的咖啡無關。咖啡並不會造成早產或是胎兒天生缺陷。就哺乳中的產婦而言，咖啡因會出現在母乳中；不過，美國小兒科醫學會將咖啡因歸類在哺乳產婦的適用藥物中，因此每天低於 3 杯的飲用量便無妨 35。

　　在兒童方面，任何每公斤含有超過 3 毫克咖啡因的飲料都可能造成兒童的神經緊張 36。這個發現促使加拿大將兒童的咖啡因攝取量限定在每日 2.5 毫克／公斤——亦即，一名 6 歲兒童大約只能喝半杯咖啡。

　　對於那些有消化不良、腹瀉、脹氣、腹痛以及排便困難的人，低酸度的咖啡正漸漸打開市場，喝這類咖啡可緩解這些症狀。咖啡可增加腸胃道蠕動，但是有關生活方式的研究指出，消化不良是食物不耐症的結果而不是原因 37。

　　有機咖啡對健康有影響嗎？就我們所知，經過**烘焙**過程，除草劑和殺蟲劑都已經達到無害的程度。有份德國的研究測試了生豆和已烘焙咖啡豆中殺蟲劑的殘留量，結果它們在烘焙過程中均已降解 38。報告顯示，該殘留量在烘焙過程中已減少到微不足道的數量。

　　飲用咖啡和死亡率之間的相關性近來頻頻受到關注。無論是男性或女性，正常的咖啡飲用量跟死亡率的增加無關。事實上，針對該問題的重點研究指出，咖啡對於預防各種病因及心血管疾病所引起的死亡或許有一些功效 39。

　　綜上所述，飲用咖啡有助於控制第二型糖尿病（代謝症候群）、帕金森氏症、肝臟疾病，或許還可降低憂鬱症、自殺風險、癡呆症和偏頭痛。適度攝取咖啡因，每天 300 毫克以下，或者兒童 3 毫克／公斤，並不會增加中風、心律不整、高血壓、心血管疾病、癌症、感染、妊娠併發症、鈣質失衡、骨骼疾病或是腎結石等發生的機率。最後，咖啡可能跟各種負向但比較無關緊要的副作用有關，譬如失眠、心悸和頻尿。

對於嗜喝咖啡者而言，重質不重量是最新的市場考量。從烘豆師兼零售商的立場來看，大眾觀點的改變使得精品咖啡的需求增加，尤其是它們強調大眾所關心的沖煮技巧、咖啡因的成分，以及品質。大眾應該將適量的咖啡視為整體上是有益的，而且很少會造成傷害，只是目前並無強而有力的合格證明。

Part VIII
咖啡的未來

60

肯亞咖啡研究
現況與未來願景

Elijah K. Gichuru

肯亞奈洛比大學植物科學系畢業，現爲一名植物病理學家。他從
1994 年起即爲肯亞咖啡研究基金會工作，2010 年升任爲副處長。
他在葡萄牙和法國的實驗室主持研究工作，研究重點爲咖啡病原
體的分子多樣性以及辨別咖啡抗病力 （DNA 和生化）的分子標
誌。曾發表超過 20 篇期刊論文以及會議論文集的文章，還有爲
兩本書撰文，目前從事植物病原體交互作用的機制和咖啡抗病力
的研究。

肯亞主要生產阿拉比卡咖啡，這是 1990 年左右法國傳教士引進的品種。從此成為主導肯亞經濟的作物。正式的肯亞咖啡研究始於 1908 年殖民政府委任一位咖啡昆蟲學家進行研究。1963 年，肯亞政府透過咖啡研究基金會（Coffee Research Foundation, CRF）把研究管理的責任交給咖啡農，咖啡研究基金會隸屬一個擔保有限公司。基金會政策層面的管理工作，主要交付給利益關係人代表，以及相關政府部門和國家農業研究機構的代表。基金會總部設在肯亞的中部，也在其他咖啡產區設立分會。咖啡研究的主題與時俱進，基金會目前受命探討咖啡**價值鏈**的相關議題，並想辦法鼓勵咖啡農栽種優質咖啡，以滿足消費者的需求。

目前基金會分成 7 個技術研究部門：植物病理學、化學（由作物營養、咖啡加工和品質單位組成）、作物生理學、植物育種、昆蟲學、農藝學、農業經濟，以及兩個資訊傳播部門（研究聯絡處和諮詢處）和肯亞咖啡學院。

基金會算是一個咖啡農組織，經費主要來自肯亞國內生咖啡豆銷售稅，有助於建立基金會和咖啡價值鏈上各方利益關係人的關係。此外，營利活動、肯亞政府補助、外部資助的合作計畫、發展夥伴的研究補助、基金會和民間業者的合作，都會帶來更多經費。因此，基金會已經在國內、區域與國際建立穩固的關係。

成就

這些年來，基金會有不少傑出的研究成果，促進咖啡產業的成長與發展，例如挑選高產出、高品質的阿拉比卡**品種**，研發抗病的咖啡品種，研擬病蟲害防治計畫，針對各個地區提出適合的土壤肥力管理計畫，以及研發咖啡加工技術。這些技術透過諮詢和培訓活動轉移給利益關係人，此外還要搭配土壤肥力分析、生產栽種材料、生產原料和咖啡產品品管。基金會也為政府的監管機構、政策發展機構和行銷組織提供技術支援，同時也是國內外類似合作機構的標竿，更是國際咖啡研發中心。

挑戰

　　基金會所面臨的營運困難，對全球農業研究並不陌生。其中一大問題，就是取得穩定足夠的經費。為了持續加強研究，基金會必須學習並維持自我能力，包括研究能力、儀器和基礎設施，以應付新的科技和需求。這為籌募研發資金創造了充沛的動力。科技快速發展加速設備折舊，但效率和產值提升都讓研究投資值回票價。有了這些回報，就會吸引更多研發經費。因此研究管理者和政策制定者必須強調自己的成功，並且擬定長久募款的策略。

　　基金會主要經費來源是肯亞咖啡 2% 的營業稅，但這些金額並不足以支持研究。低產量和低價格造成低利潤，所以光靠稅收根本不夠。此外，新行銷體系和新法律都可能不利稅收。基金會仍有增加經費及維持經費的苦惱。

　　民間業者（包括咖啡農組織）、公民社會團體、公司行號、個人，都可以捐款給基金會。然而，目前捐款短少有幾個原因，例如很難從知識和技術產出獲得直接經濟利益。為了解決這個問題，必須好好保護智慧財產權，以鼓勵民間業者對農業研究的投資，而基金會的募款體系正是咖啡部門對咖啡研究的一種支持，如果長久經營下去，就可以證明資本家也能從中獲益。

　　研究者希望基金會未來可以全力發展知識和技術，結合民間業者的力量，一起改良科技並上市發售。這會鼓勵更多民間業者投資研究計畫，那麼上游的行動便能使下游的咖啡農受惠。基金會可以採用委託研究、競爭型補助計畫或諮詢等形式。其他內部營利活動也可以加以改良並擴充，例如納入委託研究、諮詢、收費服務、加強商業農業生產、餐旅和農業旅遊。

　　另一個挑戰是機構研究能力。如同許多研究機構，基金會並沒有足夠的技術、基礎設施和技能來滿足自身的需求。這個缺口隨著科技發展而擴大（例如缺乏分析儀器、電腦科學和分子技術）。基金會已經投注大量經費在現代設備、實驗室和人員訓練上，以面對 DNA 技術、組織培養、土壤和葉片養分分析、殺蟲劑殘留分析、生化分析、咖啡品質評估等議題。

為了補充自身的不足，基金會和全球其他研究訓練機構合作。這些合作基於一個大家認可的現實：比起單打獨鬥，合作關係和資源分享更能提高效率和產出。

目前和未來研究領域

農業發展愈來愈重視多樣化、提升品質和安全、占領市場、整合農場和非農場收入、提高附加價值、進入利基市場、平衡農業和生態利益。各種動態發展（例如市場和國內經濟自由化、全球化、市場區域化、科技發展、公民間業者角色認知改變）都會持續帶來挑戰。這些議題迫使我們展開更複雜的研究計畫，這是基金會目前的重點，也會持續滿足新的需求。

值得注意的是，基金會目前正在研究氣候變遷對咖啡價值鏈的影響，還有市場分割、社會經濟生產模式、消費議題（例如健康和安全）、環保、青年參與、性別平衡、咖啡產品多樣化等。資訊科技和電腦也有助於基金會在肯亞傳送即時資訊，尤其是從研究單位連絡遠方的利益關係人。

即使全球咖啡消費量提高了，咖啡產出仍然受到各種侷限。為了提高產量，以往總是從研究和政策雙管齊下。除了培育傳統農藝性徵（包括產量、品質、對生物和非生物壓力的耐受度），未來咖啡培育計畫還要面對生產和消費議題，例如氣候變遷、土壤肥力、咖啡的生物化學組成、其他加工和沖泡方法的合適性，此外還有水資源保護和污染議題。**混農林業**（**agroforestry**）和間作（**intercropping**）愈來愈普遍，未來生產體系也必須適應混農林業和間作。有些氣候變遷效應跟社會經濟有關，也會影響咖啡生產的規模或方式。肯亞咖啡研究計畫特別探討單一作物、集水和水資源保護，還有氣候對咖啡生理、生物化學組成、感官屬性的影響。基金會也很重視研發咖啡加工技術，未來還會繼續尋找解決辦法，以改良耕作方式（尤其是蟲害防治）、統一開花時間（可以人工誘發、基因控制、甚至施打荷爾蒙）。

社會經濟分析並不限於金融因素，不斷改變的消費偏好和生活方式，還有市場分割，都會加以分析，以蒐集潛在市場的資訊。在這個行銷層次，

咖啡可能不只是飲料，還可能延伸到化妝品、景觀、盆栽裝飾等。咖啡農業可能與新興農業企業結盟，極大化互補效果。此外，**認證**及其對社會經濟的影響也很重要。大家也別忘了複雜的新議題，例如混農林業和認證制度有個碳權（carbon credit）市場的面向，這可能是未來發展基金的主要來源。此外，我們也有必要研究性別、青年和社會文化層面，以支援全方位的政策發展與實踐。

基金會一直是主要的咖啡研究機構，下列是幾個比較重要的貢獻：

1. 挑選高產量、高品質的阿拉比卡咖啡品種，例如 K7、SL28、SL34。
2. 研發並生產抗病的阿拉比卡咖啡**培育品種**，Ruiru11 和 Batian。
3. 沿著價值鏈開發良好的農業製造方式（GMP、GAP 認證）。
4. 建立可靠和反應迅速的田間諮詢與培訓系統。
5. 把社會經濟議題擺在研究計畫的首位。
6. 跟國際機構接軌並合作。

為了確保有更好的表現並且成功提供服務，基金會定期評估實驗室的績效，讓咖啡產業獲得更多支持。基金會也會努力擴充以咖啡農為導向的實驗室服務，包括土壤、葉片、農藥配方分析、咖啡品質評估。我們也會採用現代資訊傳遞技術。基金會也將加強和國內外公私機構的合作關係。

肯亞咖啡就如同世界其他作物，也面臨令人卻步的挑戰，但我們會即時處理這些問題，甚至趕在問題發生前解決。基金會將會繼續改良咖啡栽種、加工和行銷，並且改善咖啡從業人員的生活。

61

基因改造咖啡

Robert W. Thurston

　　包括德法在內的幾個歐洲政府，公開反對基改食物，尤其是基改玉米。這種對基因改造的抗拒，源起於民眾的討論，因為大家不喜歡基改作物。美國企業孟山都（Monsanto）想在法國實驗基改玉米一直遭拒[1]，但美國消費者和美國飼養的牲畜，卻食用大量基改玉米。美國法律也沒有規定基改食品需要清楚標示，所以很多美國人並不清楚他們的食物往往是在實驗室裡被賦予生命。另一方面，也很難想像會有許多美國人對這個議題感興趣。不同的文化對食物的看法也不一樣。

　　恐懼並討厭基改食物和飲品的人，當然也反對基改咖啡，但咖啡農急欲降低病蟲害的損失，也想降低防治成本，所以對基改作物很感興趣。此外，如果阿拉比卡咖啡樹可以研發成比自然品種更能夠抵抗乾旱、霜害、全球暖化、土壤貧瘠和風（wind）害，那麼優質咖啡的產地和生產力都會擴張。好咖啡有可能種在墨西哥沙漠或亞馬遜叢林嗎？這些問題（事實上所有基改相關議題）都可以從兩個層面來思考；一是意識型態；二是對特定作物或地區的期許。

　　1993 年才開始基改咖啡研究。最近各國研究者宣佈幾個有趣但尚未成熟的研究結果。本文旨在介紹近期研究，並說明基改咖啡的未來發展，無論你喜歡或不喜歡，都會朝著某個方向發展下去。

　　1999 年夏威夷大學取得一項有關咖啡基因體的專利[2]。這項專利：

　　描述生物科技如何「關閉」咖啡果實的自然成熟過程。把成熟期延後，是為了統一成熟時間，所有咖啡果實變得又綠又硬，卻不會繼續成熟，後來只要噴灑乙烯（這是天然的植物荷爾蒙），咖啡果實就會進入最後成熟期，如此可以方便咖啡採收，產量也會增加，且咖啡品質並沒有降低的跡象[3]。

　　早在 2000 年，法國農業國際發展中心（French Agricultural Center for International Development）就進行基改咖啡田間試驗。試驗地點位於法屬蓋亞那，特別挑選此地是因為沒有栽種商業咖啡，也就可以降低和既有天然品種交叉授粉的意外。後來在 2004 年，有人砍掉那些實驗咖啡樹，差

基因改造咖啡

點毀了整個實驗,但法國科學家宣稱,他們已經蒐集足夠的資料,可以證明「我們七成的基改咖啡樹,完全可以抵抗咖啡潛葉蟲[4]」。

2003 年夏威夷農業研究中心提出研究報告,他們把「新種原和選擇性基因型」轉殖到阿拉比卡咖啡植栽,混種以後更能夠抵抗根腐線蟲[5]。根據最近在網路流傳的報告,位於夏威夷州歐胡島的咖啡整合科技公司(Integrated Coffee Technology),展開基改咖啡的田間試驗,這些基改咖啡只要灑上乙烯就會同時成熟[6]。可惜那家公司停業了,一切努力都付諸流水。

2003 年日本奈良科技大學(Nara Institute of Science and Technology)發表報告說他們研發出基改咖啡種子。他們的研究重點為「RNA 靜默技術」(RNA silencing),意指轉殖基因取代了正常分子結構中咖啡因所占的位置。新品種咖啡樹的咖啡因含量,據說比「天然咖啡樹的傳統種子」少了七成。不過,研究團隊也說,還要 4、5 年的時間才可以知道咖啡植栽的實際情況[7],想必這是田間試驗結果。他們是研究**羅布斯塔**咖啡種子,這種咖啡因含量是阿拉比卡的二倍,但奈良科學家預測這項技術也適用阿拉比卡咖啡[8]。

「天然咖啡植栽」的咖啡因含量不盡相同,所以基改咖啡並沒有一個絕對的衡量基準,況且在衣索比亞和肯亞,「特定」阿拉比卡咖啡植栽的高咖啡因,反而有助於抵抗**咖啡果甲蟲**和**咖啡葉鏽病**[9]。

哥倫比亞咖啡研究中心 CENICAFE,正在研究可以抑制咖啡果甲蟲消化的咖啡[10]。如果甲蟲無法消化咖啡果實,甲蟲數量就會減少,甚至再也不是咖啡的害蟲。這是咖啡農的大好機會!

一群結合巴西和哥倫比亞科學家的團體,有更多抵抗咖啡果甲蟲的研究。這一次他們把菜豆植栽的基因轉殖到阿拉比卡咖啡的 DNA 中。實驗結果頗令人期待:新品種的基因可以抑制咖啡果實高達 88% 的酵素活性,這等於消滅了咖啡果甲蟲的生存命脈[11]。

國際應用生物科學中心(CABI)的 Peter Baker 認為,基改咖啡品種可能是「高產出、矮稈、需要高投入」。小農場主無力更換現有的植栽,因為可能需要更多噴液和處理,但大公司有資本做出大改變,讓小農場主

487

毫無招架之力。不過,這比較可能發生在羅布斯塔咖啡,而非阿拉比卡咖啡,因為未來阿拉比卡的重心仍會放在品質上 [12]。

　　因此,基改咖啡牽繫著利益和希望。沒有咖啡因的果實就會長得比較好嗎?基改科技可以降低對除草劑和農藥的依賴,進而保護地球並降低咖啡農的生產成本嗎?基改技術可以擴充阿拉比卡的產地和生產力嗎?這樣是在拯救物種,還是造成產量過多而導致價格崩盤呢?大農場主會不會掌握大部分的利潤,把小農場主消滅殆盡呢?這個故事每天都在發展,但目前唯一可以確定的是,基改技術可能成為影響咖啡產業的主要因素。

62

機械化

Robert W. Thurston

在咖啡產業，相對於手摘咖啡果實而言，機械化通常意指以機器採收。加工咖啡果實的機器（例如去果肉機），已在全球使用多年。起初去果肉機還要手動操作，現在就連小咖啡園也備有一台電動去果肉機，以汽油、天然氣或電力運轉。

機器採收又是另一回事了。基本上有兩種機器可以採收咖啡。一種很像割草機，除了工作端是狀似剪刀的配件外，大小、重量、結構都很類似。這些機器都是使用汽油。操作員先在咖啡樹底部周圍鋪上一塊布，再把機器放在樹枝長出來的地方。按個鈕，把刻意做得不鋒利的刀子靠近樹枝。操作員把整個機器朝著自己拉過來，拔掉樹枝上所有咖啡果實，連同許多葉子和細枝，一起掉落在一塊布上。一次拔掉一棵樹或幾棵樹的果實（這技術稱為刷落式採收法），再把那塊布拉起，倒入大型容器中。刷落式採收法也可以徒手完成，採收工人把雙手包起來，最好是耐磨的手套，沿著樹枝把所有果實扯下來，但採收機動作比較快，也比較省力。

若工人徒手採收或手持小型採收機，只要有一點微風吹來，他們就會快速地將裡面的東西輕輕拋向空中，剛好讓風帶走葉子。採收工人也可能手持圓形的小篩網，把採收的東西拋到空中，也有人自行挑掉明顯的細枝。採收工人的工資，通常以採收重量計價，但如果咖啡果實混雜了太多樹葉和樹枝就要扣錢。

到了這個階段，把布料裡面的咖啡果實蒐集起來，以機器、人力或驢子運到中央處理站。利用雙手或機器把咖啡果實倒入篩網中，只有咖啡果實可以通過，其餘物質都會留在篩網。若是濕式處理（wet processing），會先拿掉葉子和細枝再來去果肉，若是乾燥處理（dry processing），則先拿掉葉子和細枝再把咖啡果實攤在日曬場曬乾。有時候石頭和彈頭就這樣從中央處理站裝進咖啡袋中，一路來到咖啡消費國的烘豆商手上，所以烘豆商還需要用去石機處理。

我們再度回到咖啡園，第二種採收機體積較大、價格更貴，這是自力推進的機器，一邊前進一邊岔開咖啡樹。這種採收機又高又大，呈現倒U字型，以尼龍或玻璃纖維棒震動中央腔室，駕駛員必須爬上梯子，進入採

收機最頂端的駕駛艙，從駕駛艙控制採收機的速度，還有玻璃纖維棒的轉動。當採收機來到咖啡樹頂端，把咖啡樹整個罩住，玻璃纖維棒再把咖啡果實打下來。果實連同一堆樹葉和細枝，一起被收集在採收機底部的大桶子裡。這時候咖啡豆可能沿著輸送帶通往採收機背後的桶子，也可能沿著管子來到卡車或牽引機的拖車上。採收的時候，牽引機駕駛員會在咖啡樹旁待命，也就是待在咖啡樹之間。無論是拖車還是卡車，都要乖乖跟著採收機。這些採收機器緩慢移動，時速只有幾英哩。

這種採收方式比手持採收機造成更多的浪費，因為混雜了不成熟和過熟的果實、樹葉和樹枝。買一部自力推進採收機和一輛卡車，當然也是所費不貲，大型採收機動輒 10 萬美元以上。而且這些機器只適合平緩地面。**遮蔭樹**也會妨礙大型採收機具，所以只適合**開放式種植技術**或**日照栽種法**的咖啡。在尼加拉瓜或肯亞，一片泥濘加上陡坡（45 度斜坡），機具完全派不上用場，採收工人有時候必須把自己綁在樹上，以免滾下山坡。

大型採收機也不適合小型家庭咖啡園。加拿大曼尼托巴省、澳洲昆士蘭省、巴西大草原 Cerrado（喜拉朵）採用的大型農業機具，最適合一望無際的大土地。如果還要在不同咖啡園之間移動就太浪費時間了。理論上合作社買得起玻璃纖維棒採收機，但要在不同咖啡園之間移動，就會降低效用。因此，小農還是依賴家中勞動力居多。

不論是手持採收機或自力推進採收機，多少都會混入雜質，這時就需要大規模篩選系統，來分離成熟果實、未成熟果實和雜質。淘汰非果實的雜質以後，咖啡豆再依照成熟程度分類。我們以水道移動並分類咖啡果實，密度比較高的（未成熟和成熟）沉下去，輕的（太成熟的）浮起來或流走。未成熟和成熟的咖啡果實，接著被倒入去果肉機裡，將成熟的咖啡豆去果肉，未成熟的原封不動剔除。然後利用旋轉溝槽缸，讓成熟咖啡果實的種子從溝槽落下，也送走其他未成熟的果實和果肉。過熟的咖啡果實（有時稱為**果乾**），主要就是放在日曬場或乾燥機烘乾。若是高資本化企業，去除果肉的種子可能會被送到發酵槽或以機器去除**黏液層**（**mucilage**），再進行**乾燥**（**drying**），而尚未成熟的果實則立刻被送去乾燥。

　　咖啡完成乾燥，剝掉外層以後（包括果肉、黏液層、內果皮），生豆可能經歷一連串的篩選階段，這取決於自動化程度。首先可能是篩選大小。把咖啡豆放在微微傾斜 30 度的電動搖晃平台，搭載好幾個篩網。篩網多達 8 個，洞口大小不一，小豆子就會掉到底部，甚至還有分離圓豆（peaberry）的篩網。這些機器可以完成兩項任務：首先是讓一定大小的咖啡豆通過洞口。最小的咖啡豆掉到最底部，大顆咖啡豆穿過大洞的篩網。每個篩網都會收集大小差不多的咖啡豆，再以重力把咖啡豆抖動到另一邊，落入不同的容器中。剩下的殘渣（例如葉子和樹枝），就會留在頂部篩網上，最後再把殘渣丟掉。

　　篩選大小之後就是篩選密度。這些裝置可能往下或往前微傾，或是直立起來。這個平台會震動，表面還有鑽孔，讓空氣穿過表面往上竄。當大小一致的生咖啡豆滑過平台，只要咖啡豆的密度有 1% 之差，就會因為震動和傾斜而分離。這個裝置還會淘汰很多瑕疵豆，瑕疵原因可能是栽種不當、蟲害、機器損傷所致。

　　最後，若經費充足還可以篩選色澤。一條直徑大約 300 公分的塑膠管，有好幾層樓高，連接著顏色感測器。咖啡豆輸送到塑膠管頂端，再沿著管子落下。顏色感測器找出色澤不佳的咖啡豆，用氣體把劣質咖啡豆排出主通道。既然咖啡烘焙成功的關鍵就是咖啡豆大小一致，那麼篩選（sorting）技術也確實會影響杯測的品質。

　　不論是去果肉的咖啡豆或日曬豆，大型咖啡園都很常使用乾燥機。將已部分乾燥的咖啡果實倒入乾燥機中，咖啡乾燥機有時彷彿大型衣物烘乾機，有時類似大型金屬滑道，高度可能長達 27.4 公尺。方法是把熱空氣灌入金屬滑道，乾燥機就會移動咖啡豆，慢慢加熱，溫度不需太高，可以乾燥就夠了。這個過程比露天乾燥快得多，也不用擔心老天是否賞臉。

　　另一種取代人工的機器，也是關於乾燥。例如在巴西，大咖啡園都有廣大的日曬場，讓咖啡連續好幾天反覆攤開，這種事可以一個人完成，只要駕駛一輛小車，車後有一支耙子就行了。我有看過兩種：一種顯然是專為這個目的打造的車子；另一種是摩托車改裝而成，後面拉著一支耙子。另一方面，我也見過 50 個人同時在尼加拉瓜的日曬場，以木耙翻動咖啡。

有了篩選機和採收機，每個工人的**生產力**都會飆升。Patrick Installe 身為 Efico 咖啡貿易公司執行董事，他在 2002 年告訴樂施會的採訪者：

我讓你瞭解一下差別，在瓜地馬拉某些地方，一天可能要動用 1,000 人，才能裝滿 275 袋咖啡果，每袋咖啡果重量 69 公斤。但在巴西 Cerrado，275 袋咖啡果分成 2、3 天處理，只要動用 5 個人和一部 採收機。一個人負責駕駛採收機，其他人負責撿咖啡果。中美洲家 庭式咖啡園要如何跟其他人競爭呢[1]？

就我自己在巴西聖保羅的觀察，機器採收只要兩個人手，一人駕駛採 收機，另一人開卡車。要是採收機有輸送帶，可以把咖啡果輸送到機器後 方的容器中，一個人就可以作業。

資本化生產可以減少員工數量，夏威夷考艾咖啡公司（Kauai Coffee Company）就是最好的例子。他們的果園位於夏威夷考艾島，占地 3,400 英畝（大約 1,376 公頃）。這家公司在 1999 年的影片自豪地說，這是完 全機械化的咖啡莊園，採收期只要僱用 57 名工人，反觀其他地方相同規 模的公司，可能要 3,000 名採收工人。考艾咖啡在旺季期間 24 小時不間斷 地採收，每天可以收成 50 萬至 75 萬磅咖啡果。Bob Rose 自公司草創之時， 就負責管理機械設備和採收，他為公司立下採收的目標是：「以最少的工 人，採收最大量的成熟咖啡果[2]。」

在考艾咖啡公司，從果園管理、採收到咖啡處理，無一不是機械化。 有著巨大旋轉刀片的機具穿梭在咖啡園，修剪咖啡樹的側邊和頂部。整座 咖啡園以滴管完成灌溉，1999 年滴管總長就有 3,320 公里。採收機裡面的 咖啡果，利用裝載機倒入卡車中。篩選工作全部交給機器完成，乾燥工作 則是利用上述的圓筒乾燥機。顏色感測器是廠內動作最慢的機器，每小時 可以處理大約 300 磅咖啡豆，感測器從兩邊觀察每一顆咖啡豆，再淘汰成 色不佳的豆子[3]。

自從 1999 年以來，考艾咖啡生產方式的改變，似乎都在數量而非經 營風格。目前灌溉管線總長有 2,500 公里。他們強調「透過特殊的栽種方

圖 62.1　2010 年，巴西一處正在運轉的採收機；咖啡果實直接投入右邊的卡車貨斗裡。（攝影：Robert Thurston）

式」，把除草劑用量降低 75%（想必是最近幾年）。每天平均處理 65 萬磅咖啡果。每年考艾咖啡生產的咖啡，占美國總產量的一半以上 [4]。

　　現在回到 Patrick Installe 的問題：小農如何與大農競爭（例如機械化生產的考艾咖啡）？答案是必須提升品質。除非咖啡果實達到最成熟的階段，否則採收機和修剪機並不懂得分辨成熟與否。手摘和人工修剪仍是確保咖啡豆品質的最佳方式，但也有一些機器採收的咖啡園，逐漸獲得精品咖啡消費者的青睞。不過，手摘還有另一項成本：同一棵樹通常要採收三次以上，因為咖啡果不會同時成熟。

2008 年哥斯大黎加精品咖啡協會主席 Arnoldo Leiva 表示，小型機具（差不多小型耕運機的大小）在哥斯大黎加尚未成熟。目前更需要的是手持式、可靠、不貴的機具，方便咖啡農穿梭在許多咖啡生產坡地，卻不會傷害到咖啡樹。這幾年來，哥斯大黎加很依賴尼加拉瓜移工來採收咖啡，但有關移工的法令日益嚴格[5]。夏威夷咖啡農也從墨西哥引進勞工。但隨著貧窮國家（例如尼加拉瓜）教育程度和都市化提高[6]，大家也不太願意每年辛苦工作幾個月、其餘時間勉強度日。

再者，巴西咖啡整體品質仍在提升。全球對頂級阿拉比卡咖啡的需求不斷增加，頂級手摘或手選咖啡未來肯定會有利基市場。不過，若是品質不高，又沒有機械化的咖啡園，未來可能就有點堪憂了。

63

咖啡人生

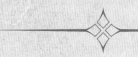

Ted Lingle

美國軍事學院科學學士。伍德貝瑞大學商管碩士,擔任 Lingle
Bros. Coffee 公司行銷副總 20 年。1974 至 1990 年出任美國國家
咖啡協會非家用市場委員會委員,是美國國家咖啡服務協會董
事會成員之一,於 1990 年被遴選為榮譽會員。他是 SCAA 的創
始聯合主席之一,1991 年被任命為執行董事直至 2006 年為止,
當時他已是咖啡品質學會的執行董事。曾出版《咖啡杯測師手
冊》(*Coffee Cuppers' Handbook*) 和《咖啡沖煮手冊》(*Coffee
Brewing Handbook*)。Ted 對於咖啡業界的貢獻讓他獲得哥倫比
亞咖啡種植者聯盟、瓜地馬拉全國咖啡種植者協會,以及東非極
品咖啡協會頒發的獎章。

咖啡人生

本書編者 Shawn Steimam（編者）的話：Ted Lingle 是精品咖啡產業最受尊崇的一位長者。早在「精品咖啡」一詞出現以前，他就積極支持精品咖啡。身為美國精品咖啡協會的元老，他至今依然熱心投入這個組織。他最出名的事蹟，大概就是撰寫《咖啡杯測師手冊》（*Coffee Cuppers' Handbook*）。他對精品咖啡的最終貢獻，就是設定羅布斯塔咖啡的品質標準，讓他的傳奇寫下新的一頁。這一章可說是 Lingle 先生的小自傳，描述他與精品咖啡產業的關係。

1970 年代，我的咖啡事業剛起步，很幸運地正逢美國咖啡烘焙產業的轉變期。許多中小型烘豆商不是廉讓，就是關門大吉，因為跨國烘豆商和區域大烘豆商正在大打價格戰，鞏固自己的市場。林格兄弟咖啡公司（Lingle Bros. Coffee, Inc.）是位於加州南部的小烘豆商，1920 年祖父與他的兩個兄弟合夥成立，也是這一波慘淡經營的烘豆商之一。我加入父親的行列，成為林格兄弟咖啡的一員。上班後的第 3 天，我永遠忘不了所拜訪的一個老顧客，他告知我們一個禮拜前他換了烘豆商。跟這位「失去的顧客」交談，他告訴我：「老闆想改用生奶油，而我也想省錢，食物成本都降不了，最後只好換烘豆商，每磅可以省 3 美分。」那一刻，我知道咖啡產業需要大轉型，否則無以生存或發展。如果咖啡價值總是取決於價格而非品質，顧客就會成為價格戰的輸家，最後只好選擇其他飲品。

1970 年代早期，幾家烘豆商共同成立一個國內買賣組織，稱為 DINE-MOR FOODS，成員都是像我一樣的公司和個人。他們都是家族烘豆事業的第二代或第三代，專攻小型區域市場。這個組織成立的動力，正是皇家咖啡公司（Royal Cup Coffee）的 Bill Smith。參與這個組織是很美好的經驗，因為大家都真誠不藏私。他們不僅是十足的咖啡人，更是成功的商人。這些咖啡界朋友公開廠房、咖啡採購策略、甚至財務報表，讓我從中瞭解，我該如何改革林格兄弟咖啡，變成一家強大的烘豆商。林格兄弟咖啡加入 DINE-MOR 這 10 年的時間裡，我認識了美國無數重量級的咖啡人。

在南加州賣咖啡給餐廳，經常遇到令人卻步的麻煩，低價就是其中一個，但也不是沒有回報。像我因此認識洛杉磯 Junior's Deli 餐廳的老

闆 Marvin Saul。Marvin 不僅是大「老饕」，還是勇敢無畏的行銷者。如果他喜愛某樣東西，就會馬上引進到 Junior's Deli。我記得最清楚的是，Marvin 打電話給我，因為醫生指示他要飲用低因咖啡，他想知道林格兄弟咖啡有沒有賣。

我隔天帶著一款哥倫比亞低因咖啡登門拜訪他，這是我們提供給精品咖啡和辦公室咖啡消費者的產品。他一喝就愛上了，隔天就在餐廳販售。一個禮拜後賣光了，他不僅訂購更多咖啡，還想購買周邊產品：橘色手把的咖啡壺和彩色杯墊，來協助服務生分辨含咖啡因和低因咖啡的顧客。最後我們滿足 Marvin 的需求，讓一款現煮低因咖啡成為 Junior's Deli 的常設商品。6 個月內，現煮低因咖啡成為我們所有餐飲顧客的常設商品，而且透過 DINE-MOR 相關聯的客戶 Far West Services，讓這款咖啡出現在全球菜單上。即溶低因咖啡 Sanka，正式把第一名寶座拱手讓人。

除了供貨給餐廳，林格兄弟咖啡也提供辦公室咖啡服務（OCS）的產品。我們其中一個客戶是 Don Stoulil，這是我們員工 George Stoulil 的兄弟。在林格咖啡公司 20 年的工作生涯裡，我和顧客建立不少深厚的關係，像我和 Don 就變成好朋友。他至今仍是美國夢白手起家的例證，只要努力就會成功。辦公室咖啡服務產業不乏這類成功故事。事實上，辦公室咖啡服務是我咖啡事業的起點，也成為我的正業兼副業。

後來我接到其他辦公室咖啡大客戶的電話，例如洛杉磯大管家咖啡服務公司（Major Domo Coffee Service）Don Donegan 的來電，這通電話堪稱是我人生的轉捩點。當時 Don 是美國全國辦公室咖啡服務協會（National Office Coffee Service Association, NCSA）的董事，他想詢問我的看法：NCSA 的會員是否有必要花 1,200 美元上一堂培訓課程，請咖啡界優秀的咖啡工藝師 Michael Sivetz 來授課呢？我的答案是，如果想知道辦公室咖啡的必要知識，我不覺得需要花這麼多錢。Don 擁有愛爾人的魅力，他問我 NCSA 該怎麼經營。我說讓我思考後再回覆他。幾天後我到他的辦公室，提議開設一日課程「咖啡混合遊戲」（Coffee Blending Game）。Don 覺得這個點子很棒，兩個月內我就在洛杉磯初次授課。再隔一個月，我又在舊金山開設第二門課，直至那年底，我在美國授課 4 次以上。這是天大的

成功，至今仍是我最喜歡的課程，因為我與這群非烘豆商的學員們互動熱烈。

接下來幾年，他們邀請我加入 NCSA，我再次處於人生轉捩點。1978年 NCSA 是美國最活躍的貿易協會，那裡有我喜歡的三位卓越領導人：Don Donegan、Tom Williams、John Conti。NCSA 決定展開咖啡推廣運動，幫助辦公室咖啡服務產業爭取市場占有率。有了我的培訓，國家辦公室咖啡服務協會提交企劃案給國際咖啡組織，內容類似 Alf Kramer 針對挪威的企劃案，在前一年獲得國際咖啡組織的批准。這只算是中型計畫，經費 10萬美元來自國際咖啡組織和 NCSA 的相對基金。這引起國際咖啡組織的注意，於是他們的執行長 Alexander Beltrao 派一位美國好友 Sam Stavisky 來跟 NCSA 理事會見面。我們獲得他的信任，推廣計畫也就持續進行。

隨著 NCSA 和國際咖啡組織的關係不斷深化，我們又展開兩個推廣計畫。這時候 Beltrao 也籌備一場聯席會議，邀集國際咖啡組織重要成員和 NCSA 理事會。國際咖啡組織想在美國舉辦更多推廣活動，而 NCSA 想要進行更大的計畫。跟 Beltrao 一起來的國際咖啡組織人員，還有推廣基金主任 Barry Davis 及其助理 Marsha Powell，這場會議催生了兩個大型計畫：一是發起咖啡發展團體（Coffee Development Group），原稱辦公室咖啡發展團體（Office Coffee Development Group）；二是籌備精品咖啡產業協會。

咖啡發展團體的構想，源於巴爾的摩地區辦公室咖啡業者 Arman Duplaise，他從自身經驗出發，因為他和漢堡王合作過，駐場代表總是負責在全國推行一系列以顧客為主的行銷活動，咖啡發展團體也覺得辦公室咖啡、販賣機、精品咖啡和飲食服務可以利用駐場代表。這個計畫每年的預算超過 200 萬美元，為期 10 年，讓美國消費者對咖啡的看法全然改觀。我至今仍然告訴國際咖啡組織的朋友，這是他們最有效率的一個推廣基金。

同時間，我默默接下咖啡發展團體工作人員的培訓工作。我們心目中的咖啡發展團體工作人員，就是在咖啡領域「缺乏經驗的年輕人」。當時最正確的人事決定，就是聘請 Stuart Adelson 和 Susie Newman。他們來咖啡發展團體的那一年，我有很多時間和他們合作，他們撐過克難的草創初

期，總部換過好幾個地方，還忙著尋找適合的執行長人選。我至今仍不明白，為什麼他們對咖啡懷抱著我前所未見的投入與熱情。Susie 是行銷的高手，她所領導的咖啡發展團體計畫，讓消費者推廣變得更有深度、更加細緻。Stuart 有餐飲業的經驗，他待過環球影城，為咖啡推廣理論注入務實的策略。

他們共同設計並執行了咖啡發展團體三個最成功的推廣活動。首先是針對販賣機產業，讓消費者不再認為販賣機沒有好咖啡。其次是大學校園計畫，在美國大專院校開設 200 多家「咖啡廳」，1980 年代這些咖啡廳花了超過 10 年的時間，讓年輕消費者愛上以濃縮咖啡為基底的飲品，1990 年代出現的星巴克，正好可以拿下這個新市場。第三是我心目中覺得最棒的咖啡發展團體計畫，我們在 1984 年洛杉磯夏季奧運推廣冰卡布奇諾。現在每間咖啡廳的菜單都有冰卡布奇諾，這在當時是難以置信的事。Susie 和 Stuart 仍然待在咖啡產業，Susie 後來成立卓越咖啡聯盟（Alliance for Coffee Excellence, ACE），Stuart 也成為美國精品咖啡協會的企業顧問。

國際咖啡組織和 NCSA 攜手合作之下，於 1970 年代末期完成第二項創舉，那就是成立美國精品咖啡協會。這都要感謝 Barry Davis 問我一個問題：美國正在起步的精品咖啡店，有沒有一個代表精品咖啡的組織？我回答當時並沒有精品咖啡組織。他說真可惜，因為國際咖啡組織推廣基金並無法資助個人或企業。我說我會詢問精品咖啡產業的朋友，看看大家有沒有興趣成立一個。有了 Barry 的鼓勵，我為精品咖啡諮詢委員會（Specialty Coffee Advisory Board）草擬章程，以推廣咖啡為主，接著寄給正在開精品咖啡店的友人，包括波士頓的 Marvin Golden，他積極投入精品咖啡和辦公室咖啡。Marvin 又轉寄給他在東岸的朋友，包括紐約吉利咖啡（Gillies Coffee）的 Donald Schoenholt，當時我和他素未謀面。

精品咖啡協會草擬章程寄出大約 1 個月，我接到 Schoenholt 的電話，他花了 30 分鐘解釋為什麼這個構想不好，並不可行，最後花 15 分鐘建議我該如何著手。接下來 2 年，我們碰了好幾次面，大都是在特色美食展（Fancy Food Show）上相聚，一群人自願加入指導委員會，改寫美國精品咖啡協會的章程。我們 10 個人在舊金山路易斯飯店（Hotel Louise）開

會，1982 年完成精品咖啡協會章程。我們把最終版本寄給精品咖啡產業的每一位朋友，若想成為創始會員，須繳交 100 美元會員費，1983 年底募集到 33 名創始會員，我用自己的社會安全碼開設了一個銀行帳戶，裡面有 3,300 美元。

接下來的 5 年，精品咖啡協會逐步成長，這主要得感謝位於佛蒙特州的綠山咖啡烘豆商 Dan Cox 的努力。精品咖啡協會起初主要有兩個收入來源：一是會費；二是販售我 1984 年的書《咖啡杯測師手冊》。1987 年精品咖啡協會大約有 225 個會員，Dan Cox 已經無法獨力管理，理事會只好決定委託一家管理公司。多虧咖啡發展團體的協助和贊助，1989 年精品咖啡協會終於開始籌備年度會議，1989 年第一屆會議在紐奧良舉行，共有 100 人參加，並設置了 25 個攤位。這是一場氣氛融洽的會議，卻是大型會議的前奏。

1990 年咖啡發展團體有點走下坡，我在林格兄弟咖啡也不怎麼順利。父親從公司退休以後，我和兄弟 Jim 顯然處得不好，不適合一起經營小型的家族企業，所以我離開林格兄弟咖啡，給自己放個假，然後開始找新工作。這時候精品咖啡協會理事會正在徵求全職人員，從管理公司接手營運工作。1991 年 4 月我前往紐奧良，在精品咖啡協會第三次年度會議接受「面試」。基本上理事會的意思是，如果我可以找到適合協會營運的地方，大家不妨給彼此一個機會。1991 年 6 月，我們把精品咖啡協會總部搬到長灘的大洛杉磯地區世界貿易中心，為精品咖啡協會開啟新的一頁。

接下來 15 年，簡直就像「火箭升空」般，精品咖啡協會的會員數和會議出席人數屢創新高。2003 年我們開始穩步經營，會員數超過 3,000 人，西雅圖會議的出席人數有 1 萬人以上。

我認為精品咖啡協會之所以成功有 4 個原因。首先，我們搭上正在成長的新市場：精品咖啡。第二，我們正在做對的事，把注意力放在品質、教育和倫理上。第三，我們很幸運可以擁有這些優秀的理事。第四，我們有一個一流的會議規劃者 Jeanne Sleeper，她總是能把年度會議辦得超級成功，真是不可思議。

圖 63.1　美國精品咖啡協會的「活動」和貿易展在每年 4 月舉辦。本圖是 2012 年
　　　　的活動。美國和其他許多國家的精品咖啡業者齊聚一堂，交換資訊、聆
　　　　聽演講、參加工作坊以及培訓課程、參觀新設備，還有談話交流。這場活
　　　　動最棒的地方之一就是種族和族群的界線似乎都消失了，因為咖啡才是主
　　　　角。（攝影：Robert Thurston）

　　經歷這段前所未見的成長，並且在加州巴尼咖啡（Barnie's Coffee）業
主 Phil Jones 的領導之下，精品咖啡協會成立國際關係委員會（International
Relations Committee），讓精品咖啡運動多了國際角色，並協助在全世界
成立一些精品咖啡協會，包括歐洲和日本在內。在 Paul Katzeff 的鼓舞、
刺激和引導之下，精品咖啡協會開始在永續咖啡農業扮演領導者的角色。
後來受到 Mohamed Moledina 的鼓勵，精品咖啡協會還成立精品咖啡學會
（Specialty Coffee Institute），後來更名為**咖啡品質學會**（**Coffee Quality
Institute**）。我們找來 Ellen Jordan Reidy 和 Karalynn McDermott 共襄盛

舉，精品咖啡協會推出十分多元的課程，並在精品咖啡協會行政總監 Don Holly 的引導下，我們和**歐洲精品咖啡協會**合辦**世界咖啡師錦標賽**（**World Barista Championship**）。多虧了俄亥俄州蘇珊咖啡（Susan's Coffee）的 Linda Smithers、多倫多提摩西咖啡（Timothy's Coffee）的 Becky McKinnon、密西根咖啡餐廳（Coffee Beanery）的 JoAnne Show、紐約哥倫比亞咖啡聯盟（Colombian Coffee Federation）的 Mary Petitt 協助，精品咖啡協會才能推出策略計畫，度過突飛猛進的成長期。

2004 年我仍然是精品咖啡協會的執行長，但有點力不從心，於是決定和理事會一起尋找接班人。這個人事案後來變得很複雜，因為新的行政總監盜用公款，如果找來的人無法勝任，會把情況搞得更複雜。但 2007 年，我擔任咖啡品質學會的執行長。咖啡品質學會讓我有機會開設國際咖啡杯測培訓課程，最後甚至有計劃地為羅布斯塔咖啡設立品質標準，以改造整個產業和消費者對羅布斯塔咖啡的看法與期待。咖啡品質學會的理事會，目前正在幫我找接班人，希望 2012 年可以卸任，隨後我就可以遵守對自己的承諾：該離開咖啡「快車道」了，而且這對我的妻子 Gale 更加重要。

當我逐漸放下事業，我最感謝的人就是我的妻子，當我在外面為咖啡事業衝鋒陷陣，她努力維繫著整個家。我也要感謝兄弟 Jim 用心經營林格兄弟咖啡公司，讓這家公司成為我許多咖啡推廣活動的經費來源。

對於想把咖啡從副業變成正業的人們，我的建議很簡單：「只帶走回憶，只留住朋友，然後盡力回饋，這麼做就不會錯了」。

64

如何冲煮一杯上好的咖啡？

Robert W. Thurston, Shawn Steiman, and Jonathan Morris

泡咖啡的方法不勝枚舉。在此僅簡要討論兩種製作沖煮咖啡的方法，並針對濃縮咖啡提出一些看法。

長久以來市面上雖然有各式各樣的電動咖啡機，且**美國精品咖啡協會**也開始推薦一些機種，但我們還是堅持最簡單、以手工沖煮咖啡的方法。**濃縮咖啡**自成一個世界，在過去幾年發展得極為快速。要泡一杯好的濃縮咖啡，一部咖啡機是不可或缺的；以下我們將說明家用的**濃縮咖啡機**要注意的幾個特點。

為了製作各種適合飲用的咖啡，有些基本要素必須準備就緒，亦即好的**咖啡豆**、適當的水，以及從豆子裡萃取出顆粒的工法。一杯咖啡裡幾乎都是水，熱水通過研磨咖啡時所萃取出的固體物質只占了 1.25 至 1.45%。

從好咖啡豆開始（要用劣質的咖啡豆泡出一杯好咖啡是不可能的事），理想狀況是，豆子是**精品咖啡**，烘焙後一週內飲用。在沖煮每一杯或每一壺咖啡前才磨豆子。使用已經研磨好的咖啡，無論是袋裝或罐裝，就是無法泡出好風味。盡可能把豆子貯藏在不透光的密封容器中。將未使用的咖啡豆放在原包裝袋中保存，向下折至豆子的高度，然後用橡皮筋束起來，再把它放到陰涼的櫥櫃裡，這是最方便的儲藏方法了。我們所認識的大多數咖啡業界的人士都不建議將咖啡豆放在冷凍庫或冰箱裡保存，因為每次當它們從裡面被取出時都可能會沾染濕氣。但是仍有一些專業人士以這種方式保存咖啡豆，而且表示效果很好。

找一部好的**磨豆機**，意思就是買一部錐形刀盤的磨豆機。咖啡豆在這些機器裡會掉落到兩片金屬錐形刀盤之間，這兩個圓盤上面有微微的隆起線或刻有凹槽。豆子實際上是磨碎，而不是切碎。許多人都擁有這種被稱為研磨機的小型電動機器，但那其實是靠一個裝設在上方容器中會旋轉的葉片，將咖啡豆切成小塊。這些裝置主要的問題是，磨出來的顆粒大小不均勻，因此沖煮出來的咖啡品質不穩定，而且無法預期。切碎機的刀片可能必須運轉很久才能切出想要的細緻度，但是這樣會讓咖啡溫度升高。雖然沒有證據顯示此時升高的溫度會影響成品的風味，但是為什麼要冒這個險呢？假如咖啡豆已經經過適當烘焙，那麼豆子便不需要再加熱了。

用好水：所謂好水不是包含了許多鐵、鈣或鎂的「硬水」，而是只有極微量的前述礦物質，並且不加氯的「軟水」。在西方世界的某些地區，自來水是可以泡咖啡和茶的。但是，即便是乾淨的飲用水也應該要先過濾——而且要定期更換濾芯——以去除不需要的化學物質。經過逆滲透系統處理過的水更合適。另外，請勿使用蒸餾水來沖煮咖啡。至於為什麼水中的某些「硬」成分對於適當地從咖啡豆中萃取出香味不可或缺則是眾說紛紜。無論如何，蒸餾水不適合用來沖煮咖啡是千真萬確的事。

美國精品咖啡協會建議的最佳比例是每公升的水加入 55 公克的咖啡，或者每 34 液體盎司的水加入 1.925 盎司的咖啡。根據經驗法則，使用大約 10.6 公克的咖啡——約略比三分之一盎司多一點——或是每 6 盎司的水加約 2 茶匙的咖啡。水和咖啡的重量比約為 18:1（不過這個比例多少是個人口味的問題）。在精品咖啡界，15:1 的比例已經很普遍。用廚房磅秤輕輕鬆鬆就能量出咖啡和水的比例。因此，一杯咖啡的比例為 225 公克的水加 15 公克的咖啡。另外一個比較容易達到合理有效比例但比較不精確的方法是，每 6 盎司的水加 2 茶匙的咖啡。

如果能準備一只玻璃製的水壺或是一只不鏽鋼的水壺，最好有一個像鵝頸般的長壺嘴，可以精準地倒出水量，在沖煮過程中也會大大地加分。現在也有可以自動保溫的水壺。水溫最好是介於華氏 195 至 205 度之間，或是攝氏 92 至 96 度之間；也就是剛沸騰不再滾的水。

用法式咖啡壺（法式濾壓壺／活塞濾壓壺）煮咖啡

許多咖啡熱愛者偏愛由法國人發明的**法式濾壓壺**（**French press**），且人們常常會使用它的正式名稱「法式咖啡壺」。這種壺裡並未包含濾紙，濾壓器可以很容易地清洗，而且仍可保留咖啡所有的風味。就這些裝置而言，磨出來的咖啡應該是相當粗糙；遵照你的磨豆機上的指示，選擇適當的設定。磨出來的咖啡應該感覺上會有點粗大，在家多試驗幾次即可發現適當的研磨方法。

將研磨好的咖啡倒入圓筒中，並注入熱水。在圓筒上方插入活塞。等

4到5分鐘後，將活塞往下壓，使咖啡渣固定在壺底，倒出咖啡，盡情享用。還有比這更簡單的嗎？

🖋 以滴濾式咖啡機沖煮咖啡

我們將討論的另一個簡單沖煮咖啡法是眾所皆知的**手沖法**。唯一需要的就是一個錐形漏斗來盛裝咖啡和濾紙（**filter**）。

大多數高檔的咖啡館均使用濾紙。沒錯，濾紙是用樹做成的，但是它們可以跟裡面用過的咖啡粉一起做成堆肥。附帶一提，咖啡粉對許多植物而言是很棒的土壤改良劑。那麼要使用哪種濾紙呢？棕色還是白色的？每一種都試試看沖泡出來的味道；別忘了，現今的白色濾紙並非使用有害的化學藥物來漂白，而是使用氧氣。許多專家偏好白色，因為它肯定不會影響咖啡的口感。有些業界人士和好的家用咖啡機喜歡用金屬濾網；只要確定在每次使用後仔細清洗，就不會有上一次沖泡咖啡後所殘留的味道，或是以前每次使用時所留下的味道。許多咖啡專業人士喜歡用濾紙過濾**咖啡液**，因為它能製作出「一杯乾淨的咖啡」，沒有微細的咖啡顆粒在裡面，結果很有可能喪失了**風味**，沒了從咖啡豆本身所散發出來的香韻。畢竟，最終目標應該是去體驗咖啡的天然特質。

假如你喜歡濾紙，請記住 Jones 醫師在之前所提到關於以濾紙沖煮咖啡不殘留膽固醇的高見，放一個適當尺寸的濾紙在你所使用的錐形漏斗裡，並將這個漏斗放在一個杯子或玻璃壺上。將水煮沸，為了下一個步驟，可煮久一點，端視濾紙的大小而定。現在把濾紙弄濕──還不要把咖啡放進去──讓熱水流進杯裡或是玻璃壺中，再將水倒出來。這個方法有兩個目的：清洗濾紙，去除掉可能殘留的味道，並將濾紙和杯子加溫。在使用之前才磨豆子；研磨設定大致上是以沖煮方法以及你將要製作的咖啡數量來決定。因為沖煮滴濾式咖啡或任何其他種類咖啡的重點就是要從咖啡粉中獲得適當的萃取，所以熱水通過咖啡粉的時間就很重要了。假設水和咖啡的份量相同，咖啡豆磨出的顆粒愈細，熱水要通過的時間就愈長。咖啡使用的量愈大，熱水經過的時間也愈長。因此少量的咖啡應該比大量的咖

啡研磨得更細小。假如就使用的水量而言，磨出來的顆粒太細，或者咖啡數量太多的話，咖啡可能會被過度萃取，使得煮出來的咖啡帶有苦味，而覆蓋掉清香的風味。如果研磨咖啡的顆粒太粗糙，或者使用過多的水，咖啡也可能萃取不足，使得泡出的咖啡味道淡薄。這些均已經過實驗證明無誤。

無論使用多少數量和何種粗細大小，都要把研磨咖啡放入濕的濾紙中；稍微搖一搖，讓咖啡慢慢落下，並確定表面齊平。現在倒上足夠的水，讓所有的顆粒都浸濕。要注意的是，有些咖啡師發現這個浸潤咖啡顆粒的過程稍微減弱了某些咖啡最精華的風味；看來大家都還在試驗中。如果咖啡顆粒都浸潤了，先等候 20 秒左右，讓各種氣體逸出，然後再將剩下的水倒出，不要太快。為了做出最佳的成品，當水通過咖啡顆粒時，輕輕攪拌咖啡一次。這時或之後請勿把玻璃壺放在爐子上。假如你想要讓咖啡保溫一陣子，可直接將咖啡倒入一個保溫容器中。無論你是用何種方式盛裝沖煮的咖啡，都應該要放到已經夠涼，可立即飲用的溫度。一開始用 90℃（195 ℉）的熱水，並遵照上述的指示，杯中咖啡的溫度應該大約在 80℃（175 ℉）左右。

大多數的電動咖啡機都是按照上述的原理運作。不過，也有一些例外，這些機器並未達到或者至少無法維持適宜的沖煮溫度。而且它們的供水管或是其他零件幾乎不可能保持真正的乾淨。

有句古老的諺語說：「咖啡應該像地獄一樣熱，像夜晚一樣黑，像愛情一樣甜。」這句話印在 T 恤或隔熱墊上可能很有趣，但是它們並未明示如何達到最佳的風味。在真的燙到不行的咖啡中，亦即非常接近沸點時，熱氣會覆蓋許多細微的特性。黑是好的，在上等咖啡豆中的自然甜味也很讚。我們店裡的規矩是任何人來喝我們沖煮的咖啡都要先嚐一口純咖啡。然後我們的客人可以添加任何他們喜歡的東西進去，譬如糖、奶精、蘭姆酒和威士忌。但是我們希望每個人是因為咖啡本身的奧妙與風味而來享用咖啡。

另一個要嘗試的實驗是：泡一杯咖啡，並慢慢喝，甚至經過數小時的時間。看看當咖啡冷卻到室溫時，會有什麼樣不同的風味出現。

濃縮咖啡

在過去幾年，濃縮咖啡變得愈來愈複雜。非常適合製作濃縮咖啡的新**綜合豆**和**單品**咖啡豆幾乎每天都會出現。咖啡業界不再單單只使用重烘焙豆（通常只製造出一種標準口味），而是使用各種不同烘焙程度的咖啡豆，從非常淺到中重度不等。

要製作一杯好的濃縮咖啡所涉及的核心要素是壓力與萃取時間。壓力是由機器或爐具來提供。萃取時間最重要的是要看顆粒大小；換言之，萃取大體上是由研磨的精細度來控制。因此你必須要有一部磨豆機，能夠磨出像細沙一般而且顆粒大小均勻的咖啡粒。萃取也要視放入機器裡的咖啡數量而定，一般是放在盛裝咖啡的籃子裡，也就是**濾器把手**（**portafilter**），同時也視機器的操作而定。任何一個好的咖啡師或是自己在家使用一部家用咖啡機，都必須學習為一部特定機器搭配適合的咖啡顆粒及數量。事實上，好的咖啡館一天會「設定」濃縮咖啡好幾次，包括調整濾器手把中的顆粒大小和咖啡數量，假如使用的機器可以的話，也會調整萃取的時間。

另外，就像沖煮咖啡一樣，目標就是要達到咖啡液中一定比例的顆粒。但是萃取系統在兩種方法中是不同的：沖煮咖啡靠的是地心引力，或者法式濾壓壺靠的是咖啡粒的簡單浸潤；而就濃縮咖啡而言，你必須準備一個能夠以相對高壓迫使熱水通過研磨咖啡的裝置。15 巴的壓力，或者大約 15 倍的大氣壓力，對一部家用機器而言是必要的，它一次只能製作數杯咖啡。需持續使用的商業用機器一般是以 9 巴的壓力在運作。大多數桌上型的「濃縮咖啡」壺應該比較適合冠以義大利語「摩卡」（moka）的稱號；這種機器並不會產生足夠的壓力來製作真正的濃縮咖啡。假如那就是你偏好的口味，那麼沒有人該跟你爭辯名稱問題。

但是一部家用可達 15 巴壓力，在咖啡店中可達 9 至 12 巴壓力的正統濃縮咖啡機，確實比較能夠呈現出一杯好「濃縮咖啡」的深度與內涵。好的機器有千百種；頂級的機種可讓使用者在家中或是專業的咖啡師預先浸潤咖啡粒——亦即淋一些水在上面幾分鐘——並在汲取咖啡時調節壓力。舉例來說，咖啡師可能會在第一階段將壓力維持在 9 巴，然後升高到 12

圖 64.1　在家煮咖啡的一些基本配備。一只玻璃水壺適合多人份量，不鏽鋼的鵝頸細嘴壺則可倒出較準確的水量。磅秤幾乎是不可或缺的工具；這樣每次煮出來的咖啡品質才會一致。硬毛刷對於清潔研磨器具和其他設備而言很實用。濾杯顯然有不同尺寸，現在有些設計是當熱水通過研磨咖啡時，濾杯能將水攪動。（攝影：Robert Thurston）

巴，後續時間再減緩。在店裡製作一杯濃縮咖啡全程應維持在 25 至 30 秒，在家裡或許少一點。能夠做到如此精密技巧的設備要價數千美元，包括能夠設定濃縮咖啡的檔案資料。但是價格便宜許多的機器也可以製作出色的濃縮咖啡。

　　我們在此並不打算鑽研在濾器把手中將咖啡粒搗實的議題；根據環境溫度、濕度以及大氣壓力來調整顆粒粗細；或是咖啡師要汲取上乘的濃縮咖啡會採取的許多其他步驟。所以我們著墨在發泡牛奶、做出比例恰到好處的卡布奇諾或是拿鐵，甚至發展出拿鐵拉花技巧。那也不錯啦，但是我們想要強調任何以濃縮咖啡為基底的好咖啡必須從好的濃縮咖啡液開始。

光是濃縮咖啡就已經如此複雜了，所以這是一條可能通往天堂的路，或者也可能讓你抓狂。跟當地親切的咖啡師聊聊機器，在網路上比較機器，仔細研究它們的特色，投入一些時間，包括用心學習如何使用你所買的機器，那麼你將會讓你的朋友刮目相看，但希望不要花費太多。

最後我想要說的是：你能夠買到的煮咖啡裝置數也數不清，你能夠花在上面的錢也不受限。但是在家中用簡單的設備沖煮出上好的咖啡也是有可能的。

專有名詞解釋

acidity　酸度、酸味

一種品嚐咖啡時產生的味覺刺激，通常帶有鮮明、活潑與煥發的感覺，常讓
人聯想到柑橘類水果或醋的味道。就咖啡而言，酸味通常是讓人喜愛的味道。
如果酸度較強，嚐起來就像是檸檬，較弱時就像是柳橙。酸度是咖啡品質裡
的基本特性之一，在品質評估中是標準項目。值得注意的是，品嚐咖啡時所
說的酸度並非指化學酸鹼平衡（pH）數值。

aeropress brewing　愛樂壓沖煮法

一種立在杯子上或玻璃壺上的管柱狀沖煮器材。先將水和磨好的咖啡粉混合
放在上方的「筒柱」內數分鐘，然後將水往下壓，通過咖啡粉後流至杯中。

afterburner　後燃機

裝在烘焙機上的一種機械設備，可將烘焙機中排出之懸浮微粒和銀膜等徹底
燒燼，使得排放物減低到最少。即使是小型烘焙機用的後燃機，價格都要
14,000 美元以上。

aftertaste　餘韻

在咖啡離口後，依然留存的風味。這種令人回味無窮的香醇或是愉悅感被稱
之為餘韻或是後韻。這也是咖啡品質評量中的基本特性之一。

agroforestry system　混農林業系統

在多元樹種的林蔭下生產咖啡的農業系統，請參考「**蔭下栽種**」（shade/
shade-grown）。

Agtron number　焦糖化測定器數值

以色澤變化測定咖啡烘焙度的方法。焦糖化測定器是一種光譜儀，以紅外線
量測技術將咖啡豆反射回來的光譜轉換成數值的一種方法。數值介於 0 到 100
之間，愈大的數字代表反射比率愈高，咖啡的烘焙度也愈淺。

altitude　海拔

咖啡生長的地理海拔高度會影響咖啡的杯測品質。在精品咖啡業界中，在較

高海拔種植的咖啡通常被認為有較佳的風味呈現。普遍認為高海拔的咖啡味道較酸且較多層次。但是在科學文獻中對此主張呈現兩極化的看法。氣壓和環境溫度皆會隨海拔增加而減少，但溫度對咖啡杯測品質的影響較大，因此海拔只是溫度或緯度的指標，緯度對於環境溫度的影響頗大，所以在預測咖啡豆可能的杯測品質時，也必須將海拔列入考量。

arabica　阿拉比卡

阿拉比卡是小果咖啡（Coffea arabica）的俗名。它是目前 124 種已知品種中的一種，一般公認其具有最佳風味。全世界有 70% 的咖啡產量屬於阿拉比卡種。

aroma　香氣

指咖啡沖煮後的氣味。另外一種常聽到的名稱是咖啡味。通常香氣的強度會隨咖啡生豆或烘焙豆的存放時間增加而減弱。香氣也是咖啡品質的基本特性之一，在評量咖啡品質時幾乎都會予以測定。

bags　咖啡袋

用來包裝咖啡豆的袋子，傳統上以 60 公斤（或 134 磅）為 1 袋，請參考「包裝」（packaging）一詞。

balance　均衡

在一杯咖啡中，所有個別的特性交互作用而創造出一種和諧的味道。「均衡」是用來描述這些特性彼此相融合的程度，是根據飲用者在一杯咖啡裡所感受到的風味組合所做的主觀描述。

barista　咖啡師

在咖啡館中操作咖啡沖煮機器（特別是指濃縮咖啡機）的人。這個字原本就是義大利文，但直到 1930 年代，法西斯政府試圖廢止外來語，例如酒保（barman），這個字才變成正式用語。而咖啡師一詞要在濃縮咖啡在國際間崛起之後，才成為一種標準用語和特殊專業。

Barista Guild of America　美國咖啡師同業公會

由 SCAA 於 2003 年官方成立的商業團體，其宗旨在訓練咖啡師並頒發認證以提倡咖啡師的專業。由 SCAA 在美國東西兩岸所舉辦的許多官方活動皆有提供課程，例如年度咖啡展、濃縮咖啡研究營、年度靜修訓練營等。

biennial bearing　隔年結果

在咖啡種植期間，一年結大量果實，次年幾乎不結果的生產循環。這現象必須從咖啡的物候學談起：指的是將要生產隔年作物的分枝，因為要與成熟期的咖啡漿果爭取營養而無法成長，此時通常可以透過修剪樹枝和遮蔭樹來減緩此現象。

Big Four (sometimes Big Five)　全球四大咖啡商（或全球五大）

全世界幾個最大的國際咖啡公司，目前市面上大部分的商業咖啡都是他們的產品。以下列出其總部所在的國家及其主打品牌：瑞士雀巢（Nestle），旗下有雀巢咖啡（Nescafe）、膠囊咖啡機（Nespresso）、狀元即溶咖啡（Taster's Choice）；美國盛美家（Smucker's），旗下有福杰士咖啡（Folgers）；美國莎莉集團（Sara Lee），旗下有 Douwe Egberts 咖啡、Senseo 咖啡機；美國卡夫食品（麥斯威爾咖啡、桑卡低因咖啡）。或者加上德國奇堡（Tchibo），旗下有奇堡咖啡、Piacetto 濃縮咖啡。這些公司總共掌控了全世界 50% 至 60% 的咖啡銷售量。近年來由於美國的寶橋（P&G）及 Phillip Morris（現在的 Altria）皆退出咖啡市場，因此其組合也產生了變化。

biodynamic agriculture　生物動力自然農法

根據 Rudolph Steiner 的原理（也就是 Waldorf 學派）所發明的耕作法。這種方法是遵循月相的週期來進行修剪的古早傳統做法。簡單來說，生物動力法農場就是根據月相和星星的位置來進行管理。利用有機容器，例如在牛角裡塞滿了糞便，再埋在農場的土裡，或是放在土壤表面讓它自然乾燥。這個想法是要將宇宙和地球的力量引進牛角裡，然後進入到土壤中。

bird-friendly　鳥類親善

在咖啡園中若有大量的樹冠層，這對於候鳥來說是極具吸引力的環境。所謂鳥類親善咖啡是史密森尼恩學會（Smithsonian Institution）的註冊商標，它推廣該認證是為了鼓勵農民種植更多的遮蔭樹來吸引各式鳥類、蜘蛛、蝙蝠或其他生物，除了賞心悅目之外，也有助於控制咖啡樹的病蟲害。

blends　綜合豆

由來自不同產地或品種的咖啡豆摻混合成的配方豆，目的在平衡不同的特性，或是降低咖啡成本。

body　稠度

指的是咖啡的黏度或是濃度。例如牛奶與紅酒就是兩種明顯具有稠度的常見飲品。低脂或零脂牛奶通常不具稠度，但全脂牛奶則很濃稠；而紅酒比白酒具有較高的稠度。咖啡的稠度如何形成目前尚不清楚，可能是從溶解的細胞壁小碎片和油脂所產生。稠度是咖啡品質評量的基本特性之一。

branding　品牌

一家特定公司的產品通常是以一個標籤或識別標誌來呈現。品牌咖啡與一般咖啡的差異在於後者並無法呈現出是誰銷售的產品。在 1862 年之後，美國的咖啡公司開始提供品牌咖啡，品牌背後的意義是用來鞏固在消費者心中對某一產品和某一公司之間的連結。透過廣告可驅使咖啡飲用者對品牌咖啡產生需求，例如，希爾斯兄弟（Hills Brothers）、福杰士（Folgers）等。

brewing methods　（咖啡）沖煮法

以水從研磨咖啡中萃取出風味的方法，最後會產生咖啡液。常見方法如下：愛樂壓、聰明濾杯、精品咖啡專用沖煮機（Clover）、滴濾／手沖法、濃縮咖啡、過濾式沖煮法、那不勒斯翻轉壺、法國壓、過濾式咖啡壺、土耳其式／地中海式、虹吸式。

broca　咖啡果甲蟲（西班牙文）

請參考「咖啡果甲蟲」（coffee berry borer）。

C coffee　C 型期貨咖啡

作為 C 期價格基準的咖啡豆。

C price (C market, coffee "C" price)　（咖啡）C 期價格

「C 期價格」指的是在紐約 ICE 期貨交易所中每 100 磅阿拉比卡咖啡豆的價格。官方是以美元／磅計價，譬如 2.46 美元／磅。C 期價格來自一個複雜的過程，請參考第 15 章「咖啡的『價格』」。

caffeine　咖啡因

一種黃嘌呤生物鹼化合物，在第 1、3、7 號位置上有甲基群附著。其特有的刺激／提神特性是很多人一開始喝咖啡的原因。長期以來咖啡因被眾人認為有害健康，但近年來研究證明如果飲用適量，咖啡因反而能夠對身體產生許多益處（一天 3 至 4 杯）。

caffè latte/latte　拿鐵咖啡／拿鐵

將大量的加熱牛奶與少量奶泡鋪在單份或雙份的濃縮咖啡之上，通常還有拉花的圖案。請參考第 46 章「濃縮咖啡菜單」，其中介紹了各種不同容量的咖啡以及咖啡與牛奶的比例。

California red worms　加州紅蟲

常用於拉美地區，這種紅蟲會鑽進已將咖啡豆取出後的咖啡果皮與果肉中，並產生有用的堆肥，是農場減少污染與廢料的自然回收方法中最有效的一種。

cappuccino　卡布奇諾

將等比例的加熱牛奶與奶泡放在單份或雙份濃縮咖啡上，而「乾」卡布奇諾則是奶泡的比例較多且較粗。傳統作法會在最上面撒上巧克力粉或肉桂粉。

capsules　膠囊咖啡

將一份的研磨咖啡封裝在一個鋁箔小盒中，可經由專用的機器煮出一杯咖啡，雀巢是這項技術的創始者——膠囊咖啡機（Nespresso）。（請參閱第 46 章「濃縮咖啡菜單」）。美國則以 Keurig 占有最大的膠囊咖啡機市場，但星巴克最近也發表了自有的膠囊咖啡和專用機種，請同時參考「咖啡包」（pods）。

catch crop　間作作物

為了使種植經濟達到最大化，在等待另一作物（例如橡膠與可可這類木本作物）生長的期間，通常會種植能夠快速生長且提供收入的作物。

certification　認證

目的是為了讓農民能夠以合理價格販售咖啡並促進環境保護，或是為了改善咖啡農民及其雇工的工作條件和生活品質而設立的計畫。（請參閱第 20 章「咖啡認證計畫」）。

chemical composition of the beverage　咖啡飲品的化學組成

咖啡的化學組成相當複雜，迄今仍未有完整的化學成分描述。從咖啡的基因與品種、生長的環境、加工方法、貯存條件、烘焙、新鮮度與沖煮法，任一因素都會影響到最終在咖啡杯裡所呈現的風味。一杯咖啡液中至少有超過 300 種以上的化學物質，而光是咖啡香氣更是含有超過 1,000 種以上的化學物質。

cherry/coffee cherry　咖啡果實、咖啡櫻桃果實

成熟的咖啡果實（或稱漿果）。由於某些品種的咖啡在成熟可採收時，其果

實會呈現出深紅色且大小接近櫻桃，因此又被稱為咖啡櫻桃。某些品種在成熟時，果實雖為黃色、粉紅色或是橘色，但依然可稱為咖啡櫻桃。西班牙文裡的咖啡果實則被稱做「葡萄」（uvas）。

chicory　菊苣
學名為 cichorium intybus，是一種小型的多年生草本植物。世界上許多地方，菊苣根是咖啡的替代品。在 1790 年代末期，因海地革命以及英國對歐陸進行封鎖，菊苣自此在法國開始廣泛地成為咖啡替代品。美國南北戰爭期間，由於北方的封鎖，南方幾乎無法取得咖啡，於是也開始流行以菊苣替代。時至今日，咖啡裡加入菊苣在美國南部仍相當受到歡迎，尤其是紐奧良地區。

clever brewing　聰明濾杯沖煮法
一種塑膠材質錐形的簡易咖啡沖煮器材，咖啡在一個功能齊備的錐形杯中沏好後，便會流進底下的玻璃壺中。

climate change　氣候變遷
全球氣溫突增對咖啡業來說是一個嚴重的問題。隨著平均氣溫的升高，許多地區將因為太熱而不利於優質咖啡的生產，而高海拔新開發的農地不但相當稀少，土地不夠肥沃，而且不易耕作。在高緯度的中低海拔地區是否適合種植咖啡則尚未有定論。可以肯定的是，較暖和的氣溫將造成咖啡害蟲的擴散，特別是咖啡果甲蟲。

clover brewing　精品咖啡專用沖煮機
一種依照所使用的咖啡隨時可調整溫度、萃取時間的沖煮機器，星巴克於 2008 年買下生產製造權利，並命名為 clover。

coffee bean　咖啡豆
咖啡樹的種子，被包裹在咖啡果實內。

coffee berry borer　咖啡果甲蟲
學名為 Hypothenemus hampei，這種害蟲原生於非洲安哥拉，但現在幾乎遍布全世界所有種植咖啡的國家，它被認為是最難控制且不可能完全消滅的咖啡害蟲。磁性的甲蟲會鑽進咖啡果實裡，在咖啡豆中產卵。一旦孵化後，新生的甲蟲會進行交配，受孕的雌蟲就會離開，然後開始新的繁殖循環。

coffee cake 咖啡餅
又稱為咖啡圓盤，是沖煮濃縮咖啡後在濾器中留下的餅狀咖啡粉，咖啡師可透過觀察其濕潤程度與硬度來判斷沖煮狀況是否恰當。

coffee fruit 咖啡果實
咖啡樹結出的果實，最外層是果皮，裡層有黏液與果肉，再來是內果皮，最後是包裹著咖啡種子（咖啡豆）的銀膜。請參考圖 **2.1** 咖啡果實的分解圖。

coffeehouses (bars, cafés) 咖啡館
以販售咖啡飲料為主要收入來源的店。第一間咖啡館出現在 15 世紀的阿拉伯，在 1500 年代傳到開羅，1554 年則在鄂圖曼帝國的首都伊斯坦堡設立。1650 年代，歐洲的第一家咖啡館出現在英國，隨後美國第一個咖啡館也在 1670 年的波士頓開業。歐洲大陸的咖啡館，通常結合酒類飲料、餐點和咖啡服務，慢慢發展成為主流的咖啡零售機構。20 世紀，濃縮咖啡吧蔚為風潮，顧客均站在櫃檯前喝咖啡，不過品牌咖啡連鎖店成為 21 世紀喝咖啡的主要地點，通常是有舒適桌椅的環境，提供各類設施鼓勵客人付一杯頂級咖啡的價錢進行「20 分鐘的體驗」。（請參閱第 43 章「跨世紀的咖啡館風貌」）。

coffee leaf rust 咖啡葉鏽病
為一種嚴重的真菌類（Hemileia vastatrix）咖啡樹疾病，真菌在咖啡葉上呈現出鐵鏽斑點狀，造成光合作用功能降低，甚至是植株的死亡。由於阿拉比卡種比羅布斯塔種更容易得病，故持續進行將阿拉比卡與具優異抗菌性的羅布斯塔結合的育種工作。

coffee plant 咖啡樹
咖啡樹在植物分類學上屬於茜草（rubiaceae）科咖啡（coffea）屬，兩種在商業上最重要的物種分別為阿拉比卡（小果咖啡，coffea arabica）及羅布斯塔（中果咖啡，coffea canephora）。咖啡樹為葉面光滑、對生葉序的常綠樹，開白花且具香氣。

Coffee Quality Institute (CQI) 咖啡品質學會
為美國精品咖啡協會（SCAA）附屬的一個非營利組織，其工作宗旨為透過訓練、建構機構能力與執行品質標準系統來提升全球咖啡品質與從業人員的生活。CQI 提供了咖啡生產者教育訓練和技術協助，並執行 Q 與 R 計畫（分別針對阿拉比卡種與羅布斯塔種），該計畫會頒發認證給合格的杯測師，讓他

們以標準化的評量系統將咖啡分級。

coffee taster's wheel　咖啡口味輪
將所有常見的咖啡口味以輪狀圖呈現，通常是製作成海報。不管是好的味道
或是有缺陷的味道都有，不好的口味像是馬騷味、獸皮味、木質味；好的味
道如花香味、柑橘味、麥芽味等。口味輪將缺陷的味道歸因於咖啡種植、加
工和處理過程所造成，而如花香味之類的愉悅氣味則是適當烘焙下的產物。

Colombian milds　哥倫比亞咖啡豆
被當成 C 期期貨咖啡品質標準的水洗哥倫比亞咖啡豆。

commercial coffee　商業豆
非精品咖啡豆，通常在大賣場或大型倉儲超市可以看到已經研磨成咖啡粉，
裝在鐵罐或塑膠桶中，這種咖啡為低品質阿拉比卡摻混羅布斯塔的綜合豆。
目前依然是全球最多人飲用的咖啡種類，請參考「全球四大咖啡商」（Big
Four）。

commodity chain　商品鏈
從一開始到零售，處理一件商品的每一人員和各個階段。

commodity coffee　商品期貨咖啡、商業咖啡
非精品咖啡豆。期貨市場交易的咖啡豆，販售商品期貨咖啡的主要市場是紐
約的洲際交易所（Intercontinental Exchange），它決定了阿拉比卡種咖啡的 C
期價格。而羅布斯塔的期貨交易則是由倫敦的國際金融期貨與選擇權交易所
負責（London International Financial Futures and Options Exchange）。

condiments　調味品
在咖啡館中，牛奶、鮮奶油、糖，以及各種人工替代品皆被歸類為調味品。

conilon　柯尼龍
巴西產的羅布斯塔種咖啡豆。

consuming countries　（咖啡）消費國
這些國家很少或沒有種植咖啡，消費的是進口的咖啡。一個國家可同時為生
產國與消費國，像是巴西、衣索比亞、肯亞、哥倫比亞、印度、越南。

conventional coffee　傳統咖啡

指的是未經認證的咖啡，像是非有機咖啡豆。

crema　咖啡脂

通常在濃縮咖啡的表面會看到的一層細泡（來自義大利文的 cream）。在高壓下，沖煮咖啡的水會與二氧化碳及其他揮發性氣體結合而導致過度飽和，當咖啡液離開濾器後，這些氣體會開始消散並離開水面，而這些氣體被咖啡中的水溶性和非水溶性化合物（有可能大部分為油脂）包覆住，這些被包覆的氣體產生微細泡沫，因為決定了咖啡脂的感官特性。雖然咖啡脂的存在意味著咖啡經過高壓沖煮，但並不是咖啡品質的保證。事實上，現在有一派人士認為移除掉咖啡脂的濃縮咖啡才最好喝。（請參閱第 48 章「咖啡的品質」和第 46 章「濃縮咖啡菜單」）。

crème café　法式咖啡（法文）

從義大利文 caffè crema 演變而來，是一種在法國與德國販賣的特有濃縮咖啡飲品。比起義式濃縮咖啡，法式咖啡容量較多且較不濃烈，但最上層依然有咖啡脂。

cultivar (variety)　培育品種

在同一物種中，有時仍會有足夠的差異性能夠在分類學上建立起亞種，像是富士蘋果與五爪蘋果、貴賓犬與黃金獵犬。這些差異通常展現出外觀上的特點。這就是農民和繁殖者辨認和選擇不同培育品種的方式。就咖啡而言，不同的培育品種可能會影響植物高度、果實的顏色或是杯測的品質。目前有多種阿拉比卡的培育品種，培育者仍在積極研發新的育種。

Cup of Excellence　卓越杯

專門進行咖啡品質評比的競賽，始於 1999 年，其目的是根據咖啡品質作為市場定價的基準。每個國家的咖啡先經由國內杯測師評比後，再送到國際咖啡品評會，由一群國際專家來進行最終評比。在專家們為咖啡打分數後，以線上拍賣方式進行標售。

cupping　杯測

杯測是評量咖啡品質的正式方法，咖啡在杯子或碗中進行萃取，使用咖啡匙取一瓢咖啡品嚐，然後隨即吐出。接著就要評價和記錄一連串的品質特性，像是稠度和酸度等。請參考「咖啡品質鑑定杯測師」（Q-grader cuppers）。

decaffeination　去咖啡因

從未經烘焙的生豆去除咖啡因的過程。唯有當咖啡因被去除掉超過 97% 以上才可歸類為低因咖啡。去除咖啡因的方法主要有三種：化學方法是使用溶劑，常用的溶劑有水、乙酸乙酯、超臨界二氧化碳流體以及二氯甲烷。由於溶劑在去除咖啡因的同時也會去除掉一些化合物，因此在將咖啡因單獨分離後會將其他的化合物重新放回咖啡裡。瑞士水洗法不使用化學溶劑，而是將咖啡豆泡在熱水中一段長時間，再將此熱水通過活性碳過濾器去除咖啡因後，把過濾後的水回泡咖啡豆。雖然這種處理方法聽起來比較「純」，但事實上卻被批評跟其他處理方法相比，失去了更多的風味。而使用超臨界二氧化碳流體則是較新近發展出來的方法。

defects　瑕疵豆

咖啡豆的缺陷會導致令人不悅的味道。這些缺陷有可能來自於蟲害感染、過熟、加工過程中過度發酵、植物病害，以及在種植、加工或儲存時可能發生的其他問題。破碎不完整的豆子也被歸類為瑕疵豆，因為這些不完整的表面常常會感染黴菌。

Demeter　狄蜜特

原本是希臘神話中代表大地、農業和豐收的女神。目前被一個位於奧勒岡州專門認證以生物動力農法種植咖啡的組織用以命名。請參考「生物動力農法」（biodynamic agriculture）。

demucilation　除黏液

除黏液為咖啡水洗處理法中的一個步驟，使用機器來去除種子外部的黏液層，之後馬上進行乾燥或泡在水中。

density　密度

為物體的物理性質，定義為一物體單位體積下的質量。咖啡生豆的密度被當成分級的標準之一，密度愈大的豆子品質愈好。

depulping　去果肉

將咖啡櫻桃果實的外層（即果肉）去除的工序。

dial in/to brewing　表針控制沖煮法

在製作濃縮咖啡時，調整研磨咖啡的粗細、置入濾器把手中的咖啡粉數量，以及萃取時間的過程。

direct trade　直接貿易
指的是進口商或烘豆商直接向農民購買和進口咖啡的體系。（請參閱第 21 章「咖啡的直接貿易」）。

drip brewing　滴濾沖煮法、手沖法
使用機器或手動裝置，利用重力讓水通過咖啡粉來萃取咖啡的方式。

drying　乾燥
在咖啡豆要進行運送及烘焙前，將咖啡豆的水分含量降低的過程。處理的方式可放在特殊的乾燥架、地上、篷布，或是非洲式的高架網版上以陽光進行曝曬。當然也可以使用機械式乾燥機將生豆的水分含量降至 9 至 12%。

ejido system　村社系統
西班牙語系的拉丁美洲特有的農業系統。土地所有權屬於整個村莊，但每一小塊土地卻是單獨進行個別的耕種。19 及 20 世紀初期有許多非在地的評論員覺得村社系統令人反感，因為他們認為該系統鼓勵當地人留在家鄉工作，而非受僱於大型的商業農場。

energy drinks　能量飲料
含有大量咖啡因的飲料。這些飲料是被用來取代含有天然咖啡因的飲料，主要具有提神作用。紅牛（Red Bull）是其中最知名的品牌。它在 1970 年由泰國人發明，並在 1984 年開始行銷全世界。就西方世界所販售的紅牛來說，每罐 8.3 盎司的飲料中就含有 80 毫克的咖啡因。

espresso　濃縮咖啡
透過高壓萃取的咖啡。這種沖煮方式必須先將咖啡研磨成細粉並在濾籃中壓實成餅狀。將濾籃放進濾器把手中，然後扣上咖啡機的沖煮頭，通常把手的底部會分成兩個分流嘴，可以讓咖啡分開滴到下方兩個杯子裡。將分流嘴拆下的無底把手（「裸裝」濾器把手）有時候是為了製造出比較戲劇化的效果。熱水被加壓通過緊實的咖啡餅，一般來說是以 9 巴壓力萃取 1 份約 25 至 30 毫升的咖啡。透過調整研磨咖啡粉粗細可改變咖啡送出時間的長度（一般來說是 25 至 30 秒），這將會影響萃取程度和咖啡的口味。濃縮咖啡經過高壓在最上層所產生的細泡被稱為咖啡脂。濃縮咖啡與義大利密切相關，直到今日大部分的濃縮咖啡機製造商都在義大利。至於更多關於濃縮咖啡歷史的討論請參閱第 46 章「濃縮咖啡菜單」。

espresso-based drinks　以濃縮咖啡為基底的飲品

在這裡是指以濃縮咖啡為基底的各種咖啡，雖然一開始是從義大利發展出來的，但是在世界各地都有不同的做法。請參閱卡布奇諾（cappuccino）、咖啡拿鐵（caffè latte）、長濃縮（lungo）、瑪琪雅朵（macchiato）、芮斯崔朵（ristretto）等名詞以及第 46 章「濃縮咖啡菜單」。

espresso beans　濃縮咖啡豆

濃縮咖啡專用的咖啡豆。在義大利，濃縮咖啡幾乎都使用配方綜合豆，傳統上會混合阿拉比卡種與羅布斯塔種的豆子，但比例相當懸殊，後來大部分的精品咖啡豆配方都使用 100% 阿拉比卡種或甚至是單品咖啡豆。

espresso brewing　濃縮咖啡沖煮法

在壓力下沖煮咖啡。濃縮咖啡一詞最早出現在 20 世紀初的義大利，雖然當時的機器可提供的壓力比現在小得多。手動操縱的活塞驅使熱水通過咖啡粉餅的設備與做法在 1948 年問世，而使得咖啡的表層出現了咖啡脂。1960 年代，新型的電子幫浦咖啡機器上市，以 9 巴壓力運作，時至今日仍為作業標準。請參考「濃縮咖啡」（espresso）。

espresso coffee　濃縮咖啡豆

用來製作濃縮咖啡的咖啡豆。傳統義大利濃縮咖啡用的豆子通常是深焙，這可能是由於綜合豆中大量的羅布斯塔豆使得咖啡具有苦味，利用深焙產生的焦糖化反應可修飾其味道。不過，許多北義的綜合豆裡，通常阿拉比卡種咖啡豆的比例較高，因此在咖啡焙度上也較淺。

espresso machines　濃縮咖啡機

用來沖煮濃縮咖啡的機器，通常可分為傳統的「半自動機型」（咖啡師可控制沖煮參數）與「全自動機型」，所有參數皆由機器控制，另外還有包含研磨過程的「超自動機型」，以及「從咖啡豆到一杯咖啡的機型」，可將牛奶加溫後鋪在咖啡飲品上。濃縮咖啡機在過去幾年有明顯的進化，第一部所謂的濃縮咖啡機，譬如 1905 年原版的 Pavoni Ideale，利用蒸氣產生的壓力大約只有 1.5 個大氣壓。Achille Gaggia 在 1948 年改良的手動式活塞機器，革命性地沖煮出高壓萃取且上層帶有咖啡脂的濃縮咖啡。這套系統後來以電子式幫浦取代手動式活塞，第一台半自動濃縮咖啡機於焉誕生，例如 Faema E61。請參考第 46 章「濃縮咖啡菜單」。

estates 莊園

僱用大量勞工的大型咖啡農場。莊園咖啡豆是真正的單品咖啡，而且有可能以其莊園名稱販售咖啡。

extraction 萃取

指的是利用水從研磨好的咖啡粉中取出咖啡液的過程。針對不同的沖煮裝置，適當的萃取時間關係著一杯咖啡品質的優劣。

fair trade 公平交易

一種無論國際市場如何波動，皆提供保證最低生豆收購價格的交易系統。美國監督核發給認證標章的組織叫做 Fair Trade USA，原名為 TransFair USA。關於公平交易及其他道德認證的資訊，請參閱第 20 章「咖啡認證計畫」和第 22 章「公平交易」，也請參考「美國公平交易組織」（Fair Trade USA）一詞。

Fairtrade International 國際公平交易組織

位於德國伯恩的公平交易組織，提供公平交易的認證及標章。

Fair Trade USA 美國公平交易組織

美國的公平交易組織，提供道德咖啡的認證。請參考「公平交易」（fair trade）。

farm gate price 農場交貨價格

實際付給咖啡農民的價格。由於咖啡在成為飲料之前會經過好幾手，從買家到出口商，再到進口商、烘豆商，最後到零售端，價格會隨之一路增加。

fermentation 發酵（發酵處理）

咖啡收成後，初期的一道加工步驟。在採收後，通常不是用水洗法（去果肉），就是日曬法（留果肉）處理咖啡櫻桃。在水洗法中，果實內的微生物以及浸泡在水中，皆有助於去除黏液層。而在日曬法中，微生物則自行負責黏液的分解。兩種處理法都會降低酸值（這裡指的是化學上的 pH 值）至大約 5 以下，或甚至低於 4。

fertilizer 肥料

任何添加在生命系統中可以提供養分的物質。在農業應用上，肥料可能來自有機體（經分解後的植物、糞便以及動物屍體等形成的堆肥）或是工廠製造（化學肥）。有機肥料跟合成肥料所提供的營養在化學組成上可能一模一樣

（請參閱第 5 章「什麼是有機？」）。

filter brewing methods　滴濾式沖煮法
在滴漏器具中，利用某種素材保留住咖啡粉，通常是放在一個圓錐筒或其他容器中（濾杯）的沖煮方式，材質可以是金屬、紙、布，在哥斯大黎加甚至有人用舊襪子。

finish　餘味
請參考「餘韻」（aftertaste）。

first wave　第一波
指咖啡貿易發展的假想階段，此時咖啡大量生產但卻不重視品質。在西方世界，這段時期大約從 16 世紀中葉一直持續到 1970 與 1980 年代之間。Trish Skeie Rothgeb 在 2002 年創造了「第一波」這個名詞，但許多專業的咖啡人士或歷史學者不同意這樣的時間分期。到目前為止，只有第三波被廣泛用來指涉當代的咖啡美學。請參考「第二波」（second wave）及「第三波」（third wave）的說明。

flavor　風味
飲品的典型口味，在此專指咖啡的基本風味。杯測師會針對咖啡的各種特性予以評分，例如餘韻，風味也是其中一項。

flip (Neapolitano) brewing　翻轉（那不勒斯壺）沖煮法
一種源自義大利，在爐具上使用的小型金屬沖煮壺。上壺的容器中有個裝咖啡粉的濾籃，下壺則是裝水。在上壺中裝水後放在爐具上加熱，下壺倒扣在上壺上面，在水滾後將整個壺上下顛倒，熱水就會通過籃子裡的咖啡粉而流至下壺中。

Folgers　福杰士
咖啡四大品牌之一，近年被寶僑集團（P&G）賣給俄亥俄州的公司 —— 盛美家（Smucker's）。剛開始是 Jim Folger 在 1850 年代和幾個合夥人在加州金礦區成立了這家公司，透過大量的媒體傳播與廣告，福杰士在接下來的 40 年成為美國全國性的品牌。1963 年時由寶僑集團買下這家公司，並且在 1980 年代早期創下美國銷售新高，直到今天福杰士依然是美國最受歡迎的商業咖啡品牌之一。

Food Safety Modernization Act　食品安全現代化法案

根據美國在 2011 年制定的法律，食品和藥物管理局有權將市場上被懷疑可能遭到污染的食品強制回收。

fragrance　香氛、乾香氣

剛研磨好未沖煮前的咖啡粉氣味，跟其他咖啡味道比起來，乾香氣並不是特定的氣味，隨著生豆存放的時間或烘焙豆的變質，乾香氣的強度通常會減弱。乾香氣也是另一個咖啡品質的基本評量項目。

free on board (FOB)　離岸價

為國際貿易專用詞，意指裝載在船上準備離港的商品或產品，所有的稅金、關稅、人事費，就連賄款均已結清。離岸價格與農場交貨價格有很大的差距。

French press brewing　法式濾壓沖煮法

19 世紀早期由法國人發明使用活塞濾壓器或摩卡壺的沖煮方法。通常會有一個以金屬框架高的玻璃圓筒，將磨細的咖啡粉倒入圓筒底部，注入剛燒開的熱水，再將活塞從圓筒頂端壓入，靜待 4 分鐘左右，將活塞壓到底。活塞底部附有濾網，它會將所有的咖啡粉留在圓筒底部。最後將咖啡液倒入杯中。

futures　期貨交易

貨物買賣系統，尤其是原物料及農產品類。透過大買家和商品經銷商之間的合約，在特定的日期以固定的價錢交易固定量的咖啡豆。請參考第 15 章「咖啡的『價格』」。

grading　評分、分級

通常是由產地政府授權的單位對咖啡品質進行評測，不同的政府會使用不同的標準將咖啡分級。這些標準包括咖啡品種、咖啡生長的海拔高度、咖啡豆大小、杯測品質，以及瑕疵數量。

green

請參考生豆（green coffee/bean）、環保運動（green movement）、草味（green taste）。

green coffee/bean　生豆

咖啡豆在加工、乾燥後，未經烘焙前的狀況。生豆是用來買賣的；咖啡豆大都是以生豆的形式從生產國出口。在西班牙文中，生豆被稱為「黃金」（oro）。

green movement　環保運動

為了保護或改善環境所做的努力，包括資源回收、廚餘堆肥、綠色能源和土壤改良。為達到永續生產咖啡的目的，必須細心呵護環境。大體而言，咖啡產業相當重視環保運動，尤其是精品咖啡業。除此之外，西方世界的咖啡館也漸採用可生物分解的材料做的杯子，或是給予自行攜帶外帶杯的客人折扣。

green taste　草味

咖啡的一種味道，通常是因為乾燥時間不足。

grinder; types of grinders　磨豆機；磨豆機類型

用來研磨咖啡豆的機器，一般來說依研磨刀盤的構造可分成平刀款與錐刀款兩大類：(1) 平刀機（其實應該稱切碎機）是使用可旋轉的金屬刀片猛烈地將咖啡豆切成細粉。這種磨豆機通常價錢較便宜，但研磨出的咖啡粉大小及形狀較不均勻。(2) 錐刀機的刀盤材料除了金屬外，也有機器使用陶瓷材料，透過高硬度的鋸齒刀盤來粉碎咖啡豆，這類的機器除了能夠研磨出尺寸較均勻的咖啡粉外，在粗細調控上也有較多的彈性，但價格也比平刀款昂貴許多。

hardness　硬度

在拉丁美洲的咖啡界用語中，硬度與咖啡種植的海拔高度有關，並可將咖啡豆再區分成硬豆（hard bean, HB）與超硬豆（strictly hard bean, SHB），這樣的分類與咖啡的品質有很大的關係。由於在較高海拔成長的咖啡樹，需要更長的時間才能讓咖啡漿果成熟，被認為比起低海拔的咖啡豆有更好的品質。當然有許多專家認為關鍵不是海拔，而是溫度。請參考第 3 章「深入探索」與第 49 章「咖啡的味道」。

harvesting　採收

係指將咖啡果實從咖啡樹上採下來的過程。手工採收一般都未使用任何工具。選擇性摘採是為了只採收成熟的咖啡櫻桃，而所謂「刷落式採收」則是不論是否成熟都從樹上採下。「機械式採收」分成小型機具及大型機具，前者是手持機械工具，搖晃及震動咖啡樹枝並用剪刀爪將樹枝向工人拉近後，採下所有的咖啡櫻桃；大型機具則是由駕駛員操作，使用玻璃纖維長桿震動及拍打樹枝，讓咖啡櫻桃掉落到採收箱內。

hectare　公頃

土地面積單位。長寬各 100 公尺，約等於 2.5 英畝，縮寫為「ha.」。

horeca/hotel-restaurant-café　餐飲業

代表旅館（hotel）、餐廳（restaurant）與咖啡館（café）等消費市場的複合字，相對應的是家庭消費。

hulling (or milling)　去殼

去除咖啡豆內果皮的過程。去殼機是透過咖啡豆的相互摩擦，或是以繩線或桿子輕輕拍打來去除果皮，機器必須依咖啡豆的大小做調整，若深度太過或溫度太高，將損傷咖啡豆並影響口感，而去殼不足則會造成烘焙的問題。

industrial food　工業食品

為大眾市場製造的食物。一般來說，這些產品並非有機，或許也不具永續性，也或許不特別好吃。

insecticides　殺蟲劑

用來殺死或控制農作物蟲害的化學物質，可能來自天然成分，如植物或化學工廠合成物。

instant　即溶咖啡

或稱為速溶咖啡（soluble），只需要加入熱水後就可飲用的咖啡。這是在1906年，一位名叫 George Washington 的比利時人在瓜地馬拉所發明的。

intercropping　間種（作）

兩種以上的作物種植在同一區域的農業設計，農民的目的往往是想要提高收入。透過多樣化的生態條件，間種也提供了不同動物群的棲息地。

International Coffee Agreement (ICA)　國際咖啡協議

第一次協議是在1962年簽訂，目的是為主要的咖啡生產國設定出口配額，在1989年廢止之前修訂了三次，新的 ICA 在1994年簽訂，並且在2001及2007年修正，但這些新的協議並沒有規定出口配額。請參考第19章「咖啡的全球貿易」。

International Coffee Organization (ICO)　國際咖啡組織

在1963年為了監督 ICA 而成立，並於1989年由咖啡生產國與消費國會員改組而轉型為紀錄保存與顧問組織。請參考第19章「咖啡的全球貿易」。

International Women's Coffee Alliance (IWCA)　國際婦女咖啡聯盟

在2003年由6位美國婦女所成立的組織，旨在透過經濟援助、特殊的收購機

制與技術諮詢來改善女性咖啡從業人員的生活。請參考第 12 章「一名阿肯色州的鄉下女孩如何成為領導其他女性的咖啡進口商」。

kopi luwak　麝香貓咖啡豆

以印尼當地的麝香貓（kopi luwak）為名，這種咖啡在麝香貓的體內已經進行部分加工。麝香貓是幾種會食用咖啡櫻桃果實的動物之一，其消化系統會將果實軟質的部分消化，並將豆子排出體外。這種咖啡豆的價格相當高，每磅烘豆約 300 美元，在高檔咖啡館中，每杯咖啡更可賣到 40 美元以上。

Kraft Foods　卡夫食品

卡夫食品以販賣麥斯威爾咖啡聞名，1988 年被 Philip Morris 收購，但在 2007 年又再次成為獨立企業。卡夫食品旗下還包括英國主要的咖啡品牌 Kenco。（請參見「全球四大咖啡商」（Big Four）。

lliquor　咖啡液

咖啡業界用語，指的是未添加任何其他物質的單純咖啡溶液。

lungo　長濃縮

以較多水量萃取的濃縮咖啡，在義大利通常是 40 毫升。但在其他地方，這個數值可能才是標準容量。

macchiato　瑪琪朵

用牛奶「點綴」的濃縮咖啡，可以是熱的或冰的，在義大利可以是加熱牛奶或奶泡，在英美國家通常是使用奶泡。

Maillard reactions　梅納反應

在烘焙過程中，咖啡產生的化學反應，原理是胺基酸與醣類的結合所產生的化合物，使咖啡呈現褐色以及產生一些抗氧化物。

marketing　行銷

制定並執行銷售產品的策略。大部分的農場交貨價格或離岸價與最終消費零售價的成本差異便來自於消費國的行銷費用。

Max Havelaar

荷蘭人 Multatuli 所寫的小說，全名是《麥克斯·哈維拉，或荷蘭貿易公司的咖啡拍賣》（*Max Havelaar, or The Coffee Auctions of the Dutch Trading Company*）。Multatuli 是 Eduard Douwes Dekker 的筆名，他在爪哇的殖民地

政府工作。這本荷蘭的經典小說在 1859 年初版上市,書中揭露了荷蘭殖民政府強迫印尼人繳交大量的食物給當地的貴族和荷蘭人,因而常常使得在豐饒農地上耕作的農民挨餓。1988 年荷蘭成立的第一個公平貿易組織便採用 Max Havelaar 的名稱當成其認證產品的標章。

Mediterranean coffee　地中海咖啡
請參考「土耳其式／地中海式沖煮法」(Turkish/Mediterranean brewing)。

milds
通常用來代表高海拔的哥倫比亞咖啡,這些咖啡豆多年來已成為咖啡 C 期價格的標準。

moisture/humidity)　含水量／濕度
咖啡豆含水量取決於在農場乾燥處理時最後的加工階段。一般來說需控制在 9至 12% 的含水量,這個數值既可保持咖啡豆品質的穩定,又不會招致各種病蟲害。在水洗處理法中,咖啡豆是經過去除果肉與進行發酵後才乾燥,而日曬處理法則是將咖啡櫻桃鋪散在庭院或架上加以乾燥。為了建立最理想的烘焙數據,含水量在烘焙之前會再量測一次。

mouthfeel　口感
請參考「稠度」(body)。

mucilage　黏液層
咖啡櫻桃黏稠、富含醣類的部分,黏液層是咖啡豆果實中最厚的一層,位於內果皮的外面。請參考「咖啡豆」(coffee bean)。

National Coffee Association　全國咖啡協會
1911 年成立的貿易集團,最早是負責對抗穀類飲料,如波斯敦(postum)在廣告中對咖啡的詆毀。現在成為美國各類咖啡商品銷售的協會,包括商業咖啡和精品咖啡在內,負責發表各種報告,包括美國的年度咖啡飲用趨勢報告。

natural (or dry) processing　日曬處理法／乾燥處理法
咖啡採收後的一種乾燥方法。在日曬法中,未去除咖啡櫻桃果實中任何的部分即直接置放到乾燥區。

naturals (or Brazilian naturals)　巴西式日曬咖啡豆
咖啡豆置放在庭院地上曝曬,直到達到預定的發酵程度與含水量。

Nestle's　雀巢
請參考「全球四大咖啡商」（Big Four）。

NGOs　非政府組織
在咖啡產業中，有許多非政府成立之組織，協助農民改善健康與環境條件、婦女地位、食品安全及學校課程等。

organic　有機
在農業領域裡，只要不是從實驗室或工廠生產的，而是來自天然的化合物或素材就可以被稱為有機。舉例來說，鳥類的排泄物或乾燥鳥糞中含有大量的硝酸鹽，便可以提供有機商業肥料之用；但若是化學家合成與鳥糞成分相同的物質，大量生產並銷售，那這就是無機肥料或者是合成肥料。目前並沒有證據顯示，植物透過土壤或人為噴灑吸收這些分子結構相同的有機或無機肥料後會有任何成長差異。即便美國農業局在認證的有機農作物及動物製品上已明令禁止使用絕大部分的傳統殺蟲劑，但部分農民依然會在土地和植物上施用一些合成物，而且仍可取得有機認證。請參考「**有機農作**」（organic farming）一詞及第 5 章「什麼是有機？」。

organic farming　有機農作
必須全程或幾乎全程以有機方式種植的農作才能被稱為有機農作。經過認證的農場必須在整個生產過程中使用有機材料。舉例來說，在美國佛蒙特州的有機乳酪製造者就必須給牛吃有機的飼料。

organoleptic　感官
一個描述人類感覺的術語，特別是針對味覺與嗅覺。在咖啡中，通常是指飲用者對飲料的味覺經驗，譬如感官品質（organoleptic quality）。

origin　原產地
在此特別指的是咖啡生長地，通常是一個國家、一個區域，甚至是特定的咖啡園。「遊原產地」（going to origin）意指到實際的咖啡農場走走。像是美國烘豆師同業公會等組織即經常安排這類行程。近年來也有為了學生、賞鳥人士或觀光客安排的非專業行程。

other milds　其他水洗式咖啡豆
與哥倫比亞咖啡豆類似的豆子，哥倫比亞咖啡豆幾乎都是阿拉比卡種，同時

也是被當成咖啡 C 期價格的標準豆，其他類似的豆子，特別是拉丁美洲生產的豆子，在特定時刻也會被拿來當作咖啡 C 期價格的參考。

overstory　樹冠層

森林裡或者是咖啡園中最高的遮蔭樹層。

packaging　包裝

用來運送咖啡生豆或販售烘焙豆的材料。傳統上用來包裝生豆運送的標準材料是麻布袋，但近年來，真空密封包裝在高價咖啡豆上也愈來愈流行，更有人使用多層的包裝材質與填充惰性氣體。不管是咖啡粉或咖啡豆，常用的材質有金屬罐、塑膠桶或是密封袋。密封袋上通常有個單向氣閥，用來讓烘焙所產生的氣體能夠排出，但卻能將氧氣阻絕在外。近年來零售用的可分解袋也出現在精品咖啡包裝裡，而鐵罐也可還給店家或回收。請參考第 48 章「咖啡的品質」以及「咖啡袋」（bags）。

parchment　內果皮、帶殼咖啡豆

咖啡果實的豆膜，西班牙文稱為 pergamino。

peaberry　圓豆

通常咖啡豆是一個果實內分成兩個半邊，每邊有一平面，而圓豆則是一顆圓型的種子在果實中。圓豆形成的原因來自於基因突變，但也可能是未受精的種子造成的。天然的咖啡中約有 5% 是圓豆。雖然有些消費者覺得圓豆咖啡喝起來比較甜，但專業的杯測師並未發現這項差異。若說同品種的圓豆比一般豆的口味更順口，那可能是因為大小一致，有利於均勻烘焙的原因。

peasant　佃農

受法律、習俗或稅收所迫的佃農，必須將大部分的咖啡豆交給機構或收購者。對於最終的咖啡價格來說，佃農所獲得的報酬微乎其微，尤其咖啡必須運送到海外給消費者，在零售之前得經過許多程序。

Peet, Alfred

Peet（1920-2007）是移民到美國的荷蘭人，於 1966 年在美國加州的柏克萊開設了一家小型烘豆坊及咖啡店。美國最早的精品咖啡愛好者有很多都是受到 Peet 的影響。

percolator brewing　過濾式咖啡壺沖煮法

過濾式咖啡壺的主體是個水壺，沖煮時先將一根不鏽鋼管放在水壺中間，加水進去，再放上過濾籃。然後將粗研磨的咖啡粉放進濾籃中。接著把整個壺放在爐上加熱。當水滾的時候，水會經由不鏽鋼管溢流到咖啡粉上。整個過程會一直持續到下壺中皆為咖啡液體。在 1970 年代之後的美國，過濾式咖啡壺幾乎是廚房必備的家用品。

pesticides　殺蟲劑

凡是能夠殺死或控制農作物害蟲的化學物質都可被稱為殺蟲劑。害蟲包括微生物、雜草或昆蟲。殺蟲劑可能來自於天然的成分，如植物，也可能是化學工廠生產的合成物。

phenology　物候學

週期性固定會發生的生物現象，譬如鳥類遷徙或咖啡樹開花。

pods　咖啡包

將研磨咖啡粉封裝在可滲水的紙包內，可配合某些咖啡機使用。

point of sale (POS)　銷售點情報系統

可透過電腦追蹤銷售及紀錄的系統，手持式的 POS 裝置或是結合平板電腦已經非常普遍，它可以提供零售商進行信用卡交易、店面與倉儲的庫存管理。

portafilter　濾器把手

濃縮咖啡機的可卸式零件之一，裡面裝有放咖啡粉的濾籃，通常下方有雙嘴的分流器。也有所謂的「裸裝」濾器把手，底下無分流器，讓咖啡可以直接流到杯子裡。

Postum　波斯敦

由 C. W. Post 發明的穀物飲料，在 1890 年代成為家喻戶曉的即食燕麥。長期宣稱它們比咖啡因飲品更健康。Postum 曾在 2007 年停止製造，但在 2012 年又重新生產。

pour-over　手沖法

將磨好的咖啡粉放進通常為圓錐狀的濾器中，材質可能是玻璃、塑膠或陶瓷等。一開始先將一點熱水倒在咖啡粉上，潤濕整個粉體，讓一些氣體排出，再將（已量好）剩餘的水注入。

price of coffee　咖啡的價格

請參考「咖啡 C 期價格」（C price）一詞與第 15 章「咖啡的價格」。

processing　（咖啡）加工

咖啡果實在採收後到烘焙前的步驟被稱為咖啡加工，過程包括去果皮、黏液、果肉、內果皮等，然後乾燥與儲存咖啡豆。請參考「乾燥」（drying）、「蜜處理」（pulped natural processing）、「水洗處理」（washed processing）和「濕式處理」（wet processing）。

producing countries　（咖啡）生產國

種植並輸出咖啡的國家。由於咖啡為熱帶作物，只有位於熱帶的國家才能種植，而部分亞熱帶氣候的地方也能有一定產量。

productivity　生產力

每單位輸入的輸出量。農業生產力與人力或機械、土壤品質、咖啡豆品種、資本投入，以及技術諮詢和協助等等都有關。

pruning　修剪、剪枝

將咖啡樹細心剪短的過程。咖啡樹必須修剪才能具有最佳的生產能力。不僅高度必須控制在 1.5 至 2 米之間，樹圍也要控制，以方便採收人員與機械採果。適當的修剪有益於減少隔年結果的問題，修剪的方式有很多種，其一是利用人工先以大型的剪刀、或者在機械化耕作農園時即以配備有電動旋轉刀片的機器進行大修剪，剪成預定的尺寸，修剪從主幹上長出的新枝枒，並切除已死去的分枝。第二輪修剪常常被稱為「整理」，也就是適當地剪去多餘的樹枝，讓咖啡樹打開，目的是讓咖啡樹能集中養分與能量來生產咖啡果實，而不是分散在分枝的生長上。在經過數年的生產後（時間會隨著品種、地區和整體條件而不同），咖啡樹可能會變成殘株。在夏威夷，每 3 至 4 年，咖啡樹可能就要砍成樹椿，整棵樹可能只剩 100 公分高，有時候還要更短一點，以利從殘幹中將長出新枝枒。

pulped natural (or honey) processing　去果肉日曬處理 / 蜜處理

咖啡果實採收後，去除果肉，將黏液層留在種子上直接進行乾燥的方法。

Q-grader cuppers　咖啡品質鑑定杯測師

經過咖啡品質學會認證，能夠根據 Q 系統評估咖啡的咖啡人。Q 系統是根據

SCAA 咖啡分級與評量協議所建立。想要成為一名咖啡品質鑑定杯測師，必須要完成課程並通過一系列的感官敏銳度和杯測能力的測驗。至 2011 年為止，全球 40 多個國家約有將近 2,000 名咖啡品質鑑定杯測師。

Quaker bean　未熟豆

瑕疵豆的一種，在烘焙後色澤呈現較淺白的豆子，這是由於採收時豆子並未成熟，或在樹上時受到重壓所造成。泡成咖啡後，會產生苦味並減弱其他特性的強度。

raisins　果乾

待咖啡櫻桃在樹上乾燥後才將其採收，稱為果乾。通常是用機械採收。即使果乾看起來依然附著在樹上，但實際上與咖啡樹已經沒有生理上的連接了。這樣的果乾通常可能已經在樹上過度發酵或者表皮已有部分黴菌生長而影響咖啡杯測的品質。這些原因使得果乾式採收的咖啡果實很難製作出高品質的咖啡液，但也並非不可能。

refractometer　折射計

用來量測折射率的器材。就咖啡而言，是用來測量咖啡液的總溶解固體量。將折射計放進沖煮好的咖啡裡，折射計會產生一道光，光線在咖啡液中被折射的角度與咖啡液中的固體含量成正比。透過校正曲線的設定，咖啡的固體含量的比例是可以被計算出來的。

relationship coffee　直接關係咖啡

生產咖啡的農民直接將咖啡豆賣給消費國的烘豆商，請參考「**直接貿易**」（**direct trade**）。

ristretto　芮斯崔朵

亦即「短」萃取的濃縮咖啡。比起一般正常的濃縮咖啡，芮斯崔朵容量較小，濃度較高。在義大利，芮斯崔朵一般來說是 0.7 盎司或大約 15 至 20 毫升，這種飲品在南義特別流行，可能是因為在那裡的綜合豆裡，羅布斯塔的比例較高所致。這種飲料可以用配備有一個操作桿的濃縮咖啡機來沖煮，即可用較短的時間煮出一份濃縮咖啡；將咖啡粉磨得較細一點，或是在單份濾器把手的濾籃中增加咖啡粉量，亦可達到同樣的結果。

roasters　烘豆機／烘豆師（商）

指用來烘豆的機器或是操作該機器的烘豆師。烘豆機的尺寸從與家用調理機一般大的桌上型小機種，到如同大房間一樣大的機型都有，其容量從 150 克到 100 公斤以上不等。滾筒式烘豆機內部有一可旋轉的容器裝生豆，這種機器是利用對流（滾筒中的熱風有助於將咖啡烤熟與傳導），讓生豆直接接觸滾筒高溫的表面傳遞熱能。而流體床式烘焙機，有時又稱熱風機，透過熱風推動管柱吹起咖啡豆，熱風使咖啡豆不斷滾動，避免咖啡豆燒焦。樣品烘焙機則是為了讓專家在決定大量購買前，測試小批次樣品豆所使用的小型機器。

Roasters Guild of America　美國烘焙師同業公會

成立於 2000 年，為 SCAA 旗下的官方貿易團體，其目的是透過訓練及頒發認證，以提倡烘豆專業。除了在每年 SCAA 的年度展覽會上提供課程外，也開始輪流在美國東西岸舉辦其年度靜修會。

roasting　烘焙

沖煮咖啡前加熱已乾燥咖啡豆的過程，以加熱的方式將咖啡生豆變成熟豆，以下為烘焙程度的不同階段。從最淺至最深分別為淺肉桂烘焙（極淺褐色）、肉桂烘焙（淺褐色）、新英格蘭烘焙（微淺褐色）、美國／淺烘焙（中淺褐色）、都會／中度烘焙（中褐色）、全都會（微深褐色，表面析出從咖啡豆的糖分中所產生的油滴）、淺法式烘焙／濃縮咖啡式烘焙（中深褐色，油脂完整附著豆子表面）、法式烘焙（深褐色，豆子泛油光，開始焦化）、義式烘焙／深法式烘焙（極深褐色，豆子泛油光，有焦味）、西班牙烘焙（到處都是油脂，咖啡豆重度焦化）。雖然有些公司依然使用這些術語，但皆盡可能簡化其描述。請參考第 53 章「烘焙」與第 54 章「烘豆文化」。

roast profile　烘焙數據

烘焙的時間與溫度曲線。在室溫下將生豆倒入滾筒中，或是熱風機的管柱中，然後加熱一段時間至預定的顏色，通常為 12 至 16 分鐘。要達到咖啡豆最終的顏色與溫度，方法多得數不清，例如烘豆師可以先讓烘豆機快速升溫一會兒，再慢慢加溫至所需溫度，或者是一開始緩慢加熱再急速加熱至烘焙終點。不同的烘焙數據會讓咖啡即使擁有一樣的顏色與溫度，但卻會產生完全不同的風味。理論上，最佳的烘焙數據不只適用於所有的咖啡品種，也適用於每一批豆子。許多烘焙師會先花數小時的時間進行樣品烘焙，以決定某一特定咖啡的最佳數據。

robusta　羅布斯塔

學名為中果咖啡（Coffea canephora），咖啡屬中兩個最重要的商業用品種之一。比起阿拉比卡種，羅布斯塔雖然能夠在較嚴苛的環境下生長，但通常杯測品質較差。最近部分農民開始從事改善羅布斯塔種咖啡品質的工法，以生產精品羅布斯塔咖啡。

roya　西班牙文的葉鏽病

在拉丁美洲常用來是指咖啡葉鏽病。

Sara Lee　美國莎莉集團

請參考「全球四大咖啡商」（Big Four）。

SCAA　美國精品咖啡協會簡稱

請參考「美國精品咖啡協會」（Specialty Coffee Association of America）。

SCAE　歐洲精品咖啡協會簡稱

請參考「歐洲精品咖啡協會」（Speciality Coffee Association of Europe）。

second wave　第二波

此一時期粗估是從 1970 年代初期至 1990 年代初期。「第二波」由企業主導，企圖提供比美國家庭及辦公室無限續杯咖啡更優質的咖啡，結果成就了品牌連鎖咖啡店的經營模式，星巴克咖啡即為代表。這個術語是由 Trish Skeie Rothgeb 於 2002 年所創建。請參考「第一波」（first wave）及「第三波」（third wave）的說明。

seed　種子

請參閱「咖啡豆」（coffee bean）。

shade/shade-grown　遮蔭、蔭下栽種

一種咖啡農耕系統，咖啡被種植在可提供樹蔭的大樹下方，雖然未必適合每一種農耕生態，但蔭下咖啡系統對於農民及環境的好處良多，通常與鳥類親善咖啡及永續咖啡有關。

silverskin　銀膜

在咖啡內果皮和咖啡豆（種子）之間的薄膜狀種皮。請參考圖 **2.1** 咖啡果實分解圖。

single-estate　單一莊園

有別於來自不同產地的綜合咖啡豆，單一莊園咖啡豆來自一個強調品質與產地獨有風味的知名莊園。

single-origin　單品（咖啡）

來自單一農場、莊園或地區的咖啡豆，普遍具有相同大小和特性。

single-serving/portion　單杯式／單人份量

咖啡以咖啡包、膠囊等方式包裝，每個包裝每次恰可沖煮一杯咖啡。

single variety　單一品種

由單一品種組成的烘焙咖啡豆，例如鐵比卡（Typica）或是黃波旁（Yellow Bourbon）。

slave labor　奴工

過去全世界大多數的咖啡都是由奴隸摘採的。奴隸制度最後在 1884 年的古巴及 1888 年的巴西被廢除。其他形式的非自主勞動力，農民自由程度僅稍高於奴隸，像是在 20 世紀初荷屬東印度，以及常見於拉丁美洲國家如瓜地馬拉等，直到 1950 年代。這種非自主勞動力其實就是一種半奴隸制度，農民或原住民被要求在咖啡農場工作，若不這樣做就會遭到嚴重的罰款與處罰。

social life　社交生活

任何一種商品都可以發展出社交互動，其中一例就是「哈雷摩托車」，它已成為美國廣大騎士文化的核心。咖啡在家庭或咖啡店裡作為促進社交互動的飲料已有長久的歷史。

social responsibility　社會責任

指富裕國家的咖啡產業成員與公司應協助農民、臨時雇工以及較貧困生產國的環境。做法包括以「道德」價格購買咖啡、捐贈興建學校、供給乾淨的用水等等，抑或是技術援助。

soluble　速溶咖啡

請參閱「即溶咖啡」（instant）。

solubles　溶質

在沖煮過程中咖啡豆裡被萃取出來的化合物。

sorting　篩選

採收咖啡種子後，需除去雜質和區分咖啡豆優劣品質的過程。剝除咖啡豆內果皮後，需挑出缺陷豆及雜質，如樹枝。依據咖啡豆的大小、密度、顏色等進行篩選。使用不同的機器，例如分色機就可以做這項工作（請參閱第 62 章「機械化」）。在擁有大量廉價勞工的國家，如衣索比亞，許多篩選工作都是以人工進行，且通常是女性。

Speciality Coffee Association of Europe (SCAE)　歐洲精品咖啡協會

成立於 1998 年的歐洲精品咖啡貿易組織，成立宗旨與 SCAA 相似，該組織贊助許多活動、比賽以及出版《歐洲咖啡誌》（*Café Europa*）。

specialty coffee　精品咖啡

優質咖啡，其產地資訊透明，並且從農場到形成一杯咖啡的過程裡都被謹慎地對待，可讓人喝得出深度、風味特性及微妙細節。1974 年，一位受人尊崇的咖啡進口商 Erna Knutsen 女士創造了這個詞彙。請參閱第 17 章「何謂精品咖啡？」。

Specialty Coffee Association of America (SCAA)　美國精品咖啡協會

致力於精品咖啡產業的貿易組織，贊助舉辦年度研討會討論精品咖啡的成功與挑戰，還有精品咖啡貿易展，以及全年度的杯測師、咖啡師和烘豆師課程。

Starbucks　星巴克

1971 年在西雅圖有 3 個人受到 Alfred Peet 的啟發而創立的一家咖啡館，現在是美國最大的連鎖咖啡館。在 1987 年 Howard Schultz 向原業主買下所有權時，其規模並不大。Schultz 常說他是在一次的義大利旅途中得到了設計咖啡館及服務方式的靈感，但實際上義大利咖啡製作及服務風格與美國作法大相逕庭。（請參閱第 43 章「跨世紀的咖啡館風貌」）。Schultz 帶領星巴克攻占全球市場而成為國際巨頭，現在已在 50 個國家擁有超過 15,000 家店，目前仍有進一步的展店計畫，尤其是在印度與中國。獨立精品咖啡經營者對星巴克是又忌妒、又厭惡、又喜愛。一方面，他們很感謝這隻美人魚對美國或其他國家的民眾推廣咖啡應該要比餿水好的觀念；另一方面，有些獨立精品咖啡經營者認為，星巴克這隻巨大的惡霸搶下最佳地點，但卻只提供平庸的咖啡與咖啡牛奶飲品。

stinker bean　臭豆

瑕疵豆,會使咖啡喝起來有令人不舒服的臭酸味,只要一顆臭豆就足以毀掉整壺咖啡的味道。臭豆來自於咖啡收成後未能即時處理的過度發酵咖啡豆或咖啡櫻桃。

strictly hard bean, SHB　極硬豆

咖啡品質的分級術語,意指達到某種基準硬度的咖啡,通常生長在 4,500 英尺較高海拔的地方。有些專家認為,咖啡的硬度與風味的濃厚度有關。

strip harvesting　刷落式採收

不管咖啡果實成熟與否,以徒手或手持式工具,一次把一個分枝上所有的果實刷落的過程。

sugar　糖

常見的咖啡添加物,主要原因有二。首先,在 17、18 世紀英國咖啡館所供應的咖啡是很糟糕的,咖啡被放在一個大鐵壺裡持續在明火上加熱,糖有助於讓這種東西變得可口些。第二個使糖與咖啡及茶連結的原因是,17 世紀英屬加勒比海或之後的其他殖民地,開始生產豐富的蔗糖。糖的價格低廉、具有熱量,即便它只能提供能量卻沒有營養益處的「空」熱量,仍在英美大受歡迎。

sun drying　日曬乾燥法

讓咖啡櫻桃帶果肉在廣場上乾燥以得到預定的酸度與含水量。請參考「乾燥處理法」(dry processing)及「日曬處理法」(natural processing)。

sun-grown　日照栽種法

一種咖啡農作系統,咖啡樹是田地裡生長的唯一作物或植物,通常用以指沒有栽種其他樹木作為咖啡樹遮蔭的種植方式,即「開放式種植技術」(technified)。

sustainable　永續

重視土地及環境長期健康的農耕取向。關於永續的定義已有諸多討論,簡言之就是永續農業,從土壤裡取出任一有用的物質必定要給予對等的補充,即植物從土壤中所吸取走的養分必須予以補充,使土壤不致劣化而能永續利用。永續農業同時考量環境、人類及經濟因素,這個概念經常與有機農業相提並論,不過支持傳統農業或是傳統與有機並存的農耕方式不具永續性的證據卻

鮮少被提出。永續性的議題在咖啡產業裡從農作到咖啡館的每個環節則經常被提出來討論。

tasting　品嚐會

評估咖啡杯測品質的非正式方法。對大多數人而言，品嚐會僅是沖煮及享用咖啡。若品嚐會是為了評估杯測品質，往往是用一般家用沖煮設備來製作咖啡。

Tchibo　奇堡

德國知名咖啡連鎖店，請參考「全球四大咖啡商」（Big Four）一詞。

technified　開放式種植技術

請參閱「日照栽種法」（sun-grown）。

terroir　風土

這是一個法文字，字面意義是土壤或地面，用以描述農地的土壤和環境。在全球咖啡工業裡，這個術語指的是具有理念的農場，因為農民對其土地與產品擁有特定的熱愛。更具體地說，風土是用來描述影響產品品質的區域因素，包括土壤、氣候、畜牧業經營等等。

third place　第三空間

社會學家 Roy Oldenburg 創造的術語，指的是人們尋求放鬆的社交場所（第一空間是住所，第二空間是工作地點）。

third wave　第三波

「第三波」一詞是由加州 Wrecking Ball 咖啡烘焙廠的 Trish Skeie Rothgeb 於 2002 年所提出，用來描述她所目睹的挪威咖啡復興。這個詞彙已被精品咖啡界當作是一種對待咖啡的象徵性描述，其內涵包括烘豆師及咖啡師強調他們自己的手藝，願意質疑既定的觀念，偏好以「科學」方法評鑑咖啡豆及咖啡液，以提供給顧客最優質的咖啡。銷量與利潤不是他們考量的重點。對 Rothgeb 來說，第三波取向是對精品咖啡自動化和均質化的反動。請參閱「第一波」（first wave）及「第二波」（second wave）。

traceability　可溯性、可追蹤性

有文件記錄某批次咖啡的原產地，以及在到達消費者手中之前經手的對象，如烘豆商、進口商等等。

trade magazines 商業雜誌

為迎合對咖啡事業有興趣的讀者所出版的雜誌。《茶與咖啡貿易雜誌》（*Tea and Coffee Trade Journal*）是以全球為焦點的專業雜誌，其他美國主要出版物還有《咖啡師》（*Barista*）、《話咖啡》（*Coffee Talk*）、《現煮咖啡雜誌》（*Fresh Cup*）、《烘培誌》（*Roast*）以及《精品咖啡零售商》（*Specialty Coffee Retailer*）等。歐洲的主要出版物包括SCAE出版的《歐洲咖啡誌》（*Café Europa*），以及電子報《城市咖啡》（*Comunicaffè*，義大利文）和《城市咖啡國際版》（*Comunicaffè International*，英文）。

TransFair USA 美國公平交易認證機構

請參考「美國公平交易組織」（Fair Trade USA）。

trophic level 營養位階

關於營養及產生營養的過程，也可以指食物在食物鏈中的位置。

Turkish or Mediterranean brewing 土耳其式或地中海式沖煮法

將咖啡研磨成粉末狀，倒入任一可直火加熱的小器具裡的一種沖煮法。這種器材通常被稱為土耳其壺（cezvik 或 ibrik），壺身通常有一個手持長柄可避免使用者被燙傷。將水、咖啡粉、香料，如荳蔻混合放入土耳其壺裡，加熱沸騰數次，再倒入小杯子裡。

understory 林下植物

生長在樹冠層下方的林木。咖啡發源於今日衣索比亞高地的林下植物。

unfree labor 非自主勞動力

請參考「奴工」（slave labor）。

vacuum brewing 虹吸式沖煮法

這種沖煮法使用的器材包括上下兩個壺，加熱下壺的水，所形成的水蒸氣將大部分的熱水從一根管子擠壓到上壺中，使咖啡粉浸泡其中。將水壺從熱源移開時，在下壺中剩餘的水蒸氣會凝結，於是造成下壺的真空狀態，因此咖啡液被抽到下壺中。兩壺中間有一個過濾器，將咖啡粉留在上壺。虹吸咖啡壺是平價的手動沖煮器具，但以同樣原理運作的機器要價則高達 2 萬美元。

value chain 價值鏈

商品在加工、運送、批發配銷及零售等每個環節裡所增加的價值。

varietal　品種

原本是形容由單一品種釀成的紅酒。而最近咖啡及其他產業（包括葡萄酒）均採用「品種」二字，以此說明特定的植物種類，如「波旁」種，通常與培育品種（cultivar）或品種（variety）同義。

variety　品種

請參考「培育品種」（cultivar）。

virtuosi　藝文名家

17 世紀迷戀生活中各種稀奇、新穎、驚奇和出色事物的英國紳士，擁有強烈的求知欲，以準科學的態度探究這些特別的事物。同時，他們也是狂熱的旅行家或至少熱愛旅遊文學，樂於接觸具有異國情調的事物，譬如咖啡。1650年代，英國第一家咖啡館開幕，他們當然趨之若鶩，在咖啡館中高談闊論他們的嗜好。

washed　水洗豆

已經使用水洗處理法加工的咖啡豆。

washed processing　水洗法

咖啡果實採收後，將種子從果肉裡擠出之後，去除包覆在種子外圍的黏液的過程。除去果實的黏液有三種方法：(1) 將咖啡浸泡在水裡，直到黏液被分解掉，稱為濕發酵法；(2) 不將咖啡浸泡在水裡，而是保持原狀直到黏液分解，稱為乾發酵法，也稱為「蜜處理法」（pulped naturals）；(3) 在去除果皮之後，立刻用去黏質機器清除黏液。無論哪種情況，最後都會用水清洗任何黏附在種子上的物質。

wet processing　濕式處理法

請參考「水洗法」（washed processing）。

wind　風

在咖啡農作中相當重要的因素。風量太少，雨後樹葉無法乾燥，尤其是樹葉下側。潮濕容易造成發霉，以及可摧毀整棵樹或許多樹木的葉鏽病。風量太大，樹葉和花朵則會被吹落而導致無花也無果。

World Barista Championship　世界咖啡師錦標賽

為國際性的年度咖啡師競賽，各國選手代表其國家爭取世界第一的頭銜。在

比賽時間 15 分鐘內選手需備妥三項飲品 —— 濃縮咖啡、卡布奇諾以及招牌咖啡（必須包含一份濃縮咖啡在內）給四位感官評審評鑑。同時也會由其他評審進行咖啡師的技術評分。世界咖啡師錦標賽是由北歐咖啡師錦標賽發展而成，現由美國精品咖啡協會及歐洲精品咖啡協會共同舉辦。2011 年，共有 53 國的咖啡師參加這場競賽。

鳴　謝

除了本書的撰稿者外，我們要向咖啡界的其他人士致上深摯的謝意。

Robert Thurston 感謝下列諸位的慷慨相助：

巴西：Edgard Bressoni、Christian Wolthers。

哥倫比亞：Jaime Raul Duque Londono、Oscar Jaramillo Garcia、Pedro Segovia。

哥斯大黎加：Ermie Carman、Linda Moyher、Arnoldo Leiva。

衣索比亞：Kedir Kemal、Ato Million、Meskerme Tessema。

德國：Mohammed Taha。

義大利：Dr. Isabella Amaduzzi、Dr. Alessandra Cagliari、Enrico Maltoni、Paolo Milani, Roberto Turrin。

肯亞：Kennedy Gitonga、J. K. Kinoti、Samuel Mburu、Peter Orwiti、Michael Otieno、Solomon Waweru。

尼加拉瓜：Father James E. Flynn、Denis Gutierrez、Mausi Kühl。

瑞典：Dr. Monika Imboden、Cornelia Luchsinger、Paolo Stirnimann。

美國：Bob Arceneaux、Katie Barrow、Anna Clark、Pan Demetrekakes、Judith Ganes-Chase、Tracy Ging、David Griswold、Bill Mares、Sidney Mintz、Stephen Morrissey、Jenny Roberts、Kelly Stewart、Brett Struwe、Quentin Wodon。

我也要感謝俄亥俄州邁阿密大學牛津分校歷史系和其他部門，給予我經費與時間，讓我得以從事研究與寫作，以完成我所負責的部分。

Jonathan Morris 表示：

這麼多年來我曾經受到業界許多人的幫助，可惜族繁不及備載。在此我想感謝對本書某些章節給予特別協助的人士：

哥斯大黎加：Gonazlo Hernandez Solis。

德國：Jens Burg、Barbara Debroeven、Stefan Graack、Margrit Schulte-

Beerbuehl。

義大利：Amaduzzi、Elena Cedrola、Maurizio Giuli、Angela Hysi、Enrico Maltoni、Carlo Odello、Luigi Odello。

墨西哥：Rachel Laudan。

瑞典：Manuela Flamer、Roman Rossfeld。

英國：Claudia Baldoli、Laura Dalgleish、Claudia Galetta、Barry Kither、Anya Marco、Charles Praeger、Michael Segal、Jeffrey Young。

美國：Kent Bakke、Mark Prince、David Schomer。

最後我要感謝赫特福郡大學的協助，讓我請公假，並贊助我旅費以從事我的研究。

Shawn Steiman 表示：

就像我過去的著作一樣，我的作品總是在其他人的慷慨相助下更臻完善。我特別要感謝我的妻子 Julia Wieting，她不辭辛勞以她優異的編輯技巧幫了我很大的忙。我也要感謝下述人士的友情協助與專業知識：

英國：Dr. Peter Baker。

美國：Dr. Skip Bittenbender、Dr. Mel Jackson、Ric Rhinehart、Miles Small、Spencer Turer。

精緻農業叢書

咖啡——從咖啡豆到一杯咖啡

作　　　者／Robert W. Thurston、Jonathan Morris、Shawn
　　　　　　Steiman
譯　　　者／張明玲、陳品皓、陳宜家、劉耕硯
出 版 者／揚智文化事業股份有限公司
發 行 人／葉忠賢
地　　　址／22204 新北市深坑區北深路三段 258 號 8 樓
電　　　話／(02)8662-6826
傳　　　真／(02)2664-7633
網　　　址／http://www.ycrc.com.tw
　E-mail ／ service@ycrc.com.tw
　I S B N ／ 978-986-298-216-7
初版一刷／2016 年 6 月
初版二刷／2021 年 9 月
定　　　價／新台幣 600 元

＊本書如有缺頁、破損、裝訂錯誤，請寄回更換＊

國家圖書館出版品預行編目(CIP)資料

咖啡 : 從咖啡豆到一杯咖啡 / Robert W. Thurston,
　　Jonathan Morris, Shawn Steiman編 ; 張明玲等譯.
　　-- 初版. -- 新北市 : 揚智文化, 2016.06
　　　面 ;　　公分. -- (精緻農業叢書)
　　譯自 : Coffee : a comprehensive guide to the
bean, the beverage, and the industry
　　ISBN 978-986-298-216-7(平裝)

　　1.咖啡 2.食品工業

463.845　　　　　　　　　　　　　　105002405